新时代研究生创新系列教材

U0743038

工程数学及MATLAB实验

任述光 编著

西安交通大学出版社
XI'AN JIAOTONG UNIVERSITY PRESS

内容提要

本书内容分为四篇:第 1 篇矢量场论,包含矢量及其代数运算、矢量分析、场论、哈密尔顿算子、正交曲线坐标系,共 5 章;第 2 篇复变函数,包含复数与复变函数、解析函数、复变函数的积分、级数、留数,共 5 章;第 3 篇积分变换,包含傅里叶变换与拉普拉斯变换,共 2 章;第 4 篇 MATLAB 实验,主要介绍前 3 篇内容中相关运算的 MATLAB 实现。

本书编著过程中强调数学知识与计算机应用相结合,遵循培养学生的数学素质,提高其应用数学知识解决实际问题的能力的原则。工程数学重在应用,编著过程中在保证数学知识严密性的基础上,省略了部分繁琐的理论推导。本书内容全面,各篇内容体系严密、逻辑性强,内容组织由浅入深;各篇内容相互呼应、相互渗透,形成有机的整体,既为学生应用数学知识解决工程实际问题提供了理论工具与方法,又为学生学习数学物理方法等后续课程提供了较为完备的知识储备。

本书可作为研究生或本科生工程数学教材,也可供科技、工程技术人员阅读参考。

图书在版编目(CIP)数据

工程数学及 MATLAB 实验/任述光编著. —西安:西安交通大学出版社,2021.12(2025.9 重印)
ISBN 978 - 7 - 5693 - 2070 - 1

Ⅰ.①工… Ⅱ.①任… Ⅲ.①工程数学-Matlab 软件 Ⅳ.①TB11 - 39

中国版本图书馆 CIP 数据核字(2021)第 184948 号

书　　名	工程数学及 MATLAB 实验
	GONGCHENG SHUXUE JI MATLAB SHIYAN
编　　著	任述光
责任编辑	毛　帆
责任校对	李　佳
装帧设计	伍　胜
出版发行	西安交通大学出版社
	(西安市兴庆南路 1 号　邮政编码 710048)
网　　址	http://www.xjtupress.com
电　　话	(029)82668357　82667874(市场营销中心)
	(029)82668315(总编办)
传　　真	(029)82668280
印　　刷	西安日报社印务中心
开　　本	787mm×1092mm　1/16　**印张** 17.875　**字数** 446 千字
版次印次	2021 年 12 月第 1 版　 2025 年 9 月第 2 次印刷
书　　号	ISBN 978 - 7 - 5693 - 2070 - 1
定　　价	58.00 元

如发现印装质量问题,请与本社市场营销中心联系。
订购热线:(029)82665248　(029)82667874
投稿热线:(029)82668818　QQ:354528639

前　言

　　矢量场论、复变函数、积分变换是相互独立的三门数学基础课程,其理论与方法在物理、力学、通信工程、自动控制、信息学、机械设计与制造等自然科学和工程技术中有广泛的应用,是相关专业本科生或研究生要求掌握的工程数学课程。数学实验是计算机技术、软件引入教学后出现的新事物。数学实验的目的是培养学生用所学的数学知识和计算机技术去认识问题和解决问题的能力。在数学实验中,由于计算机的引入和数学软件包的应用,为数学思想和方法注入了更多、更广泛的内容,使学生摆脱了繁重的、乏味的数学演算和数值计算,从而使学生有更多时间去做创造性的工作。MATLAB 和 MATHEMATICA、MAPLE 并称为三大数学软件。在数学类应用软件中,MATLAB 在数值计算方面首屈一指。它可以进行矩阵运算、绘制函数和数据、实现算法、创建用户界面、连接其他编程语言的程序等,主要应用于工程计算、控制设计、信号处理与通信、图像处理、信号检测等。

　　如何通过数学实验的手段辅助数学教学,如何通过数学课程内容的整合来适应科学技术的发展与教学质量的提升,是研究生数学课程教学改革要解决的问题。编者在高等农林院校从事工程类研究生数学教学十余年,深感研究生数学教学课时少,学生很难在课堂完全掌握教学内容。工程数学强调理论与实际相结合,它是数学与工程应用之间的一座桥梁。如何在有限的教学课时内,使学生获得解决科研、工程问题必须的数学知识与技能,培养研究生扎实的数理基础与创新能力,是从事研究生数学教学的教师需要不断探索与解决的问题,希望本书是一个有益的尝试。

　　感谢湖南农业大学研究生院对本书出版给予的支持!

作者

2021.12 于长沙

目　录

第1篇　矢量场论

第2篇 复变函数

第 3 篇　积分变换

第 4 篇　MATLAB 实验

第 1 篇

矢 量 场 论

第1章　矢量及其分量

1.1　矢量及其代数运算

1.1.1　矢量加法及数乘运算

在物理学、力学、几何学中，我们常遇到一些既与大小相关又与方向相关的量，比如力、速度、加速度、位移、电场强度，等等。具有大小和方向，相加遵循平行四边形法则，同时满足交换律的量称为矢量，以黑体字表示，如矢量 a，在图中通常以带箭头的有向线段表示。矢量的大小也称之为矢量的模，以一定比例的线段长度表示，如矢量 a 的模记为 a 或 $|a|$。两矢量相加，其结果为以这两个矢量为邻边的平行四边形的对角线确定的矢量，称为矢量加法的平行四边形法则；也可以将两矢量首尾相接，然后从前一矢量的起点指向后一矢量的末端得到的矢量即为它们的和，称为三角形法则，它和平行四边形法则本质上是一致的。

设 λ、μ 为实数；A、B、C 为矢量，则以下代数运算式成立：

(1) $\lambda(\mu A) = \lambda\mu A$；　　　　　　　　　　　　　　　　　　　　　　(1.1a)

(2) $(\lambda + \mu)A = \lambda A + \mu A$；　　　　　　　　　　　　　　　　　　　(1.1b)

(3) $\lambda(A + B) = \lambda A + \lambda B$；　　　　　　　　　　　　　　　　　　(1.1c)

(4) $A + B = B + A$；　　　　　　　　　　　　　　　　　　　　　　　(1.1d)

(5) $(A + B) + C = A + (B + C)$。　　　　　　　　　　　　　　　(1.1e)

1.1.2　矢量的乘法运算

1. 矢量的数量积与矢量积

两个矢量 a、b 相乘的运算分为数量积和矢量积，数量积也称为数乘或点积，定义如下

$$a \cdot b = ab\cos\theta \qquad (1.2)$$

式中，θ 为两矢量 a、b 正方向的夹角。由于 $a\cos\theta$ 可以看成矢量 a 在矢量 b 方向的投影，故 $a \cdot b$ 即为矢量 a 在矢量 b 方向的投影与矢量 b 的模的乘积。同理，也可将其看成矢量 b 在矢量 a 方向的投影与矢量 a 的模的乘积。矢量 a 在某个方向的投影等于矢量 a 与该方向单位矢量的点积。

两个矢量 a、b 相乘的矢量积也称为叉积，是一个矢量，其大小为两矢量大小的乘积再乘以它们间夹角的正弦，即 $c = a \times b$，则

$$|c| = |a \times b| = ab\sin\theta \qquad (1.3)$$

c 的方向同时垂直于矢量 a、b，指向按右手螺旋法则确定，即：将两矢量 a、b 起点放在一起，右手四指从前一矢量按小于 $180°$ 旋转绕向后一矢量时大拇指所指的方向。

2. 三个矢量的混合积

定义三个矢量 a、b、c 相乘的运算 $a \cdot (b \times c)$ 为它们的混合积。这是一个数量，其几何意义

为以 a、b、c 三个矢量为棱边的平行六面体的有向体积,记为 $[a,b,c]=a\cdot(b\times c)$。可见,三非零矢量混合积为零的充要条件是三矢量共面。

混合积的性质:

(1)轮换不变性,在点乘号、叉乘号位置不变的情况下,把矢量按顺序轮换,其混合积不变,即

$$a\cdot(b\times c)=b\cdot(c\times a)=c\cdot(a\times b)$$

(2)若只把两个矢量对调,混合积反号,即

$$a\cdot(b\times c)=-a\cdot(c\times b)=-b\cdot(a\times c)=-c\cdot(b\times a)$$

(3)若矢量位置不变,只交换点乘号、叉乘号,混合积不变,但必须先做叉乘(用括号保证这个顺序),即

$$a\cdot(b\times c)=(a\times b)\cdot c$$

3. 三个矢量的二重矢积

定义三个矢量 a、b、c 相乘的运算 $a\times(b\times c)$ 为它们的二重矢积,是一个矢量。二重矢积有以下性质

$$a\times(b\times c)=(a\cdot c)b-(a\cdot b)c \tag{1.4}$$

由上式可以看出,$a\times(b\times c)$ 可以表示为矢量 b、c 的线性组合。运算规则是把括号外的矢量与离它较远的矢量点乘,再乘以另一矢量所得的项取正号,把括号外的矢量与离它较近的矢量点乘,再乘以另一矢量所得的项取负号,两者取和。

4. Laplace 公式

四个矢量乘法运算有如下拉普拉斯(Laplace)公式:

$$(a\times b)\cdot(c\times d)=(a\cdot c)(b\cdot d)-(a\cdot d)(b\cdot c) \tag{1.5}$$

例 1.1 证明以下等式成立

$$|a\times b|^2+|a\cdot b|^2=a^2b^2 \tag{1.6}$$

证明 因为 $|a\times b|^2=a^2b^2\sin^2\theta$,$|a\cdot b|^2=a^2b^2\cos^2\theta$,故

$$|a\times b|^2+|a\cdot b|^2=a^2b^2$$

以上等式称为拉格朗日(Lagrange)公式。

1.1.3 矢量的指标(分量)运算与求和约定

在三维空间中,一个矢量在坐标系中有三个分量。这三个分量的有序集合,规定了这个矢量。当坐标变换时,这些分量按照一定的变换法则变换。例如表示一点位移的矢量 r,在三维笛卡儿(Descartes)坐标系中,如图 1.1 所示,有三个分量 (x_1,x_2,x_3),若以 $e_i(i=1,2,3)$ 表示三个坐标轴(以 x^1,x^2,x^3 表示)正方向的单位矢量(也称坐标基矢量),则

$$r=x_1e_1+x_2e_2+x_3e_3=\sum_{i=1}^{3}x_ie_i \tag{1.7a}$$

为简单起见,将 n 个变量的集合 $x_1,x_2,\cdots,x_n$ 表示为 x_i,其中下标 $i(i=1,2,3,\cdots,n)$ 称为指标,在矢量和张量分析中广泛采用指标记法。若在同一项中,同一个指标字

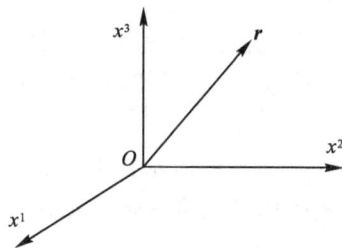

图 1.1

母重复出现,称其为哑指标,表示要对这个指标遍历其范围 $1,2,3,\cdots,n$ 求和。这是一个约定,称为爱因斯坦(Einstein)求和约定。

按求和约定,(1.7a)式也可简写为

$$r = x_i e_i \tag{1.7b}$$

根据矢量数量积运算法则,将笛卡儿坐标系坐标轴正方向单位矢量的点积表示为

$$\delta_{ij} = e_i \cdot e_j = \begin{cases} 1, i=j \\ 0, i \neq j \end{cases} \qquad (i,j=1,2,3) \tag{1.8}$$

式中,δ_{ij} 称为克罗内克(Kronecker delta)符号,表示笛卡儿坐标系中的基矢量 e_i、e_j 的点积。按照求和约定,显然

$$\delta_{ii} = \delta_{11} + \delta_{22} + \delta_{33} = 3$$

若在 $Ox^1 x^2 x^3$ 坐标系中 a 的分量为 (a_1, a_2, a_3),b 的分量为 (b_1, b_2, b_3),λ 为实数,则

$$a \pm b = (a_1 \pm b_1) e_1 + (a_2 \pm b_2) e_2 + (a_3 \pm b_3) e_3 \tag{1.9}$$

即矢量加减等于它们对应分量相加减。

$$\lambda a = \lambda a_1 e_1 + \lambda a_2 e_2 + \lambda a_3 e_3 \tag{1.10}$$

即矢量与数相乘得到一个矢量,这个矢量的每个分量等于该数乘以矢量的对应分量。

两个矢量 a、b 相乘的数量积可用分量表示为

$$\begin{aligned} a \cdot b &= (a_1 e_1 + a_2 e_2 + a_3 e_3) \cdot (b_1 e_1 + b_2 e_2 + b_3 e_3) \\ &= a_1 b_1 + a_2 b_2 + a_3 b_3 = a_i b_i \end{aligned} \tag{1.11}$$

即两个矢量的数量积等于它们对应分量乘积之和。

或者表示为

$$a \cdot b = a_i e_i b_j e_j = a_i b_j \delta_{ij}$$

比较以上两式,可得

$$a_i b_j \delta_{ij} = a_i b_i = a_j b_j$$

可见 Kronecker delta 符号 δ_{ij} 与某个与其有一个相同指标的符号相乘,起到将这个符号的指标替换为 δ_{ij} 的另一个指标的作用。

以上运算,可以推广到 n 维的矢量空间。

定义置换符号

$$e_{ijk} = \begin{cases} 1, \text{当 } i,j,k \text{ 为顺序排列} \\ -1, \text{当 } i,j,k \text{ 为逆序排列} \\ 0, \text{当 } i,j,k \text{ 为非序排列} \end{cases} \qquad (i,j,k=1,2,3) \tag{1.12}$$

根据矢量积的定义,则有

$$e_i \times e_j = e_{ijk} e_k \tag{1.13}$$

因此

$$a \times b = a_i e_i \times b_j e_j = a_i b_j e_{ijk} e_k \tag{1.14}$$

三个矢量的混合积 $[a,b,c] = a \cdot (b \times c)$,可用指标符号表示为

$$a \cdot (b \times c) = a_i e_i b_j c_k e_{jkl} e_l = a_i b_j c_k e_{jkl} \delta_{il} = a_i b_j c_k e_{jki} \tag{1.15}$$

根据指标运算法则,显然

$$a \cdot (b \times c) = b \cdot (c \times a) = c \cdot (a \times b) \tag{1.16}$$

即

$$[\boldsymbol{a},\boldsymbol{b},\boldsymbol{c}]=[\boldsymbol{b},\boldsymbol{c},\boldsymbol{a}]=[\boldsymbol{c},\boldsymbol{a},\boldsymbol{b}]$$

根据 Kronecker delta 符号 δ_{ij} 与指标符号相乘的运算法则,得

$$e_{ijk}=e_{ijl}\delta_{lk}=e_{ijl}\boldsymbol{e}_l\cdot\boldsymbol{e}_k=(\boldsymbol{e}_i\times\boldsymbol{e}_j)\cdot\boldsymbol{e}_k \tag{1.17}$$

同理

$$e_{kij}=(\boldsymbol{e}_k\times\boldsymbol{e}_i)\cdot\boldsymbol{e}_j=e_{jki}=(\boldsymbol{e}_j\times\boldsymbol{e}_k)\cdot\boldsymbol{e}_i=e_{ijk}=(\boldsymbol{e}_i\times\boldsymbol{e}_j)\cdot\boldsymbol{e}_k \tag{1.18}$$

即置换符号 e_{ijk} 表示 Descartes 坐标系中的基矢量 $\boldsymbol{e}_i$、$\boldsymbol{e}_j$、$\boldsymbol{e}_k$ 的混合积。

由(1.14)式及行列式运算的定义可知,两矢量 $\boldsymbol{a}$、$\boldsymbol{b}$ 的叉积可用坐标基矢量和 $\boldsymbol{a}$、$\boldsymbol{b}$ 的分量构成的行列式表示为

$$
\begin{aligned}
\boldsymbol{a}\times\boldsymbol{b}&=(a_2b_3-a_3b_2)\boldsymbol{e}_1+(a_3b_1-a_1b_3)\boldsymbol{e}_2+(a_1b_2-a_2b_1)\boldsymbol{e}_3\\
&=\begin{vmatrix}\boldsymbol{e}_1 & \boldsymbol{e}_2 & \boldsymbol{e}_3\\ a_1 & a_2 & a_3\\ b_1 & b_2 & b_3\end{vmatrix}
\end{aligned}\tag{1.19}
$$

此结果留给读者自己证明。下面不加证明地给出关系式

$$e_{ijk}e_{lmn}=\begin{vmatrix}\delta_{il} & \delta_{im} & \delta_{in}\\ \delta_{jl} & \delta_{jm} & \delta_{jn}\\ \delta_{kl} & \delta_{km} & \delta_{kn}\end{vmatrix}\tag{1.20}$$

以此为基础,当 $n=k$ 时,利用行列式和 Kronecker delta 符号运算性质,可以得到如下关系式

$$
\begin{aligned}
e_{ijk}e_{rsk}&=\begin{vmatrix}\delta_{ir} & \delta_{is} & \delta_{ik}\\ \delta_{jr} & \delta_{js} & \delta_{jk}\\ \delta_{kr} & \delta_{ks} & \delta_{kk}\end{vmatrix}=\delta_{ik}\begin{vmatrix}\delta_{jr} & \delta_{js}\\ \delta_{kr} & \delta_{ks}\end{vmatrix}-\delta_{jk}\begin{vmatrix}\delta_{ir} & \delta_{is}\\ \delta_{kr} & \delta_{ks}\end{vmatrix}+\delta_{kk}\begin{vmatrix}\delta_{ir} & \delta_{is}\\ \delta_{jr} & \delta_{js}\end{vmatrix}\\
&=\begin{vmatrix}\delta_{jr} & \delta_{js}\\ \delta_{ir} & \delta_{is}\end{vmatrix}-\begin{vmatrix}\delta_{ir} & \delta_{is}\\ \delta_{jr} & \delta_{js}\end{vmatrix}+3\begin{vmatrix}\delta_{ir} & \delta_{is}\\ \delta_{jr} & \delta_{js}\end{vmatrix}=\delta_{ir}\delta_{js}-\delta_{is}\delta_{jr}
\end{aligned}\tag{1.21}
$$

在此基础上,当 $s=j$ 时,利用上式可得

$$e_{ijk}e_{rjk}=\delta_{ir}\delta_{jj}-\delta_{ij}\delta_{jr}=3\delta_{ir}-\delta_{ir}=2\delta_{ir}\tag{1.22}$$

如果还有 $r=i$,由此易得

$$e_{ijk}e_{ijk}=2\delta_{ii}=6\tag{1.23}$$

1.2 矢量分量的坐标变换

下面考虑坐标变换问题。固定坐标原点 O,把原坐标系转动到新的位置,得到一新的 Descartes 坐标系,以 $\boldsymbol{e}_{i'}(i'=1,2,3)$ 表示新坐标系三个坐标轴(以 $x^{1'},x^{2'},x^{3'}$ 表示)正方向的单位矢量,如图 1.2 所示,$\boldsymbol{r}$ 在新坐标系的三个分量为 $(x_{1'},x_{2'},x_{3'})$,则

$$\boldsymbol{r}=x_{1'}\boldsymbol{e}_{1'}+x_{2'}\boldsymbol{e}_{2'}+x_{3'}\boldsymbol{e}_{3'}=x_{i'}\boldsymbol{e}_{i'}\tag{1.24}$$

以下我们说明,$\boldsymbol{r}$ 在新坐标系的三个分量 $(x_{1'},x_{2'},x_{3'})$,与其在老坐标系中的分量 (x_1,x_2,x_3) 间满足坐标旋转的变换关系。

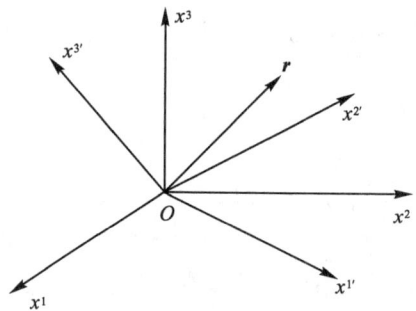

图 1.2

新的基矢量可以用老的基矢量表示

$$e_{i'}=\beta_{i'k}e_k \tag{1.25}$$

式中同一项中非重复出现的指标 i' 称为自由指标（$i'=1,2,3$），表示了可以写出的等式的个数。1 个自由指标可以写出 $3^1=3$ 个类似的等式，n 个自由指标可以写出 3^n 个类似的等式。

老的基矢量可以用新的基矢量表示

$$e_i=\beta_{j'i}e_{j'} \tag{1.26}$$

用 e_j 点乘（1.25）式的两边得

$$\beta_{i'j}=e_{i'}\cdot e_j \tag{1.27}$$

由于 $e_{i'}$、e_j 都是单位矢量，所以 $\beta_{i'j}$ 是它们夹角的余弦，称为方向余弦，显然 $\beta_{i'j}=\beta_{ji'}$，$\beta_{i'j}$ 也称为坐标旋转的变换系数，或坐标变换矩阵，是新坐标系的三个坐标基矢量在老坐标系中的方向余弦构成的矩阵，为单位正交阵，还由于 $e_{i'}(i'=1,2,3)$、$e_j(j=1,2,3)$ 是正交矢量，故有

$$\delta_{i'j'}=e_{i'}\cdot e_{j'}=\beta_{i'k}e_k\cdot\beta_{j't}e_t=\beta_{i'k}\beta_{j'k} \tag{1.28}$$

$$\delta_{ij}=e_i\cdot e_j=\beta_{k'i}e_{k'}\cdot\beta_{i'j}e_{i'}=\beta_{ik'}\beta_{jk'} \tag{1.29}$$

任意矢量 u 既可以用旧坐标中的分量表示，也可以用新坐标系中的分量表示，即

$$u=u_ie_i=u_{i'}e_{i'} \tag{1.30}$$

由（1.30）式和（1.26）式可得

$$u_ie_i=u_i\beta_{j'i}e_{j'}=u_{j'}e_{j'},\qquad u_{i'}e_{i'}=u_{i'}\beta_{i'j}e_j=u_je_j$$

即

$$u_j=u_{i'}\beta_{i'j}\qquad u_{j'}=u_i\beta_{j'i} \tag{1.31}$$

当坐标系选定之后，一个矢量 u 完全由它的三个分量 $u_i(i=1,2,3)$ 确定，当坐标系变换时，这些分量必须按上式变换。因此可以给出矢量的新定义：在给定的坐标系中，有三个数（分量）$u_i(i=1,2,3)$，在坐标变换时，这些分量按上式变换成新的三个数，则这三个数作为一个有序整体称为一个矢量。需强调的是，矢量分量 u_i 随坐标变化，但矢量 u 本身与坐标系无关。

习　题　1

1．求点 $P(3,-2,3)$ 的向径 r 的模和方向余弦。

2．设 $P_1(1,1,3)$、$P_2(2,3,1)$，求以 P_1 为起点，P_2 为终点的向量 a，并求出 a 的模及 a 的一个单位向量。

3．设 $a=2i-j-3k,b=i+j-k,c=8i-j-11k$。

　（1）计算 $2a-b,a\cdot b,a\times b$；

　（2）设向量 a,b,c 起点在同一点，证明它们的终点在同一平面。

4．证明向量 $a=\left(3,-\dfrac{1}{3},2\right)$ 与向量 $b=(4,6,-5)$ 正交。

5．证明向量 $a=(4,10,6)$ 与向量 $b=(8,20,12)$ 平行。

6．设 $a=i+j-k,b=3j-k,c=i+2k$，试计算：

　（1）$(a\times b)\cdot c,a\cdot(b\times c)$；

　（2）$(a\times b)\times c,a\times(b\times c)$。

7．有三个力：$F_1=2i+k$，作用点为 $(2,1,-1)$；$F_2=i-j+k$，作用点为 $(0,0,0)$；$F_3=i+$

$4\boldsymbol{j}$,作用点为$(1,1,1)$。求此三力对于点$(3,2,1)$的力矩的和。

8.已知平面上三点 A、B、C 满足 $|\overrightarrow{AB}|=3$,$|\overrightarrow{CA}|=5$。求 $\overrightarrow{AB}\cdot\overrightarrow{BC}+\overrightarrow{BC}\cdot\overrightarrow{CA}+\overrightarrow{CA}\cdot\overrightarrow{AB}$。

9.已知 $A(1,5)$、$B(4,2)$,直线 $l:x-y+1=0$,直线 AB 与 l 交于点 P,求点 P 分 $\overrightarrow{AB}$ 所成的比 λ。

10.已知 $\boldsymbol{e}_1$、$\boldsymbol{e}_2$ 是两个不共线的向量,$\boldsymbol{a}=2\boldsymbol{e}_1-\boldsymbol{e}_2$,$\boldsymbol{b}=k\boldsymbol{e}_1+\boldsymbol{e}_2$。若 $\boldsymbol{a}$ 与 $\boldsymbol{b}$ 是共线向量,求实数 k 的值。

11.如图,平面内有三个向量 $\overrightarrow{OA}$、$\overrightarrow{OB}$、$\overrightarrow{OC}$,其中 $\overrightarrow{OA}$ 与 $\overrightarrow{OB}$ 的夹角为 $120°$,$\overrightarrow{OA}$ 与 $\overrightarrow{OC}$ 的夹角为 $30°$,且 $|\overrightarrow{OA}|=|\overrightarrow{OB}|=1$,$|\overrightarrow{OC}|=2\sqrt{3}$。若 $\overrightarrow{OC}=\lambda\overrightarrow{OA}+\mu\overrightarrow{OB}(\lambda,\mu\in\mathbf{R})$,求 $\lambda+\mu$ 的值。

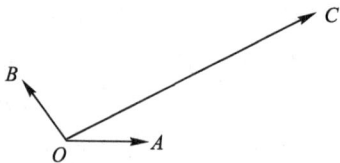

11 题图

12.(1)如图 $\overrightarrow{OA}$ 与 $\overrightarrow{OB}$ 不共线,$\overrightarrow{AP}=t\overrightarrow{AB}(t\in\mathbf{R})$,用 $\overrightarrow{OA}$ 与 $\overrightarrow{OB}$ 表示 $\overrightarrow{OP}$。

(2)设 $\overrightarrow{OA}$ 与 $\overrightarrow{OB}$ 不共线,点 P 在 O、A、B 所在的平面内,且 $\overrightarrow{OP}=(1-t)\overrightarrow{OA}+t\overrightarrow{OB}(t\in\mathbf{R})$。求证:$A$、$B$、$P$ 三点共线。

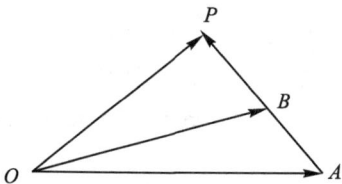

12 题图

第 2 章　矢量函数

这一章矢量函数,是矢量代数的继续,它是场论的基础,同时也是研究其他许多学科的有用工具。其主要内容是介绍矢量函数及其微分、积分等。矢量函数也称矢性函数。

2.1　矢量函数的极限与连续

2.1.1　矢量函数的概念

我们在矢量代数中,曾经学过大小和方向都保持不变的矢量,这种矢量称为常矢(零矢量的方向为任意,可作为一个特殊的常矢量);然而,在许多科学、技术问题中,我们常常会遇到模和方向或其中之一会改变的矢量,这种矢量称为变矢。例如当质点 M 沿曲线 l 运动时,其速度矢量 v,在运动过程中,就是一个变矢,如图 2.1 所示。此外,在矢量分析中还引进了矢量函数的概念,其定义如下:

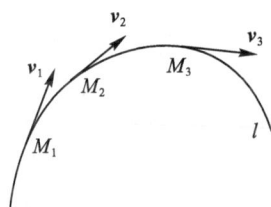

定义 2.1　设有数性变量 t 和变矢 A,如果对于 t 在某个范围 G 内的每一个数值,A 都以一个确定的矢量和它对应,则称 A 为数性变量 t 的矢量函数或矢性函数,记作

$$A = A(t) \tag{2.1}$$

并称 G 为函数 A 的定义域。

图 2.1

矢量函数 $A(t)$ 在 $Oxyz$ 直角坐标系中的三个坐标(即它在三个坐标轴上的投影),显然都是 t 的函数,记为

$$A_x(t); \quad A_y(t); \quad A_z(t)$$

所以,矢性函数 $A(t)$ 的坐标表示式为

$$A = A_x(t)i + A_y(t)j + A_z(t)k \tag{2.2}$$

其中 i、j、k 分别为沿 x、y、z 三个坐标轴正向的单位矢量。可见,一个矢量函数和三个有序的数性函数(坐标)构成一一对应的关系。

2.1.2　矢端曲线

本章所讲的矢量均指自由矢量,就是当二矢量的模和方向都相同时,就认为此二矢量是相等的。据此,为了能用图形来直观地表示矢量函数 $A(t)$ 的变化状态,我们就可以把 $A(t)$ 的起点取在坐标原点。这样,当 t 变化时,矢量 $A(t)$ 的终点 M 就描绘出一条曲线 l,如图 2.2 所示;这条曲线叫作矢量函数 $A(t)$ 的矢端曲线,亦叫作矢量函数 $A(t)$ 的图形。同时,称(2.1)式或(2.2)式为此曲线的矢量方程。

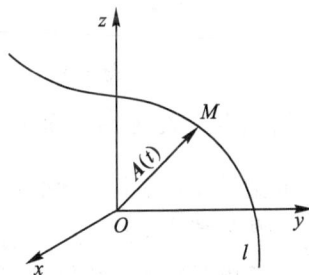

图 2.2

由矢量代数知道,起点在坐标原点 O,终点为 $M(x,y,z)$ 的矢量 $\overrightarrow{OM}$ 叫作点 M(对于 O 点)的矢径,常用 $\boldsymbol{r}$ 表示:

$$\boldsymbol{r}=\overrightarrow{OM}=x\boldsymbol{i}+y\boldsymbol{j}+z\boldsymbol{k}$$

当我们把矢量函数 $\boldsymbol{A}(t)$ 的起点取在坐标原点时,$\boldsymbol{A}(t)$ 实际上就成为其终点 $M(x,y,z)$ 的矢径。因此,$\boldsymbol{A}(t)$ 的三个坐标 $A_x(t)$、$A_y(t)$、$A_z(t)$ 就对应地等于其终点 M 的三个坐标 x、y、z,即有

$$\begin{cases} x=A_x(t) \\ y=A_y(t) \\ z=A_z(t) \end{cases} \tag{2.3}$$

此式就是曲线 l 的以 t 为参数的参数方程。

容易看出,曲线 l 的矢量方程(2.2)和参数方程(2.3)之间,有着明显的一一对应关系,只要知道其中的一个,就可以立刻写出另一个来。

如已知圆柱螺旋线(见图 2.3)的参数方程为

$$\begin{cases} x=a\cos\theta \\ y=a\sin\theta \\ z=b\theta \end{cases}$$

则其矢量方程为

$$\boldsymbol{r}=a\cos\theta\,\boldsymbol{i}+a\sin\theta\boldsymbol{j}+b\theta\boldsymbol{k}$$

又如,已知摆线(见图 2.4)的参数方程为

$$\begin{cases} x=a(t-\sin t) \\ y=a(1-\cos t) \end{cases}$$

则其矢量方程为

$$\boldsymbol{r}=a(t-\sin t)\boldsymbol{i}+a(1-\cos t)\boldsymbol{j}$$

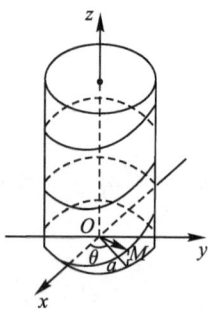

图 2.3

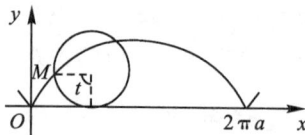

图 2.4

2.1.3 矢量函数的极限和连续性

和数性函数一样,矢性(量)函数的极限和连续性,是矢性(量)函数的微分与积分的基础概念。具体分述于下:

1. 矢性(量)函数极限的定义

设矢性(量)函数 $\boldsymbol{A}(t)$ 在点 t_0 的某个邻域内有定义(但在 t_0 处可以没有定义),$\boldsymbol{A}_0$ 为一常

矢,若对于任意给定的正数 ε,都存在一个正数 δ,使当 t 满足 $0<|t-t_0|<\delta$ 时,就有

$$|\boldsymbol{A}-\boldsymbol{A}_0|<\varepsilon$$

成立,则称 $\boldsymbol{A}_0$ 为矢性函数 $\boldsymbol{A}(t)$ 当 $t\to t_0$ 时的极限,记作

$$\lim_{t\to t_0}\boldsymbol{A}(t)=\boldsymbol{A}_0 \tag{2.4}$$

这个定义与数性函数的极限定义完全类似。因此,矢性(量)函数也就有类似于数性函数中的一些极限运算法则。例如:

$$\lim_{t\to t_0}u(t)\boldsymbol{A}(t)=\lim_{t\to t_0}u(t)\lim_{t\to t_0}\boldsymbol{A}(t) \tag{2.5}$$

$$\lim_{t\to t_0}[\boldsymbol{A}(t)\pm\boldsymbol{B}(t)]=\lim_{t\to t_0}\boldsymbol{A}(t)\pm\lim_{t\to t_0}\boldsymbol{B}(t) \tag{2.6}$$

$$\lim_{t\to t_0}[\boldsymbol{A}(t)\cdot\boldsymbol{B}(t)]=\lim_{t\to t_0}\boldsymbol{A}(t)\cdot\lim_{t\to t_0}\boldsymbol{B}(t) \tag{2.7}$$

$$\lim_{t\to t_0}[\boldsymbol{A}(t)\times\boldsymbol{B}(t)]=\lim_{t\to t_0}\boldsymbol{A}(t)\times\lim_{t\to t_0}\boldsymbol{B}(t) \tag{2.8}$$

其中 $u(t)$ 为数性函数,$\boldsymbol{A}(t)$、$\boldsymbol{B}(t)$ 为矢性函数;且当 $t\to t_0$ 时,$u(t)$、$\boldsymbol{A}(t)$、$\boldsymbol{B}(t)$ 均有极限存在,依此,设

$$\boldsymbol{A}(t)=A_x(t)\boldsymbol{i}+A_y(t)\boldsymbol{j}+A_z(t)\boldsymbol{k}$$

则由(2.6)式与(2.5)式有

$$\lim_{t\to t_0}\boldsymbol{A}(t)=\lim_{t\to t_0}A_x(t)\boldsymbol{i}+\lim_{t\to t_0}A_y(t)\boldsymbol{j}+\lim_{t\to t_0}A_z(t)\boldsymbol{k} \tag{2.9}$$

此式把求矢性(量)函数的极限,归结为求三个数性函数的极限。

2. 矢性(量)函数连续性的定义

若矢性(量)函数 $\boldsymbol{A}(t)$ 在点 t_0 的某个邻域内有定义,而且有

$$\lim_{t\to t_0}\boldsymbol{A}(t)=\boldsymbol{A}(t_0) \tag{2.10}$$

则称 $\boldsymbol{A}(t)$ 在 $t=t_0$ 处连续。

容易看出:矢性(量)函数 $\boldsymbol{A}(t)$ 在点 t_0 处连续的充要条件是它的三个坐标函数 $A_x(t)$、$A_y(t)$、$A_z(t)$ 都在 t_0 处连续。若矢性(量)函数 $\boldsymbol{A}(t)$ 在某个区间内的每一点处都连续,则称它在该区间内连续。

2.2　矢量函数的导数与微分

2.2.1　矢量函数的导数

设有起点在 O 点的矢性(量)函数 $\boldsymbol{A}(t)$,当数性变量 t 在其定义域内从 t 变到 $t+\Delta t(\Delta t\neq 0)$ 时,对应的矢量分别为

$$\boldsymbol{A}(t)=\overrightarrow{OM},\quad \boldsymbol{A}(t+\Delta t)=\overrightarrow{OM'}$$

如图 2.5 所示,则

$$\boldsymbol{A}(t+\Delta t)-\boldsymbol{A}(t)=\overrightarrow{MM'}$$

叫作矢性函数 $\boldsymbol{A}(t)$ 的增量,记作

$$\Delta\boldsymbol{A}=\boldsymbol{A}(t+\Delta t)-\boldsymbol{A}(t) \qquad (2.11)$$

据此,我们就可给出矢性(量)函数的导数的定义。

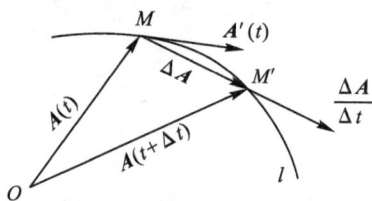

图 2.5

定义 2.2 设矢性(量)函数 $\boldsymbol{A}(t)$ 在点 t 的某一邻域内有定义,并设 $t+\Delta t$ 也在这邻域内,若 $\boldsymbol{A}(t)$ 对应于 Δt 的增量 $\Delta\boldsymbol{A}$ 与 Δt 之比

$$\frac{\Delta\boldsymbol{A}}{\Delta t}=\frac{\boldsymbol{A}(t+\Delta t)-\boldsymbol{A}(t)}{\Delta t} \qquad (2.12)$$

在 $\Delta t\to 0$ 时,其极限存在,则称此极限为矢性(量)函数 $\boldsymbol{A}(t)$ 在点 t 处的导数(简称导矢),记作 $\dfrac{\mathrm{d}\boldsymbol{A}}{\mathrm{d}t}$ 或 $\boldsymbol{A}'(t)$,即

$$\frac{\mathrm{d}\boldsymbol{A}}{\mathrm{d}t}=\lim_{\Delta t\to 0}\frac{\Delta\boldsymbol{A}}{\Delta t}=\lim_{\Delta t\to 0}\frac{\boldsymbol{A}(t+\Delta t)-\boldsymbol{A}(t)}{\Delta t}$$

若 $\boldsymbol{A}(t)$ 由坐标式给出:

$$\boldsymbol{A}(t)=A_x(t)\boldsymbol{i}+A_y(t)\boldsymbol{j}+A_z(t)\boldsymbol{k}$$

$A_x(t)$、$A_y(t)$、$A_z(t)$ 都在点 t 处可导,则有

$$\frac{\mathrm{d}\boldsymbol{A}}{\mathrm{d}t}=\lim_{\Delta t\to 0}\frac{\Delta\boldsymbol{A}}{\Delta t}=\lim_{\Delta t\to 0}\frac{\Delta A_x}{\Delta t}\boldsymbol{i}+\lim_{\Delta t\to 0}\frac{\Delta A_y}{\Delta t}\boldsymbol{j}+\lim_{\Delta t\to 0}\frac{\Delta A_z}{\Delta t}\boldsymbol{k}$$

$$=\frac{\mathrm{d}A_x}{\mathrm{d}t}\boldsymbol{i}+\frac{\mathrm{d}A_y}{\mathrm{d}t}\boldsymbol{j}+\frac{\mathrm{d}A_z}{\mathrm{d}t}\boldsymbol{k}$$

即

$$\boldsymbol{A}'(t)=A'_x(t)\boldsymbol{i}+A'_y(t)\boldsymbol{j}+A'_z(t)\boldsymbol{k} \qquad (2.13)$$

此式把求矢性(量)函数的导数归结为求三个数性函数的导数。

例 2.1 已知圆锥螺旋线的矢量方程为 $\boldsymbol{r}(\theta)=a\cos\theta\boldsymbol{i}+a\sin\theta\boldsymbol{j}+b\theta\boldsymbol{k}$,求导矢 $\boldsymbol{r}'(\theta)$。

解
$$\boldsymbol{r}'(\theta)=(a\cos\theta)'\boldsymbol{i}+(a\sin\theta)'\boldsymbol{j}+(b\theta)'\boldsymbol{k}$$
$$=-a\sin\theta\boldsymbol{i}+a\cos\theta\boldsymbol{j}+b\boldsymbol{k}$$

例 2.2 设 $\boldsymbol{e}(\varphi)=\cos\varphi\boldsymbol{i}+\sin\varphi\boldsymbol{j}$,$\boldsymbol{e}_1(\varphi)=-\sin\varphi\boldsymbol{i}+\cos\varphi\boldsymbol{j}$,如图 2.6 所示。证明:

(1) $\boldsymbol{e}'(\varphi)=\boldsymbol{e}_1(\varphi)$,$\boldsymbol{e}_1'(\varphi)=-\boldsymbol{e}(\varphi)$;

(2) $\boldsymbol{e}(\varphi)\perp\boldsymbol{e}_1(\varphi)$。

证明 (1) $\boldsymbol{e}'(\varphi)=(\cos\varphi)'\boldsymbol{i}+(\sin\varphi)'\boldsymbol{j}$
$$=-\sin\varphi\boldsymbol{i}+\cos\varphi\boldsymbol{j}$$
$$=\boldsymbol{e}_1(\varphi)$$
$$\boldsymbol{e}_1'(\varphi)=(-\sin\varphi)'\boldsymbol{i}+(\cos\varphi)'\boldsymbol{j}$$
$$=-\cos\varphi\boldsymbol{i}-\sin\varphi\boldsymbol{j}$$
$$=-\boldsymbol{e}(\varphi)$$

(2) 又因为

$$\boldsymbol{e}(\varphi)\cdot\boldsymbol{e}_1(\varphi)=-\cos\varphi\sin\varphi+\sin\varphi\cos\varphi=0$$

所以

$$\boldsymbol{e}(\varphi)\perp\boldsymbol{e}_1(\varphi)$$

容易看出 $\boldsymbol{e}(\varphi)$ 为一单位矢量,故其矢端曲线为一单位圆,因此 $\boldsymbol{e}(\varphi)$ 叫圆函数;与之相伴的 $\boldsymbol{e}_1(\varphi)$ 亦为单位矢

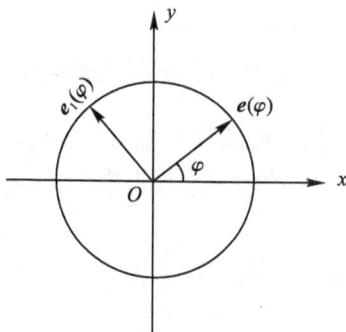

图 2.6

量,其矢端曲线亦为单位圆,如图 2.6 所示。

引用圆函数,圆柱螺旋线的方程可简写为

$$r(\theta)=ae(\varphi)+b\theta k$$

其导矢

$$r'(\theta)=ae_1(\varphi)+bk$$

2.2.2 导矢的几何意义

如图 2.7 所示,l 为 $A(t)$ 的矢端曲线,$\dfrac{\Delta A}{\Delta t}$ 是在 l 的割线 MM' 上的一个矢量。当 $\Delta t>0$ 时,其指向与 ΔA 一致,系指向对应 t 值增大的一方;当 $\Delta t<0$ 时,其指向与 ΔA 相反,但此时 ΔA 指向对应 t 值减小的一方,从而 $\dfrac{\Delta A}{\Delta t}$ 仍指向对应 t 值增大的一方。

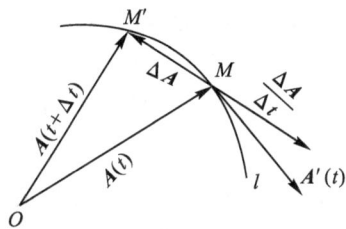

图 2.7

在 $\Delta t \to 0$ 时,由于割线 MM' 绕 M 转动,且以 M 点处的切线为其极限位置,此时,在割线上的矢量 $\dfrac{\Delta A}{\Delta t}$,其极限位置自然也就在此切线上。这就是说,导矢 $A'(t)=\lim\limits_{\Delta t \to 0}\dfrac{\Delta A}{\Delta t}$ 不为零时,则其在点 M 处的切线上。且由上述可知,其方向恒指向对应 t 值增大的一方。故导矢在几何上为一矢端曲线的切向矢量,指向对应 t 值增大的一方。

2.2.3 矢量函数的微分

1. 微分的概念与几何意义

设有矢性(量)函数 $A=A(t)$,我们把

$$dA=A'(t)dt \tag{2.14}$$

称为矢性(量)函数 $A(t)$ 在 t 处的微分。

由于微分 dA 是导矢 $A'(t)$ 与增量 dt 的乘积,所以它是一个矢量,而且和导矢 $A'(t)$ 一样,也在点 M 处与 $A(t)$ 的矢端曲线 l 相切,但其指向:当 $dt>0$ 时,与 $A'(t)$ 的方向一致;当 $dt<0$ 时,则与 $A'(t)$ 的方向相反,如图 2.8 所示。

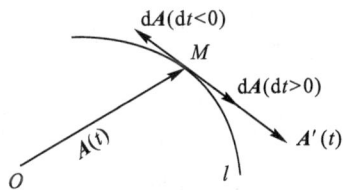

图 2.8

微分 dA 的坐标表示式,可由(2.2)式求得,即

$$dA=A'(t)dt=A'_x(t)dti+A'_y(t)dtj+A'_z(t)dtk$$

或

$$dA=dA_x(t)i+dA_y(t)j+dA_z(t)k \tag{2.15}$$

例 2.3 设 $r(\theta)=a\cos\theta i+a\sin\theta j+b\theta k$,求 dr 及 $|dr|$。

解 $dr=d(a\cos\theta)i+d(b\sin\theta)j+d(b\theta)k$

$\qquad =-a\sin\theta d\theta i+b\cos\theta d\theta j+bd\theta k$

$$|\mathrm{d}\boldsymbol{r}| = \sqrt{(-a\sin\theta)^2 + (b\cos\theta)^2 + b^2}\,|\mathrm{d}\theta|$$

2. $\dfrac{\mathrm{d}\boldsymbol{r}}{\mathrm{d}s}$ 的几何意义

如果我们把矢量函数 $\boldsymbol{A}(t) = A_x(t)\boldsymbol{i} + A_y(t)\boldsymbol{j} + A_z(t)\boldsymbol{k}$ 看作其终点 $M(x,y,z)$ 的矢径函数 $\boldsymbol{r} = x\boldsymbol{i} + y\boldsymbol{j} + z\boldsymbol{k}$，这里 $x = A_x(t), y = A_y(t), z = A_z(t)$，则

$$\mathrm{d}\boldsymbol{r} = \mathrm{d}x\boldsymbol{i} + \mathrm{d}y\boldsymbol{j} + \mathrm{d}z\boldsymbol{k} \tag{2.16}$$

其大小为

$$|\mathrm{d}\boldsymbol{r}| = \sqrt{(\mathrm{d}x)^2 + (\mathrm{d}y)^2 + (\mathrm{d}z)^2} \tag{2.17}$$

通常都将矢量函数 $\boldsymbol{A}(t)$ 的矢端曲线 l 视为有向曲线，在无特别申明时，都是取 t 值增大的一方为 l 的正向。若在 l 上取定一点 M_0 作为计算弧长 s 的起点，并以 l 的正向（即 t 值增大的方向）作为 s 增大的方向，则在 l 上任一点 M 处，弧长的微分是

$$\mathrm{d}s = \pm\sqrt{(\mathrm{d}x)^2 + (\mathrm{d}y)^2 + (\mathrm{d}z)^2}$$

按下述办法取右端符号：以点 M 为界，当 $\mathrm{d}s$ 位于 s 增大一方时取正号；反之取负号，如图 2.9 所示。

由此可见，有

$$|\mathrm{d}\boldsymbol{r}| = \mathrm{d}s \tag{2.18}$$

就是说，矢径函数微分的模，等于（其矢端曲线的）弧微分的绝对值。从而由

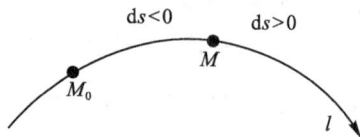

图 2.9

$$|\mathrm{d}\boldsymbol{r}| = \left|\frac{\mathrm{d}\boldsymbol{r}}{\mathrm{d}s}\mathrm{d}s\right| = \left|\frac{\mathrm{d}\boldsymbol{r}}{\mathrm{d}s}\right|\,|\mathrm{d}s|$$

有

$$\left|\frac{\mathrm{d}\boldsymbol{r}}{\mathrm{d}s}\right| = \left|\frac{\mathrm{d}\boldsymbol{r}}{\mathrm{d}s}\right| = 1$$

再结合导矢的几何意义，便知：矢径函数对（其矢端曲线的）弧长 s 的导数在几何上为一切线方向单位矢量，恒指向 s 增大的一方。

例 2.4 证明 $\dfrac{\mathrm{d}s}{\mathrm{d}t} = \left|\dfrac{\mathrm{d}\boldsymbol{r}}{\mathrm{d}t}\right|$。

证明
$$\frac{\mathrm{d}\boldsymbol{r}}{\mathrm{d}t} = \frac{\mathrm{d}x}{\mathrm{d}t}\boldsymbol{i} + \frac{\mathrm{d}y}{\mathrm{d}t}\boldsymbol{j} + \frac{\mathrm{d}z}{\mathrm{d}t}\boldsymbol{k}$$

$$\left|\frac{\mathrm{d}\boldsymbol{r}}{\mathrm{d}t}\right| = \sqrt{\left(\frac{\mathrm{d}x}{\mathrm{d}t}\right)^2 + \left(\frac{\mathrm{d}y}{\mathrm{d}t}\right)^2 + \left(\frac{\mathrm{d}z}{\mathrm{d}t}\right)^2}$$

由于 $\mathrm{d}s$ 与 $\mathrm{d}t$ 有相同的符号

$$\frac{\mathrm{d}s}{\mathrm{d}t} = \frac{\pm\sqrt{(\mathrm{d}x)^2 + (\mathrm{d}y)^2 + (\mathrm{d}z)^2}}{\pm\sqrt{(\mathrm{d}t)^2}} = \sqrt{\left(\frac{\mathrm{d}x}{\mathrm{d}t}\right)^2 + \left(\frac{\mathrm{d}y}{\mathrm{d}t}\right)^2 + \left(\frac{\mathrm{d}z}{\mathrm{d}t}\right)^2} = \left|\frac{\mathrm{d}\boldsymbol{r}}{\mathrm{d}t}\right|$$

由此可知，矢端曲线的单位矢量

$$\boldsymbol{\tau} = \frac{\mathrm{d}\boldsymbol{r}}{\mathrm{d}s} = \frac{\mathrm{d}\boldsymbol{r}}{\mathrm{d}t}\bigg/\frac{\mathrm{d}s}{\mathrm{d}t} = \frac{\mathrm{d}\boldsymbol{r}}{\mathrm{d}t}\bigg/\left|\frac{\mathrm{d}\boldsymbol{r}}{\mathrm{d}t}\right|$$

例 2.5 求圆柱螺旋线 $\boldsymbol{r} = 3\cos t\boldsymbol{i} + 3\sin t\boldsymbol{j} + 4t\boldsymbol{k}$ 的切向单位矢量。

解
$$\frac{\mathrm{d}\boldsymbol{r}}{\mathrm{d}t} = -3\sin t\boldsymbol{i} + 3\cos t\boldsymbol{j} + 4\boldsymbol{k}$$

$$\frac{\mathrm{d}s}{\mathrm{d}t} = \left| \frac{\mathrm{d}\boldsymbol{r}}{\mathrm{d}t} \right| = \sqrt{(-3\sin t)^2 + (3\cos t)^2 + 4^2} = 5$$

$$\boldsymbol{\tau} = \frac{\mathrm{d}\boldsymbol{r}}{\mathrm{d}s} = \frac{\mathrm{d}\boldsymbol{r}}{\mathrm{d}t} \Big/ \frac{\mathrm{d}s}{\mathrm{d}t} = \frac{-3}{5}\sin t\boldsymbol{i} + \frac{3}{5}\cos t\boldsymbol{j} + \frac{4}{5}\boldsymbol{k}$$

2.2.4 矢量函数的导数公式

设矢性(量)函数 $\boldsymbol{A} = \boldsymbol{A}(t)$，$\boldsymbol{B} = \boldsymbol{B}(t)$ 及数性函数 $u = u(t)$ 在 t 的某个范围内可导，则下列公式在该范围内成立：

(1) $\dfrac{\mathrm{d}\boldsymbol{C}}{\mathrm{d}t} = \boldsymbol{0}$（$\boldsymbol{C}$ 为常矢）；

(2) $\dfrac{\mathrm{d}}{\mathrm{d}t}(\boldsymbol{A} \pm \boldsymbol{B}) = \dfrac{\mathrm{d}\boldsymbol{A}}{\mathrm{d}t} \pm \dfrac{\mathrm{d}\boldsymbol{B}}{\mathrm{d}t}$；

(3) $\dfrac{\mathrm{d}(k\boldsymbol{A})}{\mathrm{d}t} = k\dfrac{\mathrm{d}\boldsymbol{A}}{\mathrm{d}t}$；

(4) $\dfrac{\mathrm{d}(u\boldsymbol{A})}{\mathrm{d}t} = \dfrac{\mathrm{d}u}{\mathrm{d}t}\boldsymbol{A} + u\dfrac{\mathrm{d}\boldsymbol{A}}{\mathrm{d}t}$；

(5) $\dfrac{\mathrm{d}}{\mathrm{d}t}(\boldsymbol{A} \cdot \boldsymbol{B}) = \boldsymbol{A} \cdot \dfrac{\mathrm{d}\boldsymbol{B}}{\mathrm{d}t} + \dfrac{\mathrm{d}\boldsymbol{A}}{\mathrm{d}t} \cdot \boldsymbol{B}$；

特例：$\dfrac{\mathrm{d}}{\mathrm{d}t}\boldsymbol{A}^2 = 2\boldsymbol{A} \cdot \dfrac{\mathrm{d}\boldsymbol{A}}{\mathrm{d}t}$（其中 $\boldsymbol{A}^2 = \boldsymbol{A} \cdot \boldsymbol{A}$）；

(6) $\dfrac{\mathrm{d}}{\mathrm{d}t}(\boldsymbol{A} \times \boldsymbol{B}) = \boldsymbol{A} \times \dfrac{\mathrm{d}\boldsymbol{B}}{\mathrm{d}t} + \dfrac{\mathrm{d}\boldsymbol{A}}{\mathrm{d}t} \times \boldsymbol{B}$；

(7) 复合函数求导公式：若 $\boldsymbol{A} = \boldsymbol{A}(u)$，$u = u(t)$，则

$$\frac{\mathrm{d}\boldsymbol{A}}{\mathrm{d}t} = \frac{\mathrm{d}\boldsymbol{A}}{\mathrm{d}u}\frac{\mathrm{d}u}{\mathrm{d}t}$$

这些公式的证明方法，与微积分学中数性函数的类似公式的证法相似，此处略。

例 2.6 设 $\boldsymbol{A} = \sin t\boldsymbol{i} + \cos t\boldsymbol{j} + t\boldsymbol{k}$，$\boldsymbol{B} = \cos t\boldsymbol{i} - \sin t\boldsymbol{j} - 3\boldsymbol{k}$，$\boldsymbol{C} = 2\boldsymbol{i} + 3\boldsymbol{j} - \boldsymbol{k}$，求在 $t = 0$ 处的 $\dfrac{\mathrm{d}}{\mathrm{d}t}(\boldsymbol{A} \times (\boldsymbol{B} \times \boldsymbol{C}))$。

解 $\dfrac{\mathrm{d}}{\mathrm{d}t}(\boldsymbol{A} \times (\boldsymbol{B} \times \boldsymbol{C})) = \boldsymbol{A} \times \dfrac{\mathrm{d}}{\mathrm{d}t}(\boldsymbol{B} \times \boldsymbol{C}) + \dfrac{\mathrm{d}\boldsymbol{A}}{\mathrm{d}t} \times (\boldsymbol{B} \times \boldsymbol{C})$

$$= \boldsymbol{A} \times \left(\frac{\mathrm{d}\boldsymbol{B}}{\mathrm{d}t} \times \boldsymbol{C} + \boldsymbol{B} \times \frac{\mathrm{d}\boldsymbol{C}}{\mathrm{d}t} \right) + \frac{\mathrm{d}\boldsymbol{A}}{\mathrm{d}t} \times (\boldsymbol{B} \times \boldsymbol{C})$$

$$= \boldsymbol{A} \times \left(\boldsymbol{B} \times \frac{\mathrm{d}\boldsymbol{C}}{\mathrm{d}t} \right) + \boldsymbol{A} \times \left(\frac{\mathrm{d}\boldsymbol{B}}{\mathrm{d}t} \times \boldsymbol{C} \right) + \frac{\mathrm{d}\boldsymbol{A}}{\mathrm{d}t} \times (\boldsymbol{B} \times \boldsymbol{C})$$

$$\frac{\mathrm{d}\boldsymbol{A}}{\mathrm{d}t} = \cos t\boldsymbol{i} - \sin t\boldsymbol{j} + \boldsymbol{k}, \quad \frac{\mathrm{d}\boldsymbol{B}}{\mathrm{d}t} = -\sin t\boldsymbol{i} - \cos t\boldsymbol{j}, \quad \frac{\mathrm{d}\boldsymbol{C}}{\mathrm{d}t} = \boldsymbol{0}$$

在 $t = 0$ 处，$\boldsymbol{A} = \boldsymbol{j}$，$\boldsymbol{B} = \boldsymbol{i} - 3\boldsymbol{k}$，$\boldsymbol{C} = 2\boldsymbol{i} + 3\boldsymbol{j} - \boldsymbol{k}$，则

$$\frac{\mathrm{d}\boldsymbol{A}}{\mathrm{d}t} = \boldsymbol{i} + \boldsymbol{k}, \quad \frac{\mathrm{d}\boldsymbol{B}}{\mathrm{d}t} = -\boldsymbol{j}, \quad \frac{\mathrm{d}\boldsymbol{C}}{\mathrm{d}t} = \boldsymbol{0}$$

按二重矢积公式

$$\boldsymbol{a} \times (\boldsymbol{b} \times \boldsymbol{c}) = (\boldsymbol{a} \cdot \boldsymbol{c})\boldsymbol{b} - (\boldsymbol{a} \cdot \boldsymbol{b})\boldsymbol{c}$$

$$\frac{\mathrm{d}}{\mathrm{d}t}(A\times(B\times C))=0+(A\cdot C)\frac{\mathrm{d}B}{\mathrm{d}t}-\left(A\cdot\frac{\mathrm{d}B}{\mathrm{d}t}\right)C+\left(\frac{\mathrm{d}A}{\mathrm{d}t}\cdot C\right)B-\left(\frac{\mathrm{d}A}{\mathrm{d}t}\cdot B\right)C$$
$$=0-3j+(2i+3j-k)+(i-3k)+2(2i+3j-k)$$
$$=7i+6j-6k$$

例 2.7 矢量函数 $A(t)$ 的模不变的充要条件是 $A\cdot\dfrac{\mathrm{d}A}{\mathrm{d}t}=0$，试证明之。

证明 （1）必要性：设 $|A|=$ 常数，则有 $A^2=|A|^2=$ 常数，两端对 t 求导（左端用上页公式 (5)的特例），得

$$A\cdot\frac{\mathrm{d}A}{\mathrm{d}t}=0$$

（2）充分性：若 $A\cdot\dfrac{\mathrm{d}A}{\mathrm{d}t}=0$，则有 $\dfrac{\mathrm{d}A^2}{\mathrm{d}t}=0$，即 $A^2=|A|^2=$ 常数，所以 $|A|=$ 常数。

这个例子，可以简单地表述为：定长矢量 $A(t)$ 与其导矢互相垂直。特别地，对于单位矢量 $A(t)$ 有

$$A^0\perp\frac{\mathrm{d}A^0}{\mathrm{d}t} \tag{2.19}$$

比如例 2.2 中的圆函数，就有 $e(\varphi)\perp e_1(\varphi)$（因 $e_1(\varphi)=e'(\varphi)$）。

2.2.5 导矢的物理意义

设质点 M 在空间运动，其矢径 r 与时间 t 的函数关系为 $r=r(t)$，这个函数的矢端曲线 l 就是质点 M 的运动轨迹，如图 2.10 所示。

为了说明导矢的物理意义，假定质点在时刻 $t=0$ 时位于点 M_0 处，经过一段时间 t 以后到达点 M，其间在 l 上所经过的路程为 $\overset{\frown}{M_0M}=s$。这样，点 M 的矢径显然是路程 s 的函

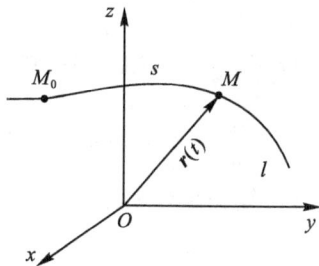

图 2.10

数，而 s 又是时间 t 的函数，从而可以将 $r=r(t)$ 看作是 r 通过中间变量 s 而成为时间 t 的一个复合函数。于是由上页公式(7)有

$$\frac{\mathrm{d}r}{\mathrm{d}t}=\frac{\mathrm{d}r}{\mathrm{d}s}\frac{\mathrm{d}s}{\mathrm{d}t}$$

式中 $\dfrac{\mathrm{d}r}{\mathrm{d}s}$ 的几何意义如前段所述，是在点 M 处的一个切向单位矢量，指向 s 增大的一方。因此，它表示在点 M 处质点运动的方向，现以 τ 表之；而式中的 $\dfrac{\mathrm{d}s}{\mathrm{d}t}$ 是路程 s 对时间 t 的变化率，所以它表示在点 M 处质点运动的速度大小。如以 v 表之，则

$$\frac{\mathrm{d}r}{\mathrm{d}t}=v\tau$$

由此可见，导矢 $\dfrac{\mathrm{d}r}{\mathrm{d}t}$ 表示出了质点 M 运动的速度大小和方向，因而它就是质点 M 运动的速度矢量 v，即

$$v=\frac{\mathrm{d}r}{\mathrm{d}t}=v\tau \tag{2.20}$$

若定义二阶导矢 $\dfrac{\mathrm{d}^2 \boldsymbol{r}}{\mathrm{d}t^2} = \dfrac{\mathrm{d}}{\mathrm{d}t}\left(\dfrac{\mathrm{d}\boldsymbol{r}}{\mathrm{d}t}\right)$，则 $\boldsymbol{a} = \dfrac{\mathrm{d}\boldsymbol{v}}{\mathrm{d}t} = \dfrac{\mathrm{d}^2 \boldsymbol{r}}{\mathrm{d}t^2}$ 为质点 M 运动的加速度矢量。

例 2.8　质点以常角速度在圆周 $\boldsymbol{r} = b\boldsymbol{e}(\varphi)$ 上运动，证明其加速度为

$$\boldsymbol{a} = -\frac{v^2}{b^2}\boldsymbol{r}$$

其中 v 为速度 $\boldsymbol{v}$ 的模。

证明
$$\boldsymbol{v} = \frac{\mathrm{d}\boldsymbol{r}}{\mathrm{d}t} = -b\boldsymbol{e}_1(\varphi)\frac{\mathrm{d}\varphi}{\mathrm{d}t}$$

其中 $\dfrac{\mathrm{d}\varphi}{\mathrm{d}t}$ 为角速度矢的模，已知其为常数，从而加速度为

$$\boldsymbol{a} = \frac{\mathrm{d}\boldsymbol{v}}{\mathrm{d}t} = -b\boldsymbol{e}(\varphi)\left(\frac{\mathrm{d}\varphi}{\mathrm{d}t}\right)^2 = -\left(\frac{\mathrm{d}\varphi}{\mathrm{d}t}\right)^2\boldsymbol{r}$$

由于

$$v = |\boldsymbol{v}| = b\frac{\mathrm{d}\varphi}{\mathrm{d}t}$$

所以 $\boldsymbol{a} = -\dfrac{v^2}{b^2}\boldsymbol{r}$。

例 2.9　点做曲线运动的加速度可以表示为 $\boldsymbol{a} = \dfrac{\mathrm{d}v}{\mathrm{d}t}\boldsymbol{\tau} + \dfrac{v^2}{\rho}\boldsymbol{n}$，式中 v 为速率，ρ 为运动轨迹的曲率半径，$\boldsymbol{\tau}$、$\boldsymbol{n}$ 分别为运动轨迹切线与主法线正向单位矢量。试证明之。

证明　以 $\boldsymbol{r} = \boldsymbol{r}(t)$ 表示点的矢径形式的运动方程，则

$$\boldsymbol{a} = \frac{\mathrm{d}\boldsymbol{v}}{\mathrm{d}t} = \frac{\mathrm{d}(v\boldsymbol{\tau})}{\mathrm{d}t} = \frac{\mathrm{d}v}{\mathrm{d}t}\boldsymbol{\tau} + v\frac{\mathrm{d}\boldsymbol{\tau}}{\mathrm{d}t}$$

因为 $\boldsymbol{\tau}\cdot\dfrac{\mathrm{d}\boldsymbol{\tau}}{\mathrm{d}t} = 0$（例 2.7），即 $\dfrac{\mathrm{d}\boldsymbol{\tau}}{\mathrm{d}t}$ 沿轨迹法线方向，因 $\mathrm{d}\boldsymbol{\tau}$ 在密切平面，故 $\dfrac{\mathrm{d}\boldsymbol{\tau}}{\mathrm{d}t}$ 沿主法线，引入质点运动轨迹主法向单位矢量

$$\boldsymbol{n} = \frac{\mathrm{d}\boldsymbol{\tau}}{\mathrm{d}t}\bigg/\left|\frac{\mathrm{d}\boldsymbol{\tau}}{\mathrm{d}t}\right|$$

而

$$\frac{\mathrm{d}\boldsymbol{\tau}}{\mathrm{d}t} = \frac{\mathrm{d}\boldsymbol{\tau}}{\mathrm{d}s}\frac{\mathrm{d}s}{\mathrm{d}t} = v\frac{\mathrm{d}\boldsymbol{\tau}}{\mathrm{d}s}$$

定义曲率半径
$$\rho = 1\bigg/\left|\frac{\mathrm{d}\boldsymbol{\tau}}{\mathrm{d}s}\right|$$

则

$$\frac{\mathrm{d}\boldsymbol{\tau}}{\mathrm{d}t} = \boldsymbol{n}\left|\frac{\mathrm{d}\boldsymbol{\tau}}{\mathrm{d}t}\right| = \boldsymbol{n}\left|\frac{\mathrm{d}\boldsymbol{\tau}}{\mathrm{d}s}\frac{\mathrm{d}s}{\mathrm{d}t}\right| = \frac{v}{\rho}\boldsymbol{n}$$

$$\boldsymbol{a} = \frac{\mathrm{d}v}{\mathrm{d}t}\boldsymbol{\tau} + \frac{v^2}{\rho}\boldsymbol{n}$$

2.3　矢量函数的积分

矢量函数的积分和数性函数的积分类似，也有不定积分和定积分两种。现分述如下：

2.3.1 矢量函数的不定积分

定义 2.3 若在 t 的某个区间 I 上，有 $\boldsymbol{B}'(t) = \boldsymbol{A}(t)$，则称 $\boldsymbol{B}(t)$ 为 $\boldsymbol{A}(t)$ 在此区间上的一个原函数。在区间 I 上，$\boldsymbol{A}(t)$ 的原函数的全体，叫作 $\boldsymbol{A}(t)$ 在 I 上的不定积分，记作

$$\int \boldsymbol{A}(t)\,\mathrm{d}t \tag{2.21}$$

这个定义和数性函数的不定积分定义类似，故和数性函数一样，若已知 $\boldsymbol{B}(t)$ 是 $\boldsymbol{A}(t)$ 的一个原函数，则有

$$\int \boldsymbol{A}(t)\,\mathrm{d}t = \boldsymbol{B}(t) + \boldsymbol{C} \quad (\boldsymbol{C} \text{ 为任意常矢}) \tag{2.22}$$

而且，数性函数不定积分的基本性质对矢量函数来说也仍然成立。例如

$$\int k\boldsymbol{A}(t)\,\mathrm{d}t = k\int \boldsymbol{A}(t)\,\mathrm{d}t \tag{2.23}$$

$$\int [\boldsymbol{A}(t) \pm \boldsymbol{B}(t)]\,\mathrm{d}t = \int \boldsymbol{A}(t)\,\mathrm{d}t \pm \int \boldsymbol{B}(t)\,\mathrm{d}t \tag{2.24}$$

$$\int \boldsymbol{a}u(t)\,\mathrm{d}t = \boldsymbol{a}\int u(t)\,\mathrm{d}t \tag{2.25}$$

$$\int \boldsymbol{a} \cdot \boldsymbol{A}(t)\,\mathrm{d}t = \boldsymbol{a} \cdot \int \boldsymbol{A}(t)\,\mathrm{d}t \tag{2.26}$$

$$\int \boldsymbol{a} \times \boldsymbol{A}(t)\,\mathrm{d}t = \boldsymbol{a} \times \int \boldsymbol{A}(t)\,\mathrm{d}t \tag{2.27}$$

其中 k 为非零常数，$\boldsymbol{a}$ 为非零常矢。

据此，若已知 $\boldsymbol{A}(t) = A_x(t)\boldsymbol{i} + A_y(t)\boldsymbol{j} + A_z(t)\boldsymbol{k}$，则由 (2.24) 式与 (2.25) 式得

$$\int \boldsymbol{A}(t)\,\mathrm{d}t = \boldsymbol{i}\int A_x(t)\,\mathrm{d}t + \boldsymbol{j}\int A_y(t)\,\mathrm{d}t + \boldsymbol{k}\int A_z(t)\,\mathrm{d}t \tag{2.28}$$

此式把求一个矢量函数的不定积分，归结为求三个数性函数的不定积分。

此外，数性函数的换元积分法与分部积分法亦适用于矢量函数，但由于两个矢量的矢量积服从负交换律，即 $\boldsymbol{A} \times \boldsymbol{B} = -\boldsymbol{B} \times \boldsymbol{A}$，故其分部积分公式的右端应为两项相加，即

$$\int \boldsymbol{A}(t) \times \boldsymbol{B}'(t)\,\mathrm{d}t = \boldsymbol{A}(t) \times \boldsymbol{B}(t) + \int \boldsymbol{B}(t) \times \boldsymbol{A}'(t)\,\mathrm{d}t \tag{2.29}$$

例 2.10 计算 $\displaystyle\int 2\varphi \boldsymbol{e}(\varphi^2 + 1)\,\mathrm{d}\varphi$，式中 $\boldsymbol{e}(\varphi)$ 为圆函数。

解 用换元积分法，令 $u = \varphi^2 + 1$，则

$$\int 2\varphi \boldsymbol{e}(\varphi^2 + 1)\,\mathrm{d}\varphi = \int \boldsymbol{e}(u)\,\mathrm{d}u = -\boldsymbol{e}_1(u) + \boldsymbol{C}$$
$$= -\boldsymbol{e}_1(\varphi^2 + 1) + \boldsymbol{C}$$

例 2.11 计算 $\displaystyle\int \boldsymbol{A}(t) \times \boldsymbol{A}''(t)\,\mathrm{d}t$。

解 用分部积分法，有

$$\int \boldsymbol{A}(t) \times \boldsymbol{A}''(t)\,\mathrm{d}t = \boldsymbol{A}(t) \times \boldsymbol{A}'(t) + \int \boldsymbol{A}'(t) \times \boldsymbol{A}'(t)\,\mathrm{d}t$$
$$= \boldsymbol{A}(t) \times \boldsymbol{A}'(t) + \boldsymbol{C}$$

例 2.12 设 $\boldsymbol{A} = 2t\boldsymbol{j} + t\boldsymbol{k}$，$\boldsymbol{B} = \mathrm{e}^t\boldsymbol{i} + \sin t\boldsymbol{j} + t\boldsymbol{k}$，计算 $\displaystyle\int \boldsymbol{A}(t) \times \boldsymbol{B}'(t)\,\mathrm{d}t$。

解
$$\int \boldsymbol{A}(t) \times \boldsymbol{B}'(t) \mathrm{d}t = \boldsymbol{A}(t) \times \boldsymbol{B}(t) + \int \boldsymbol{A}'(t) \times \boldsymbol{B}(t) \mathrm{d}t$$

其中
$$\boldsymbol{A}(t) \times \boldsymbol{B}(t) = (2t^2 - t\sin t)\boldsymbol{i} + t\,\mathrm{e}^t \boldsymbol{j} - 2t\,\mathrm{e}^t \boldsymbol{k}$$

由于 $\boldsymbol{A}'(t) = 2\boldsymbol{j} + \boldsymbol{k}$ 为常矢,故

$$\int \boldsymbol{B}(t) \times \boldsymbol{A}'(t) \mathrm{d}t = \int \boldsymbol{B}(t) \mathrm{d}t \times \boldsymbol{A}'(t)$$

$$= \left(\mathrm{e}^t \boldsymbol{i} - \cos t \boldsymbol{j} + \frac{t^2}{2}\boldsymbol{k} \right) \times (2\boldsymbol{j} + \boldsymbol{k})$$

$$= (\cos t - t^2)\boldsymbol{i} - \mathrm{e}^t \boldsymbol{j} + 2\mathrm{e}^t \boldsymbol{k} + \boldsymbol{C}$$

故 $\displaystyle\int \boldsymbol{A}(t) \times \boldsymbol{B}'(t) \mathrm{d}t = (t^2 - t\sin t - \cos t)\boldsymbol{i} + (t-1)\mathrm{e}^t \boldsymbol{j} - 2(t-1)\mathrm{e}^t \boldsymbol{k} + \boldsymbol{C}$

2.3.2　矢量函数的定积分

定义 2.4　设矢量函数 $\boldsymbol{A}(t)$ 在区间 $[T_1, T_2]$ 上连续,则 $\boldsymbol{A}(t)$ 在 $[T_1, T_2]$ 上的定积分是指下面形式的极限:

$$\int_{T_1}^{T_2} \boldsymbol{A}(t) \mathrm{d}t = \lim_{\lambda \to 0} \sum_{i=1}^{n} \boldsymbol{A}(\boldsymbol{\xi}_i) \Delta t_i \tag{2.30}$$

其中 $T_1 = t_0 < t_1 < t_2 < \cdots < t_n = T_2$,$\boldsymbol{\xi}_i$ 为区间 $[t_{i-1}, t_i]$ 上的一点;$\Delta t_i = t_i - t_{i-1}$,$\lambda = \max \Delta t_i$,$i = 1, 2, \cdots, n$。

可以看出,矢量函数的定积分概念也和数性函数的定积分类似。因此,也具有和数性函数定积分相应的基本性质。例如:

若 $\boldsymbol{B}(t)$ 是连续矢量函数 $\boldsymbol{A}(t)$ 在区间 $[t_1, t_2]$ 上的一个原函数,则有

$$\int_{t_1}^{t_2} \boldsymbol{A}(t) \mathrm{d}t = \boldsymbol{B}(t_2) - \boldsymbol{B}(t_1) \tag{2.31}$$

其他的性质就不一一列举了。

此外,类似于(2.28)式,求矢量函数的定积分也可归结为求三个数性函数的定积分,即有

$$\int_{t_1}^{t_2} \boldsymbol{A}(t) \mathrm{d}t = \boldsymbol{i} \int_{t_1}^{t_2} A_x(t) \mathrm{d}t + \boldsymbol{j} \int_{t_1}^{t_2} A_y(t) \mathrm{d}t + \boldsymbol{k} \int_{t_1}^{t_2} A_z(t) \mathrm{d}t \tag{2.32}$$

例 2.13　已知 $\boldsymbol{A}(t) = (1 + 3t^2)\boldsymbol{i} - 2t^3 \boldsymbol{j} + \dfrac{t}{2}\boldsymbol{k}$,求 $\displaystyle\int_0^2 \boldsymbol{A}(t) \mathrm{d}t$。

解
$$\int_0^2 \boldsymbol{A}(t) \mathrm{d}t = \boldsymbol{i} \int_0^2 (1 + 3t^2) \mathrm{d}t - \boldsymbol{j} \int_0^2 2t^3 \mathrm{d}t + \boldsymbol{k} \int_0^2 \frac{t}{2} \mathrm{d}t$$

$$= \boldsymbol{i}(t + t^3) \Big|_0^2 - \boldsymbol{j}\left(\frac{t^4}{2} \right) \Big|_0^2 + \boldsymbol{k}\left(\frac{t^2}{4} \right) \Big|_0^2$$

$$= 10\boldsymbol{i} - 8\boldsymbol{j} + \boldsymbol{k}$$

例 2.14　已知圆柱螺旋线的矢径方程为 $\boldsymbol{r} = a\cos t \boldsymbol{i} + a\sin t \boldsymbol{j} + ht \boldsymbol{k}$,求 $t \in [0, 2\pi]$ 的圆柱螺旋线的长度。

解　根据弧长微分公式 $\mathrm{d}s = \sqrt{(\mathrm{d}x)^2 + (\mathrm{d}y)^2 + (\mathrm{d}z)^2}$　有

$$\mathrm{d}s = \sqrt{\left(\frac{\mathrm{d}x}{\mathrm{d}t} \right)^2 + \left(\frac{\mathrm{d}y}{\mathrm{d}t} \right)^2 + \left(\frac{\mathrm{d}z}{\mathrm{d}t} \right)^2}\, \mathrm{d}t = \sqrt{a^2 + h^2}\, \mathrm{d}t$$

于是有
$$l = \int_0^{2\pi} \mathrm{d}s = \int_0^{2\pi} \sqrt{a^2 + h^2}\, \mathrm{d}t = 2\pi \sqrt{a^2 + h^2}$$

习 题 2

1. 写出下列曲线的矢量方程,并说明它们是何种曲线。

(1) $x = a\cos t, y = b\sin t$;

(2) $x = 3\sin t, y = 4b\sin t, y = 3\cos t$。

2. 设有定圆 D 与动圆 C,半径均为 a,动圆在定圆外相切且滚动(如图)。求动圆上一定点所描曲线的矢量方程。

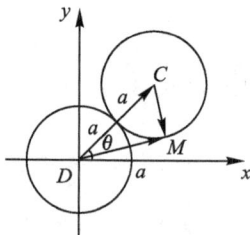

3. 证明:

(1) $e(\varphi) \times e_1(\varphi) = k$;

(2) $e(\varphi + \alpha) = e(\varphi)\cos\alpha + e_1(\varphi)\sin\alpha$。

4. 求曲线 $x = t, y = t^2, z = \dfrac{2}{3}t^3$ 的切向单位矢量 $\boldsymbol{\tau}$。

5. 若 $\boldsymbol{a}(t)$ 三阶可导,试证明

$$\frac{\mathrm{d}}{\mathrm{d}t}\left[\boldsymbol{a} \cdot \left(\frac{\mathrm{d}\boldsymbol{a}}{\mathrm{d}t} \times \frac{\mathrm{d}^2\boldsymbol{a}}{\mathrm{d}t^2} \right) \right] = \boldsymbol{a} \cdot \left(\frac{\mathrm{d}\boldsymbol{a}}{\mathrm{d}t} \times \frac{\mathrm{d}^3\boldsymbol{a}}{\mathrm{d}t^3} \right)$$

6. 求曲线 $r = t\boldsymbol{i} + t^2\boldsymbol{j} + t^3\boldsymbol{k}$ 上的点,该点的切线平行于平面 $x + 2y + z = 4$。

7. 证明圆柱螺旋线 $\boldsymbol{r} = a\boldsymbol{e}(\theta) + b\theta\boldsymbol{k}$ 的切线与 Oz 轴之间成定角。

8. 计算 $\displaystyle\int \varphi^2 \boldsymbol{e}(\varphi)\mathrm{d}\varphi$。

9. 已知 $\dfrac{\mathrm{d}\boldsymbol{X}}{\mathrm{d}t} = \boldsymbol{P} \times (\boldsymbol{Q}\cos 2t + \boldsymbol{R}\sin 2t)$(其中 $\boldsymbol{P}$、$\boldsymbol{Q}$、$\boldsymbol{R}$ 为常矢),求 $\boldsymbol{X}$。

10. 已知 $\boldsymbol{A}(t)$ 有二阶连续导数,$\boldsymbol{B}(t) = 3\boldsymbol{A}'(t)$,求 $\displaystyle\int \boldsymbol{A}(t) \times \boldsymbol{B}'(t)\mathrm{d}t$。

11. 一质点沿曲线 $\boldsymbol{r} = r\cos\varphi\boldsymbol{i} + r\cos\varphi\boldsymbol{j}$ 运动,其中 r、φ 均为时间 t 的函数。求:

(1) 速度 $\boldsymbol{v}$ 在矢径方向及其垂直方向上的投影 v_r、v_φ;

(2) 加速度 $\boldsymbol{a}$ 在同样方向上的投影 a_r、a_φ。

(提示:使用圆函数 $e(\varphi)$,则 $e(\varphi)$ 及 $e_1(\varphi)$ 之方向即为矢径方向及与之垂直的方向。)

12. 求等速圆周运动 $\boldsymbol{r} = R\cos\omega t\boldsymbol{i} + R\sin\omega t\boldsymbol{j}$ 的速度矢量 $\boldsymbol{v}$ 和加速度矢量 $\boldsymbol{a}$,并讨论它们与 $\boldsymbol{r}$ 的关系。

13. 已知 $\boldsymbol{A}(t)$ 和一非零常矢 $\boldsymbol{B}$ 恒满足 $\boldsymbol{A}(t) \cdot \boldsymbol{B} = t$,又 $\boldsymbol{A}'(t)$ 和 $\boldsymbol{B}$ 之间的夹角 θ 为常数。试证明:$\boldsymbol{A}'(t) \perp \boldsymbol{A}''(t)$。

2 题图

第3章 场 论

在许多科学、技术问题中,常常要考察某种物理量(如温度、密度、电势、力、速度等)在空间的分布和变化规律。为了揭示和探索这些规律,数学上就引进了场的概念。场是具有物理量的空间。如果在全部空间或部分空间里的每一点都对应着某个物理量的一个确定的值,就说在这空间里确定了该物理量的场。

3.1 场及其特性

3.1.1 场的概念

如果在全部空间或部分空间里的每一点,都对应着某个物理量的一个确定的值,就说在这空间里确定了该物理量的一个场。该物理量如果是数量,就称这个场为数量场;如果是矢量,就称这个场为矢量场。例如,温度场、密度场、电势场等为数量场,而力场、速度场等为矢量场。

此外,若场中之物理量在各点处的对应值不随时间而变化,则称该场为稳定场;否则,称为不稳定场。后面我们只讨论稳定场(当然,所得的结果也适合于不稳定场的每一瞬间情况)。

3.1.2 数量场的等值面

由数量场的定义可知,分布在数量场中各点处的数量 u 是场中之点 M 的函数 $u=u(M)$,当取定了 $Oxyz$ 直角坐标系以后,它就成为点 $M(x,y,z)$ 的坐标的函数了,即

$$u=u(x,y,z) \tag{3.1}$$

就是说,一个数量场可以用一个数性函数来表示。此后,若无特别申明,我们总假定这函数单值、连续且有一阶连续偏导数。

在数量场中,为了直观地研究数量 $u=u(M)$ 在场中的分布状况,引入了等值面的概念。所谓等值面,是指由场中使函数 u 取相同数值的点所组成的曲面。例如温度场的等值面,就是由温度相同的点所组成的等温面;电势场中的等值面,就是由电势相同的点所组成的等势面。

很明显,数量场 u 的等值面方程为

$$u(x,y,z)=c \quad (c \text{ 为常数})$$

由隐函数存在定理知道,在函数 u 为单值,且各连续偏导数 u_x、u_y、u_z 不全为 0 时,这种等值面一定存在。

在上式中给常数 c 以不同的数值,就得到不同的等值面,如图 3.1 所示。这簇等值面充满了数量场所在的空间,而且互不相交。这是因为在数量场中的每一点 $M_0(x_0,y_0,z_0)$ 都有一等值面

$$u(x,y,z)=u(x_0,y_0,z_0) \tag{3.2}$$

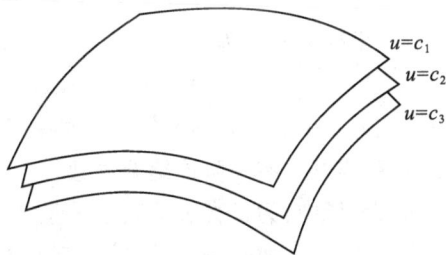

$u=c_1$
$u=c_2$
$u=c_3$

图 3.1

通过;而且由于函数 u 为单值,一个点就只能在一个等值面上。例如,数量场

$$u(x,y,z)=\sqrt{R^2-x^2-y^2-z^2}$$

所在的空间区域为一个以原点为中心,半径为 R 的球形区域,即

$$x^2+y^2+z^2\leqslant R^2$$

场的等值面,是空间区域内以原点为中心的一簇同心球面,即

$$\sqrt{R^2-x^2-y^2-z^2}=c$$

或

$$x^2+y^2+z^2=R^2-c^2$$

而通过场中之点 $M_0\left(0,0,\dfrac{R}{2}\right)$ 的等值面,则为其中一球面:

$$\sqrt{R^2-x^2-y^2-z^2}=\sqrt{R^2-0^2-0^2-\left(\dfrac{R}{2}\right)^2}$$

或

$$x^2+y^2+z^2=\dfrac{R^2}{4}$$

同理,在函数 $u(x,y)$ 所表示的平面数量场中,具有相同数值 c 的点,就组成此数量场的等值线:

$$u(x,y)=c$$

比如地形图上的等高线,地面气象图上的等温线、等压线等,都是平面数量场中等值线的例子。

数量场的等值面或等值线,可以直观地帮助我们了解场中物理量的分布状况。例如根据地形图上的等高线及其所标出的海拔高度(见图3.2),我们就能了解到该地区地势的高低情况,而且还可以根据等高线所分布的稀密程度来大致判定该地区在各个方向上地势的陡度大小(在较密的方向陡度大些,在较稀的方向陡度小些)。在图 3.2 中,我们可以看出,该地区西北部偏低,东北部较平缓,而西南部则偏高且陡峭。

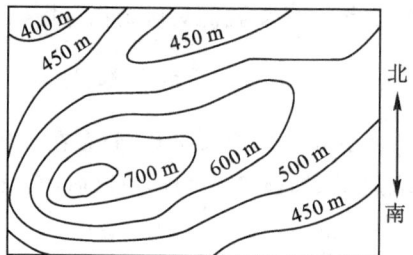

图 3.2

3.1.3 矢量场的矢量线

和数量场一样,矢量场中分布在各点处的矢量 $\boldsymbol{A}$,是场中之点 M 的函数 $\boldsymbol{A}=\boldsymbol{A}(M)$,当取定了 $Oxyz$ 直角坐标系以后,它就成为点 $M(x,y,z)$ 的坐标的函数了,即

$$\boldsymbol{A}=\boldsymbol{A}(x,y,z) \tag{3.3}$$

它的坐标表示式为

$$\boldsymbol{A}=A_x(x,y,z)\boldsymbol{i}+A_y(x,y,z)\boldsymbol{j}+A_z(x,y,z)\boldsymbol{k} \tag{3.4}$$

其中函数 A_x、A_y、A_z 分别为矢量 $\boldsymbol{A}$ 的三个坐标或者说三个分量,以后若无特别申明,都假定它们为单值、连续且有一阶连续偏导数。

在矢量场中,为了直观地表示矢量的分布状况,引入矢量线的概念。所谓矢量线,乃是这样的曲线,在它上面每一点处,曲线都和对应于该点的矢量 $\boldsymbol{A}$ 相切,如图 3.3 所示。例如静电场中的电力线、磁场中的磁力线、流速场中的流线等,都是矢量线的例子。

现在我们来讨论对于已知的矢量场 $\boldsymbol{A}=\boldsymbol{A}(x,y,z)$，怎样求出其矢量线的方程。

设 $M(x,y,z)$ 为矢量线上任一点，其矢径为

$$\boldsymbol{r}=x\boldsymbol{i}+y\boldsymbol{j}+z\boldsymbol{k}$$

则微分

$$\mathrm{d}\boldsymbol{r}=\mathrm{d}x\boldsymbol{i}+\mathrm{d}y\boldsymbol{j}+\mathrm{d}z\boldsymbol{k}$$

按其几何意义为在点 M 处与矢量线相切的矢量。根据矢量线的定义，它必定在点 M 处与场矢量

$$\boldsymbol{A}=A_x(x,y,z)\boldsymbol{i}+A_y(x,y,z)\boldsymbol{j}+A_z(x,y,z)\boldsymbol{k}$$

共线，因此有

$$\frac{\mathrm{d}x}{A_x}=\frac{\mathrm{d}y}{A_y}=\frac{\mathrm{d}z}{A_z} \tag{3.5}$$

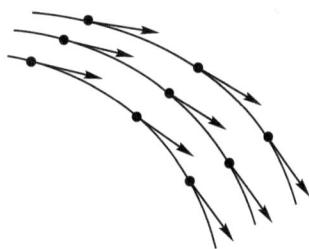

图 3.3

这就是矢量线所应满足的微分方程，解之可得矢量线方程。在 $\boldsymbol{A}$ 不为零的假定下，由微分方程的存在定理知道，当函数 A_x、A_y、A_z 为单值、连续且有一阶连续偏导数时，这簇矢量线不仅存在，并且也充满了矢量场所在的空间，而且互不相交。

因此，对于场中的任意一条曲线 C（非矢量线），在其上的每一点处，有且仅有一条矢量线通过。这些矢量线的全体，就构成一张通过曲线 C 的曲面，称为矢量面（见图3.4）。显然在矢量面上的任一点 M 处，场的对应矢量 $\boldsymbol{A}(M)$ 都位于此矢量面在该点的切平面内。

特别地，当曲线 C 为一封闭曲线时，通过 C 的矢量面，就构成一管形曲面，称之为矢量管（见图3.5）。

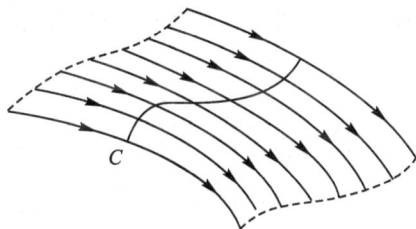

图 3.4

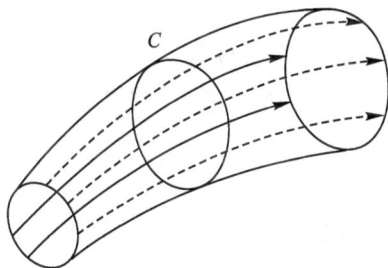

图 3.5

例 3.1 设点电荷 q 位于坐标原点，则在其周围空间的任一点 $M(x,y,z)$ 处所产生的电场强度，由电学知为

$$\boldsymbol{E}=\frac{q}{4\pi\varepsilon r^3}\boldsymbol{r} \tag{3.6}$$

其中 ε 为介电常量，$\boldsymbol{r}=x\boldsymbol{i}+y\boldsymbol{j}+z\boldsymbol{k}$ 为点 M 的矢径；而 $r=|\boldsymbol{r}|$。求电场强度 $\boldsymbol{E}$ 的矢量线。

解 由(3.6)式可知

$$\boldsymbol{E}=\frac{q}{4\pi\varepsilon r^3}(x\boldsymbol{i}+y\boldsymbol{j}+z\boldsymbol{k})$$

则矢量线所应满足的微分方程按(3.5)式为

$$\frac{\mathrm{d}x}{\dfrac{qx}{4\pi\varepsilon r^3}}=\frac{\mathrm{d}y}{\dfrac{qy}{4\pi\varepsilon r^3}}=\frac{\mathrm{d}z}{\dfrac{qz}{4\pi\varepsilon r^3}}$$

从而有

$$\begin{cases} \dfrac{\mathrm{d}x}{x}=\dfrac{\mathrm{d}y}{y} \\[2mm] \dfrac{\mathrm{d}y}{y}=\dfrac{\mathrm{d}z}{z} \end{cases}$$

解之即得

$$\begin{cases} y=C_1 x \\ z=C_2 y \end{cases} \quad （\text{其中 } C_1 、C_2 \text{ 为任意常数}）$$

这就是电场强度 E 的矢量线方程,其图形是一簇从坐标原点出发的射线,在电学中称为电场线。当 q 为正时,如图 3.6 所示;当 q 为负时,图中电场线应反向。

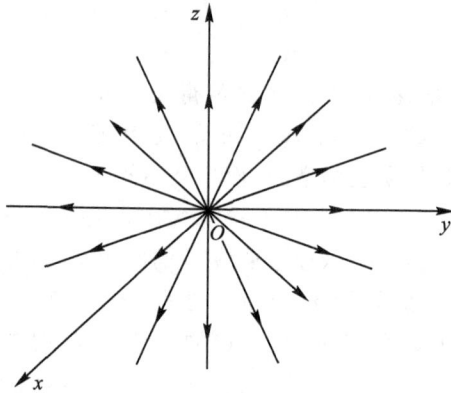

图 3.6

例 3.2 求矢量场 $A=xz\boldsymbol{i}+yz\boldsymbol{j}-(x^2-y^2)\boldsymbol{k}$ 通过点 $M(2,-1,1)$ 的矢量线方程。

解 矢量线所应满足的微分方程为

$$\frac{\mathrm{d}x}{xz}=\frac{\mathrm{d}y}{yz}=\frac{\mathrm{d}z}{-(x^2+y^2)}$$

由 $\dfrac{\mathrm{d}x}{x}=\dfrac{\mathrm{d}y}{y}$ 解得 $y=C_1 x$。

又将方程写为

$$\frac{x\mathrm{d}x}{x^2 z}=\frac{y\mathrm{d}y}{y^2 z}=\frac{\mathrm{d}z}{-(x^2+y^2)}$$

按等比定理,有

$$\frac{\mathrm{d}(x^2+y^2)}{2(x^2+y^2)z}=\frac{\mathrm{d}z}{-(x^2+y^2)}$$

由此解得

$$x^2+y^2+z^2=C_2$$

于是得到矢量线簇之方程

$$\begin{cases} y=C_1 x \\ x^2+y^2+z^2=C_2 \end{cases}$$

这是一簇以原点为中心的同心圆,再以点 $M(2,-1,1)$ 的坐标代入,定出 $C_1=-\dfrac{1}{2}$,$C_2=$

6,从而求得过点 $M(2,-1,1)$ 的矢量线方程：

$$\begin{cases} y=-\dfrac{1}{2}x \\ x^2+y^2+z^2=6 \end{cases}$$

例 3.3 求平面矢量场 $A=(x^2-y^2)i+2xyj$ 的矢量线方程。

解 矢量线所应满足的微分方程为

$$\frac{\mathrm{d}x}{x^2-y^2}=\frac{\mathrm{d}y}{2xy}$$

将其转换为极坐标 $x=\rho\cos\varphi,y=\rho\sin\varphi$，于是

$$\mathrm{d}x=\cos\varphi\mathrm{d}\rho-\rho\sin\varphi\mathrm{d}\varphi,\quad \mathrm{d}y=\sin\varphi\mathrm{d}\rho+\rho\cos\varphi\mathrm{d}\varphi$$

$$x^2-y^2=\rho^2\cos2\varphi,\quad 2xy=\rho^2\sin2\varphi$$

以上各式代入矢量线微方程,得

$$\frac{\cos\varphi\mathrm{d}\rho-\rho\sin\varphi\mathrm{d}\varphi}{\cos2\varphi}=\frac{\sin\varphi\mathrm{d}\rho+\rho\cos\varphi\mathrm{d}\varphi}{\sin2\varphi}$$

化简得

$$\rho\cos\varphi\mathrm{d}\varphi=\sin\varphi\mathrm{d}\rho$$

即

$$\frac{\sin\varphi}{\mathrm{d}\sin\varphi}=\frac{\mathrm{d}\rho}{\rho}$$

所以

$$\rho=c\sin\varphi;\ \rho^2=c\rho\sin\varphi$$

或写成

$$\rho^2=x^2+y^2=cy$$

上式表示一簇椭圆方程

$$x^2+\left(y-\frac{c}{2}\right)^2=\left(\frac{c}{2}\right)^2$$

3.2 数量场的方向导数和梯度

3.2.1 方向导数

在数量场中,数量 $u=u(M)$ 的分布状况,由前节知道,可以借助等值面或等值线来进行了解。但是这只能大致地了解到数量 u 在场中的总的分布情况,是一种整体性的了解。而研究数量场的另一个重要方面,就是还要对它做局部性的了解,即还要考察数量 u 在场中各个点处的邻域内沿每一方向的变化情况。为此,我们引进方向导数的概念。

定义 3.1 设 M 为数量场 $u=u(M)$ 中的一点,从点 M_0 出发引一条射线 l,在 l 上点 M_0 的邻近取一动点 M,记 $\overline{M_0M}=\rho$,如图 3.7 所示。若当 $M\to M_0$ 时,比式

$$\frac{\Delta u}{\rho}=\frac{u(M)-u(M_0)}{\overline{M_0M}}$$

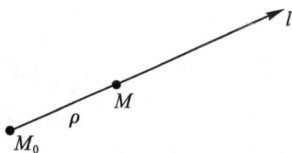

图 3.7

的极限存在,则称此极限为函数 $u(M)$ 在点 M_0 处沿 l 方向的方向导数,记作 $\left.\dfrac{\partial u}{\partial l}\right|_{M_0}$,即

$$\left.\frac{\partial u}{\partial l}\right|_{M_0} = \lim_{M \to M_0} \frac{u(M) - u(M_0)}{\overline{M_0 M}} \tag{3.7}$$

由此定义可知,方向导数是在一个点 M 处沿方向 l 的函数 $u(M)$ 对距离的变化率。故当 $\dfrac{\partial u}{\partial l} > 0$ 时,函数 u 沿 l 方向就是增加的;当 $\dfrac{\partial u}{\partial l} < 0$ 时,函数 u 沿 l 方向就是减少的。

在直角坐标系中,方向导数有如下定理给出的计算公式。

定理 3.1 若函数 $u = u(M)$ 在点 $M_0(x_0, y_0, z_0)$ 处可微;$\cos\alpha, \cos\beta, \cos\gamma$ 为 l 方向的方向余弦,则函数 u 在点 M_0 处沿方向 l 的方向导数必存在,且由如下公式给出

$$\frac{\partial u}{\partial l} = \frac{\partial u}{\partial x}\cos\alpha + \frac{\partial u}{\partial y}\cos\beta + \frac{\partial u}{\partial z}\cos\gamma \tag{3.8}$$

其中 $\dfrac{\partial u}{\partial x}, \dfrac{\partial u}{\partial y}, \dfrac{\partial u}{\partial z}$ 等是在点 M_0 处的偏导数。

证明 设动点 M 坐标为 $(x_0 + \Delta x, y_0 + \Delta y, z_0 + \Delta z)$。因 u 在点 M_0 可微,故有

$$\Delta u = u(M) - u(M_0) = \frac{\partial u}{\partial x}\Delta x + \frac{\partial u}{\partial y}\Delta y + \frac{\partial u}{\partial z}\Delta z + \omega\rho$$

其中 ω 在 $\rho \to 0$ 时趋于零。将上式两端除以 ρ,得

$$\frac{\Delta u}{\rho} = \frac{\partial u}{\partial x}\frac{\Delta x}{\rho} + \frac{\partial u}{\partial y}\frac{\Delta y}{\rho} + \frac{\partial u}{\partial z}\frac{\Delta z}{\rho} + \omega$$

即

$$\frac{\Delta u}{\rho} = \frac{\partial u}{\partial x}\cos\alpha + \frac{\partial u}{\partial y}\cos\beta + \frac{\partial u}{\partial z}\cos\gamma + \omega$$

令 $\rho \to 0$ 取极限,注意到此时有 $\omega \to 0$,从而就得到公式(3.8)。

例 3.4 求函数 $u(x,y,z) = \sqrt{x^2 + y^2 + z^2}$ 在点 $M(1,0,1)$ 处沿 $l = i + 2j + 2k$ 方向的方向导数。

解 $\dfrac{\partial u}{\partial x} = \dfrac{x}{\sqrt{x^2 + y^2 + z^2}}$, $\dfrac{\partial u}{\partial y} = \dfrac{y}{\sqrt{x^2 + y^2 + z^2}}$, $\dfrac{\partial u}{\partial z} = \dfrac{z}{\sqrt{x^2 + y^2 + z^2}}$

在点 $M(1,0,1)$ 处有

$$\frac{\partial u}{\partial x} = \frac{1}{\sqrt{2}}, \quad \frac{\partial u}{\partial y} = 0, \quad \frac{\partial u}{\partial z} = \frac{1}{\sqrt{2}}$$

而 l 的方向余弦为

$$\cos\alpha = \frac{1}{3}, \quad \cos\beta = \frac{2}{3}, \quad \cos\gamma = \frac{2}{3}$$

由公式(3.8)就得到

$$\frac{\partial u}{\partial l} = \frac{1}{\sqrt{2}}\frac{1}{3} + 0\cdot\frac{2}{3} + \frac{1}{\sqrt{2}}\frac{2}{3} = \frac{1}{\sqrt{2}}$$

定理 3.2 若在有向曲线 C 上取定一点 M_0 作为计算弧长 s 的起点,并以 C 之正向作为 s 增大的方向;M 为 C 上的一点,在点 M 处沿 C 之正向作一与 C 相切的射线 l,如图 3.8 所示,则在点 M 处,当函数 u 可微、曲线 C 光滑时,函数 u 沿 l 方

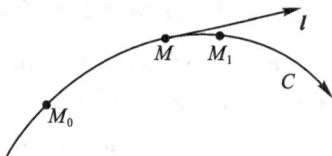

图 3.8

向的方向导数就等于函数 u 对 s 的全导数,即有下式成立

$$\frac{\partial u}{\partial l}=\frac{\mathrm{d}u}{\mathrm{d}s} \tag{3.9}$$

证明　设曲线 C 以 s 为参数的参数方程为

$$x=x(s),\ y=y(s),\ z=z(s)$$

则沿曲线 C,函数

$$u=u[x(s),y(s),z(s)]$$

又由于在点 M 处,函数 u 可微、曲线 C 光滑,按复合函数求导定理,即得 u 对 s 的全导数

$$\frac{\mathrm{d}u}{\mathrm{d}s}=\frac{\partial u}{\partial x}\frac{\mathrm{d}x}{\mathrm{d}s}+\frac{\partial u}{\partial y}\frac{\mathrm{d}y}{\mathrm{d}s}+\frac{\partial u}{\partial z}\frac{\mathrm{d}z}{\mathrm{d}s}$$

注意到 $\dfrac{\mathrm{d}x}{\mathrm{d}s}$、$\dfrac{\mathrm{d}y}{\mathrm{d}s}$、$\dfrac{\mathrm{d}z}{\mathrm{d}s}$ 是曲线 C 的正向切线 l 的方向余弦,若将其写成 $\cos\alpha$、$\cos\beta$、$\cos\gamma$,则

$$\frac{\mathrm{d}u}{\mathrm{d}s}=\frac{\partial u}{\partial x}\cos\alpha+\frac{\partial u}{\partial y}\cos\beta+\frac{\partial u}{\partial z}\cos\gamma$$

与(3.8)式比较,即知有

$$\frac{\partial u}{\partial l}=\frac{\mathrm{d}u}{\mathrm{d}s}$$

上面讲的是函数 u 沿直线的方向导数。此外,有时还需要研究函数 u 沿曲线的方向导数,其定义如下:

定义 3.2　如图 3.8 所示,从点 M 出发沿 C 之正向取一点 M_1,记弧长 $\overset{\frown}{MM_1}=\Delta s$。若当 $M\to M_1$ 时,比式

$$\frac{\Delta u}{\Delta s}=\frac{u(M_1)-u(M)}{\overset{\frown}{MM_1}}$$

的极限存在,则称此极限为函数 u 在点 M 处沿曲线 C(正向)的方向导数,记作 $\dfrac{\partial u}{\partial s}$,即

$$\frac{\partial u}{\partial s}=\lim_{\Delta s\to0}\frac{\Delta u}{\Delta s}=\lim_{M_1\to M}\frac{u(M_1)-u(M)}{\overset{\frown}{MM_1}} \tag{3.10}$$

定理 3.3　若在点 M 处函数 u 可微、曲线 C 光滑,则有

$$\frac{\partial u}{\partial s}=\frac{\mathrm{d}u}{\mathrm{d}s} \tag{3.11}$$

证明　由于在点 M 处函数 u 可微、曲线 C 光滑,故全导数 $\dfrac{\mathrm{d}u}{\mathrm{d}s}$ 存在,而 $\dfrac{\partial u}{\partial s}$ 按定义实际上是一个右极限,即

$$\frac{\partial u}{\partial s}=\lim_{\Delta s\to0}\frac{\Delta u}{\Delta s}$$

故当 $\dfrac{\mathrm{d}u}{\mathrm{d}s}=\lim\limits_{\Delta s\to0}\dfrac{\Delta u}{\Delta s}$ 存在时,就有 $\dfrac{\partial u}{\partial s}=\dfrac{\mathrm{d}u}{\mathrm{d}s}$。

比较(3.9)式与(3.11)式,立得重要推论:

推论 3.1　若在点 M 处函数 u 可微、曲线 C 光滑,则有

$$\frac{\partial u}{\partial s}=\frac{\partial u}{\partial l}$$

这就是说,函数 u 在点 M 处沿曲线 C(正向)的方向导数与函数 u 在点 M 处沿切线方向(指向 C 的正向一侧)的方向导数相等。

例 3.5 求函数 $u=3x^2y-y^2$ 在点 $M(2,3)$ 处沿曲线 $y=x^2-1$(x 增大一方)的方向导数。

解 根据(3.11)式,只要求出函数 u 沿曲线 $y=x^2-1$ 在点 $M(2,3)$ 处沿 x 增大方向的切线方向导数即可。为此,将所给曲线方程写成矢量形式

$$\boldsymbol{r}=x\boldsymbol{i}+y\boldsymbol{j}=x\boldsymbol{i}+(x^2-1)\boldsymbol{j}$$

其导矢

$$\boldsymbol{r}'=\boldsymbol{i}+2x\boldsymbol{j}$$

就是曲线沿 x 增大方向的切线矢量。以点 $M(2,3)$ 坐标代入,得

$$\boldsymbol{r}'|_M=\boldsymbol{i}+4\boldsymbol{j}$$

其方向余弦

$$\cos\alpha=\frac{1}{\sqrt{17}},\quad \cos\beta=\frac{4}{\sqrt{17}}$$

又函数 u 在点 $M(2,3)$ 处的偏导数

$$\frac{\partial u}{\partial x}\Big|_M=6xy|_M=36,\quad \frac{\partial u}{\partial y}\Big|_M=3x^2-2y|_M=6$$

于是,所求的方向导数为

$$\frac{\partial u}{\partial s}\Big|_M=\frac{\partial u}{\partial l}\Big|_M=\left(\frac{\partial u}{\partial x}\cos\alpha+\frac{\partial u}{\partial y}\cos\beta\right)$$
$$=36\times\frac{1}{\sqrt{17}}+6\times\frac{4}{\sqrt{17}}=\frac{60}{\sqrt{17}}$$

3.2.2 梯度

方向导数给我们解决了函数 $u(M)$ 在给定点处沿某个方向的变化率问题。然而从场中的给定点出发,有无穷多个方向,函数 $u(M)$ 沿其中哪个方向的变化率最大呢? 最大的变化率又是多少呢? 这是在科学技术中常常需要探讨的问题。为了解决这个问题,我们来分析方向导数的公式

$$\frac{\partial u}{\partial l}=\frac{\partial u}{\partial x}\cos\alpha+\frac{\partial u}{\partial y}\cos\beta+\frac{\partial u}{\partial z}\cos\gamma \tag{3.12}$$

其中 $\cos\alpha$、$\cos\beta$、$\cos\gamma$ 为 l 方向的方向余弦,也就是这个方向上的单位矢量 $l^0=\cos\alpha\boldsymbol{i}+\cos\beta\boldsymbol{j}+\cos\gamma\boldsymbol{k}$ 的坐标。若把公式(3.8)右端的其余三个数 $\frac{\partial u}{\partial x}$、$\frac{\partial u}{\partial y}$、$\frac{\partial u}{\partial z}$ 也视为一个矢量 $\boldsymbol{G}$ 的坐标,即取

$$\boldsymbol{G}=\frac{\partial u}{\partial x}\boldsymbol{i}+\frac{\partial u}{\partial y}\boldsymbol{j}+\frac{\partial u}{\partial z}\boldsymbol{k}$$

则公式(3.8)可以写成 $\boldsymbol{G}$ 与 l^0 的数量积,即

$$\frac{\partial u}{\partial l}=\boldsymbol{G}\cdot l^0=|\boldsymbol{G}|\cos(\boldsymbol{G},l^0) \tag{3.13}$$

显然,$\boldsymbol{G}$ 在给定的点处为一固定矢量,上式表明:$\boldsymbol{G}$ 在 l 方向上的投影正好等于函数 u 在该方向上的方向导数。因此,当方向 l 与 $\boldsymbol{G}$ 的方向一致时,即 $\cos(\boldsymbol{G},l^0)=1$ 时,方向导数取得最大值,其值为

$$\frac{\partial u}{\partial l} = |\boldsymbol{G}|$$

由此可见,矢量 $\boldsymbol{G}$ 的方向就是函数 $u(M)$ 变化率最大的方向,其模也正好是这个最大变化率的数值,我们把 $\boldsymbol{G}$ 叫作函数 $u(M)$ 在给定点处的梯度。一般,我们有如下的定义。

1. 梯度的定义

若在数量场 $u(M)$ 中的一点 M 处,存在这样一个矢量 $\boldsymbol{G}$,其方向为函数 $u(M)$ 在 M 点处变化率最大的方向,其模也正好是这个最大变化率的数值,则称矢量 $\boldsymbol{G}$ 为函数 $u(M)$ 在点 M 处的梯度,记作 $\mathrm{grad}\, u$,即

$$\mathrm{grad}\, u = \boldsymbol{G}$$

梯度的这个定义是与坐标系无关的,它是由数量场中数量 $u(M)$ 的分布所决定的,上面,我们借助于方向导数的公式找出了它在直角坐标系中的表示式为

$$\mathrm{grad}\, u = \frac{\partial u}{\partial x}\boldsymbol{i} + \frac{\partial u}{\partial y}\boldsymbol{j} + \frac{\partial u}{\partial z}\boldsymbol{k} \tag{3.14}$$

2. 梯度的性质

梯度矢量具有下面两个重要性质,参看图 3.9。

① 由前面(3.14)式可知,方向导数等于梯度在该方向上的投影,写作

$$\frac{\partial u}{\partial l} = \mathrm{grad}\, u \cdot \boldsymbol{l}^0$$

② 数量场 $u(M)$ 中每一点 M 处的梯度,垂直于过该点的等值面,且指向函数 $u(M)$ 增大的一方。

因为:从(3.14)式可以看出,在点 M 处 $\mathrm{grad}\, u$ 的坐标 $\left(\dfrac{\partial u}{\partial x}, \dfrac{\partial u}{\partial y}, \dfrac{\partial u}{\partial z}\right)$ 正好是过 M 点的等值面 $u(x,y,z)=c$ 的法线方向数,故知梯度即其法向矢量,因此它垂直于此等值面。

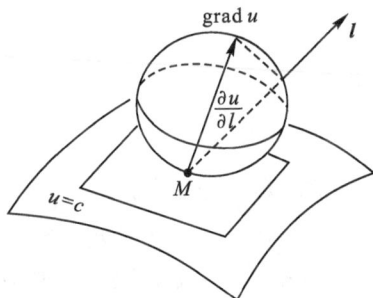

图 3.9

又由于函数 $u(M)$ 沿梯度方向的方向导数 $\dfrac{\partial u}{\partial l} = |\mathrm{grad}\, u| > 0$,这说明函数 $u(M)$ 沿梯度方向是增大的,也就是梯度指向函数 $u(M)$ 增大的一方。梯度的这两个性质,表明梯度矢量和方向导数以及数量场的等值面之间,存在着一种比较理想的关系,这就使得梯度成为研究数量场时的一个极为重要的概念,从而在科学技术问题中,也就有着比较广泛的应用。

如果我们把数量场中每一点的梯度与场中之点一一对应起来,就得到一个矢量场,称为由此数量场产生的梯度场。

例 3.6　设 $r = \sqrt{x^2 + y^2 + z^2}$ 为点 M 的矢径的模,试证

$$\mathrm{grad}\, r = \frac{\boldsymbol{r}}{r} = \boldsymbol{r}^0$$

证明
$$\frac{\partial r}{\partial x} = \frac{x}{\sqrt{x^2 + y^2 + z^2}} = \frac{x}{r}$$

同样有

$$\frac{\partial r}{\partial y}=\frac{y}{r},\ \frac{\partial r}{\partial z}=\frac{z}{r}$$

于是

$$grad\ r=\frac{\partial r}{\partial x}\boldsymbol{i}+\frac{\partial r}{\partial y}\boldsymbol{j}+\frac{\partial r}{\partial z}\boldsymbol{k}$$

$$=\frac{x}{r}\boldsymbol{i}+\frac{y}{r}\boldsymbol{j}+\frac{z}{r}\boldsymbol{k}=\frac{\boldsymbol{r}}{r}=\boldsymbol{r}^0$$

例 3.7　求数量场 $u=xy^2-yz^3$ 在点 $M(2,-1,1)$ 处的梯度及在矢量 $\boldsymbol{l}=2\boldsymbol{i}+2\boldsymbol{j}-\boldsymbol{k}$ 方向的方向导数。

解
$$grad\ u=\frac{\partial u}{\partial x}\boldsymbol{i}+\frac{\partial u}{\partial y}\boldsymbol{j}+\frac{\partial u}{\partial z}\boldsymbol{k}$$
$$=y^2\boldsymbol{i}+(2xy+z^3)\boldsymbol{j}+3yz^2\boldsymbol{k}$$
$$grad\ u\big|_M=\boldsymbol{i}-3\boldsymbol{j}-3\boldsymbol{k}$$

又在 $\boldsymbol{l}$ 方向的单位矢量为

$$\boldsymbol{l}^0=\frac{\boldsymbol{l}}{|\boldsymbol{l}|}=\frac{2}{3}\boldsymbol{i}+\frac{2}{3}\boldsymbol{j}-\frac{1}{3}\boldsymbol{k}$$

于是有

$$\frac{\partial u}{\partial l}\Big|_M=grad\ u\big|_M\cdot\boldsymbol{l}^0=[grad\ u\cdot\boldsymbol{l}^0]_M$$
$$=1\times\frac{2}{3}-3\times\frac{2}{3}-3\times\left(\frac{-1}{3}\right)=-\frac{1}{3}$$

3. 梯度运算的基本公式

(1) $grad\ c=0$(c 为常数);

(2) $grad\ cu=c\,grad\ u$(c 为常数);

(3) $grad\ (u\pm v)=grad\ u\pm grad\ v$;

(4) $grad(uv)=u\,grad\ v+v\,grad\ u$;

(5) $grad\left(\frac{u}{v}\right)=\frac{1}{v^2}(v\,grad\ u-u\,grad\ v)$;

(6) $grad\ f(u)=f'(u)grad\ u$。

下面介绍梯度在传热学和电学中应用的两个例子。

例 3.8　设有一温度场 $u(M)$,由于场中各点的温度不尽相同,因此就有热的流动,由温度较高的点流向温度较低的点。根据热传导理论中的傅里叶(Fourier)定律:"在场中之任一点处,沿任一方向的热流强度(即在该点处于单位时间内流过与该方向垂直的单位面积的热量)与该方向上的温度变化率成正比",即知在场中之任一点处,沿 $\boldsymbol{l}$ 方向的热流强度为 $-k\frac{\partial u}{\partial l}$,其中比例系数 $k>0$,称其为内导热系数,其前面的负号表示热流的方向与温度增大的方向相反。

分析　由于 $\frac{\partial u}{\partial l}$ 等于梯度矢量 $grad\ u$ 在 $\boldsymbol{l}$ 方向的投影,故知 $-k\frac{\partial u}{\partial l}$ 就等于矢量 $-k\,grad\ u$ 在 $\boldsymbol{l}$ 方向的投影。若记

$$\boldsymbol{q}=-k\,grad\ u$$

则有

$$-k\frac{\partial u}{\partial l}=|\boldsymbol{q}|\cos(\boldsymbol{q},\boldsymbol{l})$$

由此可见,当 $\boldsymbol{l}$ 的方向与 $\boldsymbol{q}$ 的方向一致时,$\cos(\boldsymbol{q},\boldsymbol{l})=1$,此时热流强度取得最大值 $|\boldsymbol{q}|$。这说明在场中之任一点处,矢量 $\boldsymbol{q}$ 的方向表达了热流强度最大的方向,其模也正好表示最大热流强度的数值。因此称 $\boldsymbol{q}$ 为热流矢量,它是传热学中的一个重要概念。

例 3.9 设有位于坐标原点的点电荷 q,由电学知道,在其周围空间的任一点 $M(x,y,z)$ 处所产生的电势为

$$v=\frac{q}{4\pi\varepsilon r}$$

其中 ε 为介电常量,$\boldsymbol{r}=x\boldsymbol{i}+y\boldsymbol{j}+z\boldsymbol{k}$,$r=|\boldsymbol{r}|$,试求电势 v 的梯度。

解 根据梯度运算的基本公式(6),得

$$\operatorname{grad} v=\operatorname{grad}\frac{q}{4\pi\varepsilon r}=-\frac{q}{4\pi\varepsilon r^2}\operatorname{grad} r$$

从例 3.3 知

$$\operatorname{grad} r=\frac{\boldsymbol{r}}{r}$$

所以

$$\operatorname{grad} v=-\frac{q}{4\pi\varepsilon r^3}\boldsymbol{r}$$

由于电场强度

$$\boldsymbol{E}=\frac{q}{4\pi\varepsilon r^3}\boldsymbol{r}$$

故有

$$\boldsymbol{E}=-\operatorname{grad} v$$

此式说明:电场中的电场强度等于电势的负梯度。从而可知,电场强度垂直于等势面,且指向电势 v 减小的一方。

3.3 矢量场的通量及散度

先介绍两个术语:

(1)简单曲线:所谓简单曲线,是指这样的连续曲线,设其参数方程为

$$x=\varphi(t),\quad y=\psi(t),\quad z=\omega(t)$$

则曲线上的每一点都只对应唯一个参数值 t;在闭合曲线的情形,其闭合点(对应于两个极端参数值时)是例外。

可见,简单曲线的一般特征是一条没有重点的连续曲线。

(2)简单曲面:所谓简单曲面,是指这样的连续曲面,设其参数方程为

$$x=\varphi(u,v),\quad y=\psi(u,v),\quad z=\omega(u,v)$$

则曲面上的每一点都只对应唯一对参数值 (u,v),在闭合曲面的情形,其闭合点(对应于两对极端参数值时)是例外。

可见,简单曲面的一般特征是一块没有重点的连续曲面。

　　为了讨论方便,我们假定:以后所讲到的曲线都是分段光滑的简单曲线,所讲到的曲面也都是分块光滑的简单曲面。

　　此外,为了区分双侧曲面的两侧,常常取定其中的一侧作为曲面的正侧,另一侧作为负侧;如果曲面是封闭的,则按习惯总是取其外侧为正侧。这种取定了正侧的曲面,叫作有向曲面。对有向曲面来说,规定其法向矢量 n 恒指向我们研究问题时所取的一侧。

　　同样,对于取定了正方向的有向曲线来说,也规定其切向矢量 t 恒指向我们研究问题时所取的一方。

3.3.1　通量

　　先看一个例子,设有流速场 $v(M)$,其中流体是不可压缩的(即流体的密度是不变的),为了简便,不妨假定其密度为 1,设 S 为场中一有向曲面,我们来求在单位时间内流体向正侧穿过 S 的流量 Q(此时,S 的法向矢量 n 按上述规定,指向我们所取的 S 的正侧)。

　　如图 3.11 所示,在 S 上取一曲面元素 dS,同时又以 dS 表其面积,M 为 dS 上任一点,由于 dS 甚小,可以将其上每一点处的速度矢量都近似地看作不变,且方向都与 M 点处的曲面法线 n 成相同角度。这样,流体穿过 dS 的流量 dQ,就近似地等于以 dS 为底面积,v_n 为高的柱体体积(v_n 为 v 在 n 上的投影),即

$$dQ = v_n dS \tag{3.15}$$

　　若以 n_0 表示点 M 处的单位法向矢量,则有

$$v_n dS = v \cdot n_0 dS = v \cdot (n_0 dS)$$

　　据此,又可以写成

$$dQ = v \cdot dS \tag{3.16}$$

其中 $dS = n_0 dS$ 为在点 M 处的这样一个矢量,其方向与 n 一致,其模等于面积 dS,如图 3.12 所示。

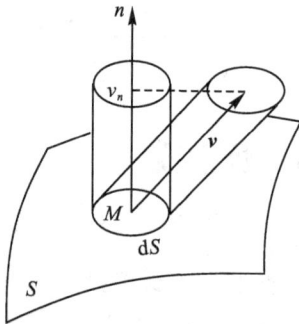

图 3.11

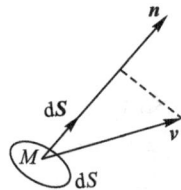

图 3.12

　　据此,在单位时间内向正侧穿过 S 的流量,就可用曲面积分表示为

$$Q = \iint\limits_{S} v_n dS = \iint\limits_{S} v \cdot dS \tag{3.17}$$

　　事实上,这种形式的曲面积分,在其他的矢量场中也常常碰到。例如,在电位移矢量 D 分布的电场中,穿过曲面 S 的电通量

$$\Phi_e = \iint\limits_{S} D_n dS = \iint\limits_{S} D \cdot dS \tag{3.18}$$

在磁感应强度矢量 B 分布的磁场中,穿过曲面 S 的磁通量

$$\Phi_{\mathrm{m}} = \iint\limits_{S} B_n \mathrm{d}S = \iint\limits_{S} B \cdot \mathrm{d}S \qquad (3.19)$$

为了便于研究,数学上就把形如上述的一类曲面积分,概括成为通量的概念,其定义如下:

1. 通量的定义

设有矢量场 $A(M)$,沿其中有向曲面 S 某一侧的曲面积分

$$\Phi = \iint\limits_{S} A_n \mathrm{d}S = \iint\limits_{S} A \cdot \mathrm{d}S \qquad (3.20)$$

叫作矢量场 $A(M)$ 向积分所沿一侧穿过曲面 S 的通量。

若

$$A = A_1 + A_2 + \cdots + A_m = \sum_{i=1}^{m} A_i$$

则有

$$\Phi = \iint\limits_{S} A \cdot \mathrm{d}S = \sum_{i=1}^{m} \iint\limits_{S} A_i \cdot \mathrm{d}S = \sum_{i=1}^{m} \Phi_i \qquad (3.21)$$

此式表明,通量是可以叠加的。在直角坐标系中,设

$$A = P(x,y,z)i + Q(x,y,z)j + R(x,y,z)k$$

又

$$\begin{aligned}
\mathrm{d}S &= n_0 \mathrm{d}S \\
&= \mathrm{d}S\cos(n,x)i + \mathrm{d}S\cos(n,y)j + \mathrm{d}S\cos(n,z)k \\
&= \mathrm{d}y\mathrm{d}z\,i + \mathrm{d}z\mathrm{d}x\,j + \mathrm{d}x\mathrm{d}y\,k
\end{aligned}$$

则通量可以写成

$$\Phi = \iint\limits_{S} A \cdot \mathrm{d}S = \iint\limits_{S} P \cdot \mathrm{d}y\mathrm{d}z + Q \cdot \mathrm{d}z\mathrm{d}x + R \cdot \mathrm{d}x\mathrm{d}y \qquad (3.22)$$

例 3.10　设由矢径 $r = xi + yj + zk$ 构成的矢量场中,有一由圆锥面 $x^2 + y^2 = z^2$ 及平面 $z = H(H > 0)$ 所围成的封闭曲面 S,如图 3.13 所示。试求矢量场 r 从 S 内穿出的通量 Φ。

解　以 S_1 表示曲面 S 的平面部分,以 S_2 表其锥面部分,则

$$\Phi = \iint\limits_{S} r \cdot \mathrm{d}S = \iint\limits_{S_1} r \cdot \mathrm{d}S + \iint\limits_{S_2} r \cdot \mathrm{d}S$$

右端第一个积分

$$\begin{aligned}
\iint\limits_{S_1} r \cdot \mathrm{d}S &= \iint\limits_{S_1} x\mathrm{d}y\mathrm{d}z + y\mathrm{d}z\mathrm{d}x + z\mathrm{d}x\mathrm{d}y \\
&= \iint\limits_{\sigma_1} H\mathrm{d}x\mathrm{d}y = H\pi H^2 = \pi H^3
\end{aligned}$$

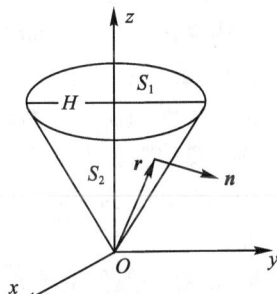

图 3.13

其中 σ_1 为 S 在 xOy 面上的投影,是一个圆域: $x^2 + y^2 \leqslant H^2$。对于右端第二个积分,只要注意到在 S_2 上有 $r \perp n$,就有

$$\iint\limits_{S_2} r \cdot \mathrm{d}S = \iint\limits_{S_2} r_n \mathrm{d}S = \iint\limits_{S_2} 0\mathrm{d}S = 0$$

所以

$$\Phi = \iint_S \boldsymbol{r} \cdot \mathrm{d}\boldsymbol{S} = \pi H^3$$

2. 通量为正、为负、为零时的物理意义

我们仍用流速场 $v(M)$ 来说明。

设在单位时间内流体向正侧穿过 S 的流量为 Q,则根据前面所述,在单位时间内流体向正侧穿过曲面元素 $\mathrm{d}S$ 的流量为

$$\mathrm{d}Q = v \cdot \mathrm{d}\boldsymbol{S}$$

这实际上是一个代数值。因为,当 v 从 $\mathrm{d}S$ 的负侧穿到 $\mathrm{d}S$ 的正侧时,v 与 $\boldsymbol{n}$ 相交成锐角,此时 $\mathrm{d}Q = v \cdot \mathrm{d}\boldsymbol{S} > 0$ 为正流量(见图 3.14(a));反之,如 v 从 $\mathrm{d}S$ 的正侧穿到 $\mathrm{d}S$ 的负侧时,v 与 $\boldsymbol{n}$ 相交成钝角,此时 $\mathrm{d}Q = v \cdot \mathrm{d}\boldsymbol{S} < 0$ 为负流量(见图 3.14(b))。

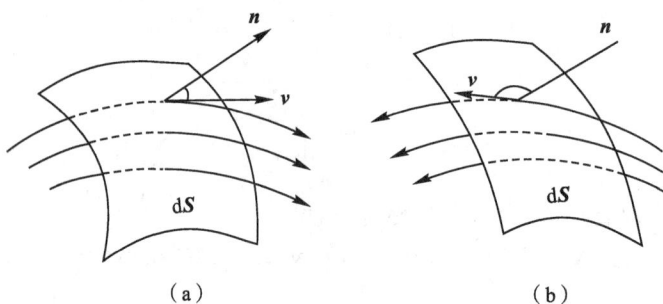

（a）　　　　　　　　　（b）

图 3.14

因此,对于总流量

$$Q = \iint_S v \cdot \mathrm{d}\boldsymbol{S}$$

一般应理解为:它是在单位时间内流体向正侧穿过曲面 S 的正流量与负流量的代数和。所以,当 $Q > 0$ 时,就表示向正侧穿过 S 的流量多于沿相反方向穿过 S 的流量;同理,当 $Q < 0$ 或 $Q = 0$ 时,则表示向正侧穿过 S 的流量少于或等于沿相反方向穿过 S 的流量。

如果 S 为一封闭曲面,此时积分在无特别申明时,即指沿 S 的外侧。因此流量

$$Q = \oiint_S v \cdot \mathrm{d}\boldsymbol{S}$$

表示从内穿出 S 的正流量与从外穿入 S 的负流量的代数和,从而当 $Q > 0$ 时,就表示流出多于流入,此时在 S 内必有产生流体的泉源。当然,也可能还有排泄流体的漏洞,但所产生的流体必定多于排泄的流体。因此,在 $Q > 0$ 时,不论 S 内有无漏洞,我们总说 S 内有正源;同理,当 $Q < 0$ 时,我们就说 S 内有负源。这两种情况,合称为 S 内有源,但是,当 $Q = 0$ 时,我们不能断言 S 内无源。因为这时,在 S 内可能出现既有正源又有负源,二者恰好相互抵消而使得 $Q = 0$ 的情况。

因此,在一般矢量场 $A(M)$ 中,对于穿出封闭曲面 S 的通量,当其不为零时,我们也视其为正或为负而知 S 内有产生通量 Φ 的正源或负源。至于其源的实际意义为何,应视具体的物理场而定。

例 3.11　在点电荷 q 所产生的电场中,任何一点 M 处的电位移矢量为

$$\boldsymbol{D} = \frac{q}{4\pi r^2} \boldsymbol{r}_0$$

其中 r 是点电荷 q 到点 M 的距离，r_0 是从点电荷 q 指向点 M 的单位矢量。设 S 为以点电荷为中心，R 为半径的球面，求从内穿出 S 的电通量 Φ_e。

解 如图 3.15 所示，在球面 S 上恒有 $r=R$，且法向矢量 n 与 r_0 的方向一致。所以

$$\Phi_e = \oiint_S \boldsymbol{D} \cdot \mathrm{d}\boldsymbol{S} = \frac{q}{4\pi R^2} \oiint_S \boldsymbol{r}_0 \cdot \mathrm{d}\boldsymbol{S}$$

$$= \frac{q}{4\pi R^2} \oiint_S \mathrm{d}S = \frac{q}{4\pi R^2} 4\pi R^2 = q$$

可见，在球面 S 内产生电通量 Φ_e 的源，乃是电场中的电荷 q。当 q 为正电荷时为正源；当 q 为负电荷时为负源。

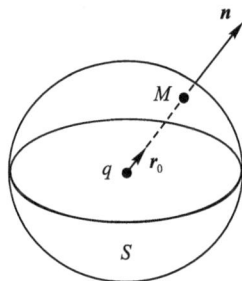

图 3.15

3.3.2 散度

由上述可知，在矢量场 $\boldsymbol{A}(M)$ 中，对于穿出闭曲面 S 的通量中，我们可以视其为正或为负而得知 S 内有产生 Φ 的正源或负源。但仅此还不能了解源在 S 内的分布情况以及源的强弱程度等问题。为了研究此问题，我们引入矢量场的散度概念。

1. 散度的定义

设有矢量场 $\boldsymbol{A}(M)$，于场中一点 M 的某个邻域内作一包含 M 点在内的任一闭曲面 ΔS，设其所包围的空间区域为 $\Delta\Omega$，以 ΔV 表其体积，以 $\Delta\Phi$ 表从其内穿出 S 的通量，若当 $\Delta\Omega$ 以任意方式缩向 M 点时，比式

$$\frac{\Delta\Phi}{\Delta V} = \frac{\oiint_S \boldsymbol{A} \cdot \mathrm{d}\boldsymbol{S}}{\Delta V}$$

的极限存在，则称此极限为矢量场 $\boldsymbol{A}(M)$ 在点 M 处的散度，记作 $\operatorname{div}\boldsymbol{A}$，即

$$\operatorname{div}\boldsymbol{A} = \lim_{\Delta\Omega\to M} \frac{\Delta\Phi}{\Delta V} = \lim_{\Delta\Omega\to M} \frac{\oiint_S \boldsymbol{A} \cdot \mathrm{d}\boldsymbol{S}}{\Delta V} \tag{3.23}$$

由此定义可见，散度 $\operatorname{div}\boldsymbol{A}$ 为一数量，表示在场中一点处通量对体积的变化率，也就是在该点处对一个单位体积来说所穿出之通量，称为该点处源的强度。因此，当 $\operatorname{div}\boldsymbol{A}$ 之值不为零时，其符号为正或为负，就顺次表示在该点处有散发通量的正源或有吸收通量的负源，其绝对值 $\operatorname{div}\boldsymbol{A}$ 就相应地表示在该点处散发通量或吸收通量的强度；而当 $\operatorname{div}\boldsymbol{A}$ 的值为零时，就表示在该点处无源。由此，称 $\operatorname{div}\boldsymbol{A} \equiv 0$ 的矢量场 $\boldsymbol{A}$ 为无源场。

如果把矢量场 $\boldsymbol{A}$ 中每一点的散度与场中之点一一对应起来，就得到一个数量场，称为由此矢量场产生的散度场。

2. 散度在直角坐标系中的表示式

散度的定义是与坐标系无关的。下面的定理，给出了它在直角坐标系中的表示式。

定理 3.4 在直角坐标系中，矢量场

$$\boldsymbol{A} = P(x,y,z)\boldsymbol{i} + Q(x,y,z)\boldsymbol{j} + R(x,y,z)\boldsymbol{k}$$

在任一点 $M(x,y,z)$ 处的散度为

$$\mathrm{div}\boldsymbol{A} = \frac{\partial P(x,y,z)}{\partial x} + \frac{\partial Q(x,y,z)}{\partial y} + \frac{\partial R(x,y,z)}{\partial z}$$

证明　由高斯公式

$$\Delta\Phi = \oiint_S \boldsymbol{A}\cdot\mathrm{d}\boldsymbol{S} = \oiint_S P\,\mathrm{d}y\mathrm{d}z + Q\mathrm{d}z\mathrm{d}x + R\mathrm{d}x\mathrm{d}y$$

$$= \iiint_\Omega \mathrm{div}\boldsymbol{A}\mathrm{d}V$$

再按中值定理有

$$\Delta\Phi = \left[\frac{\partial P(x,y,z)}{\partial x} + \frac{\partial Q(x,y,z)}{\partial y} + \frac{\partial R(x,y,z)}{\partial z}\right]_{M^*}\Delta V$$

其中 M^* 为在 $\Delta\Omega$ 内的某一点。由此

$$\mathrm{div}\boldsymbol{A} = \lim_{\Delta\Omega\to M}\frac{\Delta\Phi}{\Delta V} = \lim_{\Delta\Omega\to M}\left[\frac{\partial P}{\partial x} + \frac{\partial Q}{\partial y} + \frac{\partial R}{\partial z}\right]_{M^*}$$

当 $\Delta\Omega$ 缩向 M 点时，M^* 就趋于点 M，所以

$$\mathrm{div}\boldsymbol{A} = \frac{\partial P(x,y,z)}{\partial x} + \frac{\partial Q(x,y,z)}{\partial y} + \frac{\partial R(x,y,z)}{\partial z}$$

由此定理，我们可以得到下面的推论：

推论 3.2　高斯公式可以写成如下的矢量形式：

$$\oiint_S \boldsymbol{A}\cdot\mathrm{d}\boldsymbol{S} = \iiint_\Omega \mathrm{div}\boldsymbol{A}\mathrm{d}V \tag{3.24}$$

由此可以看出通量和散度之间的一种关系，即：穿出封闭曲面 S 的通量，等于 S 所围的区域 Ω 上的散度在 Ω 上的三重积分。

推论 3.3　由推论 3.2 可知：若在封闭曲面 S 内处处有 $\mathrm{div}\,\boldsymbol{A}=0$，则 $\oiint_S \boldsymbol{A}\cdot\mathrm{d}\boldsymbol{S}=0$。

推论 3.4　若在矢量场 $\boldsymbol{A}$ 内某些点（或区域）上有 $\mathrm{div}\,\boldsymbol{A}\neq0$ 或 $\mathrm{div}\,\boldsymbol{A}$ 不存在，而在其他的点上都有 $\mathrm{div}\,\boldsymbol{A}=0$，则穿出包围这些点（或区域）的任一封闭曲面的通量都相等，即为一常数。

证明　如图 3.16 所示，设 $\mathrm{div}\,\boldsymbol{A}\neq0$ 或 $\mathrm{div}\,\boldsymbol{A}$ 不存在之点在区域 R 内。

（1）在矢量场 $\boldsymbol{A}$ 中任作两张包围 R 在内但互不相交的封闭曲面 S_1 与 S_2，分别以 $\boldsymbol{n}_1$ 与 $\boldsymbol{n}_2$ 为其外向法向矢量，则在 S_1 与 S_2 所包围的区域 Ω 上，处处有 $\mathrm{div}\,\boldsymbol{A}=0$。因此，由高斯公式有

$$\oiint_{S_1+S_2} \boldsymbol{A}\cdot\mathrm{d}\boldsymbol{S} = \iiint_\Omega \mathrm{div}\,\boldsymbol{A}\mathrm{d}V = 0$$

即有

$$\oiint_{S_1+S_2} A_n\mathrm{d}S = 0$$

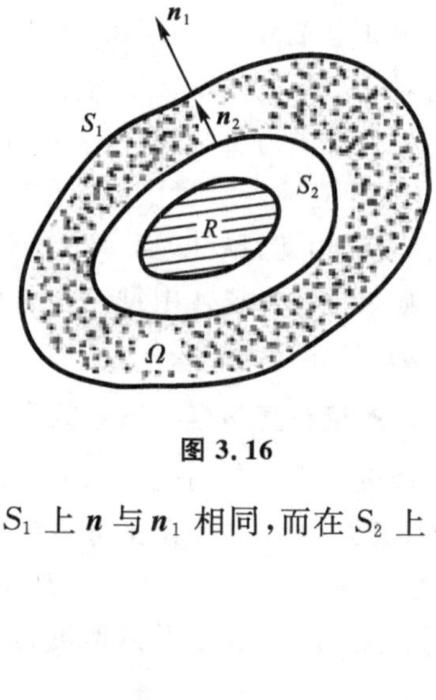

图 3.16

其中 A_n 为矢量 $\boldsymbol{A}$ 在 Ω 的边界曲面（即由 S_1 与 S_2 所组成的封闭曲面）的外向法向矢量 $\boldsymbol{n}$ 的方向上的投影。注意到在 S_1 上 $\boldsymbol{n}$ 与 $\boldsymbol{n}_1$ 相同，而在 S_2 上 $\boldsymbol{n}$ 与 $\boldsymbol{n}_2$ 的指向相反。因此，由上式有

$$\oiint\limits_{S_1} A_{n_1}\, \mathrm{d}S - \oiint\limits_{S_2} A_{n_2}\, \mathrm{d}S = 0$$

移项即得

$$\oiint\limits_{S_1} A_{n_1}\, \mathrm{d}S = \oiint\limits_{S_2} A_{n_2} A_{n_2}\, \mathrm{d}S$$

（2）若所作的封闭曲面 S_1 与 S_2 相交,则在矢量场 $\boldsymbol{A}$ 中再作一张同时包含 S_1 与 S_2 在其内的封闭曲面 S_3,以 $\boldsymbol{n}_3$ 表其外向法向矢量,则 S_3 分别与 S_1、S_2 都不相交,按（1）中证明的结果有

$$\oiint\limits_{S_1} A_{n_1}\, \mathrm{d}S = \oiint\limits_{S_3} A_{n_3}\, \mathrm{d}S, \oiint\limits_{S_3} A_{n_3}\, \mathrm{d}S = \oiint\limits_{S_2} A_{n_2} A_{n_2}\, \mathrm{d}S$$

所以亦有

$$\oiint\limits_{S_1} A_{n_1}\, \mathrm{d}S = \oiint\limits_{S_2} A_{n_2} A_{n_2}\, \mathrm{d}S$$

例 3.12 在点电荷 q 所产生的静电场中,求电位移矢量 $\boldsymbol{D}$ 在任何一点 M 处的散度 div $\boldsymbol{D}$。

解 取点电荷所在之点为坐标原点。此时

$$\boldsymbol{D} = \frac{q}{4\pi r^3}\boldsymbol{r}$$

其中 $\boldsymbol{r} = x\boldsymbol{i} + y\boldsymbol{j} + z\boldsymbol{k}$,$r = |\boldsymbol{r}|$。因此

$$D_x = \frac{q}{4\pi r^3}x, \quad D_y = \frac{q}{4\pi r^3}y, \quad D_z = \frac{q}{4\pi r^3}z$$

于是有

$$\frac{\partial D_x}{\partial x} = \frac{q}{4\pi}\frac{r^2 - 3x^2}{r^5}, \quad \frac{\partial D_y}{\partial y} = \frac{q}{4\pi}\frac{r^2 - 3y^2}{r^5}, \quad \frac{\partial D_z}{\partial z} = \frac{q}{4\pi}\frac{r^2 - 3z^2}{r^5}$$

所以

$$\begin{aligned}
\mathrm{div}\, \boldsymbol{D} &= \frac{\partial D_x}{\partial x} + \frac{\partial D_y}{\partial y} + \frac{\partial D_z}{\partial z} \\
&= \frac{q}{4\pi}\frac{3r^2 - 3(x^2 + y^2 + z^2)}{r^5} = 0 (r \neq 0)
\end{aligned}$$

可见,除点电荷 q 所在的原点（$r = 0$）外,电位移矢量 $\boldsymbol{D}$ 的散度处处为零,即为一无源场。因此,根据推论 3.4 和例 3.11 的结果,可知电场穿过包含点电荷 q 在内的任何封闭曲面 S 的电通量都等于 q,即

$$\Phi_e = \oiint\limits_{S} \boldsymbol{D} \cdot \mathrm{d}\boldsymbol{S} = q \tag{3.25}$$

通量是可以叠加的。故若有 m 个点电荷 $q_1, q_2, \cdots, q_m$ 分布在不同的 m 个点上,则穿出包围这 m 个点电荷在内的任一封闭曲面 S 的电通量,就可以看成是由 S 内每个点电荷 $q_i (i = 1, 2, \cdots, m)$ 所产生并穿出 S 的电通量 $\Phi_i = q_i$ 的代数和,即有

$$\Phi_e = \sum_{i=1}^{m} \Phi_i = \sum_{i=1}^{m} q_i = Q \tag{3.26}$$

此结果说明:穿出任一封闭曲面 S 的电通量,等于其内各点电荷的代数和,这就是电学上的高斯（Gauss）定理。

根据高斯定理,在电荷连续分布的电场中,电位移矢量 $\boldsymbol{D}$ 的散度为

$$\text{div } \boldsymbol{D} = \lim_{\Delta\Omega \to M} \frac{\oiint_S \boldsymbol{D} \cdot \mathrm{d}\boldsymbol{S}}{\Delta V} = \lim_{\Delta\Omega \to M} \frac{\Delta \Phi_e}{\Delta V} = \lim_{\Delta\Omega \to M} \frac{\Delta Q}{\Delta V} = \rho$$

即电位移 $\boldsymbol{D}$ 的散度等于电荷分布的体密度 ρ。

（3）散度运算的基本公式：

① $\text{div}(c\boldsymbol{A}) = c\,\text{div } \boldsymbol{A}$（$c$ 为常数）；

② $\text{div}(\boldsymbol{A} \pm \boldsymbol{B}) = \text{div } \boldsymbol{A} \pm \text{div } \boldsymbol{B}$；

③ $\text{div}(u\boldsymbol{A}) = u\,\text{div } \boldsymbol{A} + \text{grad } u \cdot \boldsymbol{A}$（$u$ 为数性函数）

例 3.13 已知 $\varphi = \mathrm{e}^{xyz}$，$\boldsymbol{r} = x\boldsymbol{i} + y\boldsymbol{j} + z\boldsymbol{k}$，求 $\text{div } \varphi\boldsymbol{r}$。

解 由基本公式得

$$\text{div } \varphi\boldsymbol{r} = \varphi\,\text{div } \boldsymbol{r} + \text{grad } \varphi \cdot \boldsymbol{r}$$

由于

$$\text{div } \boldsymbol{r} = \text{div}(x\boldsymbol{i} + y\boldsymbol{j} + z\boldsymbol{k}) = 3$$
$$\text{grad } \varphi = \text{grad } \mathrm{e}^{xyz} = \mathrm{e}^{xyz}(yz\boldsymbol{i} + xz\boldsymbol{j} + xy\boldsymbol{k})$$
$$\text{div } \varphi\boldsymbol{r} = 3\mathrm{e}^{xyz} + \mathrm{e}^{xyz} \cdot 3xyz = 3\mathrm{e}^{xyz}(1 + 3xyz)$$

3.3.3 平面矢量场的通量与散度

上面我们所讨论的，是空间矢量场的通量和散度。容易看出，二者的定义是不适用于平面矢量场的，但我们可用类似的方法来引入平面矢量场的通量和散度的概念。为此，我们将平面有向曲线上任一点处的法向矢量 $\boldsymbol{n}$ 的方向作这样规定：若将 $\boldsymbol{n}$ 按逆时针方向旋转 $90°$，它便与该点处的切向矢量 $\boldsymbol{t}$ 共线且同指向，换言之，$\boldsymbol{n}$ 与 $\boldsymbol{t}$ 的相互位置关系，正如 Ox 轴与 Oy 轴的关系一样，如图 3.17 所示。

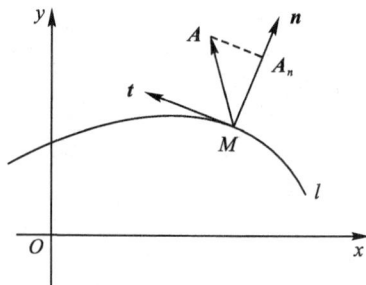

图 3.17

1. 平面通量的定义

设有平面矢量场 $\boldsymbol{A}(M)$，沿其中某一有向曲线 l 的曲线积分

$$\Phi = \int_l A_n \mathrm{d}l \tag{3.27}$$

将其称为矢量场 $\boldsymbol{A}(M)$ 沿法向矢量 $\boldsymbol{n}$ 的方向穿过曲线 l 的通量（见图 3.17）。在直角坐标系中，设 $\boldsymbol{A} = A_x(x,y)\boldsymbol{i} + A_y(x,y)\boldsymbol{j}$，又曲线 l 的单位法向矢量

$$\begin{aligned}
\boldsymbol{n}^0 &= \cos(\boldsymbol{n},x)\boldsymbol{i} + \cos(\boldsymbol{n},y)\boldsymbol{j} \\
&= \cos(\boldsymbol{t},y)\boldsymbol{i} + \cos(\boldsymbol{t},-x)\boldsymbol{j} \\
&= \frac{\mathrm{d}y}{\mathrm{d}l}\boldsymbol{i} - \frac{\mathrm{d}x}{\mathrm{d}l}\boldsymbol{j}
\end{aligned}$$

则通量 Φ 可表示为

$$\Phi = \int_l A_n \mathrm{d}l = \int_l \boldsymbol{A} \cdot \boldsymbol{n}^0 \mathrm{d}l = \int_l A_x(x,y)\mathrm{d}y - A_y(x,y)\mathrm{d}x \tag{3.28}$$

若 l 为封闭的平面曲线，按习惯总取其逆时针方向为其正方向，而且对于环绕 l 一周的曲

线积分 $\oint_l \boldsymbol{A} \cdot \mathrm{d}\boldsymbol{l}$ 来说,在未指明其积分所沿的方向时,就表示积分是沿 l 的正方向进行。据此, 我们有下面的定义。

2. 平面散度的定义

设有平面矢量场 $\boldsymbol{A}(M)$,于场中一点 M 的某个邻域内作一包含 M 点在内的任一闭曲线 Δl,设其所包围的平面区域为 $\Delta\sigma$,以 ΔS 表示其面积,以 $\Delta\Phi$ 表示从其内穿出 Δl 的通量。若当 $\Delta\sigma$ 以任意方式缩向 M 点时,比式

$$\frac{\Delta\Phi}{\Delta S} = \frac{\oint_{\Delta l} A_n \mathrm{d}l}{\Delta S}$$

的极限存在,则称此极限为矢量场 $\boldsymbol{A}(M)$ 在点 M 处的散度,即

$$\operatorname{div} \boldsymbol{A} = \lim_{\Delta\sigma \to M} \frac{\Delta\Phi}{\Delta S} = \lim_{\Delta\sigma \to M} \frac{\oint_{\Delta l} A_n \mathrm{d}l}{\Delta S} \tag{3.29}$$

和空间情况类似,在这里引用格林(Green)公式

$$\oint_l - A_x(x,y)\mathrm{d}x + A_y(x,y)\mathrm{d}y = \iint_\sigma \left[\frac{\partial A_x(x,y)}{\partial x} + \frac{\partial A_y(x,y)}{\partial y} \right]\mathrm{d}\sigma$$

即可证明在直角坐标系中散度的表示式为

$$\operatorname{div} \boldsymbol{A} = \frac{\partial A_x(x,y)}{\partial x} + \frac{\partial A_y(x,y)}{\partial y}$$

由此,又可将格林公式写成如下的矢量形式

$$\oint_l A_n \mathrm{d}l = \iint_\sigma \operatorname{div} \boldsymbol{A} \mathrm{d}\sigma \tag{3.30}$$

可见,高斯公式乃平面格林公式在空间的推广。此外,对于空间矢量场中通量与散度的物理意义,以及散度的性质和运算公式等,均相应地适合于平面矢量场,这里就不赘述了。

例 3.14　已知平面矢量场 $\boldsymbol{A} = (a^2 - y^2)x\boldsymbol{i} - x^2 y\boldsymbol{j}$,其中 a 为常数。求:

(1) 场 $\boldsymbol{A}$ 穿出使 $\operatorname{div} \boldsymbol{A} = 0$ 的等值线的通量;

(2) $\operatorname{div} \boldsymbol{A}$ 在点 $M(2, -1)$ 处方向导数的最大值。

解　(1) $\operatorname{div} \boldsymbol{A} = (a^2 - y^2) - x^2$

使 $\operatorname{div} \boldsymbol{A} = 0$ 的等值线为一圆周 $l: x^2 + y^2 = a^2$,场 $\boldsymbol{A}$ 穿出 l 的通量为

$$\Phi = \oint_l A_n \mathrm{d}l = \oint_l - A_x(x,y)\mathrm{d}x + A_y(x,y)\mathrm{d}y = \iint_D \operatorname{div} \boldsymbol{A} \mathrm{d}\sigma$$

$$= \iint_D (a^2 - y^2 - x^2)\mathrm{d}\sigma$$

用极坐标计算,则

$$\Phi = \int_0^{2\pi} \mathrm{d}\theta \int_0^a (a^2 - r^2) r \mathrm{d}r = 2\pi \int_0^a (a^2 - r^2) r \mathrm{d}r = \frac{\pi a^4}{2}$$

(2) $\operatorname{grad}(\operatorname{div} \boldsymbol{A}) = -2(x\boldsymbol{i} + y\boldsymbol{j})$,于是 $\operatorname{div} \boldsymbol{A} = 0$ 在点 $M(2, -1)$ 处,方向导数的最大值为

$$\left| \operatorname{grad}(\operatorname{div} \boldsymbol{A}) \right|_M = \left| -2(2\boldsymbol{i} - \boldsymbol{j}) \right| = 2\sqrt{5}$$

3.4 矢量场的环量及旋度

3.4.1 环量

设有力场 $F(M)$，l 为场中的一条封闭的有向曲线，我们来求一个质点 M 在场力 F 的作用下，沿 l 正向运转一周时所做的功（此时，l 的切向矢量 t 按 3.3 节开始的规定，就指向这里所取的 l 的正向）。

如图 3.18 所示，在 l 上取一弧元素 $\mathrm{d}l$，同时又以 $\mathrm{d}l$ 表其长，则当质点运动经过 $\mathrm{d}l$ 时，场力 F 所做的元功为

$$\delta W = F_t \mathrm{d}l$$

若以 t 表示 l 的单位切向矢量，则

$$F_t \mathrm{d}l = F \cdot t\mathrm{d}l = F \cdot \mathrm{d}l$$

由此又可写

$$\delta W = F \cdot \mathrm{d}l \qquad (3.31)$$

其中 $\mathrm{d}l = t\mathrm{d}l$ 为这样一个矢量，其方向与 t 一致，其模等于弧长 $\mathrm{d}l$（见图 3.18）。

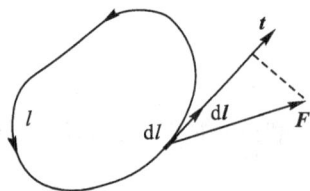

图 3.18

据此，当质点沿封闭曲线 l 运转一周时，场力 F 所做的功，就可用曲线积分表示为

$$W = \oint_l F_t \mathrm{d}l = \oint_l F \cdot \mathrm{d}l \qquad (3.32)$$

这种形式的曲线积分，在其他矢量场中，也常常具有一定的物理意义。例如在流速场 $v(M)$ 中，积分 $\oint_l v \cdot \mathrm{d}l$ 表示在单位时间内，沿闭路 l 正向流动的环流 Q。又如在磁场强度 $H(M)$ 所构成的磁场中，按安培环路定律，积分 $\oint_l H \cdot \mathrm{d}l$ 表示沿与积分路线成右手螺旋法则的方向通过 l 上所张之曲面 S 的各电流强度 $I_1, I_2, \cdots, I_m$ 的代数和，即有

$$\oint_l H \cdot \mathrm{d}l = \sum_{k=1}^{m} I_k = I \qquad (3.33)$$

因此，数学上就把形如上述的一类曲线积分概括成为环量的概念，其定义如下：

1. 环量的定义

设有矢量场 $A(M)$，则沿场中某一封闭的有向曲线 l 的曲线积分

$$\Gamma = \oint_l A \cdot \mathrm{d}l \qquad (3.34)$$

叫作此矢量场按积分所取方向沿曲线 l 的环量。

在直角坐标系中，设

$$A = A_x(x,y,z)i + A_y(x,y,z)j + A_z(x,y,z)k$$

又

$$\begin{aligned} \mathrm{d}l &= \mathrm{d}l\cos(t,x)i + \mathrm{d}l\cos(t,y)j + \mathrm{d}l\cos(t,z)k \\ &= \mathrm{d}xi + \mathrm{d}yj + \mathrm{d}zk \end{aligned}$$

其中 $\cos(t,x)$，$\cos(t,y)$，$\cos(t,z)$ 为 l 的切线矢量 t 的方向余弦，则环量可以写成

$$\Gamma = \oint_l \boldsymbol{A} \cdot \mathrm{d}\boldsymbol{l} = \oint_l A_x \mathrm{d}x + A_y \mathrm{d}y + A_z \mathrm{d}z$$

例 3.15 设有平面矢量场 $\boldsymbol{A} = -y\boldsymbol{i} + x\boldsymbol{j}$，$l$ 为场中的星形线 $x = R\cos^3\theta$，$y = R\sin^3\theta$（见图 3.19）.求此矢量场沿 l 正向的环量 Γ。

解 由于平面封闭曲线的正方向,在无特别申明时,即指保持所围区域的内部在左边时的前进方向。因此,我们有

$$\begin{aligned}
\Gamma &= \oint_l \boldsymbol{A} \cdot \mathrm{d}\boldsymbol{l} = \oint_l -y\mathrm{d}x + x\mathrm{d}y \\
&= \int_0^{2\pi} -R\sin^3\theta \mathrm{d}(R\cos^3\theta) + R\cos^3\theta \mathrm{d}(R\sin^3\theta) \\
&= \int_0^{2\pi} (3R^2\sin^4\theta\cos^2\theta + 3R^2\cos^4\theta\sin^2\theta)\mathrm{d}\theta \\
&= 3R^2 \int_0^{2\pi} \sin^2\theta\cos^2\theta \mathrm{d}\theta \\
&= \frac{3R^2}{4} \int_0^{2\pi} \sin^2 2\theta \mathrm{d}\theta \\
&= \frac{3R^2}{8} \int_0^{2\pi} (1 - \cos 4\theta)\mathrm{d}\theta = \frac{3\pi R^2}{4}
\end{aligned}$$

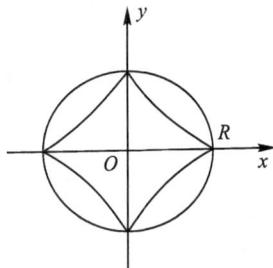

图 3.19

根据环量的定义,由(3.34)式可知,磁场 $\boldsymbol{H}$ 的环量为通过磁场中以 l 为边界的一块曲面 S 的总的电流强度。显然,仅此还不能了解磁场中任一点 M 处通向任一方向 $\boldsymbol{n}$ 的电流密度(即在点 M 处沿 $\boldsymbol{n}$ 的方向,通过与 $\boldsymbol{n}$ 垂直的单位面积的电流强度)。为了研究这一类问题,我们引入环量面密度的概念。

2. 环量面密度

设 M 为矢量场 $\boldsymbol{A}$ 中的一点,在 M 点处取定一个方向 $\boldsymbol{n}$,再过 M 点任作一微小曲面 ΔS,以 $\boldsymbol{n}$ 为其在 M 点处的法向矢量。对此曲面,我们同时又以 ΔS 表示其面积,其周界 Δl 之正向取作与 $\boldsymbol{n}$ 构成右手螺旋关系,如图 3.20 所示,则矢量场沿 Δl 之正向的环量 $\Delta\Gamma$ 与面积 ΔS 之比,当曲面 ΔS 在保持 M 点于其上的条件下,沿着自身缩向 M 点时,若 $\dfrac{\Delta\Gamma}{\Delta S}$ 的极限存在,则称其为矢量场 $\boldsymbol{A}$ 在点 M 处沿方向 $\boldsymbol{n}$ 的环量面密度(就是环量对面积的变化率),记作

$$\mu_n = \lim_{\Delta S \to M} \frac{\Delta\Gamma}{\Delta S} = \lim_{\Delta S \to M} \frac{\oint_{\Delta l} \boldsymbol{A} \cdot \mathrm{d}\boldsymbol{l}}{\Delta S} \tag{3.35}$$

例如,在磁场强度 $\boldsymbol{H}$ 所构成的磁场中的一点 M 处,沿方向 $\boldsymbol{n}$ 的环量面密度,由(3.34)式为

$$\mu_n = \lim_{\Delta S \to M} \frac{\oint_{\Delta l} \boldsymbol{A} \cdot \mathrm{d}\boldsymbol{l}}{\Delta S} = \lim_{\Delta S \to M} \frac{\Delta I}{\Delta S} = \frac{\mathrm{d}I}{\mathrm{d}S} \tag{3.36}$$

图 3.20

该式就是在点 M 处沿方向 $\boldsymbol{n}$ 的电流密度。

又在流速场 $\boldsymbol{v}$ 中的一点 M 处,沿方向 $\boldsymbol{n}$ 的环量面密度,由(3.35)式为

$$\mu_n = \lim_{\Delta S \to M} \frac{\oint_{\Delta l} \boldsymbol{v} \cdot \mathrm{d}\boldsymbol{l}}{\Delta S} = \lim_{\Delta S \to M} \frac{\Delta Q}{\Delta S} = \frac{\mathrm{d}Q}{\mathrm{d}S} \tag{3.37}$$

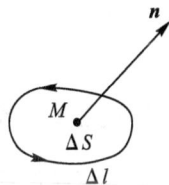

即为在点 M 处与 n 成右手螺旋方向的环流对面积的变化率,称为环流密度(或环流强度)。

3. 环量面密度的计算公式

在直角坐标系中,设

$$\boldsymbol{A} = A_x(x,y,z)\boldsymbol{i} + A_y(x,y,z)\boldsymbol{j} + A_z(x,y,z)\boldsymbol{k}$$

则由斯托克斯(G. G. Stokes)公式

$$\Delta\Gamma = \oint_{\Delta l} \boldsymbol{A} \cdot \mathrm{d}\boldsymbol{l} = \oint_{\Delta l} P\mathrm{d}x + Q\mathrm{d}y + R\mathrm{d}z$$

$$= \iint_{\Delta S}\left(\frac{\partial A_z}{\partial y} - \frac{\partial A_y}{\partial z}\right)\mathrm{d}y\mathrm{d}z + \left(\frac{\partial A_x}{\partial z} - \frac{\partial A_z}{\partial x}\right)\mathrm{d}z\mathrm{d}x + \left(\frac{\partial A_y}{\partial x} - \frac{\partial A_x}{\partial y}\right)\mathrm{d}x\mathrm{d}y$$

$$= \iint_{\Delta S}\left[\left(\frac{\partial A_z}{\partial y} - \frac{\partial A_y}{\partial z}\right)\cos(\boldsymbol{n},x) + \left(\frac{\partial A_x}{\partial z} - \frac{\partial A_z}{\partial x}\right)\cos(\boldsymbol{n},y) + \left(\frac{\partial A_y}{\partial x} - \frac{\partial A_x}{\partial y}\right)\cos(\boldsymbol{n},z)\right]\mathrm{d}S$$

再按中值定理有

$$\Delta\Gamma = \left[\left(\frac{\partial A_z}{\partial y} - \frac{\partial A_y}{\partial z}\right)\cos(\boldsymbol{n},x) + \left(\frac{\partial A_x}{\partial z} - \frac{\partial A_z}{\partial x}\right)\cos(\boldsymbol{n},y) + \left(\frac{\partial A_y}{\partial x} - \frac{\partial A_x}{\partial y}\right)\cos(\boldsymbol{n},z)\right]_{M^*}\Delta S$$

其中 M^* 为 ΔS 上的某一点。当 $\Delta S \to M$ 时,有 $M \to M^*$,于是

$$\mu_n = \lim_{\Delta S \to M}\frac{\Delta\Gamma}{\Delta S} = \left(\frac{\partial A_z}{\partial y} - \frac{\partial A_y}{\partial z}\right)\cos\alpha + \left(\frac{\partial A_x}{\partial z} - \frac{\partial A_z}{\partial x}\right)\cos\beta + \left(\frac{\partial A_y}{\partial x} - \frac{\partial A_x}{\partial y}\right)\cos\gamma \quad (3.38)$$

其中 $\cos\alpha$、$\cos\beta$、$\cos\gamma$ 为 ΔS 在点 M 处的法向矢量 $\boldsymbol{n}$ 的方向余弦。这就是环量面密度在直角坐标下的计算公式。

例 3.16 求矢量场 $\boldsymbol{A} = xz^3\boldsymbol{i} - 2x^2yz\boldsymbol{j} + 2yz^4\boldsymbol{k}$ 在点 $M(1,-2,1)$ 处沿矢量 $\boldsymbol{n} = 6\boldsymbol{i} + 2\boldsymbol{j} + 3\boldsymbol{k}$ 方向的环量面密度。

解 矢量 $\boldsymbol{n}$ 的方向余弦为

$$\cos\alpha = \frac{6}{7}, \quad \cos\beta = \frac{2}{7}, \quad \cos\gamma = \frac{3}{7}$$

故在点 M 处沿 $\boldsymbol{n}$ 方向的环量面密度为

$$\mu_n|_M = \left[\left(\frac{\partial A_z}{\partial y} - \frac{\partial A_y}{\partial z}\right)\cos\alpha + \left(\frac{\partial A_x}{\partial z} - \frac{\partial A_z}{\partial x}\right)\cos\beta + \left(\frac{\partial A_y}{\partial x} - \frac{\partial A_x}{\partial y}\right)\cos\gamma\right]_M$$

$$= \left[(2z^4 + 2x^3y)\frac{6}{7} + (3xz^2 - 0)\frac{2}{7} + (-4xyz - 0)\frac{3}{7}\right]$$

$$= -2 \times \frac{6}{7} + 3 \times \frac{2}{7} + 8 \times \frac{3}{7} = \frac{18}{7}$$

3.4.2 旋度

从上面我们看到,环量面密度是一个和方向有关的概念,正如数量场中的方向导数与方向有关一样。然而在数量场中,我们找出了一个梯度矢量,在给定点处,它的方向表出了最大方向导数的方向,其模即为最大方向导数的数值,而且它在任一方向上的投影,就是该方向上的方向导数。这一事实,自然给我们一种启示,就是希望也能找到这样一种矢量,它与环量面密度的关系正如梯度与方向导数之间的关系一样。

为此,我们来看环量面密度的计算公式(3.38)。容易看出,它和方向导数计算公式类似。若把其中的三个数 $\frac{\partial A_z}{\partial y} - \frac{\partial A_y}{\partial z}$、$\frac{\partial A_x}{\partial z} - \frac{\partial A_z}{\partial x}$ 和 $\frac{\partial A_y}{\partial x} - \frac{\partial A_x}{\partial y}$ 视为一个矢量 $\boldsymbol{B}$ 的坐标,即取

$$\boldsymbol{B}=\left(\frac{\partial A_z}{\partial y}-\frac{\partial A_y}{\partial z}\right)\boldsymbol{i}+\left(\frac{\partial A_x}{\partial z}-\frac{\partial A_z}{\partial x}\right)\boldsymbol{j}+(\frac{\partial A_y}{\partial x}-\frac{\partial A_x}{\partial y})\boldsymbol{k} \tag{3.39}$$

注意到 $\boldsymbol{B}$ 在给定点处为一固定矢量,(3.38)式可以写为

$$\mu_n=\boldsymbol{B}\cdot\boldsymbol{n}^0=|\boldsymbol{B}|\cos(\boldsymbol{B},\boldsymbol{n}^0) \tag{3.40}$$

其中 $\boldsymbol{n}^0=\cos\alpha\boldsymbol{i}+\cos\beta\boldsymbol{j}+\cos\gamma\boldsymbol{k}$ 为方向 n 上的单位矢量。上式表明,在给定点处,$\boldsymbol{B}$ 在任一方向 n 上的投影,就给出该方向上的环量面密度。从而可知,$\boldsymbol{B}$ 的方向为环量面密度最大的方向,其模即为最大环量面密度的数值。这说明矢量 $\boldsymbol{B}$ 完全符合上面我们所希望找到的那种矢量,我们把它叫作矢量场 $\boldsymbol{A}$ 的旋度。其一般定义如下。

1. 旋度的定义

若在矢量场 $\boldsymbol{A}$ 中的一点 M 处存在这样的一个矢量 $\boldsymbol{B}$,矢量场 $\boldsymbol{A}$ 在点 M 处沿其方向的环量面密度为最大,这个最大的数值,正好就是 $|\boldsymbol{B}|$,则称矢量 $\boldsymbol{B}$ 为矢量场 $\boldsymbol{A}$ 在点 M 处的旋度,记作 rot $\boldsymbol{A}$,即

$$\text{rot }\boldsymbol{A}=\boldsymbol{B}$$

简言之,旋度矢量在数值和方向上表出了最大的环量面密度。旋度的上述定义,是与坐标系无关的,上面(3.39)式中的矢量 $\boldsymbol{B}$,是它在直角坐标系中的表示式。就是说,在直角坐标系中有

$$\text{rot }\boldsymbol{A}=\left(\frac{\partial A_z}{\partial y}-\frac{\partial A_y}{\partial z}\right)\boldsymbol{i}+\left(\frac{\partial A_x}{\partial z}-\frac{\partial A_z}{\partial x}\right)\boldsymbol{j}+\left(\frac{\partial A_y}{\partial x}-\frac{\partial A_x}{\partial y}\right)\boldsymbol{k} \tag{3.41}$$

或

$$\text{rot }\boldsymbol{A}=\begin{vmatrix} \boldsymbol{i} & \boldsymbol{j} & \boldsymbol{k} \\ \dfrac{\partial}{\partial x} & \dfrac{\partial}{\partial y} & \dfrac{\partial}{\partial z} \\ A_x & A_y & A_z \end{vmatrix}=\left(\frac{\partial A_z}{\partial y}-\frac{\partial A_y}{\partial z}\right)\boldsymbol{i}+\left(\frac{\partial A_x}{\partial z}-\frac{\partial A_z}{\partial x}\right)\boldsymbol{j}+\left(\frac{\partial A_y}{\partial x}-\frac{\partial A_x}{\partial y}\right)\boldsymbol{k} \tag{3.42}$$

从(3.40)式中,我们知道旋度的一个重要性质:旋度矢量在任一方向上的投影,就等于该方向上的环量面密度,即有

$$\text{rot}_n \boldsymbol{A}=\mu_n \tag{3.43}$$

例如在磁场 $\boldsymbol{H}$ 中,旋度 rot $\boldsymbol{H}$ 是这样一个矢量,在给定点处,它的方向乃是最大电流密度的方向,其模即为最大电流密度的数值,而且它在任一方向上的投影,就给出该方向上的电流密度,在电学上称 rot $\boldsymbol{H}$ 为电流密度矢量。

同样,在流速场 $\boldsymbol{v}$ 中,旋度 rot $\boldsymbol{v}$ 在给定点处,它的方向乃是最大环流密度的方向,其模即为最大环流密度的数值,而且它在任一方向上的投影,就给出该方向上的环流密度。

此外,由(3.41)式,可将斯托克斯公式写成如下的矢量形式

$$\oint_l \boldsymbol{A}\cdot \mathrm{d}\boldsymbol{l}=\iint_S \text{rot}\boldsymbol{A}\cdot \mathrm{d}\boldsymbol{S}$$

例 3.17 求矢量场 $\boldsymbol{A}=xy^2z^2\boldsymbol{i}+z^2\sin y\boldsymbol{j}+x^2\mathrm{e}^y\boldsymbol{k}$ 的旋度。

解

$$\text{rot }\boldsymbol{A}=\begin{vmatrix} \boldsymbol{i} & \boldsymbol{j} & \boldsymbol{k} \\ \dfrac{\partial}{\partial x} & \dfrac{\partial}{\partial y} & \dfrac{\partial}{\partial z} \\ xy^2z^2 & z^2\sin y & x^2\mathrm{e}^y \end{vmatrix}=\left[\frac{\partial}{\partial y}(x^2\mathrm{e}^y)-\frac{\partial}{\partial z}(z^2\sin^y)\right]\boldsymbol{i}$$

$$+\left[\frac{\partial}{\partial z}(xy^2z^2)-\frac{\partial}{\partial x}(x^2\mathrm{e}^y)\right]\boldsymbol{j}+\left[\frac{\partial}{\partial x}(z^2\sin y)-\frac{\partial}{\partial y}(xy^2z^2)\right]\boldsymbol{k}$$

$$=(x^2\mathrm{e}^y-2z\sin y)\boldsymbol{i}+2x(y^2z-\mathrm{e}^y)\boldsymbol{j}-2xyz^2\boldsymbol{k}$$

在计算矢量场 $\boldsymbol{A}=A_x(x,y,z)\boldsymbol{i}+A_y(x,y,z)\boldsymbol{j}+A_z(x,y,z)\boldsymbol{k}$ 的散度和旋度时，还可以用这样的方法：求出函数 $A_x(x,y,z)$、$A_y(x,y,z)$、$A_z(x,y,z)$ 分别对 x、y、z 的各偏导数，列成如下形式

$$\mathrm{D}\boldsymbol{A}=\begin{bmatrix}\dfrac{\partial A_x}{\partial x} & \dfrac{\partial A_x}{\partial y} & \dfrac{\partial A_x}{\partial z}\\[2mm]\dfrac{\partial A_y}{\partial x} & \dfrac{\partial A_y}{\partial y} & \dfrac{\partial A_y}{\partial z}\\[2mm]\dfrac{\partial A_z}{\partial x} & \dfrac{\partial A_z}{\partial y} & \dfrac{\partial A_z}{\partial z}\end{bmatrix}$$

该式称矢量场 $\boldsymbol{A}$ 的雅可比(Jacobi)矩阵，等号左端的 $\mathrm{D}\boldsymbol{A}$ 是其记号，将此矩阵与散度计算公式

$$\mathrm{div}\ \boldsymbol{A}=\frac{\partial A_x}{\partial x}+\frac{\partial A_y}{\partial y}+\frac{\partial A_z}{\partial z}$$

和旋度计算公式

$$\mathrm{rot}\ \boldsymbol{A}=\left(\frac{\partial A_z}{\partial y}-\frac{\partial A_y}{\partial z}\right)\boldsymbol{i}+\left(\frac{\partial A_x}{\partial z}-\frac{\partial A_z}{\partial x}\right)\boldsymbol{j}+\left(\frac{\partial A_y}{\partial x}-\frac{\partial A_x}{\partial y}\right)\boldsymbol{k}$$

比照，就可以看出：在 $\mathrm{D}\boldsymbol{A}$ 中主对角线上的 3 个偏导数之和，就构成散度 $\mathrm{div}\ \boldsymbol{A}$；其余 6 个偏导数正好就是旋度 $\mathrm{rot}\ \boldsymbol{A}$ 的公式中所需要的。如果将这 6 个偏导数在旋度公式中出现的先后顺序和它们在 $\mathrm{D}\boldsymbol{A}$ 中所对应的位置顺序认清楚，就能方便地由 $\mathrm{D}\boldsymbol{A}$ 直接写出 $\mathrm{rot}\ \boldsymbol{A}$ 来。

比如，在例 3.3 的矢量场 $\boldsymbol{A}$ 中，其雅可比矩阵为

$$\mathrm{D}\boldsymbol{A}=\begin{bmatrix}y^2z^2 & 2xyz^2 & 2xy^2z\\ 0 & z^2\cos y & 2z\sin y\\ 2x\mathrm{e}^y & x^2\mathrm{e}^y & 0\end{bmatrix}$$

由此立得

$$\mathrm{div}\ \boldsymbol{A}=y^2z^2+z^2\cos y+0=z^2(y^2+\cos y)$$

$$\mathrm{rot}\ \boldsymbol{A}=(x^2\mathrm{e}^y-2z\sin y)\boldsymbol{i}+2x(y^2z-\mathrm{e}^y)\boldsymbol{j}+(0-2xyz^2)\boldsymbol{k}$$

这与例 3.3 的结果相同。

例 3.18 设一刚体绕过原点 O 的某个轴 l 转动，其角速度为 $\boldsymbol{\omega}=\omega_1\boldsymbol{i}+\omega_2\boldsymbol{j}+\omega_3\boldsymbol{k}$，则刚体上的每点都具有线速度 $\boldsymbol{v}$，从而构成一个线速度场。由运动学知道，矢径为 $\boldsymbol{r}=x\boldsymbol{i}+y\boldsymbol{j}+z\boldsymbol{k}$ 的点 M 的线速度为

$$\boldsymbol{v}=\boldsymbol{\omega}\times\boldsymbol{r}=(\omega_2z-\omega_3y)\boldsymbol{i}+(\omega_3x-\omega_1z)\boldsymbol{j}+(\omega_1y-\omega_2x)\boldsymbol{k}$$

如图 3.21 所示，求线速度场 $\boldsymbol{v}$ 的旋度。

解 由速度场 $\boldsymbol{v}$ 的雅可比矩阵

$$\mathrm{D}\boldsymbol{v}=\begin{bmatrix}0 & -\omega_3 & \omega_2\\ \omega_3 & 0 & -\omega_1\\ -\omega_2 & \omega_1 & 0\end{bmatrix}$$

得

$$\text{rot } v = 2\omega_1 i + 2\omega_2 j + 2\omega_3 k = 2\boldsymbol{\omega}$$

这说明在刚体转动的线速度场中,任一点 M 处的速度旋度,除去一个常数因子外,恰好等于刚体转动的角速度,旋度因而得名。

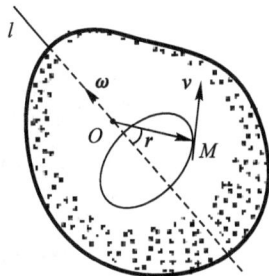

图 3.21

例 3.19　设矢量场 $A = y^2z^2 i + z^2x^2 j + x^2y^2 k$,证明 $A \cdot$ rot $A = 0$。

证明　由

$$DA = \begin{bmatrix} 0 & 2yz^2 & 2xy^2 \\ 2xz^2 & 0 & 2x^2z \\ 2xy^2 & 2yx^2 & 0 \end{bmatrix}$$

可得 $A \cdot$ rot $A = 0$。

此结果说明 $A \perp$ rot A,也说明场 A 的矢量线簇与场 rot A 的矢量线簇是互相正交的。

2. 旋度运算的基本公式

(1) rot$(cA) = c$rot A(c 为常数);

(2) rot$(A + B) =$ rot $A +$ rot B;

(3) rot$(uA) = u$rot $A +$ grad $u \times A$(u 为数性函数);

(4) div$(A \times B) = B \cdot$ rot $A - A \cdot$ rot B;

(5) rot$($grad $u) = 0$;

(6) div$($rot $A) = 0$。

通常把 rot $A = 0$ 的矢量场 A 叫作无旋场,公式(5)说明任何梯度场都是无旋场,公式(4)则说明,若 A 与 B 都是无旋场,$A \times B$ 仍为无源场。

例 3.20　证明矢量场 $A = u$grad u 是无旋场。

证明　由公式(3)知

$$\text{rot } A = \text{rot}(u\text{grad } u) = u\text{rot}(\text{grad } u) + \text{grad } u \times \text{grad } u$$

由公式(5)知,rot$($grad $u) = 0$,又 grad $u \times$ grad $u = 0$,故有 rot $A = 0$,所以 A 为无旋场。

3.5　几种重要的矢量场

有势场、管形场、调和场是几种重要的矢量场,有着重要的工程应用。在介绍它们之前,须先说明一下三维空间里单连通域与复连通域的概念。

(1)如果在一个空间区域 G 内的任何一条简单闭曲线 l,都可以作出一个以 l 为边界且全部位于区域 G 内的曲面 S,则称此区域 G 为线单连通域;否则,称为线复连通域。例如空心球体是线单连通域,而环面体则为线复连通域,如图 3.22 所示。

(2)如果在一个空间区域 G 内的任一简单闭曲面 S 所包围的全部点,都在区域 G 内(即 S 内没有洞),则称此区域 G 为面单连通域;否则,称为面复连通域,例如环面体是面单连通域,而空心球体则为面复连通域。

显然,有许多空间区域既是线单连通域,同时又是面单连通域,例如实心的球体、椭球体、圆柱体、平行六面体,等等。

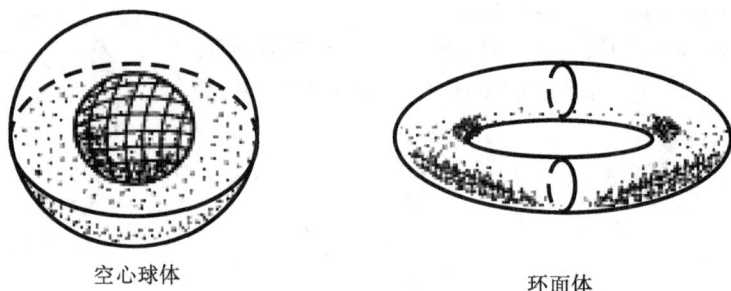

空心球体 环面体

图 3.22

3.5.1 有势场

1. 有势场与势函数

定义 3.3 设有矢量场 $A(M)$,若存在单值函数 $u(M)$ 满足

$$A = \text{grad } u \qquad (3.44)$$

则称此矢量场为有势场;令 $v = -u$,并称 v 为这个场的势函数,易见矢量 A 与势函数 v 之间的关系是

$$A = -\text{grad } v \qquad (3.45)$$

由此定义可以看出:

(1)有势场是一个梯度场;

(2)有势场的势函数有无穷多个,它们之间只相差一个常数。因为,若 $A(M)$ 为有势场,按定义就存在势函数 v,它满足

$$A = -\text{grad } v$$

由梯度的运算法则有

$$-\text{grad}(v+C) = -\text{grad } v = A \quad (C \text{ 为任意常数})$$

且 $v+C$ 亦为有势场 $A(M)$ 的势函数。由于 C 为任意常数,故知有势场 $A(M)$ 的势函数有无穷多个。又若 v_1 和 v_2 均为矢量场 $A(M)$ 的势函数,则有 $\text{grad } v_1 = \text{grad } v_2$,或 $\text{grad } v_1 - \text{grad } v_2 = 0$,于是有 $v_1 - v_2 = C(C \text{ 为常数})$,即 $v_1 = v_2 + C$。

所以,在有势场中的任何两个势函数之间,只相差一个常数。由此,若已知有势场 $A(M)$ 的一个势函数 $v(M)$,则场的所有势函数的全体可表示为

$$v(M) + C \quad (C \text{ 为任意常数})$$

然而是否任何矢量场都为有势场呢?我们有下面的定理。

定理 3.5 在线单连通域内矢量场 A 为有势场的充要条件是 A 为无旋场。

证明 (1)必要性。设

$$A = A_x(x,y,z)i + A_y(x,y,z)j + A_z(x,y,z)k$$

如果 A 为有势场,则存在函数 $u(x,y,z)$,它满足 $A = \text{grad } u$,即有

$$A_x = \frac{\partial u}{\partial x}, \ A_y = \frac{\partial u}{\partial y}, \ A_z = \frac{\partial u}{\partial z}$$

根据 3.1 节的假定:函数 A_x、A_y、A_z 具有一阶连续偏导数。从而,由上式知函数 u 具有二阶连续偏导数,因此有

$$\frac{\partial A_z}{\partial y}-\frac{\partial A_y}{\partial z}=0,\ \frac{\partial A_z}{\partial x}-\frac{\partial A_x}{\partial z}=0,\ \frac{\partial A_x}{\partial y}-\frac{\partial A_y}{\partial x}=0$$

所以在场内处处有 rot $\boldsymbol{A}=0$。

(2)充分性。设在场中处处有 rot $\boldsymbol{A}=0$，又因场所在的区域是线单连通的，则由斯托克斯公式可知，对于场中的任何封闭曲线 l 都有

$$\oint_l \boldsymbol{A}\cdot \mathrm{d}\boldsymbol{l}=0$$

这个事实等价于曲线积分 $\int_{\widehat{M_0M}}\boldsymbol{A}\cdot\mathrm{d}\boldsymbol{l}=0$ 与路径无关。其积分之值，只取决于积分的起点 $M_0(x_0,y_0,z_0)$ 与终点 $M(x,y,z)$；当起点 M_0 固定时，它就是其终点 M 的函数，将这个函数记作 $u(x,y,z)$，即

$$u(x,y,z)=\int_{x_0,y_0,z_0}^{x,y,z}A_x\mathrm{d}x+A_y\mathrm{d}y+A_z\mathrm{d}z \tag{3.46}$$

现在来证明这个函数满足 $\boldsymbol{A}=\mathrm{grad}\,u$，即 $\boldsymbol{A}$ 为有势场。这只要证明

$$A_x=\frac{\partial u}{\partial x},\ A_y=\frac{\partial u}{\partial y},\ A_z=\frac{\partial u}{\partial z}$$

即可。先证其中第一个等式，为此，我们保持终点 $M(x,y,z)$ 的 y、z 坐标不动而给 x 坐标以增量 Δx，这样，得到一个新的点 $N(x+\Delta x,y,z)$，于是有

$$\begin{aligned}\Delta u&=u(N)-u(M)\\&=\int_{M_0}^N\boldsymbol{A}\cdot\mathrm{d}\boldsymbol{l}-\int_{M_0}^M\boldsymbol{A}\cdot\mathrm{d}\boldsymbol{l}=\int_M^N\boldsymbol{A}\cdot\mathrm{d}\boldsymbol{l}\\&=\int_{x,y,z}^{x+\Delta x,y,z}A_x\mathrm{d}x+A_y\mathrm{d}y+A_z\mathrm{d}z\end{aligned}$$

因积分与路径无关，故最后这个积分可以在直线段 MN 上取，这时 y 与 z 均为常数，从而 $\mathrm{d}y=0,\mathrm{d}z=0$。这样

$$\Delta u=\int_{x,y,z}^{x+\Delta x,y,z}A_x(x,y,z)\mathrm{d}x$$

按积分中值定理有

$$\Delta u=A_x(x+\theta\Delta x,y,z)\Delta x\quad(0\leqslant\theta\leqslant1)$$

两端除以 Δx 后，令 $\Delta x\to0$ 而取极限，就得到 $\dfrac{\partial u}{\partial x}=A_x$。

同理可证 $\dfrac{\partial u}{\partial y}=A_y,\dfrac{\partial u}{\partial z}=A_z$。

此性质又表明：

$$\begin{aligned}\boldsymbol{A}\cdot\mathrm{d}\boldsymbol{l}&=A_x\mathrm{d}x+A_y\mathrm{d}y+A_z\mathrm{d}z\\&=\frac{\partial u}{\partial x}\mathrm{d}x+\frac{\partial u}{\partial y}\mathrm{d}y+\frac{\partial u}{\partial z}\mathrm{d}z\\&=\mathrm{d}u\end{aligned}$$

且表达式 $A_x\mathrm{d}x+A_y\mathrm{d}y+A_z\mathrm{d}z$ 为函数 u 的全微分，故亦称函数 u 为表达式 $A_x\mathrm{d}x+A_y\mathrm{d}y+A_z\mathrm{d}z$ 的原函数。

一般，称具有曲线积分 $\int_{\widehat{M_0M}}\boldsymbol{A}\cdot\mathrm{d}\boldsymbol{l}$ 与路径无关性质的矢量场 $\boldsymbol{A}$ 为保守场。从上面的定理及

其证明我们可以看出,在线单连通域内,"场有势(梯度场)"、"场无旋"、"场保守"及"表达式 $A_x\mathrm{d}x + A_y\mathrm{d}y + A_z\mathrm{d}z$ 是某个函数的全微分",这四者是彼此等价的。

2. 势函数的计算

对有势场 A 来说,(3.44) 式还给我们提供了计算势函数的途径:就是在场中选定一点 $M_0(x_0,y_0,z_0)$,用 (3.44) 式以任一路径从点 $M_0(x_0,y_0,z_0)$ 到点 $M(x,y,z)$ 积分,求出函数 u 后,再令 $v = -u$ 就得到势函数。一般为了简便,常选取逐段平行于坐标轴的折线 M_0RSM 来作为积分路线,如图 3.23 所示,其中 M_0R 平行于 Ox 轴,RS 平行于 Oy 轴,SM 平行于 Oz 轴,这样 (3.46) 式便成为

$$u(x,y,z) = \int_{x_0}^{x} A_x(x,y_0,z_0)\mathrm{d}x + \int_{y_0}^{y} A_y(x,y,z_0)\mathrm{d}y + \int_{z_0}^{z} A_z(x,y,z)\mathrm{d}z \qquad (3.47)$$

用此公式,就可比较方便地求出函数 u。

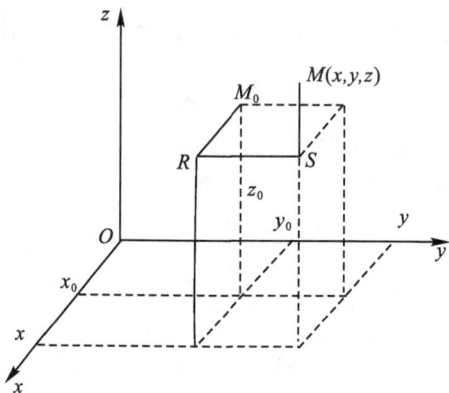

图 3.23

例 3.21 证明矢量场 $A = 2xyz^2\boldsymbol{i} + (x^2z^2 + \cos y)\boldsymbol{j} + 2x^2yz\boldsymbol{k}$ 为有势场,并求其势函数。

证明 由 A 的雅可比矩阵

$$\mathrm{D}A = \begin{bmatrix} 2yz^2 & 2xz^2 & 4xyz \\ 2xz^2 & -\sin y & 2x^2z \\ 4xyz & 2x^2z & 2x^2y \end{bmatrix}$$

得

$$\mathrm{rot}\,A = (2x^2z - 2x^2z)\boldsymbol{i} + (4xyz - 4xyz)\boldsymbol{j} + (2xz^2 - 2xz^2)\boldsymbol{k} = 0$$

故 A 为有势场。

现在应用公式 (3.47) 来求其势函数:为简便计算,取 $M_0(x_0,y_0,z_0)$ 为坐标原点 $O(0,0,0)$,否则,求出的势函数与此只相差一个常数,因此得

$$u(x,y,z) = \int_0^x 0\,\mathrm{d}x + \int_0^y \cos y\,\mathrm{d}y + \int_0^z 2x^2yz\,\mathrm{d}z$$

$$= \sin y + x^2yz^2$$

于是得势函数 $v = -u = -\sin y - x^2yz^2$,而场的势函数的全体为

$$v = -\sin y - x^2yz^2 + C$$

求有势场的势函数除了可以用公式 (3.47) 外,一般还可以用不定积分法来计算,如下面

例 3.22。

例 3.22 用不定积分法求例 3.21 中矢量场 A 的势函数。

解 在例 3.21 中已证得 A 为有势场,故存在函数 u 满足 $A = \operatorname{grad} u$,即有

$$\frac{\partial u}{\partial x} = 2xyz^2, \quad \frac{\partial u}{\partial y} = x^2z^2 + \cos y, \quad \frac{\partial u}{\partial z} = 2x^2yz \tag{3.48}$$

由第一个方程对 x 积分,得

$$u = x^2yz^2 + \varphi(y, z) \tag{3.49}$$

其中 $\varphi(y, z)$ 暂时是任意的,为了确定它,将上式对 y 求导,得

$$\frac{\partial u}{\partial y} = x^2z^2 + \frac{\partial \varphi(y, z)}{\partial y}$$

与(3.48)式中第二个方程比较,知 $\dfrac{\partial \varphi(y, z)}{\partial y} = \cos y$,于是有

$$\varphi(y, z) = \sin y + \psi(z)$$

代入(3.49)式得

$$u = x^2yz^2 + \sin y + \psi(z) \tag{3.50}$$

其中 $\psi(z)$ 也暂时是任意的,为了确定它,将上式对 z 求导,得

$$\frac{\partial u}{\partial z} = 2x^2yz + \frac{\mathrm{d}\psi(z)}{\mathrm{d}z}$$

与(3.48)式中第三个方程比较,知 $\dfrac{\mathrm{d}\psi(z)}{\mathrm{d}z} = 0$,故 $\psi(z) = C_1$,代入(3.50)式即得

$$u = x^2yz^2 + \sin y + C_1 \tag{3.51}$$

从而势函数

$$u = -x^2yz^2 - \sin y + C$$

与例 3.21 中用公式法求得的结果相同。

例 3.23 若 $A = A_x(x, y, z)\boldsymbol{i} + A_y(x, y, z)\boldsymbol{j} + A_z(x, y, z)\boldsymbol{k}$ 为保守场,则存在函数 $u(M)$ 使

$$\int_{\widehat{AB}} \boldsymbol{A} \cdot \mathrm{d}\boldsymbol{l} = u(M)\Big|_A^B = u(B) - u(A)$$

证明 因 A 为保守场,则曲线积分 $\displaystyle\int_{\widehat{AB}} \boldsymbol{A} \cdot \mathrm{d}\boldsymbol{l}$ 与路径无关,于是

$$\int_{\widehat{AB}} \boldsymbol{A} \cdot \mathrm{d}\boldsymbol{l} = \int_A^B \boldsymbol{A} \cdot \mathrm{d}\boldsymbol{l} = \int_A^{M_0} \boldsymbol{A} \cdot \mathrm{d}\boldsymbol{l} + \int_{M_0}^B \boldsymbol{A} \cdot \mathrm{d}\boldsymbol{l}$$

$$= \int_{M_0}^B \boldsymbol{A} \cdot \mathrm{d}\boldsymbol{l} - \int_{M_0}^A \boldsymbol{A} \cdot \mathrm{d}\boldsymbol{l}$$

其中 M_0 为场中任一点。根据(3.46)式得

$$u(M) = \int_{M_0}^M \boldsymbol{A} \cdot \mathrm{d}\boldsymbol{l}$$

则上式就成为

$$\int_{\widehat{AB}} \boldsymbol{A} \cdot \mathrm{d}\boldsymbol{l} = u(M)\Big|_A^B = u(B) - u(A)$$

由前面知,(3.46)式所表示的函数 $u(M)$ 满足 $A = \operatorname{grad} u(M)$,也就是

$$\boldsymbol{A} \cdot \mathrm{d}\boldsymbol{l} = A_x \mathrm{d}x + A_y \mathrm{d}y + A_z \mathrm{d}z$$

的原函数,通常是用公式(3.47)来求出。

例 3.24 证明 $A = 2xyz^3 i + x^2 z^3 j + 3x^2 yz^2 k$ 为保守场,并计算曲线积分 $\int_l A \cdot dl$。其中 l 是从 $A(1,4,1)$ 到 $B(2,3,1)$ 的任一路径。

证明 由

$$DA = \begin{bmatrix} 2yz^3 & 2xz^3 & 6xyz^2 \\ 2xz^3 & 0 & 3x^2z^2 \\ 6xyz^2 & 3x^2z^2 & 6x^2yz \end{bmatrix}$$

$$\text{rot } A = (3x^2z^2 - 3x^2z^2)i + (6xyz - 6xyz)j + (6xyz^2 - 6xyz^2)k = 0$$

故 A 为保守场,从而存在 $A \cdot dl$ 的原函数 u。根据公式(3.47),并取 $(x_0, y_0, z_0) = (0,0,0)$,则有

$$u(x,y,z) = \int_0^x 0dx + \int_0^y 0dy + \int_0^z 3x^2yz^2 dz$$
$$= x^2yz^3$$

于是

$$\int_l A \cdot dl = x^2yz^3 \Big|_{A(1,4,1)}^{B(2,3,1)} = 12 - 4 = 8$$

3.5.2 管形场

定义 3.4 设有矢量场 A,若其散度 div $A = 0$,则称此矢量场为管形场。换言之,管形场就是无源场。管形场之所以得名,是因它具有如下的性质。

定理 3.6 设管形场 A 所在的空间区域为一面单连通域,在场中任取一个矢量管,假定 S_1 与 S_2 是它的任意两个横断面。其法向矢量 n_1 与 n_2 都朝向矢量 A 所指的一侧,如图 3.24 所示,则有

$$\iint_{S_1} A \cdot dS = \iint_{S_2} A \cdot dS \qquad (3.52)$$

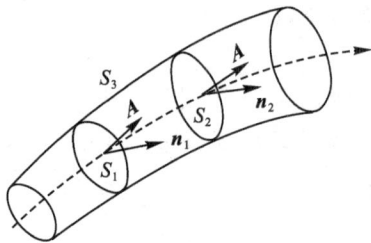

图 3.24

证明 设 S 为由二断面 S_1 与 S_2 以及此二断面之间的一段矢量管面 S_3 所组成的一个封闭曲面。由于管形场的散度为零,且场所在区域是面单连通域,则由高斯公式有

$$\iint_S A \cdot dS = \iiint_\Omega \text{div } A dV = 0$$

或

$$\iint_{S_1} A_n dS + \iint_{S_2} A_n dS + \iint_{S_3} A_n dS = 0$$

其中 A_n 表示 A 在闭曲面 S 上的外向法向矢量 n 的方向上的投影。注意到场中矢量 A 是与矢量线相切的,从而也就与矢量管的管面相切,所以在管面 S_3 上有 $A_n = 0$。因此,上式成为

$$-\iint_{S_1} A_{n_1} dS + \iint_{S_2} A_{n_2} dS = 0$$

或

$$\iint\limits_{S_1} A_{n_1} \, \mathrm{d}S = \iint\limits_{S_2} A_{n_2} \, \mathrm{d}S$$

即

$$\iint\limits_{S_1} \boldsymbol{A} \cdot \mathrm{d}\boldsymbol{S} = \iint\limits_{S_2} \boldsymbol{A} \cdot \mathrm{d}\boldsymbol{S}$$

定理 3.7 告诉我们,管形场中穿过同一个矢量管的所有横断面的通量都相等,即为一常数,称其为此矢量管的强度。

比如在无源的流速场中,定理 3.6 表明,流入某个矢量管的流量和从管内流出的流量是相等的。因此,流体在矢量管内流动,宛如在真正的管子内流动一样,管形场因而得名。

定理 3.8 在面单连通域内矢量场 $\boldsymbol{A}$ 为管形场的充要条件是:它为另一个矢量场 $\boldsymbol{B}$ 的旋度场。

证明 (1) 充分性。设 $\boldsymbol{A} = \mathrm{rot}\,\boldsymbol{B}$,则由旋度运算的基本公式有

$$\mathrm{div}(\mathrm{rot}\,\boldsymbol{B}) = 0$$

即有

$$\mathrm{div}\,\boldsymbol{A} = 0$$

所以矢量场 $\boldsymbol{A}$ 为管形场。

(2) 必要性。设 $\boldsymbol{A} = A_x(x,y,z)\boldsymbol{i} + A_y(x,y,z)\boldsymbol{j} + A_z(x,y,z)\boldsymbol{k}$ 为管形场,即有 $\mathrm{div}\,\boldsymbol{A} = 0$,现在来证明存在矢量场

$$\boldsymbol{B} = B_x(x,y,z)\boldsymbol{i} + B_y(x,y,z)\boldsymbol{j} + B_z(x,y,z)\boldsymbol{k}$$

满足

$$\mathrm{rot}\,\boldsymbol{B} = \boldsymbol{A} \tag{3.53}$$

也就是满足

$$\begin{cases} \dfrac{\partial B_z}{\partial y} - \dfrac{\partial B_y}{\partial z} = A_x \\[2mm] \dfrac{\partial B_x}{\partial z} - \dfrac{\partial B_z}{\partial x} = A_y \\[2mm] \dfrac{\partial B_x}{\partial y} - \dfrac{\partial B_y}{\partial x} = A_z \end{cases} \tag{3.54}$$

满足(3.53)式的矢量 $\boldsymbol{B}$,称为矢量场 $\boldsymbol{A}$ 的矢势量,其存在是肯定的,例如以

$$\begin{cases} B_x = \displaystyle\int_{z_0}^{z} A_y(x,y,z)\mathrm{d}z - \int_{y_0}^{y} A_z(x,y,z_0)\mathrm{d}y \\[3mm] B_y = -\displaystyle\int_{z_0}^{z} A_x(x,y,z)\mathrm{d}z \\[3mm] B_z = C \end{cases} \tag{3.55}$$

为分量的矢量 $\boldsymbol{B}$,就是满足(3.53)式的矢势量。

例 3.25 验证矢量场 $\boldsymbol{A} = (2z - 3y)\boldsymbol{i} + (3x + y)\boldsymbol{j} - (z + 2x)\boldsymbol{k}$ 为管形场,并求场 $\boldsymbol{A}$ 的一个矢势量。

解 因为 $\mathrm{div}\,\boldsymbol{A} = 0 + 1 - 1 = 0$,故 $\boldsymbol{A}$ 为管形场。现求其矢势量。

按公式(3.55),并取 $(x_0, y_0, z_0) = (0,0,0)$,则有

$$B_x = \int_0^z (3x+y)\mathrm{d}z + \int_0^y 2x\mathrm{d}y = 3xz + yz + 2xy$$

$$B_y = -\int_0^z (2z - 3y)\mathrm{d}y = 3yz - z^2$$

$$B_y = 1(\text{取 } C = 1)$$

令

$$\boldsymbol{B} = (3xz + yz + 2xy)\boldsymbol{i} + (3yz - z^2)\boldsymbol{j} + \boldsymbol{k}$$

则有

$$\mathrm{rot}\,\boldsymbol{B} = (2z - 3y)\boldsymbol{i} + (3x + y)\boldsymbol{j} - (z + 2x)\boldsymbol{k} = \boldsymbol{A}$$

3.5.3　调和场

定义 3.5　如果在矢量场 $\boldsymbol{A}$ 中恒有 $\mathrm{div}\,\boldsymbol{A} = 0$ 与 $\mathrm{rot}\,\boldsymbol{A} = 0$,则称此矢量场为调和场。换言之,调和场是指既无源又无旋的矢量场。

例如位于原点的点电荷 q 所产生的静电场中,除去点电荷所在的原点外,由 3.3 节的例 3.12 知有

$$\mathrm{div}\,\boldsymbol{D} = 0$$

同时可验证 $\mathrm{rot}\,\boldsymbol{D} = 0$。所以,电位移矢量 $\boldsymbol{D}$ 在除去原点外的区域内形成一个调和场。

由此,根据散度和旋度运算的基本公式,有

$$\mathrm{div}\,\boldsymbol{E} = \mathrm{div}\left(\frac{1}{\varepsilon}\boldsymbol{D}\right) = \frac{1}{\varepsilon}\mathrm{div}\,\boldsymbol{D} = 0$$

$$\mathrm{rot}\,\boldsymbol{E} = \mathrm{rot}\left(\frac{1}{\varepsilon}\boldsymbol{D}\right) = \frac{1}{\varepsilon}\mathrm{rot}\,\boldsymbol{D} = 0$$

可见,电场强度 $\boldsymbol{E}$ 也在除去原点外的区域内形成一个调和场。

1. 调和函数

设矢量场 $\boldsymbol{A}$ 为调和场,按定义有 $\mathrm{rot}\,\boldsymbol{A} = 0$,因此存在函数 u 满足 $\boldsymbol{A} = \mathrm{grad}\,u$;又按定义有 $\mathrm{div}\,\boldsymbol{A} = 0$,于是有

$$\mathrm{div}(\mathrm{grad}\,u) = 0 \tag{3.56}$$

在直角坐标系中,由于

$$\mathrm{grad}\,u = \frac{\partial u}{\partial x}\boldsymbol{i} + \frac{\partial u}{\partial y}\boldsymbol{j} + \frac{\partial u}{\partial z}\boldsymbol{k}$$

因而上式成为

$$\frac{\partial^2 u}{\partial x^2} + \frac{\partial^2 u}{\partial y^2} + \frac{\partial^2 u}{\partial z^2} = 0 \tag{3.57}$$

这是一个二阶偏微分方程,叫作拉普拉斯(Laplace)方程;满足拉普拉斯方程且具有二阶连续偏导数的函数,叫作调和函数。

按定义调和场亦为有势场,由(3.57)式可以看出,其势函数 $v = -u$ 显然也是调和函数。

拉普拉斯引进了一个微分算子

$$\Delta = \frac{\partial^2}{\partial x^2} + \frac{\partial^2}{\partial y^2} + \frac{\partial^2}{\partial z^2} \tag{3.58}$$

用记号 Δ 表示的微分算子称为拉普拉斯算子,引用这个算子方程(3.57)便可简写为

$$\Delta u = 0$$

与(3.56)式比较,知有

$$\mathrm{div}(\mathrm{grad}\; u) = \Delta u \tag{3.59}$$

其中 Δu 也叫作调和量(或拉普拉斯式)。

例 3.26　设 S 为区域 Ω 的边界曲面,$\boldsymbol{n}$ 为 S 的向外单位法向矢量,在 Ω 上函数 $f(x,y,z)$ 具有二阶连续偏导数,证明

$$\oiint\limits_{S} \frac{\partial f}{\partial n} \mathrm{d}S = \iiint\limits_{\Omega} \Delta f \mathrm{d}V$$

其中 $\dfrac{\partial f}{\partial n}$ 为 f 沿 S 的向外法向矢量 $\boldsymbol{n}$ 的方向导数。

证明
$$\oiint\limits_{S} \frac{\partial f}{\partial n} \mathrm{d}S = \oiint\limits_{S} \mathrm{grad}\; f \cdot \boldsymbol{n} \mathrm{d}S = \oiint\limits_{S} \mathrm{grad}\; f \cdot \mathrm{d}\boldsymbol{S}$$

由高斯公式

$$\oiint\limits_{S} \frac{\partial f}{\partial n} \mathrm{d}S = \iiint\limits_{\Omega} \mathrm{div}(\mathrm{grad}\; f) \mathrm{d}V = \iiint\limits_{\Omega} \Delta f \mathrm{d}V$$

可知,若 $f(x,y,z)$ 为 Ω 中的调和函数,则有

$$\oiint\limits_{S} \frac{\partial f}{\partial n} \mathrm{d}S = 0$$

2. 平面调和场

平面调和场是指既无源又无旋的平面矢量场,和空间调和场的概念完全类似;但比起空间调和场来,它具有某些特殊性质,是我们所应注意的。

① 设有平面调和场 $\boldsymbol{A} = A_x(x,y)\boldsymbol{i} + A_y(x,y)\boldsymbol{j}$,由于

$$\mathrm{rot}\, \boldsymbol{A} = \frac{\partial A_y}{\partial x} - \frac{\partial A_x}{\partial y} = 0$$

即

$$\frac{\partial A_y}{\partial x} - \frac{\partial A_x}{\partial y} = 0 \tag{3.60}$$

故存在势函数 v 满足 $\boldsymbol{A} = -\mathrm{grad}\, v$,即有

$$A_x = -\frac{\partial v}{\partial x}, \quad A_y = -\frac{\partial v}{\partial y} \tag{3.61}$$

其中势函数 v 可用如下的积分来求出:

$$v(x,y) = -\int_{x_0}^{x} A_x(x,y_0)\mathrm{d}x + \int_{y_0}^{y} A_y(x,y)\mathrm{d}y \tag{3.62}$$

② 由于 $\mathrm{div}\, \boldsymbol{A} = 0$,即

$$\frac{\partial A_x}{\partial x} + \frac{\partial A_y}{\partial y} = 0 \tag{3.63}$$

将此与(3.60)式比较,即可看出,它表明以 $-A_y$ 和 A_x 为分量的矢量场 $\boldsymbol{B}$,即 $\boldsymbol{B} = -A_y(x,y)\boldsymbol{i} + A_x(x,y)\boldsymbol{j}$ 的旋度为

$$\mathrm{rot}\, \boldsymbol{B} = \left[\frac{\partial A_x}{\partial x} - \frac{\partial (-A_y)}{\partial y} \right]\boldsymbol{k} = 0$$

因此矢量场 $\boldsymbol{B}$ 为有势场,故存在函数 u 满足 $\boldsymbol{B} = \mathrm{grad}\, u$,即有

$$-A_y = \frac{\partial u}{\partial x}, \quad A_x = \frac{\partial u}{\partial y} \tag{3.64}$$

函数 u 称为平面调和场 $\boldsymbol{A}$ 的力函数,可用如下的积分来求出:

$$u(x,y) = -\int_{x_0}^{x} A_y(x,y_0)\mathrm{d}x + \int_{y_0}^{y} A_x(x,y)\mathrm{d}y \tag{3.65}$$

③ 比较(3.61)式与(3.64)式,可得

$$\frac{\partial u}{\partial x} = \frac{\partial v}{\partial y}, \quad \frac{\partial u}{\partial y} = -\frac{\partial v}{\partial x} \tag{3.66}$$

这就是平面调和场的力函数 u 与势函数 v 之间的关系式,由它可以得到

$$\frac{\partial^2 u}{\partial x^2} + \frac{\partial^2 u}{\partial y^2} = 0, \quad \frac{\partial^2 v}{\partial x^2} + \frac{\partial^2 v}{\partial y^2} = 0 \tag{3.67}$$

这两个方程都是二维拉普拉斯方程,由此可知:函数 u 与 v 均为满足二维拉普拉斯方程的调和函数。又因二者由(3.66)式联系着,故称其为共轭调和函数,并称(3.66)式为其共轭调和条件。应用这个条件,就可以从 u 与 v 中的一个求出其另一个来。

例 3.27　已知调和函数 $u = y^3 - 3x^2 y$,求其共轭调和函数 v。

解
$$\frac{\partial v}{\partial y} = \frac{\partial u}{\partial x} = -6xy$$

故

$$v = \int -6xy\,\mathrm{d}y = -3xy^2 + \varphi(x) \tag{3.68}$$

其中函数 $\varphi(x)$ 暂时是任意的,为了确定它,将上式对 x 求导得

$$\frac{\partial v}{\partial x} = -3y^2 + \varphi'(x)$$

又因

$$\frac{\partial v}{\partial x} = -\frac{\partial u}{\partial y} = -3y^2 - 3x^2$$

与前一式比较,即知 $\varphi'(x) = -3x^2$,所以 $\varphi(x) = x^3 + C$,将其代入(3.68)式即得
$$v = -3xy^2 + x^3 + C \quad (C \text{ 为任意常数})$$

④ 力函数 $u(x,y)$ 与势函数 $v(x,y)$ 的等值线
$$u(x,y) = C_1 \quad 与 \quad v(x,y) = C_2 \tag{3.69}$$

相应地称为平面调和场的力线与等势线;其切线斜率依次为

$$y' = -\frac{u_x}{u_y} = \frac{Q}{P}, \quad y' = -\frac{v_x}{v_y} = \frac{P}{Q}$$

式中标量函数带下标表示函数对该变量的偏导数,如 $u_x = \dfrac{\partial u}{\partial x}$,其余类推。

由此可以看出,在场中之任一点处,力线的切线方向与场中矢量 $\boldsymbol{A} = P\boldsymbol{i} + Q\boldsymbol{j}$ 的方向一致,因此力线就是场的矢量线;又力线的切线斜率与等势线的切线斜率恰成负倒数,说明力线与等势线是互相正交的。

例 3.28　位于坐标原点的电量为 q 的点电荷所产生的平面静电场中,电场强度为

$$\boldsymbol{E} = \frac{q}{2\pi\varepsilon_0 r^2}\boldsymbol{r} = \frac{q}{2\pi\varepsilon_0 r^2}\frac{x\boldsymbol{i} + y\boldsymbol{j}}{x^2 + y^2} \tag{3.70}$$

(见 3.1 节例 3.1)。容易证明,除点电荷所在的原点外,电场强度 $\boldsymbol{E}$ 构成一个平面调和场

（即有 div $\boldsymbol{E}=0$ 和 rot $\boldsymbol{E}=0$）。据此，用公式（3.62）和（3.65）可依次算出其势函数

$$v(x,y)=\frac{q}{2\pi\varepsilon_0}\int_{x_0}^{x}\frac{x}{x^2+y_0^2}\mathrm{d}x-\int_{y_0}^{y}\frac{x}{x^2+y^2}\mathrm{d}y$$

$$=\frac{q}{4\pi\varepsilon_0}\ln\frac{x_0^2+y_0^2}{x^2+y^2}$$

和力函数

$$u(x,y)=\frac{q}{2\pi\varepsilon_0}\int_{x_0}^{x}\frac{y_0}{x^2+y_0^2}\mathrm{d}x+\int_{y_0}^{y}\frac{x}{x^2+y^2}\mathrm{d}y$$

$$=\frac{q}{2\pi\varepsilon_0}\left(\arctan\frac{y}{x}+\arctan\frac{y_0}{x_0}-\frac{\pi}{2}\right)$$

从而，场的力线和等势线方程经化简分别可写为

$$\frac{y}{x}=C_1,\quad x^2+y^2=C_2$$

这也就是电场的电力线和等位线方程；前者是从原点发出的一簇射线，后者是以原点为中心的一簇同心圆周；显然，这两簇曲线是互相正交的，如图 3.25 所示。

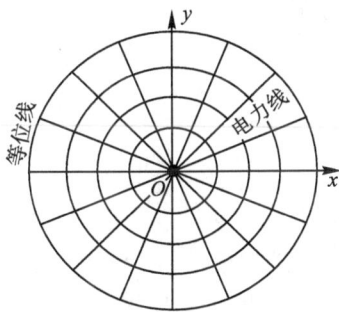

图 3.25

习 题 3

1.说出下列数量场所在的空间区域，并求出其等值面。

(1) $u=\dfrac{1}{Ax+By+Cz+D}$;

(2) $u=\arcsin\dfrac{x}{\sqrt{x^2+y^2}}$。

2.求数量场 $u=\dfrac{x^2+y^2}{z}$ 经过点 $M(1,1,2)$ 的等值面方程。

3.已知数量场 $u=xy$，求场中与直线 $x+2y-4=0$ 相切的等值线方程。

4.求矢量场 $\boldsymbol{A}=xy^2\boldsymbol{i}+x^2y\boldsymbol{j}+zy^2\boldsymbol{k}$ 的矢量线方程。

5.求矢量场 $\boldsymbol{A}=x^2\boldsymbol{i}+y^2\boldsymbol{j}+z(x+y)\boldsymbol{k}$ 通过点 $M(2,1,1)$ 的矢量线方程。

6.求矢量场 $\boldsymbol{A}=2z\boldsymbol{j}+\boldsymbol{k}$ 通过曲线 $C:\begin{cases}z=4\\x^2+y^2=R^2\end{cases}$ 的矢量管方程。

7.求数量场 $u=x^2z^3+2y^2z$ 在点 $M(2,0,-1)$ 处沿 $\boldsymbol{l}=2x\boldsymbol{i}-xy^2\boldsymbol{j}+3z^4\boldsymbol{k}$ 方向的方

向导数。

8. 求数量场 $u = 3x^2z - xy + z^2$ 在点 $M(1,-1,1)$ 处沿曲线 $x = t, y = -t^2, z = t^3$ 朝 t 增大一方的方向导数。

9. 数量场 $u = x^2yz^3$ 在点 $M(2,1,-1)$ 处沿哪个方向的方向导数最大?这个最大值是多少?

10. 分别画出平面场 $u = \frac{1}{2}(x^2 - y^2)$ 中 $u = 0, u = \frac{1}{2}, u = 1, u = \frac{3}{2}, u = 2$ 的等值线,并画出场在点 $M_1(2,\sqrt{2})$ 与点 $M_2(3,\sqrt{7})$ 处的梯度矢量,看其是否符合下面事实:

(1) 梯度在等值线较密处的模较大,在较稀处的模较小;

(2) 在每一点处,梯度垂直于过该点的等值线,并指向 u 增大的方向。

11. 用以下两种方法求数量场 $u = xy + yz + zx$ 在点 $P(1,2,3)$ 处沿其矢径方向的方向导数。

(1) 直接应用方向导数公式;

(2) 将方向导数作为梯度在该方向上的投影。

12. 求数量场 $u = x^2 + 2y^2 + 3z^2 + xy + 3x - 2y - 6z$ 在点 $O(0,0,0)$ 处梯度的大小和方向余弦,以及在哪些点上的梯度为 **0**。

13. 通过梯度求曲面 $x^2y + 2xz = 4$ 上一点 $M(1,-2,3)$ 处的法线方程。

14. 求数量场 $u = 3x^2 + 5y^2 - 2z$ 在点 $M(1,1,3)$ 处沿其等值面朝 Oz 轴正向一方的法线方向导数 $\frac{\partial u}{\partial n}$。

15. 证明 grad u 为常矢的必要和充分条件是 u 为线性函数,其中
$$u = ax + by + cz + d \quad (a、b、c、d \text{ 为常数})$$

16. 在数量场 $u = u(M)$ 中恒有 grad $u = 0$,证明 $u =$ 常数。

17. 设 S 为上半球面 $x^2 + y^2 + z^2 = a^2 (z \geqslant 0)$,求矢量场 $\boldsymbol{r} = x\boldsymbol{i} + y\boldsymbol{j} + z\boldsymbol{k}$ 向上穿过 S 的通量。

18. 设 S 为曲面 $x^2 + y^2 + z^2 = z (0 \leqslant z \leqslant h)$,求流速场 $\boldsymbol{v} = (x + y + z)\boldsymbol{k}$ 在单位时间内向下侧穿过 S 的流量 Q。

19. 求矢量场 $\boldsymbol{A}$ 的散度:$\boldsymbol{A} = (x^3 + yz)\boldsymbol{i} + (y^2 + xz)\boldsymbol{j} + (z^3 + xy)\boldsymbol{k}$。

20. 求 div $\boldsymbol{A}$ 在给定点处的值:

(1) $\boldsymbol{A} = x^3\boldsymbol{i} + y^3\boldsymbol{j} + z^3\boldsymbol{k}$ 在点 $M(1,0,-1)$ 处;

(2) $\boldsymbol{A} = xyz\boldsymbol{r}(\boldsymbol{r} = x\boldsymbol{i} + y\boldsymbol{j} + z\boldsymbol{k})$ 在点 $M(1,3,2)$ 处。

21. 求矢量场 $\boldsymbol{A}$ 从内穿出所给闭曲面 S 的通量 Φ(S 为椭球面 $\frac{x^2}{a^2} + \frac{x^2}{y^2} + \frac{x^2}{z^2} = 1$),其中
$$\boldsymbol{A} = (x - y + z)\boldsymbol{i} + (y - z + x)\boldsymbol{j} + (z - x + y)\boldsymbol{k}$$

22. 设 $\boldsymbol{a}$ 为常矢,$\boldsymbol{r} = x\boldsymbol{i} + y\boldsymbol{j} + z\boldsymbol{k}, r = |\boldsymbol{r}|$。求:

(1) div$(r\boldsymbol{a})$;

(2) div$(r^2\boldsymbol{a})$;

(3) div$(r^n\boldsymbol{a})$(n 为整数)。

23. 求使 div$(r^n\boldsymbol{r}) = 0$ 的整数 n($\boldsymbol{r}$ 与 r 同上题)。

24. 设有无穷长导线与 Oz 轴一致,通以电流,此后在导线周围便产生磁场,其在点 $M(x,y,z)$

处的磁场强度为

$$H = \frac{1}{2\pi r^2}(-y\boldsymbol{i} + x\boldsymbol{j})$$

其中 $r = \sqrt{x^2 + y^2}$,求 div $\boldsymbol{H}$。

25. 设 $\boldsymbol{r} = x\boldsymbol{i} + y\boldsymbol{j} + z\boldsymbol{k}$,$r = |\boldsymbol{r}|$,求:

(1) 使 $\text{div}[f(r)\boldsymbol{r}] = 0$ 的 $f(r)$;

(2) 使 $\text{div}[\text{grad} f(r)] = 0$ 的 $f(r)$。

26. 已知函数 u 沿封闭曲面 S 向外法线的方向导数为常数 C,Ω 为 S 所围的空间区域,A 为 S 的面积。证明:

$$\iiint\limits_{\Omega} \text{div}(\text{grad} u)\mathrm{d}V = CA$$

27. 求一质点在力场 $\boldsymbol{F} = -y\boldsymbol{i} - z\boldsymbol{j} + x\boldsymbol{k}$ 的作用下沿闭曲线 $x = a\cos t, y = a\sin t, z = a(1 - \cos t)$ 从 $t = 0$ 到 $t = 2\pi$ 运动一周时所做的功。

28. 求矢量场 $\boldsymbol{A} = -y\boldsymbol{i} + x\boldsymbol{j} + c\boldsymbol{k}$($c$ 为常数)沿圆周 $(x-2)^2 + y^2 = R^2, z = 0$ 曲线的环量。

29. 用以下两种方法求矢量场 $\boldsymbol{A} = x(z-y)\boldsymbol{i} + y(x-z)\boldsymbol{j} + z(y-x)\boldsymbol{k}$ 在点 $M(1,2,3)$ 处沿方向 $\boldsymbol{n} = \boldsymbol{i} + 2\boldsymbol{j} + 2\boldsymbol{k}$ 的环量面密度:

(1) 直接应用环量面密度的计算公式;

(2) 作为旋度在该方向上的投影。

30. 用雅可比矩阵求矢量场 $\boldsymbol{A} = yz^2\boldsymbol{i} + zx^2\boldsymbol{j} + xy^2\boldsymbol{k}$ 的散度和旋度。

31. 已知 $u = \mathrm{e}^{xyz}$,$\boldsymbol{A} = z^2\boldsymbol{i} + x^2\boldsymbol{j} + y^2\boldsymbol{k}$,求 $\text{rot} u\boldsymbol{A}$。

32. 已知 $\boldsymbol{r} = x\boldsymbol{i} + y\boldsymbol{j} + z\boldsymbol{k}$,$\boldsymbol{c}$ 为常矢,证明:$\text{div}(\boldsymbol{c} \times \boldsymbol{r}) = 0$ 及 $\text{rot}(\boldsymbol{c} \times \boldsymbol{r}) = 2\boldsymbol{c}$。

33. 设 $\boldsymbol{r} = x\boldsymbol{i} + y\boldsymbol{j} + z\boldsymbol{k}$,$r = |\boldsymbol{r}|$,$\boldsymbol{c}$ 为常矢。求:

(1) $\text{rot} \boldsymbol{r}$;

(2) $\text{rot}[f(r)\boldsymbol{r}]$;

(3) $\text{rot}[f(r)\boldsymbol{c}]$;

(4) $\text{div}[\boldsymbol{r} \times f(r)\boldsymbol{c}]$。

34. 设有点电荷 q 位于坐标原点,试证其所产生的电场中电位移矢量 $\boldsymbol{D}$ 的旋度为零。

35. 设函数 $u(x,y,z)$ 及矢量 $\boldsymbol{A} = A_x(x,y,z)\boldsymbol{i} + A_y(x,y,z)\boldsymbol{j} + A_z(x,y,z)\boldsymbol{k}$ 的三个坐标函数都有二阶连续偏导数,证明

(1) $\text{rot}(\text{grad} u) = 0$;

(2) $\text{div}(\text{rot} \boldsymbol{A}) = 0$。

36. 设矢量场 $\boldsymbol{A}$ 的旋度 $\text{rot} \boldsymbol{A} \neq 0$,若存在非零函数 $\mu(x,y,z)$,使 $\mu\boldsymbol{A}$ 为某数量场 $\alpha(x,y,z)$ 的梯度,即 $\mu\boldsymbol{A} = \text{grad}\varphi$。试证明 $\boldsymbol{A} \perp \text{rot} \boldsymbol{A}$。

37. 证明下列矢量场为有势场,并用公式法和不定积分法求其势函数。

(1) $\boldsymbol{A} = y\cos xy\boldsymbol{i} + x\cos xy\boldsymbol{j} + \sin z\boldsymbol{k}$;

(2) $\boldsymbol{A} = (2x\cos y - y^2\sin xy)\boldsymbol{i} + (2y\cos x - x^2\sin y)\boldsymbol{j}$。

38. 以下矢量场 $\boldsymbol{A}$ 是否为保守场?

$\boldsymbol{A} = 2xz\boldsymbol{i} + 2yz^2\boldsymbol{j} + (x^2 + 2y^2z - 1)\boldsymbol{k}$ 的起点为 $A(3,0,1)$,终点为 $B(5,-1,3)$。

若是,计算曲线积分 $\int_l \boldsymbol{A} \cdot \mathrm{d}\boldsymbol{l}$。

39. 求全微分 $du = (x^2 - 2yz)dx + (y^2 - 2xz)dy + (z^2 - 2xy)dz$ 的原函数 u。

40. 确定常数 a 使 $\boldsymbol{A} = (x+3y)\boldsymbol{i} + (y-2z)\boldsymbol{j} + (x+az)\boldsymbol{k}$ 为管形场。

41. 证明 $\text{grad } u \times \text{grad } v$ 为管形场。

42. 求证 $\boldsymbol{A} = (2x^2 + 8xy^2z)\boldsymbol{i} + (3x^3y - 3xy)\boldsymbol{j} - (4y^2z^2 + 2x^3z)\boldsymbol{k}$ 不是管形场，而 $\boldsymbol{B} = xyz^2\boldsymbol{A}$ 是管形场。

43. 设 $\boldsymbol{B}$ 为无源场 $\boldsymbol{A}$ 的矢势量，$\varphi(x,y,z)$ 为具有二阶连续偏导数的任意函数。证明：$\boldsymbol{B} + \text{grad } \varphi$ 亦为矢量场 $\boldsymbol{A}$ 的矢势量。

44. 是否存在矢量场 $\boldsymbol{B}$，使得：

(1) $\text{rot } \boldsymbol{B} = x\boldsymbol{i} + y\boldsymbol{j} + z\boldsymbol{k}$；

(2) $\text{rot } \boldsymbol{B} = y^2\boldsymbol{i} + z^2\boldsymbol{j} + x^2\boldsymbol{k}$。

若存在，求出 $\boldsymbol{B}$。

45. 证明矢量场 $\boldsymbol{A} = (2x+y)\boldsymbol{i} + (4y+x+2z)\boldsymbol{j} + (2y-6z)\boldsymbol{k}$ 为调和场，并求其调和函数。

46. 若函数 $\varphi(x,y,z)$ 满足拉普拉斯方程 $\Delta\varphi = 0$，证明梯度场 $\text{grad } \varphi$ 为调和场。

47. 设 r 为矢径 $\boldsymbol{r} = x\boldsymbol{i} + y\boldsymbol{j} + z\boldsymbol{k}$ 的模，证明

(1) $\Delta \ln r = \dfrac{1}{r^2}\Delta$；

(2) $\Delta r^n = n(n+1)r^{n-2}$（$n$ 为常数）。

48. 试证矢量场 $\boldsymbol{A} = -2y\boldsymbol{i} - 2x\boldsymbol{j}$ 为平面调和场，并且：

(1) 求出场的力函数 u 与势函数 v；

(2) 画出场的力线与等势线的示意图。

49. 已知平面调和场的力函数 $u = x^2 - y^2 + xy$，求场的势函数 v 及场矢量 $\boldsymbol{A}$。

第4章 哈密尔顿算子∇

4.1 哈密尔顿算子∇的定义

为研究矢量场特性方便,哈密尔顿(W. R. Hamilton)引进了一个矢性微分算子:

$$\nabla = \frac{\partial}{\partial x}\boldsymbol{i} + \frac{\partial}{\partial y}\boldsymbol{j} + \frac{\partial}{\partial z}\boldsymbol{k}$$

称其为哈密尔顿算子或∇算子,记号∇可读作 Nabla。∇算子是一种微分运算符号,同时又被看作是矢量。就是说,它在运算中具有矢量和微分的双重性质。

其运算规则是:

$$\nabla u = \left(\frac{\partial}{\partial x}\boldsymbol{i} + \frac{\partial}{\partial y}\boldsymbol{j} + \frac{\partial}{\partial z}\boldsymbol{k}\right)u = \frac{\partial u}{\partial x}\boldsymbol{i} + \frac{\partial u}{\partial y}\boldsymbol{j} + \frac{\partial u}{\partial z}\boldsymbol{k} = \operatorname{grad} u$$

$$\nabla \cdot \boldsymbol{A} = \left(\frac{\partial}{\partial x}\boldsymbol{i} + \frac{\partial}{\partial y}\boldsymbol{j} + \frac{\partial}{\partial z}\boldsymbol{k}\right) \cdot (A_x\boldsymbol{i} + A_y\boldsymbol{j} + A_z\boldsymbol{k}) = \frac{\partial A_x}{\partial x} + \frac{\partial A_y}{\partial y} + \frac{\partial A_z}{\partial z} = \operatorname{div} \boldsymbol{A}$$

$$\nabla \times \boldsymbol{A} = \left(\frac{\partial}{\partial x}\boldsymbol{i} + \frac{\partial}{\partial y}\boldsymbol{j} + \frac{\partial}{\partial z}\boldsymbol{k}\right) \times (A_x\boldsymbol{i} + A_y\boldsymbol{j} + A_z\boldsymbol{k})$$

$$= \left(\frac{\partial A_z}{\partial y} - \frac{\partial A_y}{\partial z}\right)\boldsymbol{i} + \left(\frac{\partial A_x}{\partial z} - \frac{\partial A_z}{\partial x}\right)\boldsymbol{j} + \left(\frac{\partial A_y}{\partial x} - \frac{\partial A_x}{\partial y}\right)\boldsymbol{k}$$

$$= \begin{vmatrix} \boldsymbol{i} & \boldsymbol{j} & \boldsymbol{k} \\ \frac{\partial}{\partial x} & \frac{\partial}{\partial y} & \frac{\partial}{\partial z} \\ A_x & A_y & A_z \end{vmatrix} = \operatorname{rot} \boldsymbol{A}$$

由此可见,数量场 u 的梯度与矢量场 $\boldsymbol{A}$ 的散度和旋度正好可用∇算子表示为

$$\operatorname{grad} u = \nabla u, \qquad \operatorname{div} \boldsymbol{A} = \nabla \cdot \boldsymbol{A}, \qquad \operatorname{rot} \boldsymbol{A} = \nabla \times \boldsymbol{A}$$

从而,与此相关的一些公式,也就可通过∇算子来表示。

此外,为了在某些公式中使用方便,我们还引进了如下的一个数性微分算子:

$$\boldsymbol{A} \cdot \nabla = (A_x\boldsymbol{i} + A_y\boldsymbol{j} + A_z\boldsymbol{k}) \cdot \left(\frac{\partial}{\partial x}\boldsymbol{i} + \frac{\partial}{\partial y}\boldsymbol{j} + \frac{\partial}{\partial z}\boldsymbol{k}\right)$$

$$= A_x\frac{\partial}{\partial x} + A_y\frac{\partial}{\partial y} + A_z\frac{\partial}{\partial z}$$

它既可作用在数性函数 $u(M)$ 上,又可作用在矢性(量)函数 $\boldsymbol{B}(M)$ 上。如

$$(\boldsymbol{A} \cdot \nabla)u = A_x\frac{\partial u}{\partial x} + A_y\frac{\partial u}{\partial y} + A_z\frac{\partial u}{\partial z}$$

$$(\boldsymbol{A} \cdot \nabla)\boldsymbol{B} = A_x\frac{\partial \boldsymbol{B}}{\partial x} + A_y\frac{\partial \boldsymbol{B}}{\partial y} + A_z\frac{\partial \boldsymbol{B}}{\partial z}$$

应当注意:这里的 $\boldsymbol{A} \cdot \nabla$ 与上述的 $\nabla \cdot \boldsymbol{A}$ 是完全不同的。

4.2 哈密尔顿算子∇的性质

现在我们把用∇表示的一些常见公式列在下面,以便于查用,其中 u 与 v 为数性函数,A 与 B 为矢性(量)函数,a 与 b 为常数,c 为常矢量。

(1)线性性质:

① $\nabla(au \pm bv) = a\nabla u \pm b\nabla v$;

② $\nabla \cdot (aA \pm bB) = a\nabla \cdot A \pm b\nabla \cdot B$;

③ $\nabla \times (aA \pm bB) = a\nabla \times A \pm b\nabla \times B$;

④ $\nabla \cdot (uc) = \nabla u \cdot c$;

⑤ $\nabla \times (uc) = \nabla u \times c$。

(2)乘积性质:

① $\nabla(uv) = u\nabla v + v\nabla u$;

② $\nabla \cdot (uA) = u\nabla \cdot A + \nabla u \cdot A$;

③ $\nabla \times (uA) = u\nabla \times A + \nabla u \times A$;

④ $\nabla(A \cdot B) = A \times (\nabla \times B) + (A \cdot \nabla)B + B \times (\nabla \times A) + (B \cdot \nabla)A$;

⑤ $\nabla \cdot (A \times B) = B \cdot (\nabla \times A) - A \cdot (\nabla \times B)$;

⑥ $\nabla \times (A \times B) = (B \cdot \nabla)A - (A \cdot \nabla)B - B(\nabla \cdot A) + A(\nabla \cdot B)$。

(3)双重∇运算性质:

① $\nabla \cdot \nabla u = \nabla^2 u = \Delta u$;

② $\nabla \times \nabla u = 0$;

③ $\nabla \times (\nabla \times u) = 0$;

④ $\nabla \cdot \nabla \times A = 0$;

⑤ $\nabla \times (\nabla \times A) = \nabla(\nabla \cdot A) - \Delta A$(其中 $\Delta A = \Delta A_x i + \Delta A_y j + \Delta A_z k$)。

(4)对矢径 r 及复合函数的作用:

① $\nabla r = \dfrac{r}{r} = r_0$(其中 $r = xi + yj + zk$ 为矢径,$r = |r|$ 为矢径的模,在下面的公式中 r 及 r 意义相同);

② $\nabla \cdot r = 3$;

③ $\nabla \times r = 0$;

④ $\nabla f(u) = f'(u)\nabla u$;

⑤ $\nabla f(r) = f'(r)\nabla r = f'(r)r_0$;

⑥ $\nabla \times [f(r)r] = 0$;

⑦ $\nabla \times \left(\dfrac{r}{r^3}\right) = 0 (r \neq 0)$;

⑧ $\nabla f(u,v) = \dfrac{\partial f}{\partial u}\nabla u + \dfrac{\partial f}{\partial v}\nabla v$。

(5)积分运算中的性质:

① $\oiint\limits_{S} A \cdot \mathrm{d}S = \iiint\limits_{\Omega} \nabla \cdot A \mathrm{d}V$;

②$\oint_l \boldsymbol{A} \cdot \mathrm{d}\boldsymbol{l} = \iint_S \nabla \times \boldsymbol{A}\mathrm{d}\boldsymbol{S}$。

上面(1)线性性质中的公式①～⑤,可以根据∇算子的运算规则直接推导出来,是几个最基本的公式。应用这几个公式和下述方法,就可进而推证出其他的一些公式。现在我们通过几个例子来说明使用∇算子的一种简易计算方法。

例 4.1　证明:$\nabla(uv) = u\,\nabla v + v\,\nabla u$。

证明

$$\nabla(uv) = \frac{\partial(uv)}{\partial x}\boldsymbol{i} + \frac{\partial(uv)}{\partial y}\boldsymbol{j} + \frac{\partial(uv)}{\partial z}\boldsymbol{k}$$

$$= \left(u\frac{\partial v}{\partial x} + v\frac{\partial u}{\partial x}\right)\boldsymbol{i} + \left(u\frac{\partial v}{\partial y} + v\frac{\partial u}{\partial y}\right)\boldsymbol{j} + \left(u\frac{\partial v}{\partial z} + v\frac{\partial u}{\partial z}\right)\boldsymbol{k}$$

$$= u\left(\frac{\partial v}{\partial x}\boldsymbol{i} + \frac{\partial v}{\partial y}\boldsymbol{j} + \frac{\partial v}{\partial z}\boldsymbol{k}\right) + v\left(\frac{\partial u}{\partial x}\boldsymbol{i} + \frac{\partial u}{\partial y}\boldsymbol{j} + \frac{\partial u}{\partial z}\boldsymbol{k}\right)$$

$$= u\,\nabla v + v\,\nabla u$$

算子$\nabla = \frac{\partial}{\partial x}\boldsymbol{i} + \frac{\partial}{\partial y}\boldsymbol{j} + \frac{\partial}{\partial z}\boldsymbol{k}$ 实际上是三个数性微分算子$\frac{\partial}{\partial x}$、$\frac{\partial}{\partial y}$、$\frac{\partial}{\partial z}$的线性组合,而这些数性微分算子是服从乘积的微分法则的,就是当它们作用在两个函数的乘积时,每次只对其中一个因子运算,而把另一个因子看作常数。因此作为这些数性微分算子的线性组合的∇,在其微分性质中,自然也服从乘积的微分法则。明确这一点,就可以将例4.1简化成下面的方法来证明。

证明　根据∇算子的微分性质,并按乘积的微分法则,有

$$\nabla(uv) = \nabla(u_c v) + \nabla(uv_c)$$

在上式右端,我们根据乘积的微分法则把暂时看成常数的量,附以下标c,待运算结束后,再除去之。依此,根据(1)线性性质中公式①就得到

$$\nabla(uv) = u_c\,\nabla v + v_c\,\nabla u = u\,\nabla v + v\,\nabla u$$

例 4.2　证明$\nabla \cdot (u\boldsymbol{A}) = u\,\nabla \cdot \boldsymbol{A} + \nabla u \cdot \boldsymbol{A}$

证明　根据∇算子的微分性质,并按乘积的微分法则,有

$$\nabla \cdot (u\boldsymbol{A}) = \nabla \cdot (u_c\boldsymbol{A}) + \nabla \cdot (u\boldsymbol{A}_c)$$

右端第一项,由(1)线性性质中公式②有

$$\nabla \cdot (u_c\boldsymbol{A}) = u_c\,\nabla \cdot \boldsymbol{A} = u\,\nabla \cdot \boldsymbol{A}$$

右端第二项,由(1)线性性质中的公式④有

$$\nabla \cdot (u\boldsymbol{A}_c) = \nabla u \cdot \boldsymbol{A}_c = \nabla u \cdot \boldsymbol{A}$$

所以

$$\nabla \cdot (u\boldsymbol{A}) = u\,\nabla \cdot \boldsymbol{A} + \nabla u \cdot \boldsymbol{A}$$

例 4.3　证明$\nabla \cdot (\boldsymbol{A} \times \boldsymbol{B}) = \boldsymbol{B} \cdot (\nabla \times \boldsymbol{A}) - \boldsymbol{A} \cdot (\nabla \times \boldsymbol{B})$

证明　根据∇算子的微分性质,按乘积的微分法则,有

$$\nabla \cdot (\boldsymbol{A} \times \boldsymbol{B}) = \nabla \cdot (\boldsymbol{A} \times \boldsymbol{B}_c) - \nabla \cdot (\boldsymbol{A}_c \times \boldsymbol{B})$$

再根据∇算子的矢量性质,把上式右端两项都看成三个矢量的混合积,然后根据三个矢量在其混合积中位置的轮换性:

$$a \cdot (b \times c) = b \cdot (c \times a) = c \cdot (a \times b)$$

将上式右端两项中的常矢都轮换到∇的前面,同时使得变矢都留在∇的后面。据此

$$\nabla \cdot (A \times B) = \nabla \cdot (A \times B_c) + \nabla \cdot (A_c \times B)$$
$$= \nabla \cdot (A \times B_c) - \nabla \cdot (B \times A_c)$$
$$= B_c \cdot (\nabla \times A) - A_c \cdot (\nabla \times B)$$
$$= B \cdot (\nabla \times A) - A \cdot (\nabla \times B)$$

在∇算子的运算中,除用到三个矢量的混合积公式外,还用到二重矢量积公式

$$a \times (b \times c) = (a \cdot c)b - (a \cdot b)c$$

这些公式都有几种写法。因此,在应用这些公式时,就要利用它的这个特点,设法将其中的常矢移到∇的前面,而使变矢留在∇的后面。

例 4.4 证明 $\nabla \times (A \times B) = B \cdot (\nabla \times A) - A \cdot (\nabla \times B) - B(\nabla \cdot A) + A(\nabla \cdot B)$。

证明 根据∇算子的微分性质,应用乘积的微分法则,有

$$\nabla \times (A \times B) = \nabla \times (A_c \times B) + \nabla \times (A \times B_c)$$

再根据∇算子的矢量性质,将上式右端两项都看成三个矢量的二重矢量积,应用二重矢量积公式有

$$\nabla \times (A_c \times B) = A_c(\nabla \cdot B) - (A_c \cdot \nabla)B = A(\nabla \cdot B) - (A \cdot \nabla)B$$
$$\nabla \times (A \times B_c) = (B_c \cdot \nabla)A - B_c(\nabla \cdot A) = (B \cdot \nabla)A - B(\nabla \cdot A)$$

所以

$$\nabla \times (A \times B) = A(\nabla \cdot B) - (A \cdot \nabla)B + (B \cdot \nabla)A - B(\nabla \cdot A)$$

下面再看几个应用的例子。

例 4.5 已知 $u = 3x\sin yz, r = xi + yj + zk$,求 $\nabla \cdot (ur)$。

解 由(2)乘积性质中公式②

$$\nabla \cdot (ur) = u\nabla \cdot r + \nabla u \cdot r, \qquad \nabla \cdot r = 3$$
$$\nabla u = 3\sin yz i + 3xz\cos yz j + 3xy\cos yz k$$

所以

$$\nabla \cdot (ur) = 9x\sin yz + 3x\sin yz + 3xyz\cos yz + 3xyz\cos yz$$
$$= 12x\sin yz + 6xyz\cos y$$

例 4.6 设 $A = xz^3 i - 2x^2 yz j + 2yz^4 k$,求在点 $M(1,2,1)$ 处的旋度 $\nabla \times A$。

解 由 A 的雅可比矩阵

$$DA = \begin{pmatrix} z^3 & 0 & 3xz^2 \\ -4xyz & -2x^2 z & -2x^2 y \\ 0 & 2z^4 & 8yz^3 \end{pmatrix}$$

有

$$\nabla \times A = \text{rot} A = (2z^2 + 2x^2 y)i + 3xz^2 j - 4xyz k$$

于是

$$\nabla \times A|_M = (2+4)i + 3j - 8k = 6i + 3j - 8k$$

例 4.7 验证 $\oint_l (a \times r) \cdot dl = 2\iint_S a \cdot dS$。其中 a 为常矢;$r = xi + yj + zk$。

证明　在斯托克斯公式 $\oint_l \boldsymbol{A} \cdot \mathrm{d}\boldsymbol{l} = \iint_S (\nabla \times \boldsymbol{A}) \cdot \mathrm{d}\boldsymbol{S}$ 中，取 $\boldsymbol{A} = \boldsymbol{a} \times \boldsymbol{r}$，即有

$$\oint_l (\boldsymbol{a} \times \boldsymbol{r}) \cdot \mathrm{d}\boldsymbol{l} = \iint_S \nabla \times (\boldsymbol{a} \times \boldsymbol{r}) \cdot \mathrm{d}\boldsymbol{S}$$

由（2）乘积性质中公式 ⑥

$$\nabla \times (\boldsymbol{a} \times \boldsymbol{r}) = (\boldsymbol{r} \cdot \nabla)\boldsymbol{a} - (\boldsymbol{a} \cdot \nabla)\boldsymbol{r} - \boldsymbol{r}(\nabla \cdot \boldsymbol{a}) + \boldsymbol{a}(\nabla \cdot \boldsymbol{r})$$

$$= \boldsymbol{0} - \left(a_x \frac{\partial}{\partial x} + a_y \frac{\partial}{\partial y} + a_z \frac{\partial}{\partial z} \right)\boldsymbol{r} - \boldsymbol{0} + 3\boldsymbol{a}$$

$$= -(a_x \boldsymbol{i} + a_y \boldsymbol{j} + a_z \boldsymbol{k}) + 3\boldsymbol{a} = -\boldsymbol{a} + 3\boldsymbol{a} = 2\boldsymbol{a}$$

故有

$$\oint_l (\boldsymbol{a} \times \boldsymbol{r}) \cdot \mathrm{d}\boldsymbol{l} = 2\iint_S \boldsymbol{a} \cdot \mathrm{d}\boldsymbol{S}$$

例 4.8　验证格林（Green）第一公式 $\oint_S (u\,\nabla v) \cdot \mathrm{d}\boldsymbol{S} = \iiint_\Omega (\nabla v \cdot \nabla u + v\Delta u)\mathrm{d}V$ 与第二公式

$\oint_S (u\,\nabla v - v\,\nabla u) \cdot \mathrm{d}\boldsymbol{S} = \iiint_\Omega (u\Delta v - v\Delta u)\mathrm{d}V$。

证　在高斯公式 $\oint_S \boldsymbol{A} \cdot \mathrm{d}\boldsymbol{S} = \iiint_\Omega \nabla \cdot \boldsymbol{A}\,\mathrm{d}V$ 中，取 $\boldsymbol{A} = u\,\nabla v$，并应用（2）乘积性质中公式 ②

$$\oint_S (u\,\nabla v) \cdot \mathrm{d}\boldsymbol{S} = \iiint_\Omega \nabla \cdot (u\,\nabla v)\mathrm{d}V = \iiint_\Omega (\nabla v \cdot \nabla u + u\Delta v)\mathrm{d}V$$

同理

$$\oint_S (v\,\nabla u) \cdot \mathrm{d}\boldsymbol{S} = \iiint_\Omega \nabla \cdot (v\,\nabla u)\mathrm{d}V = \iiint_\Omega (\nabla v \cdot \nabla u + v\Delta u)\mathrm{d}V$$

将此两式相减，即得格林第二公式。

习　题　4

1. 证明 $\nabla \times (u\boldsymbol{A}) = u\,\nabla \times \boldsymbol{A} + \nabla u \times \boldsymbol{A}$。

2. 证明 $\nabla(\boldsymbol{A} \cdot \boldsymbol{B}) = \boldsymbol{A} \times (\nabla \times \boldsymbol{B}) + (\boldsymbol{A} \cdot \nabla)\boldsymbol{B} + \boldsymbol{B} \times (\nabla \times \boldsymbol{A}) + (\boldsymbol{B} \cdot \nabla)\boldsymbol{A}$。

3. 证明 $(\boldsymbol{A} \cdot \nabla)\boldsymbol{A} = \dfrac{1}{2}\nabla \boldsymbol{A}^2 + \boldsymbol{A} \times (\nabla \times \boldsymbol{A})$。

4. 证明 $(\boldsymbol{A} \cdot \nabla)u = \boldsymbol{A} \cdot (\nabla u)$。

5. 证明 $\Delta(uv) = \nabla u = u\Delta v + v\Delta u + 2\,\nabla u \cdot \nabla v$。

6. 设 $\boldsymbol{a}$、$\boldsymbol{b}$ 为常矢，$\boldsymbol{r} = x\boldsymbol{i} + y\boldsymbol{j} + z\boldsymbol{k}$，$r = |\boldsymbol{r}|$，证明：

　(1) $\nabla(\boldsymbol{r} \cdot \boldsymbol{a}) = \boldsymbol{a}$；

　(2) $\nabla \cdot (r\boldsymbol{a}) = \dfrac{1}{r}(\boldsymbol{r} \cdot \boldsymbol{a})$；

　(3) $\nabla \times (r\boldsymbol{a}) = \dfrac{1}{r}(\boldsymbol{r} \times \boldsymbol{a})$；

　(4) $\nabla \times [(\boldsymbol{r} \cdot \boldsymbol{a})\boldsymbol{b}] = \boldsymbol{a} \times \boldsymbol{b}$；

(5) $\nabla(|\boldsymbol{a}\times\boldsymbol{r}|^2)=2[(\boldsymbol{a}\cdot\boldsymbol{a})\boldsymbol{r}-(\boldsymbol{a}\cdot\boldsymbol{r})\boldsymbol{a}]$。

7. 已知函数 u 与无源场 $\boldsymbol{A}$ 分别满足：$\Delta u=F(x,y,z)$，$\Delta\boldsymbol{A}=-\boldsymbol{G}(x,y,z)$。求证 $\boldsymbol{B}=\nabla u+\nabla\times\boldsymbol{A}$ 满足如下方程组

$$\begin{cases}\nabla\cdot\boldsymbol{B}=F(x,y,z)\\\nabla\times\boldsymbol{B}=G(x,y,z)\end{cases}$$

8. 设 S 为区域 Ω 的边界曲面，$\boldsymbol{n}$ 为 S 的向外单位法向矢量，f 与 g 均为 Ω 中的调和函数。证明：

(1) $\oiint\limits_{S} f\,\dfrac{\partial f}{\partial n}\mathrm{d}S=\iiint\limits_{\Omega}|\nabla f|^2\mathrm{d}V$；

(2) $\oiint\limits_{S} f\,\dfrac{\partial g}{\partial n}\mathrm{d}S=\oiint\limits_{S} g\,\dfrac{\partial f}{\partial n}\mathrm{d}S$。

第5章　正交曲线坐标系

场论中的梯度、散度、旋度以及调和量，都是与坐标系无关的，前面介绍过它们在直角坐标系中的表达式。但是，在很多问题中，采用直角坐标系，将会遇到许多不必要的麻烦。因此，我们来介绍一般的正交曲线坐标系，以便在需要时简化我们所研究的问题。

5.1　曲线坐标的概念

如果空间里的点，其位置不是用直角坐标(x,y,z)来表示，而是用另外三个有序数(q_1,q_2,q_3)来表示，就是说，每三个有序数(q_1,q_2,q_3)就确定一个空间点；反之，空间里的每一点都对应着三个这样的有序数，则称(q_1,q_2,q_3)为空间点的曲线坐标。

显然，每个曲线坐标(q_1,q_2,q_3)都是空间点的单值函数，由于空间点又可用直角坐标(x,y,z)来确定，所以每个曲线坐标(q_1,q_2,q_3)也都是直角坐标(x,y,z)的单值函数：

$$q_1=q_1(x,y,z),\ q_2=q_2(x,y,z),\ q_3=q_3(x,y,z)$$

反过来，每个直角坐标(x,y,z)也都是曲线坐标(q_1,q_2,q_3)的单值函数：

$$x=x(q_1,q_2,q_3),\ y=y(q_1,q_2,q_3),\ z=z(q_1,q_2,q_3)$$

容易看出，下面的三个方程

$$q_1(x,y,z)=c_1,\ q_2(x,y,z)=c_2,\ q_3(x,y,z)=c_3$$

$$（其中\ c_1、c_2、c_3\ 为常数）$$

分别表示函数$q_1(x,y,z)$、$q_2(x,y,z)$、$q_3(x,y,z)$的等值曲面；给c_1、c_2、c_3以不同的数值，就得到三簇等值曲面，这三簇等值曲面称为坐标曲面。由于$q_1(x,y,z)$，$q_2(x,y,z)$，$q_3(x,y,z)$为单值函数，所以在空间的各点，每簇等值曲面都只有一个曲面经过。

此外，在坐标曲面之间，两两相交而成的曲线，称为坐标曲线。在由坐标曲面

$$q_2(x,y,z)=c_2\quad 与\quad q_3=q_3(x,y,z)$$

相交而成的坐标曲线上，因q_2与q_3分别保持常数值c_2与c_3，只有q_1在变化，所以我们称此曲线为坐标曲线q_1或简称q_1曲线；同理，由

$$q_1(x,y,z)=c_1\quad 与\quad q_3(x,y,z)=c_3$$

或

$$q_1(x,y,z)=c_1\quad 与\quad q_2(x,y,z)=c_2$$

相交而成的坐标曲线，顺次称为坐标曲线q_2与坐标曲线q_3或简称q_2曲线与q_3曲线，如图5.1所示。

以后，我们假定在空间里的任一点M处，坐标曲线都互相正交（即各坐标曲线在该点的切线互相正交）；此时，相应地各坐标曲面也互相正交（即各坐标曲面在相交点处的法线互相正交）。这种坐标系，称为正交曲线坐标系。

另外，我们用e_1、e_2、e_3依次表示坐标曲线q_1、q_2、q_3上的切线单位矢量，分别指向q_1、q_2、q_3增大的一方；在空间任一点M处，它们的相互位置关系，除由上述知其彼此正交外，我们还假

定它们构成右手坐标系,如图 5.1 所示。

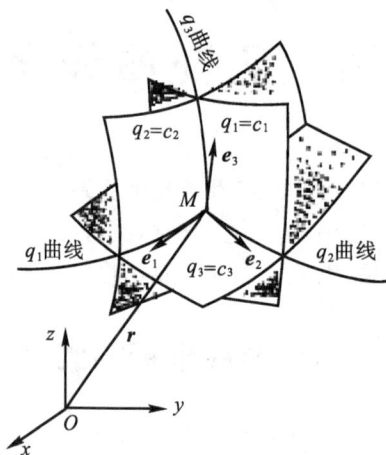

图 5.1

要注意的是:在曲线坐标系中,单位矢量 e_1、e_2、e_3 的方向,是随点 M 的变化而变化的。因此,单位矢量 e_1、e_2、e_3 都是依赖于点 M 的矢量函数,而普通直角坐标系中沿坐标轴方向上的单位矢量 i、j、k 则为常矢。这是曲线坐标系与普通直角坐标系的根本区别。

有了单位矢量 e_1、e_2、e_3 后,在 M 点处的任一矢量 A,都可以表示为

$$A = A_1 e_1 + A_2 e_2 + A_3 e_3$$

其中 A_1、A_2、A_3 依次是矢量 A 在 e_1、e_2、e_3 方向上的投影。

5.2 正交曲线坐标系中的弧微分

5.2.1 坐标曲线的弧微分

我们知道,空间曲线的弧微分有如下的公式

$$ds = \pm \sqrt{(dx)^2 + (dy)^2 + (dz)^2} \tag{5.1}$$

对坐标曲线 q_1 来说,其上只有坐标 q_1 在变化,另外两个坐标 q_2 和 q_3 都保持不变,即有 $dq_2 = dq_3 = 0$,所以

$$dx = \frac{\partial x}{\partial q_1} dq_1 + \frac{\partial x}{\partial q_2} dq_2 + \frac{\partial x}{\partial q_3} dq_3 = \frac{\partial x}{\partial q_1} dq_1$$

同样

$$dy = \frac{\partial y}{\partial q_1} dq_1, \ dz = \frac{\partial z}{\partial q_1} dq_1$$

如用 ds_1 表示坐标曲线 q_1 的弧微分,则有

$$ds_1 = \pm \sqrt{\left(\frac{\partial x}{\partial q_1} dq_1\right)^2 + \left(\frac{\partial y}{\partial q_1} dq_1\right)^2 + \left(\frac{\partial z}{\partial q_1} dq_1\right)^2}$$

通常取坐标曲线弧长增大的方向与对应的曲线坐标增大时坐标曲线的走向一致,这样,ds_1 与 dq_1 就有相同的正负号,从而有

$$ds_1 = \sqrt{\left(\frac{\partial x}{\partial q_1}\right)^2 + \left(\frac{\partial y}{\partial q_1}\right)^2 + \left(\frac{\partial z}{\partial q_1}\right)^2} \, dq_1$$

同理，坐标曲线 q_2 和 q_3 的弧微分依次为

$$ds_2 = \sqrt{\left(\frac{\partial x}{\partial q_2}\right)^2 + \left(\frac{\partial y}{\partial q_2}\right)^2 + \left(\frac{\partial z}{\partial q_2}\right)^2} \, dq_2 \,, \quad ds_3 = \sqrt{\left(\frac{\partial x}{\partial q_3}\right)^2 + \left(\frac{\partial y}{\partial q_3}\right)^2 + \left(\frac{\partial z}{\partial q_3}\right)^2} \, dq_3$$

若令

$$h_i = \sqrt{\left(\frac{\partial x}{\partial q_i}\right)^2 + \left(\frac{\partial y}{\partial q_i}\right)^2 + \left(\frac{\partial z}{\partial q_i}\right)^2} \tag{5.2}$$

则

$$ds_i = h_i dq_i \, (i = 1, 2, 3) \tag{5.3}$$

右边 dq_i 前面的系数 $h_i (i=1,2,3)$ 叫作拉梅（G. Lamé）系数；由(5.2)式可以看出，它们都是点 M 的坐标 (q_1, q_2, q_3) 的函数，在曲线坐标系为正交的条件下，在一点 M 处由三对坐标曲面围成的微小体积(见图 5.2)，可以近似地看作以 ds_1、ds_2、ds_3 为棱长的长方体，从而在正交曲线坐标系中，体积元素是

$$dV = ds_1 ds_2 ds_3 = h_1 h_2 h_3 dq_1 dq_2 dq_3 \tag{5.4}$$

同理，通过点 M 的三块坐标曲面，在点 M 处的面积元素分别是

$$\begin{cases} dS_{12} = ds_1 ds_2 = h_1 h_2 dq_1 dq_2 \\ dS_{23} = ds_2 ds_3 = h_2 h_3 dq_2 dq_3 \\ dS_{31} = ds_3 ds_1 = h_3 h_1 dq_3 dq_1 \end{cases} \tag{5.5}$$

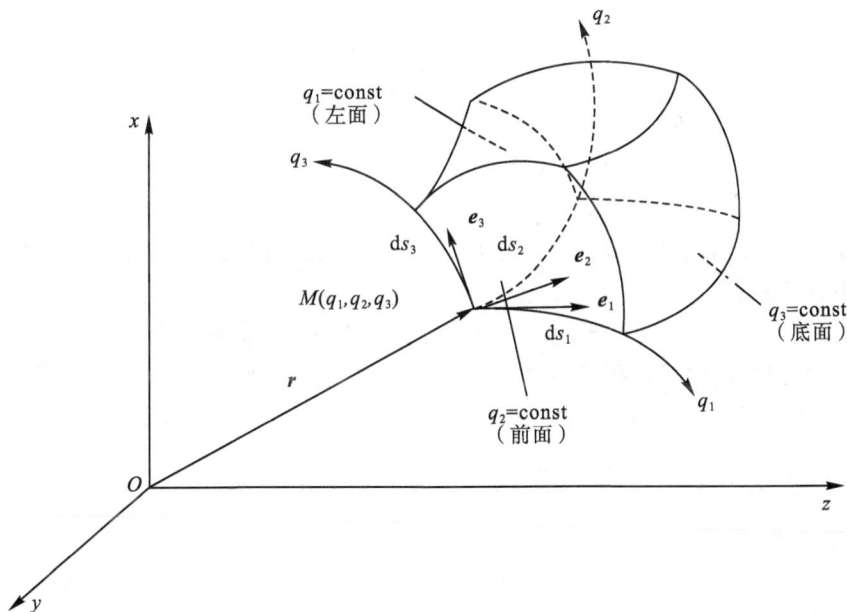

图 5.2　曲线坐标系

5.2.2　一般曲线的弧微分

现在我们来证明，在曲线坐标系为正交的条件下，一般曲线的弧微分 ds 与坐标曲线的弧微分 ds_1、ds_2、ds_3 之间有如下关系：

$$\mathrm{d}s^2 = \mathrm{d}s_1^2 + \mathrm{d}s_2^2 + \mathrm{d}s_3^2 \qquad (5.6)$$

证明 设空间一点 M 的矢径为 $\boldsymbol{r} = x\boldsymbol{i} + y\boldsymbol{j} + z\boldsymbol{k}$，其中 x、y、z 都是曲线坐标 q_1、q_2、q_3 的函数。由导矢的几何意义，可知 $\boldsymbol{r}$ 对 q_i 的导数

$$\frac{\partial \boldsymbol{r}}{\partial q_i} = \frac{\partial \boldsymbol{r}}{\partial x}\frac{\partial x}{\partial q_i} + \frac{\partial \boldsymbol{r}}{\partial y}\frac{\partial y}{\partial q_i} + \frac{\partial \boldsymbol{r}}{\partial z}\frac{\partial z}{\partial q_i} = \frac{\partial x}{\partial q_i}\boldsymbol{i} + \frac{\partial y}{\partial q_i}\boldsymbol{j} + \frac{\partial z}{\partial q_i}\boldsymbol{k} \quad (i=1,2,3) \qquad (5.7)$$

为在 M 点处坐标曲线 q_i 上的切向矢量，且指向 q_i 增大的一方。就是说，与对应的切线单位矢量 $\boldsymbol{e}_i$ 平行且同指向；又由上式可以看出

$$\left| \frac{\partial \boldsymbol{r}}{\partial q_i} \right| = h_i \quad (i=1,2,3)$$

所以

$$\frac{\partial \boldsymbol{r}}{\partial q_i} = h_i \boldsymbol{e}_i \quad (i=1,2,3) \qquad (5.8)$$

因此，在坐标系为正交的条件下，就有

$$\frac{\partial \boldsymbol{r}}{\partial q_i} \cdot \frac{\partial \boldsymbol{r}}{\partial q_j} = \begin{cases} 0, i \neq j \\ h_i^2, i = j \end{cases} \quad (i,j=1,2,3)$$

从而

$$\begin{aligned}
\mathrm{d}s^2 &= \mathrm{d}x^2 + \mathrm{d}y^2 + \mathrm{d}z^2 = \left(\frac{\partial x}{\partial q_1}\mathrm{d}q_1 + \frac{\partial x}{\partial q_2}\mathrm{d}q_2 + \frac{\partial x}{\partial q_3}\mathrm{d}q_3 \right)^2 \\
&\quad + \left(\frac{\partial y}{\partial q_1}\mathrm{d}q_1 + \frac{\partial y}{\partial q_2}\mathrm{d}q_2 + \frac{\partial y}{\partial q_3}\mathrm{d}q_3 \right)^2 + \left(\frac{\partial z}{\partial q_1}\mathrm{d}q_1 + \frac{\partial z}{\partial q_2}\mathrm{d}q_2 + \frac{\partial z}{\partial q_3}\mathrm{d}q_3 \right)^2 \\
&= h_1^2 \mathrm{d}q_1^2 + h_2^2 \mathrm{d}q_2^2 + h_3^2 \mathrm{d}q_3^2 + 2\frac{\partial \boldsymbol{r}}{\partial q_1} \cdot \frac{\partial \boldsymbol{r}}{\partial q_2}\mathrm{d}q_1 \mathrm{d}q_2 \\
&\quad + 2\frac{\partial \boldsymbol{r}}{\partial q_2} \cdot \frac{\partial \boldsymbol{r}}{\partial q_3}\mathrm{d}q_2 \mathrm{d}q_3 + 2\frac{\partial \boldsymbol{r}}{\partial q_3} \cdot \frac{\partial \boldsymbol{r}}{\partial q_1}\mathrm{d}q_3 \mathrm{d}q_1 \\
&= h_1^2 \mathrm{d}q_1^2 + h_2^2 \mathrm{d}q_2^2 + h_3^2 \mathrm{d}q_3^2 \\
&= \mathrm{d}s_1^2 + \mathrm{d}s_2^2 + \mathrm{d}s_3^2
\end{aligned}$$

在此证明中，我们还可以看到直角坐标 (x,y,z) 与正交曲线坐标 (q_1,q_2,q_3) 的微分之间，有如下的平方和关系：

$$\mathrm{d}x^2 + \mathrm{d}y^2 + \mathrm{d}z^2 = h_1^2 \mathrm{d}q_1^2 + h_2^2 \mathrm{d}q_2^2 + h_3^2 \mathrm{d}q_3^2 \qquad (5.9)$$

这个关系，又给我们提供了一种计算拉梅系数 h_i 的方法，它比直接应用 h_i 的定义式(5.2)来计算，有时还要方便些，可参看后文中的例 5.2。

5.2.3 矢量 $\boldsymbol{e}_1$、$\boldsymbol{e}_2$、$\boldsymbol{e}_3$ 与矢量 $\boldsymbol{i}$、$\boldsymbol{j}$、$\boldsymbol{k}$ 之间的关系

由(5.8)式有

$$\begin{aligned}
\boldsymbol{e}_i &= \frac{1}{h_i}\frac{\partial \boldsymbol{r}}{\partial q_i} \\
&= \frac{1}{h_i}\frac{\partial x}{\partial q_i}\boldsymbol{i} + \frac{1}{h_i}\frac{\partial y}{\partial q_i}\boldsymbol{j} + \frac{1}{h_i}\frac{\partial z}{\partial q_i}\boldsymbol{k} \quad (i=1,2,3)
\end{aligned}$$

令

$$\alpha_i = \frac{1}{h_i}\frac{\partial x}{\partial q_i}, \; \beta_i = \frac{1}{h_i}\frac{\partial y}{\partial q_i}, \; \gamma_i = \frac{1}{h_i}\frac{\partial z}{\partial q_i} \quad (i=1,2,3) \qquad (5.10)$$

则
$$e_i = \alpha_i i + \beta_i j + \gamma_i k \quad (i=1,2,3) \tag{5.11}$$
可见 α_i、β_i、γ_i 分别为矢量 $e_i(i=1,2,3)$ 在直角坐标系中的方向余弦,从而就是 e_i 依次与 i、j、k 之间夹角的余弦。

(5.11)式是矢量 e_1、e_2、e_3 在直角坐标系中的表示式,由它可以列出 e_1、e_2、e_3 分别与 i、j、k 之间的关系见表 5.1:

表 5.1

	i	j	k
e_1	α_1	β_1	γ_1
e_2	α_2	β_2	γ_2
e_3	α_3	β_3	γ_3

从表一又可得到矢量 i、j、k 在正交曲线坐标系中的表示式为
$$\begin{cases} i = \alpha_1 e_1 + \alpha_2 e_2 + \alpha_3 e_3 \\ j = \beta_1 e_1 + \beta_2 e_2 + \beta_3 e_3 \\ k = \gamma_1 e_1 + \gamma_2 e_2 + \gamma_3 e_3 \end{cases} \tag{5.12}$$

现在来研究曲线坐标系中最常见的柱面坐标系和球面坐标系,现分述如下。

1. 柱面坐标系

点 M 在空间的柱面坐标(亦称圆柱坐标),是这样三个有序数 (ρ,φ,z)(如图 5.3 所示):其中 ρ 是点 M 到 Oz 轴的距离;φ 是过点 M 且以 Oz 轴为界的半平面与 xOz 平面之间的夹角;z 就是点 M 在其直角坐标 (x,y,z) 中的 z 坐标。而且 ρ、φ、z 的变化范围是:
$$0 \leqslant \rho \leqslant +\infty, \ 0 \leqslant \varphi \leqslant 2\pi, \ -\infty \leqslant z \leqslant +\infty$$
在柱面坐标系中,坐标曲面是:

$\rho=$const:以 Oz 轴为轴的圆柱面;

$\varphi=$const:以 Oz 轴为界的半平面;

$z=$const:平行于 xOy 平面的平面。

坐标曲线是:ρ 曲线、φ 曲线、z 曲线,如图 5.3 所示。

根据上述,我们容易得到点 M 的直角坐标与柱面坐标之间的如下关系:
$$x = \rho\cos\varphi, \ y = \rho\sin\varphi, \ z = z \tag{5.13}$$

2. 球面坐标系

点 M 在空间的球面坐标(亦称球坐标),是这样三个有序数 (r,θ,φ)(如图 5.4 所示):其中 r 是点 M 到原点的距离;θ 是有向线段 OM 与 Oz 轴正向之间的夹角;φ 为过点 M 且以 Oz 轴为界的半平面与 xOz 平面之间的夹角,而且 r、θ、φ 的变化范围是:
$$0 \leqslant r \leqslant +\infty, \quad 0 \leqslant \theta \leqslant \pi, \quad 0 \leqslant \varphi \leqslant 2\pi$$
在球面坐标系中,坐标曲面是:

$r=$const:以原点 O 为中心的球面;

$\theta=$const:以 Oz 轴为轴的圆锥面;

$\varphi=$const:以 Oz 轴为界的半平面。

坐标曲线是:r 曲线、θ 曲线、φ 曲线,如图 5.4 所示。

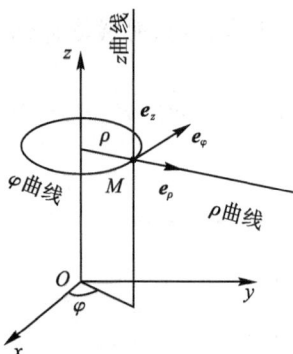

图 5.3

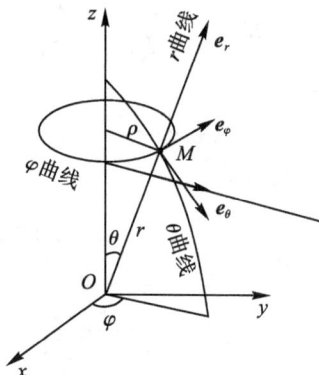

图 5.4

根据上述,我们可以得到点 M 的直角坐标与球面坐标之间的如下关系:

$$x=r\sin\theta\cos\varphi, \quad y=r\sin\theta\sin\varphi, \quad z=r\cos\theta \tag{5.14}$$

例 5.1　证明柱面坐标系和球面坐标系都是正交曲线坐标系。

(这里我们仅证明球面坐标系是正交的;柱面坐标系的正交性,留给读者自己证明。)

证明　由(5.8)式 $\dfrac{\partial \boldsymbol{r}}{\partial q_i}=h_i\boldsymbol{e}_i$ 可以看出,对一种曲线坐标 (q_1,q_2,q_3) 来说,若能同时成立:

$$\frac{\partial \boldsymbol{r}}{\partial q_1}\cdot\frac{\partial \boldsymbol{r}}{\partial q_2}=0, \quad \frac{\partial \boldsymbol{r}}{\partial q_2}\cdot\frac{\partial \boldsymbol{r}}{\partial q_3}=0, \quad \frac{\partial \boldsymbol{r}}{\partial q_3}\cdot\frac{\partial \boldsymbol{r}}{\partial q_1}=0 \tag{5.15}$$

则此曲线坐标系就是正交的;否则,就不是正交的。

在球面坐标系中:

$$\boldsymbol{r}=x\boldsymbol{i}+y\boldsymbol{j}+z\boldsymbol{k}$$
$$=r\sin\theta\cos\varphi\boldsymbol{i}+r\sin\theta\sin\varphi\boldsymbol{j}+r\cos\theta\boldsymbol{k}$$

因此有

$$\frac{\partial \boldsymbol{r}}{\partial r}=\sin\theta\cos\varphi\boldsymbol{i}+\sin\theta\sin\varphi\boldsymbol{j}+\cos\theta\boldsymbol{k}$$

$$\frac{\partial \boldsymbol{r}}{\partial \theta}=r\cos\theta\cos\varphi\boldsymbol{i}+r\cos\theta\sin\varphi\boldsymbol{j}-r\sin\theta\boldsymbol{k}$$

$$\frac{\partial \boldsymbol{r}}{\partial \varphi}=-r\sin\theta\sin\varphi\boldsymbol{i}+r\sin\theta\cos\varphi\boldsymbol{j}+0\boldsymbol{k}$$

因此有

$$\frac{\partial \boldsymbol{r}}{\partial r}\cdot\frac{\partial \boldsymbol{r}}{\partial \theta}=0, \quad \frac{\partial \boldsymbol{r}}{\partial \theta}\cdot\frac{\partial \boldsymbol{r}}{\partial \varphi}=0, \quad \frac{\partial \boldsymbol{r}}{\partial \varphi}\cdot\frac{\partial \boldsymbol{r}}{\partial r}=0$$

即(5.15)式成立,所以球面坐标系是正交的。

例 5.2　求柱面坐标 (ρ,φ,z) 和球面坐标 (r,θ,φ) 的拉梅系数。

解　用拉梅系数的定义式(5.2),不难算出:
柱面坐标系的拉梅系数为

$$h_\rho=\sqrt{\left(\frac{\partial x}{\partial \rho}\right)^2+\left(\frac{\partial y}{\partial \rho}\right)^2+\left(\frac{\partial z}{\partial \rho}\right)^2}=\sqrt{\cos^2\varphi+\sin^2\varphi}=1 \tag{5.16a}$$

$$h_\varphi = \sqrt{\rho^2 \sin^2\varphi + \rho^2 \cos^2\varphi} = \rho \qquad (5.16\text{b})$$

$$h_z = 1 \qquad (5.16\text{c})$$

球面坐标系的拉梅系数为

$$h_r = \sqrt{\left(\frac{\partial x}{\partial r}\right)^2 + \left(\frac{\partial y}{\partial r}\right)^2 + \left(\frac{\partial z}{\partial r}\right)^2} = \sqrt{\cos^2\theta + \sin^2\theta} = 1 \qquad (5.17\text{a})$$

$$h_\theta = \sqrt{\left(\frac{\partial x}{\partial \theta}\right)^2 + \left(\frac{\partial y}{\partial \theta}\right)^2 + \left(\frac{\partial z}{\partial \theta}\right)^2} = \sqrt{r^2(\cos^2\theta + \sin^2\theta)} = r \qquad (5.17\text{b})$$

$$h_\varphi = \sqrt{\left(\frac{\partial x}{\partial \varphi}\right)^2 + \left(\frac{\partial y}{\partial \varphi}\right)^2 + \left(\frac{\partial z}{\partial \varphi}\right)^2} = \sqrt{r^2 \sin^2\theta(\cos^2\varphi + \sin^2\varphi)} = r\sin\theta \qquad (5.17\text{c})$$

由于柱面坐标系和球面坐标系都是正交的,故亦可用公式(5.9)来计算。作为例子,下面就用此公式再计算本例的拉梅系数。

在柱面坐标系中:

$$x = \rho\cos\varphi, \ y = \rho\sin\varphi, \ z = z$$
$$\mathrm{d}x = \cos\varphi\mathrm{d}\rho - \rho\sin\varphi\mathrm{d}\varphi, \ \mathrm{d}y = \sin\varphi\mathrm{d}\rho + \rho\cos\varphi\mathrm{d}\varphi, \ \mathrm{d}z = \mathrm{d}z$$

于是

$$\mathrm{d}x^2 + \mathrm{d}y^2 + \mathrm{d}z^2 = \mathrm{d}\rho^2 - (\rho\mathrm{d}\varphi)^2 + \mathrm{d}z^2$$

据公式(5.9)即知

$$h_\rho = 1, \ h_\varphi = \rho, \ h_z = 1$$

在球面坐标系中

$$x = r\sin\theta\cos\varphi, \ y = r\sin\theta\sin\varphi, \ z = r\cos\theta$$
$$\mathrm{d}x = \sin\theta\cos\varphi\mathrm{d}r + r\cos\theta\cos\varphi\mathrm{d}\theta - \sin\theta\sin\varphi\mathrm{d}\varphi$$
$$\mathrm{d}y = \sin\theta\sin\varphi\mathrm{d}r + r\cos\theta\sin\varphi\mathrm{d}\theta + r\sin\theta\cos\varphi\mathrm{d}\varphi$$
$$\mathrm{d}z = \sin\theta\mathrm{d}r - r\sin\theta\mathrm{d}\theta$$

由此即知

$$h_r = 1, \ h_\theta = r, \ h_\varphi = r\sin\theta$$

由上述结果,可知在柱面坐标系和球面坐标系中的体积元素依次为

$$\mathrm{d}V = h_\rho h_\varphi h_z \mathrm{d}\rho\mathrm{d}\varphi\mathrm{d}z = \rho\mathrm{d}\rho\mathrm{d}\varphi\mathrm{d}z \qquad (5.18)$$

$$\mathrm{d}V = h_r h_\theta h_\varphi \mathrm{d}r\mathrm{d}\theta\mathrm{d}\varphi = r^2 \sin\theta\mathrm{d}r\mathrm{d}\theta\mathrm{d}\varphi \qquad (5.19)$$

这是在三重积分中常常用到的。

例 5.3　列出柱面坐标系中的矢量 e_ρ、e_φ、e_z 与球面坐标系中的矢量 e_r、e_θ、e_φ 分别和矢量 $\boldsymbol{i}$、$\boldsymbol{j}$、$\boldsymbol{k}$ 之间的关系表。

解　(1)在柱面坐标系中:

$$x = \rho\cos\varphi, \ y = \rho\sin\varphi, \ z = z$$

$$\frac{\partial x}{\partial \rho} = \cos\varphi, \ \frac{\partial x}{\partial \varphi} = -\rho\sin\varphi, \ \frac{\partial x}{\partial z} = 0$$

$$\frac{\partial y}{\partial \rho} = \sin\varphi, \ \frac{\partial y}{\partial \varphi} = \rho\cos\varphi, \ \frac{\partial y}{\partial z} = 0$$

$$\frac{\partial z}{\partial \rho} = 0, \ \frac{\partial z}{\partial \varphi} = 0, \ \frac{\partial z}{\partial z} = 1$$

由例 5.2 知,拉梅系数:

$$h_\rho = 1, \quad h_\varphi = \rho, \quad h_z = 1$$

据此,按(5.10)式可列出矢量 e_ρ、e_φ、e_z 分别和矢量 i、j、k 之间的关系见表 5.2:

表 5.2

	i	j	k
e_ρ	$\cos\varphi$	$\sin\varphi$	0
e_φ	$-\sin\varphi$	$\cos\varphi$	0
e_z	0	0	1

(2)在球面坐标系中:

$$x = r\sin\theta\cos\varphi, \quad y = r\sin\theta\sin\varphi, \quad z = r\cos\theta$$

$$\frac{\partial x}{\partial r} = \sin\theta\cos\varphi, \quad \frac{\partial y}{\partial r} = \sin\theta\sin\varphi, \quad \frac{\partial z}{\partial r} = \cos\theta$$

$$\frac{\partial x}{\partial \theta} = r\cos\theta\cos\varphi, \quad \frac{\partial y}{\partial \theta} = r\cos\theta\sin\varphi, \quad \frac{\partial z}{\partial \theta} = r\cos\theta$$

$$\frac{\partial x}{\partial \varphi} = -r\sin\theta\sin\varphi, \quad \frac{\partial y}{\partial \varphi} = r\sin\theta\cos\varphi, \quad \frac{\partial z}{\partial \varphi} = 0$$

由例 5.2 知,拉梅系数:

$$h_r = 1, \quad h_\theta = r, \quad h_\varphi = r\sin\theta$$

据此,按(5.10)式,可列出矢量 e_r、e_θ、e_φ 分别和矢量 i、j、k 之间的关系见表 5.3:

表 5.3

	i	j	k
e_r	$\sin\theta\cos\varphi$	$\sin\theta\sin\varphi$	$\cos\theta$
e_θ	$\cos\theta\cos\varphi$	$\cos\theta\sin\varphi$	$-\sin\theta$
e_φ	$-\sin\varphi$	$\cos\varphi$	0

例 5.4 求矢量 $A = yzi + xzj + 2xyk$ 在柱面坐标系中的表示式。

解 在柱面坐标系中

$$x = \rho\cos\varphi, \quad y = \rho\sin\varphi, \quad z = z$$

又由表 5.2 知道:

$$i = \cos\varphi\, e_\rho - \sin\varphi\, e_\varphi, \quad j = \sin\varphi\, e_\rho + \cos\varphi\, e_\varphi, \quad k = e_z$$

于是有

$$A = \rho z\sin\varphi(\cos\varphi\, e_\rho - \sin\varphi\, e_\varphi) + \rho z\cos\varphi(\sin\varphi\, e_\rho + \cos\varphi\, e_\varphi) + 2\rho^2\cos\varphi\sin\varphi\, e_z$$

$$= \rho z\sin2\varphi\, e_\rho + \rho z\cos2\varphi\, e_\varphi + \rho^2\sin2\varphi\, e_z$$

5.3 正交曲线坐标系中梯度、散度、旋度与调和量的表示式

5.3.1 梯度的表示式

我们知道,数性函数 $u(q_1, q_2, q_3)$ 的梯度 $\mathrm{grad}\, u$ 在坐标曲线 $q_i (i=1,2,3)$ 的切线单位矢量 e_i 方向上的投影,就等于函数 u 沿这个方向的方向导数。由第 3 章的(3.9)式可知,这个导数

等于函数 u 对坐标曲线 q_i 的弧长 s_i 的导数 $\dfrac{\mathrm{d}u}{\mathrm{d}s_i}$。

在坐标曲线 q_1 上，由于有 $\mathrm{d}q_2 = \mathrm{d}q_3 = 0$，故

$$\mathrm{d}u = \frac{\partial u}{\partial q_1}\mathrm{d}q_1$$

而 $\mathrm{d}s_1 = h_1\mathrm{d}q_1$，所以

$$\frac{\mathrm{d}u}{\mathrm{d}s_1} = \frac{1}{h_1}\frac{\partial u}{\partial q_1}$$

从而

$$\operatorname{grad} u \cdot \boldsymbol{e}_1 = \frac{\mathrm{d}u}{\mathrm{d}s_1} = \frac{1}{h_1}\frac{\partial u}{\partial q_1}$$

同理

$$\operatorname{grad} u \cdot \boldsymbol{e}_2 = \frac{1}{h_2}\frac{\partial u}{\partial q_2}, \quad \operatorname{grad} u \cdot \boldsymbol{e}_3 = \frac{1}{h_3}\frac{\partial u}{\partial q_3}$$

于是有

$$\operatorname{grad} u = \boldsymbol{e}_1\frac{1}{h_1}\frac{\partial u}{\partial q_1} + \boldsymbol{e}_2\frac{1}{h_2}\frac{\partial u}{\partial q_2} + \boldsymbol{e}_3\frac{1}{h_3}\frac{\partial u}{\partial q_3} \tag{5.20}$$

此式表明，在正交曲线坐标系中，算子 ∇ 的表示式为

$$\nabla = \boldsymbol{e}_1\frac{1}{h_1}\frac{\partial}{\partial q_1} + \boldsymbol{e}_2\frac{1}{h_2}\frac{\partial}{\partial q_2} + \boldsymbol{e}_3\frac{1}{h_3}\frac{\partial}{\partial q_3} \tag{5.21}$$

引用这个算子，我们就能求出散度、旋度以及调和量在正交曲线坐标系中的表示式，但除此以外，还须用到切线单位矢量 $\boldsymbol{e}_1$、$\boldsymbol{e}_2$、$\boldsymbol{e}_3$，分别对曲线坐标 q_1、q_2、q_3 的导数公式。我们将它列在下面，因其推证较繁，故从略。

$$
\begin{cases}
\dfrac{\partial \boldsymbol{e}_1}{\partial q_2} = \dfrac{1}{h_1}\dfrac{\partial h_2}{\partial q_1}\boldsymbol{e}_2, & \dfrac{\partial \boldsymbol{e}_1}{\partial q_3} = \dfrac{1}{h_1}\dfrac{\partial h_3}{\partial q_1}\boldsymbol{e}_3 \\[2mm]
\dfrac{\partial \boldsymbol{e}_2}{\partial q_1} = \dfrac{1}{h_2}\dfrac{\partial h_1}{\partial q_2}\boldsymbol{e}_1, & \dfrac{\partial \boldsymbol{e}_2}{\partial q_3} = \dfrac{1}{h_2}\dfrac{\partial h_3}{\partial q_2}\boldsymbol{e}_3 \\[2mm]
\dfrac{\partial \boldsymbol{e}_3}{\partial q_1} = \dfrac{1}{h_3}\dfrac{\partial h_1}{\partial q_3}\boldsymbol{e}_1, & \dfrac{\partial \boldsymbol{e}_3}{\partial q_2} = \dfrac{1}{h_3}\dfrac{\partial h_2}{\partial q_3}\boldsymbol{e}_2 \\[2mm]
\dfrac{\partial \boldsymbol{e}_1}{\partial q_1} = -\left(\dfrac{1}{h_2}\dfrac{\partial h_1}{\partial q_2}\boldsymbol{e}_2 + \dfrac{1}{h_3}\dfrac{\partial h_1}{\partial q_3}\boldsymbol{e}_3\right) \\[3mm]
\dfrac{\partial \boldsymbol{e}_2}{\partial q_2} = -\left(\dfrac{1}{h_1}\dfrac{\partial h_2}{\partial q_1}\boldsymbol{e}_1 + \dfrac{1}{h_3}\dfrac{\partial h_2}{\partial q_3}\boldsymbol{e}_3\right) \\[3mm]
\dfrac{\partial \boldsymbol{e}_3}{\partial q_3} = -\left(\dfrac{1}{h_1}\dfrac{\partial h_3}{\partial q_1}\boldsymbol{e}_1 + \dfrac{1}{h_2}\dfrac{\partial h_3}{\partial q_2}\boldsymbol{e}_2\right)
\end{cases} \tag{5.22}
$$

5.3.2　散度的表示式

设矢量 $\boldsymbol{A} = A_1\boldsymbol{e}_1 + A_2\boldsymbol{e}_2 + A_3\boldsymbol{e}_3$，则

$$\operatorname{div} \boldsymbol{A} = \nabla \cdot \boldsymbol{A} = \left(\boldsymbol{e}_1\frac{1}{h_1}\frac{\partial}{\partial q_1} + \boldsymbol{e}_2\frac{1}{h_2}\frac{\partial}{\partial q_2} + \boldsymbol{e}_3\frac{1}{h_3}\frac{\partial}{\partial q_3}\right)(A_1\boldsymbol{e}_1 + A_2\boldsymbol{e}_2 + A_3\boldsymbol{e}_3)$$

应用导数公式，可得右端乘积见表 5.4：

表 5.4

"·"乘	$A_1 e_1$	$A_2 e_2$	$A_3 e_3$
$e_1 \dfrac{1}{h_1} \dfrac{\partial}{\partial q_1}$	$\dfrac{1}{h_1} \dfrac{\partial A_1}{\partial q_1}$	$\dfrac{A_2}{h_1 h_2} \dfrac{\partial h_1}{\partial q_2}$	$\dfrac{A_3}{h_1 h_3} \dfrac{\partial h_1}{\partial q_3}$
$e_2 \dfrac{1}{h_2} \dfrac{\partial}{\partial q_2}$	$\dfrac{A_1}{h_1 h_2} \dfrac{\partial h_2}{\partial q_1}$	$\dfrac{1}{h_2} \dfrac{\partial A_2}{\partial q_2}$	$\dfrac{A_3}{h_2 h_3} \dfrac{\partial h_2}{\partial q_3}$
$e_3 \dfrac{1}{h_3} \dfrac{\partial}{\partial q_3}$	$\dfrac{A_1}{h_1 h_3} \dfrac{\partial h_3}{\partial q_1}$	$\dfrac{A_2}{h_2 h_3} \dfrac{\partial h_3}{\partial q_2}$	$\dfrac{1}{h_3} \dfrac{\partial A_3}{\partial q_3}$

表中的每一栏，都是按先求导后"·"乘的顺序算出来的。比如位于表中左上角第一栏内的结果，就是这样算出来的：

$$
\begin{aligned}
\left(e_1 \frac{1}{h_1} \frac{\partial}{\partial q_1}\right) \cdot (A_1 e_1) &= e_1 \frac{1}{h_1} \cdot \frac{\partial}{\partial q_1}(A_1 e_1) \\
&= e_1 \frac{1}{h_1} \cdot \left[\frac{\partial A_1}{\partial q_1} e_1 + A_1 \frac{\partial e_1}{\partial q_1}\right] \\
&= e_1 \frac{1}{h_1} \cdot \left[\frac{\partial A_1}{\partial q_1} e_1 + A_1 \left(-\frac{e_2}{h_2}\frac{\partial h_1}{\partial q_2} - \frac{e_3}{h_3}\frac{\partial h_1}{\partial q_3}\right)\right] \\
&= \frac{1}{h_1}\frac{\partial A_1}{\partial q_1} - 0 - 0 = \frac{1}{h_1}\frac{\partial A_1}{\partial q_1}
\end{aligned}
$$

其余类推，将此表的每个纵列合并后再相加，就得到

$$
\operatorname{div} \boldsymbol{A} = \frac{1}{h_1 h_2 h_3}\left[\frac{\partial}{\partial q_1}(h_2 h_3 A_1) + \frac{\partial}{\partial q_2}(h_1 h_3 A_2) + \frac{\partial}{\partial q_3}(h_1 h_2 A_3)\right] \tag{5.23}
$$

5.3.3 调和量的表示式

因为调和量 $\Delta u = \nabla \cdot \nabla u$ 是梯度 ∇u 的散度，故由(5.20)式与(5.23)式立刻得到

$$
\Delta u = \frac{1}{h_1 h_2 h_3}\left[\frac{\partial}{\partial q_1}\left(\frac{h_2 h_3}{h_1}\frac{\partial u}{\partial q_1}\right) + \frac{\partial}{\partial q_2}\left(\frac{h_1 h_3}{h_2}\frac{\partial u}{\partial q_2}\right) + \frac{\partial}{\partial q_3}\left(\frac{h_1 h_2}{h_3}\frac{\partial u}{\partial q_3}\right)\right] \tag{5.24}
$$

5.3.4 旋度的表示式

设矢量 $\boldsymbol{A} = A_1 e_1 + A_2 e_2 + A_3 e_3$，则

$$
\operatorname{rot} \boldsymbol{A} = \nabla \times \boldsymbol{A} = \left(e_1 \frac{1}{h_1}\frac{\partial}{\partial q_1} + e_2 \frac{1}{h_2}\frac{\partial}{\partial q_2} + e_3 \frac{1}{h_3}\frac{\partial}{\partial q_3}\right) \times (A_1 e_1 + A_2 e_2 + A_3 e_3)
$$

应用导数公式(5.22)，可得右端乘积见表 5.5：

表 5.5

"×"乘	$A_1 e_1$	$A_2 e_2$	$A_3 e_3$
$e_1 \dfrac{1}{h_1} \dfrac{\partial}{\partial q_1}$	$\dfrac{A_1}{h_1 h_3} \dfrac{\partial h_1}{\partial q_3} e_2 - \dfrac{A_1}{h_1 h_2} \dfrac{\partial h_1}{\partial q_2} e_3$	$\dfrac{1}{h_1} \dfrac{\partial A_2}{\partial q_1} e_3$	$-\dfrac{1}{h_1} \dfrac{\partial A_3}{\partial q_1} e_2$
$e_2 \dfrac{1}{h_2} \dfrac{\partial}{\partial q_2}$	$-\dfrac{1}{h_2} \dfrac{\partial A_1}{\partial q_2} e_3$	$\dfrac{A_2}{h_1 h_2} \dfrac{\partial h_2}{\partial q_1} e_3 - \dfrac{A_2}{h_2 h_3} \dfrac{\partial h_2}{\partial q_3} e_1$	$\dfrac{1}{h_2} \dfrac{\partial A_3}{\partial q_2} e_1$
$e_3 \dfrac{1}{h_3} \dfrac{\partial}{\partial q_3}$	$\dfrac{1}{h_3} \dfrac{\partial A_1}{\partial q_3} e_2$	$-\dfrac{1}{h_3} \dfrac{\partial A_2}{\partial q_3} e_1$	$\dfrac{A_3}{h_3 h_2} \dfrac{\partial h_3}{\partial q_2} e_1 - \dfrac{A_3}{h_1 h_3} \dfrac{\partial h_3}{\partial q_1} e_2$

表中的每一栏,都是按先求导后"×"乘的顺序算出来的,比如位于表中左上角第一栏内的结果,就是这样算出来的:

$$\boldsymbol{e}_1 \frac{1}{h_1} \frac{\partial}{\partial q_1}(A_1 \boldsymbol{e}_1) = \boldsymbol{e}_1 \frac{1}{h_1} \times \left[\frac{\partial A_1}{\partial q_1} \boldsymbol{e}_1 + A_1 \frac{\partial \boldsymbol{e}_1}{\partial q_1} \right]$$

$$= \boldsymbol{e}_1 \frac{1}{h_1} \times \left[\frac{\partial A_1}{\partial q_1} \boldsymbol{e}_1 + A_1 \left(-\frac{\boldsymbol{e}_2}{h_2} \frac{\partial h_1}{\partial q_2} - \frac{\boldsymbol{e}_3}{h_3} \frac{\partial h_1}{\partial q_3} \right) \right]$$

$$= 0 - \frac{A_1}{h_1 h_2} \frac{\partial h_1}{\partial q_2} \boldsymbol{e}_3 + \frac{A_1}{h_1 h_3} \frac{\partial h_1}{\partial q_3} \boldsymbol{e}_2$$

$$= \frac{A_1}{h_1 h_3} \frac{\partial h_1}{\partial q_3} \boldsymbol{e}_2 - \frac{A_1}{h_1 h_2} \frac{\partial h_1}{\partial q_2} \boldsymbol{e}_3$$

其余类推,将此表各 $\boldsymbol{e}_i (i=1,2,3)$ 的系数分别合并后再相加,就可得到

$$\operatorname{rot} \boldsymbol{A} = \frac{1}{h_2 h_3} \left[\frac{\partial}{\partial q_2}(h_3 A_3) - \frac{\partial}{\partial q_3}(h_2 A_2) \right] \boldsymbol{e}_1$$

$$+ \frac{1}{h_1 h_3} \left[\frac{\partial}{\partial q_3}(h_1 A_1) - \frac{\partial}{\partial q_1}(h_3 A_3) \right] \boldsymbol{e}_2 + \frac{1}{h_1 h_2} \left[\frac{\partial}{\partial q_1}(h_2 A_2) - \frac{\partial}{\partial q_2}(h_1 A_1) \right] \boldsymbol{e}_3$$

$$(5.25)$$

或写为

$$\operatorname{rot} \boldsymbol{A} = \frac{1}{h_1 h_2 h_3} \begin{vmatrix} h_1 \boldsymbol{e}_1 & h_2 \boldsymbol{e}_2 & h_3 \boldsymbol{e}_3 \\ \dfrac{\partial}{\partial q_1} & \dfrac{\partial}{\partial q_2} & \dfrac{\partial}{\partial q_3} \\ h_1 A_1 & h_2 A_2 & h_3 A_3 \end{vmatrix} \qquad (5.26)$$

5.3.5　梯度、散度、旋度与调和量在柱面坐标系和球面坐标系中的表示式

把前节在例 5.2 中求出的柱面坐标的拉梅系数(5.16a、b、c)式与球面坐标的拉梅系数(5.17a、b、c)式分别代入以上(5.20)、(5.23)、(5.24)、(5.25)、(5.26)式,就可立刻得到下面的各表示式。

(1)在柱面坐标系中:

$$\operatorname{grad} u = \frac{\partial u}{\partial \rho} \boldsymbol{e}_\rho + \frac{1}{\rho} \frac{\partial u}{\partial \varphi} \boldsymbol{e}_\varphi + \frac{\partial u}{\partial z} \boldsymbol{e}_z$$

$$\operatorname{div} \boldsymbol{A} = \frac{1}{\rho} \left[\frac{\partial(\rho A_\rho)}{\partial \rho} + \frac{\partial A_\varphi}{\partial \varphi} + \frac{\partial(\rho A_z)}{\partial z} \right]$$

或写为

$$\Delta u = \frac{1}{\rho} \left[\frac{\partial}{\partial \rho} \left(\rho \frac{\partial u}{\partial \rho} \right) + \frac{\partial}{\partial \varphi} \left(\frac{1}{\rho} \frac{\partial u}{\partial \varphi} \right) + \frac{\partial}{\partial z} \left(\frac{1}{\rho} \frac{\partial u}{\partial z} \right) \right]$$

$$\operatorname{rot} \boldsymbol{A} = \left(\frac{1}{\rho} \frac{\partial A_z}{\partial \varphi} - \frac{\partial A_\varphi}{\partial z} \right) \boldsymbol{e}_\rho + \left(\frac{\partial A_\rho}{\partial z} - \frac{\partial A_z}{\partial \rho} \right) \boldsymbol{e}_\varphi + \frac{1}{\rho} \left(\frac{\partial(\rho A_\varphi)}{\partial \rho} - \frac{\partial A_\rho}{\partial \varphi} \right) \boldsymbol{e}_z$$

$$\operatorname{rot} \boldsymbol{A} = \frac{1}{\rho} \begin{vmatrix} \boldsymbol{e}_\rho & \rho \boldsymbol{e}_\varphi & \boldsymbol{e}_z \\ \dfrac{\partial}{\partial \rho} & \dfrac{\partial}{\partial \varphi} & \dfrac{\partial}{\partial z} \\ A_\rho & \rho A_\varphi & A_z \end{vmatrix}$$

(2)在球面坐标系中:

$$\text{grad } u = \frac{\partial u}{\partial r}\boldsymbol{e}_r + \frac{1}{r}\frac{\partial u}{\partial \theta}\boldsymbol{e}_\theta + \frac{1}{r\sin\theta}\frac{\partial u}{\partial \varphi}\boldsymbol{e}_\varphi$$

$$\text{div } \boldsymbol{A} = \frac{1}{r^2\sin\theta}\left[\sin\theta\frac{\partial(r^2 A_r)}{\partial r} + r\frac{\partial(\sin\theta A_\theta)}{\partial \theta} + r\frac{\partial A_\varphi}{\partial \varphi}\right]$$

$$\Delta u = \frac{1}{r^2\sin\theta}\left[\sin\theta\frac{\partial}{\partial r}\left(r^2\frac{\partial u}{\partial r}\right) + \frac{\partial}{\partial \theta}\left(\sin\theta\frac{\partial u}{\partial \theta}\right) + \frac{1}{\sin\theta}\frac{\partial^2 u}{\partial \varphi^2}\right]$$

$$\text{rot } \boldsymbol{A} = \frac{1}{r\sin\theta}\left[\frac{\partial(\sin\theta A_\varphi)}{\partial \theta} - \frac{\partial A_\theta}{\partial \varphi}\right]\boldsymbol{e}_r + \frac{1}{r}\left[\frac{1}{\sin\theta}\frac{\partial A_r}{\partial \varphi} - \frac{\partial(rA_\varphi)}{\partial \varphi}\right]\boldsymbol{e}_\theta + \frac{1}{r}\left[\frac{\partial(rA_\theta)}{\partial r} - \frac{\partial A_r}{\partial \theta}\right]\boldsymbol{e}_\varphi$$

或写为

$$\text{rot } \boldsymbol{A} = \frac{1}{r^2\sin\theta}\begin{vmatrix} \boldsymbol{e}_r & r\boldsymbol{e}_\theta & r\sin\theta\boldsymbol{e}_\varphi \\ \dfrac{\partial}{\partial r} & \dfrac{\partial}{\partial \theta} & \dfrac{\partial}{\partial \varphi} \\ A_r & rA_\theta & r\sin\theta A_\varphi \end{vmatrix}$$

习 题 5

1. 曲线坐标 (ρ, θ, z) 与直角坐标 (x, y, z) 的关系是
$$x = a\rho\cos\theta, \quad y = b\rho\sin\theta, \quad z = z \quad (a, b > 0, a \neq b)$$
该坐标系是否正交？为什么？计算曲线坐标系中的拉梅系数。

在下列各题中，(ρ, φ, z) 为柱面坐标，(r, θ, φ) 为球面坐标。

2. 已知 $u(\rho, \varphi, z) = \rho^2\cos\varphi + z^2\sin\varphi$，求 $\boldsymbol{A} = \text{grad } u$ 及 $\text{div } \boldsymbol{A}$。

3. 已知 $\boldsymbol{A}(\rho, \varphi, z) = \rho\cos^2\varphi\boldsymbol{e}_\rho + \rho\sin\varphi\boldsymbol{e}_\varphi$，求 $\text{rot } \boldsymbol{A}$。

4. 证明 $\boldsymbol{A}(\rho, \varphi, z) = \left(1 + \dfrac{a^2}{\rho^2}\right)\cos\varphi\boldsymbol{e}_\rho - \left(1 - \dfrac{a^2}{\rho^2}\right)\sin\varphi\boldsymbol{e}_\varphi + b^2\boldsymbol{e}_z$ 为调和场。

5. 求空间一点 M 的矢径 $\boldsymbol{r} = \overrightarrow{OM}$ 在柱面坐标系和球面坐标系中的表示式；并由此证明，在这两种坐标系中的散度都等于 3。

6. 求常矢 $\boldsymbol{a} = a_1\boldsymbol{i} + a_2\boldsymbol{j} + a_3\boldsymbol{k}$ 在球面坐标系中的表示式。

7. 已知 $u(r, \theta, \varphi) = \left(ar^2 + \dfrac{1}{r^3}\right)\sin 2\theta\cos\varphi$，求 $\text{grad } u$。

8. 已知 $u(r, \theta, \varphi) = 2r\sin\theta + r^2\cos\varphi$，求 Δu。

9. 已知 $\boldsymbol{A}(r, \theta, \varphi) = \dfrac{2\cos\theta}{r^3}\boldsymbol{e}_r + \dfrac{\sin\theta}{r^3}\boldsymbol{e}_\theta$，求 $\text{div } \boldsymbol{A}$。

10. 证明 $\boldsymbol{A}(r, \theta, \varphi) = 2r\sin\theta\boldsymbol{e}_r + r\cos\theta\boldsymbol{e}_\theta - \dfrac{\sin\varphi}{r\sin\theta}\boldsymbol{e}_\varphi$ 为有势场，并求其势函数。

11. 计算柱面坐标系中单位矢量 $\boldsymbol{e}_\rho$、$\boldsymbol{e}_\varphi$、$\boldsymbol{e}_z$ 的各偏导数。

12. 计算球面坐标系中单位矢量 $\boldsymbol{e}_r$、$\boldsymbol{e}_\theta$、$\boldsymbol{e}_\varphi$ 的各偏导数。

13. 已知 $\boldsymbol{A}(r, \theta, \varphi) = r^2\sin\varphi\boldsymbol{e}_r + 2r\cos\theta\boldsymbol{e}_\theta + \sin\theta\boldsymbol{e}_\varphi$，求 $\dfrac{\partial \boldsymbol{A}}{\partial \varphi}$。

第 2 篇

复 变 函 数

第6章　复数与复变函数

自变量为复数的函数就是复变函数。由于在中学阶段已经学过复数的概念和基本运算，本章将在原有的基础上做简要的复习和补充，然后再介绍复平面上的区域，以及复变函数的极限与连续性等概念，为进一步研究解析函数理论和方法奠定必要的基础。

6.1　复数及其代数运算

6.1.1　复数的概念

在学习初等代数时，已经知道在实数范围内，方程

$$x^2 = -1$$

是无解的，因为没有一个实数的平方等于 -1。由于解方程的需要，人们引进一个新数 i，称为虚数单位，并规定

$$i^2 = -1$$

从而 i 是方程 $x^2 = -1$ 的一个根。

对于任意两个实数 x、y，我们称 $z = x + iy$ 或 $z = x - iy$ 为复数，其中 x、y 分别称为 z 的实部和虚部，记作

$$x = \mathrm{Re}\,z, \quad y = \mathrm{Im}\,z$$

当 $x = 0, y \neq 0$ 时，$z = iy$ 称为纯虚数；当 $y = 0$ 时，$z = x + 0i$，我们把它看作是实数 x，例如复数 $3 + 0i$ 可看作实数 3。

两个复数相等，必须它们的实部和虚部分别相等；一个复数 z 等于 0，必须它的实部和虚部同时等于 0。

与实数不同，一般说来，任意两个复数不能比较大小。

6.1.2　复数的代数运算

两个复数 $z_1 = x_1 + iy_1, z_2 = x_2 + iy_2$ 的加法、减法及乘法定义如下：

$$z_1 + z_2 = (x_1 + x_2) + i(y_1 + y_2) \tag{6.1}$$

$$z_1 - z_2 = (x_1 - x_2) + i(y_1 - y_2) \tag{6.2}$$

$$z_1 z_2 = (x_1 x_2 - y_1 y_2) + i(x_1 y_2 + x_2 y_1) \tag{6.3}$$

并分别称以上三式右端的复数为 z_1 与 z_2 的和、差与积。

显然，当 z_1 与 z_2 为实数（即当 $y_1 = y_2 = 0$）时，以上两式与实数的运算法则一致。

我们又称满足

$$z_2 z = z_1 \quad (z_2 \neq 0)$$

的复数 $z = x + iy$ 为 z_1 除以 z_2 的商。记为 $z = \dfrac{z_1}{z_2}$。从这个定义可推得

$$z=\frac{z_1}{z_2}=\frac{x_1+\mathrm{i}y_1}{x_2+\mathrm{i}y_2}=\frac{x_1x_2+y_1y_2}{x_2^2+y_2^2}+\mathrm{i}\,\frac{x_2y_1-x_1y_2}{x_2^2+y_2^2} \tag{6.4}$$

不难证明,与实数的情形一样,复数的运算也满足交换律、结合律和分配律:

$$z_1+z_2=z_2+z_1,\quad z_1z_2=z_2z_1;$$

$$z_1+(z_2+z_3)=(z_1+z_2)+z_3,\quad z_1(z_2z_3)=(z_1z_2)z_3;$$

$$z_1(z_2+z_3)=z_1z_2+z_1z_3$$

我们把实部相同而虚部绝对值相等、符号相反的两个复数称为共轭复数,与 z 共轭的复数记作 $\bar{z}$。如果 $z=x+\mathrm{i}y$,那么 $\bar{z}=x-\mathrm{i}y$。共轭复数有如下性质:

(1) $\overline{z_1\pm z_2}=\overline{z_1}\pm\overline{z_2}$,$\overline{z_1z_2}=\overline{z_1}\,\overline{z_2}$,$\overline{\left(\dfrac{z_1}{z_2}\right)}=\dfrac{\overline{z_1}}{\overline{z_2}}$ $(z_2\neq 0)$;

(2) $\bar{\bar{z}}=z$;

(3) $z\cdot\bar{z}=(\mathrm{Re}z)^2+(\mathrm{Im}z)^2$;

(4) $z+\bar{z}=2\mathrm{Re}z$,$z-\bar{z}=2\mathrm{Im}zi$。

在计算 $\dfrac{z_1}{z_2}$ 时,可以利用共轭复数的性质(3),把分子与分母同乘以 $\overline{z_2}$,可得到所求的商,即(6.4)式。

例 6.1 设 $z=\dfrac{1-2\mathrm{i}}{3-4\mathrm{i}}-\overline{\left(\dfrac{2+\mathrm{i}}{-5\mathrm{i}}\right)}$,求 $\mathrm{Re}z$、$\mathrm{Im}z$ 和 $z\bar{z}$。

解 $\quad z=\dfrac{1-2\mathrm{i}}{3-4\mathrm{i}}-\overline{\dfrac{2+\mathrm{i}}{-5\mathrm{i}}}=\dfrac{(1-2\mathrm{i})(3+4\mathrm{i})}{(3-4\mathrm{i})(3+4\mathrm{i})}-\dfrac{2-\mathrm{i}}{5\mathrm{i}}$

$$=\dfrac{11-2\mathrm{i}}{25}-\dfrac{(2-\mathrm{i})(-5\mathrm{i})}{5\mathrm{i}(-5\mathrm{i})}=\dfrac{11-2\mathrm{i}}{25}+\dfrac{5+10\mathrm{i}}{25}$$

$$=\dfrac{16}{25}+\dfrac{8}{25}\mathrm{i}$$

$\mathrm{Re}z=\dfrac{16}{25}$,$\mathrm{Im}z=\dfrac{8}{25}$,$z\bar{z}=\left(\dfrac{16}{25}+\dfrac{8}{25}\mathrm{i}\right)\left(\dfrac{16}{25}-\dfrac{8}{25}\mathrm{i}\right)=\dfrac{64}{125}$

例 6.2 设 $z_1=5-5\mathrm{i}$,$z_2=-3+4\mathrm{i}$,求 $\dfrac{z_1}{z_2}$ 与 $\overline{\left(\dfrac{z_1}{z_2}\right)}$。

解 $\quad \dfrac{z_1}{z_2}=\dfrac{5-5\mathrm{i}}{-3+4\mathrm{i}}=\dfrac{(5-5\mathrm{i})(-3-4\mathrm{i})}{(-3+4\mathrm{i})(-3-4\mathrm{i})}$

$$=\dfrac{(-15-20)+(15-20)\mathrm{i}}{25}=-\dfrac{7}{5}-\dfrac{1}{5}\mathrm{i}$$

$$\overline{\left(\dfrac{z_1}{z_2}\right)}=-\dfrac{7}{5}+\dfrac{1}{5}\mathrm{i}$$

例 6.3 设 $z_1=x_1+\mathrm{i}y_1$,$z_2=x_2+\mathrm{i}y_2$ 是两个任意复数,证明:$z_1\overline{z_2}+\overline{z_1}z_2=2\mathrm{Re}(z_1\overline{z_2})$。

证明 $\quad z_1\overline{z_2}+\overline{z_1}z_2=(x_1+\mathrm{i}y_1)(x_2-\mathrm{i}y_2)+(x_1-\mathrm{i}y_1)(x_2+\mathrm{i}y_2)$

$$=(x_1x_2+y_1y_2)+\mathrm{i}(x_2y_1-x_1y_2)+(x_1x_2+y_1y_2)$$

$$+\mathrm{i}(-x_2y_1+x_1y_2)$$

$$=2(x_1x_2+y_1y_2)$$

$$z_1\overline{z_2}=(x_1+\mathrm{i}y_1)(x_2-\mathrm{i}y_2)=(x_1x_2+y_1y_2)+(x_2y_1-x_1y_2)\mathrm{i}$$

所以

$$z_1\overline{z_2}+\overline{z_1}\cdot z_2=2\mathrm{Re}(z_1\overline{z_2})$$

或

$$z_1 \ \overline{z_2} + \overline{z_1} z_2 = z_1 \ \overline{z_2} + \overline{z_1 \ \overline{z_2}} = 2\mathrm{Re}(z_1 \ \overline{z_2}) = 2\mathrm{Re}(\overline{z_1 z_2})$$

6.2 复数的几何表示

6.2.1 复平面

由于一个复数 $z = x + \mathrm{i}y$ 由一对有序实数 (x, y) 唯一确定,所以对于平面上给定的直角坐标系,复数的全体与该平面上点的全体成一一对应关系,从而复数 $z = x + \mathrm{i}y$ 可以用该平面上坐标为 (x, y) 的点来表示,这是复数的一个常用表示方法。此时,x 轴称为实轴,y 轴称为虚轴,两轴所在的平面称为复平面或 z 平面。这样,复数与复平面上的点成一一对应,并且把"点 z"作为"数 z"的同义词,从而使我们能借助于几何语言和方法研究复变函数的问题,也为复变函数应用于实际奠定了基础。

在复平面上,复数 z 还与从原点指向点 $z = x + \mathrm{i}y$ 的平面向量一一对应,因此复数 z 也能用向量 $\overrightarrow{OP}$ 来表示(见图 6.1)。向量的长度称为 z 的模或绝对值,记作

$$|z| = r = \sqrt{x^2 + y^2} \tag{6.5}$$

显然,下列各式成立

(1) $|z| \leqslant |x| + |y|$,$|x| \leqslant |z|$,$|y| \leqslant |z|$;

(2) $|z| = |\overline{z}|$,$z \cdot \overline{z} = |z|^2$;

(3) $|z_1 \cdot z_2| = |z_1| \cdot |z_2|$。

在 $z \neq 0$ 的情况下,以正实轴为始边,以表示 z 的向量 $\overrightarrow{OP}$ 为终边的角的弧度数 θ 称为 z 的辐角,记作

$$\mathrm{Arg}\, z = \theta$$

这时有

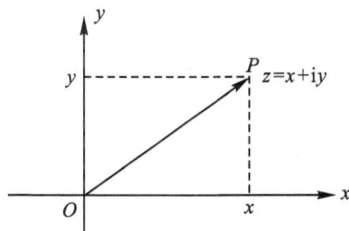

图 6.1

$$\tan(\mathrm{Arg}\, z) = \frac{y}{x} \tag{6.6}$$

我们知道,任何一个复数 $z \neq 0$ 有无穷多个辐角。如果 θ_1 是其中的一个,那么

$$\mathrm{Arg}\, z = \theta_1 + 2k\pi \quad (k \text{ 为任意整数}) \tag{6.7}$$

就给出了 z 的全部辐角。在 $z \neq 0$ 的辐角中,我们把满足 $-\pi < \theta_0 \leqslant \pi$ 的 θ_0 称为 $\mathrm{Arg}\, z$ 的主值,记作 $\theta_0 = \arg z$。当 $z = 0$ 时,$|z| = 0$,而辐角不确定。

辐角的主值 $\arg z (z \neq 0)$,可以由反正切 $\mathrm{Arctan}\, \frac{y}{x}$ 的主值 $\arctan \frac{y}{x}$ 按下列关系来确定:

$$\arg z = \begin{cases} \arctan \dfrac{y}{x}, & x > 0 \\[2mm] \pm \dfrac{\pi}{2}, & x = 0, y \neq 0 \\[2mm] \arctan \dfrac{y}{x} \pm \pi, & x < 0, y \neq 0 \\[2mm] \pi, & x < 0, y = 0 \end{cases} \tag{6.8}$$

其中$-\dfrac{\pi}{2}<\arctan\dfrac{y}{x}<\dfrac{\pi}{2}$。

根据复数的运算法则可知,两个复数 z_1 与 z_2 的加、减法运算和相应向量的加、减法运算一致(见图 6.2)。

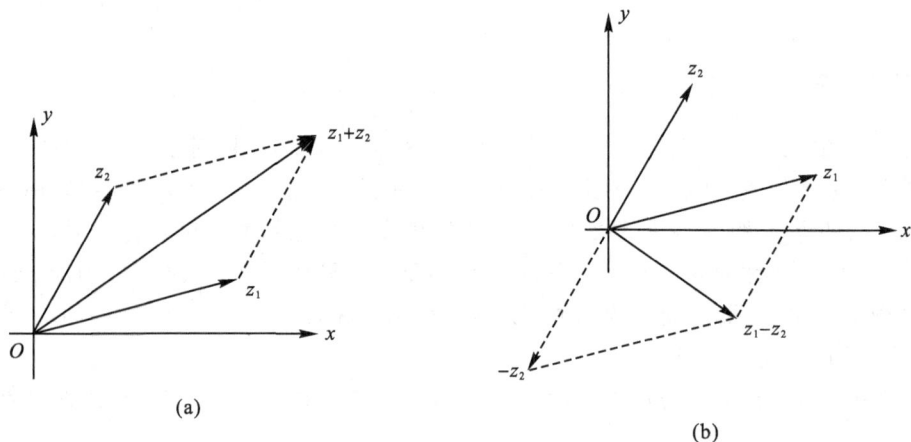

(a)

(b)

图 6.2

我们又知道,$|z_1-z_2|$ 表示点 z_1 与 z_2 之间的距离(见图 6.3),因此由图 6.2 和图 6.3,可知

$$|z_1+z_2|\leqslant|z_1|+|z_2| \tag{6.9}$$

(三角不等式)

$$|z_1-z_2|\geqslant||z_1|-|z_2|| \tag{6.10}$$

一对共轭复数 z 与 $\bar{z}$ 在复平面内的位置是关于实轴对称的(见图 6.4),因而 $|z|=|\bar{z}|$,如果 z 不在负实轴和原点上,还有 $\arg z=-\arg\bar{z}$。

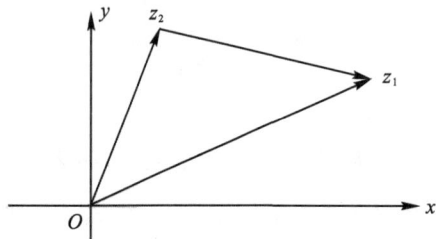

图 6.3

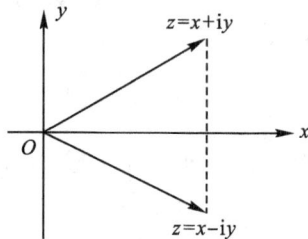

图 6.4

6.2.2 复数的三角与指数形式

利用直角坐标与极坐标的关系:

$$x=r\cos\theta,\ y=r\sin\theta$$

还可以把复数 z 表示成下面的形式:

$$z=r(\cos\theta+\mathrm{i}\sin\theta) \tag{6.11}$$

称其为复数的三角表示式。

再利用欧拉(Euler)公式:$\mathrm{e}^{\mathrm{i}\theta}=\cos\theta+\mathrm{i}\sin\theta$,我们又可以得到

$$z = re^{i\theta} \qquad\qquad (6.12)$$

这种表示形式称为复数的指数表示式。

复数的各种表示法可以互相转换，以适应讨论不同问题时的需要。

例 6.4　将下列复数化为三角表示式与指数表示式：

(1)$z = -\sqrt{12} - 2i$;　　　　　　　　(2)$z = \sin\dfrac{\pi}{5} + i\cos\dfrac{\pi}{5}$。

解　(1)$r = |z| = \sqrt{12+4} = 4$,由于 z 在第三象限,所以

$$\theta = \arctan\left(\frac{-2}{-\sqrt{12}}\right) - \pi = \arctan\frac{\sqrt{3}}{3} - \pi = -\frac{5}{6}\pi$$

因此 z 的三角表示式为

$$z = 4\left[\cos\left(-\frac{5}{6}\pi\right) + i\sin\left(-\frac{5}{6}\pi\right)\right]$$

z 的指数表示式为

$$z = 4e^{-\frac{5}{6}\pi i}$$

(2)$z = \sin\dfrac{\pi}{5} + i\cos\dfrac{\pi}{5}$,显然 $r = |z| = 1$

$$\sin\frac{\pi}{5} = \cos\left(\frac{\pi}{2} - \frac{\pi}{5}\right) = \cos\frac{3\pi}{10}, \quad \cos\frac{\pi}{5} = \sin\left(\frac{\pi}{2} - \frac{\pi}{5}\right) = \sin\frac{3\pi}{10}$$

因此 z 的三角表示式为

$$z = \cos\frac{3\pi}{10} + i\sin\frac{3\pi}{10}$$

z 的指数表示式为

$$z = e^{\frac{3}{10}\pi i}$$

例 6.5　设 z_1、z_2 为两个任意复数,证明：

(1) $|z_1\overline{z_2}| = |z_1||z_2|$;

(2) $|z_1 + z_2| \leqslant |z_1| + |z_2|$。

证明　(1) $|z_1\overline{z_2}| = \sqrt{(z_1\overline{z_2})\overline{(z_1\overline{z_2})}} = \sqrt{(z_1\overline{z_2})(\overline{z_1}z_2)} = \sqrt{(z_1\overline{z_1})(\overline{z_2}z_2)} = |z_1||z_2|$

(2)上面我们已经用几何的方法得到了三角不等式(见(6.9)式),现在用复数的运算来证明它。因为

$$|z_1 + z_2|^2 = (z_1 + z_2)\overline{(z_1 + z_2)} = (z_1 + z_2)(\overline{z_1} + \overline{z_2})$$
$$= z_1\overline{z_1} + z_2\overline{z_2} + \overline{z_1}z_2 + z_1\overline{z_2} = |z_1|^2 + |z_2|^2 + \overline{z_1}z_2 + z_1\overline{z_2}$$

因为 $\overline{z_1}z_2 + z_1\overline{z_2} = 2\mathrm{Re}(z_1\overline{z_2})$,所以

$$|z_1 + z_2|^2 = |z_1|^2 + |z_2|^2 + 2\mathrm{Re}(z_1\overline{z_2}) \leqslant |z_1|^2 + |z_2|^2 + 2|z_1\overline{z_2}|$$
$$= |z_1|^2 + |z_2|^2 + 2|z_1||z_2| = (|z_1| + |z_2|)^2$$

两边开方,就得到所要证明的三角不等式。下面的例子表明,很多平面图形能用复数形式的方程(或不等式)来表示;也可以由给定的复数形式的方程(或不等式)来确定它所表示的平面图形。

例 6.6　求下列方程所表示的曲线：

(1)$|z+i| = 2$;

(2)$|z-2i|=|z+2i|$；

(3)$\text{Im}(i+\bar{z})=4$。

解 （1）在几何上不难看出，方程$|z+i|=2$表示所有与点$-i$距离为2的点的轨迹，即中心为$-i$、半径为2的圆（见图 6.5(a)）。下面用代数方法求出该圆的直角坐标方程。

设$z=x+iy$，方程变为$|x+(y+1)i|=2$，$\sqrt{x^2+(y+1)^2}=2$ 或 $x^2+(y+1)^2=4$，该方程即为所求曲线的方程。

（2）几何上，该方程表示到点$2i$和$-2i$距离相等的点的轨迹，所以方程表示的曲线就是连接点$2i$和$-2i$的线段的垂直平分线（见图 6.5(b)）。

$$|x+yi-2i|=|x+yi+2i|$$

化简后它的方程为$y=-x$。这方程也可以用代数的方法求得，由读者自己求解。

（3）$\text{Im}(i+\bar{z})=4$，设$z=x+iy$那么$i+\bar{z}=x+(1-y)i$，所以 $\text{Im}(i+\bar{z})=1-y=4$，从而立即可得所求曲线的方程为$y=-3$，这是一条平行于$z$轴的直线，如图 6.5(c)所示。

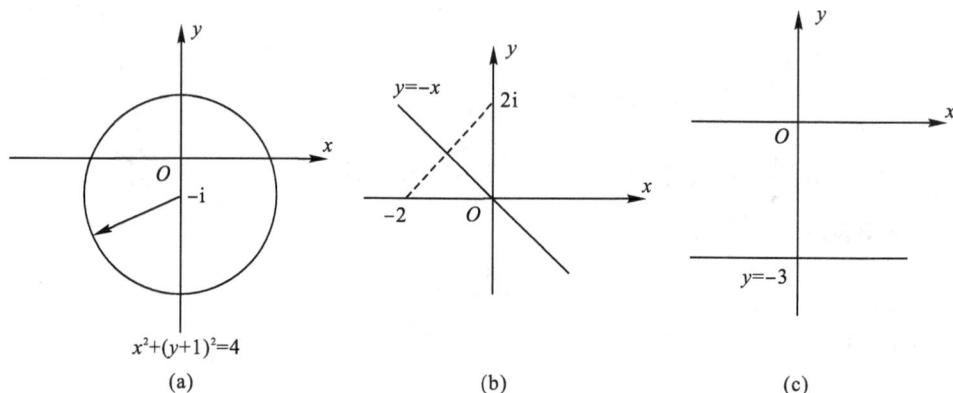

图 6.5

6.3 复数的乘幂与方根

6.3.1 乘积与商

设有两个复数

$$z_1=r_1(\cos\theta_1+i\sin\theta_1)，z_2=r_2(\cos\theta_2+i\sin\theta_2)$$

那么

$$z_1\cdot z_2=r_1(\cos\theta_1+i\sin\theta_1)\cdot r_2(\cos\theta_2+i\sin\theta_2)$$
$$=r_1\cdot r_2[(\cos\theta_1\cos\theta_2-\sin\theta_1\sin\theta_2)+i(\sin\theta_1\cos\theta_2+\cos\theta_1\sin\theta_2)]$$

于是

$$z_1\cdot z_2=r_1\cdot r_2[\cos(\theta_1+\theta_2)+i\sin(\theta_1+\theta_2)] \tag{6.13}$$
$$\text{Arg}(z_1z_2)=\text{Arg}\,z_1+\text{Arg}\,z_2 \tag{6.14}$$

从而有下面的定理。

定理 6.1 两个复数乘积的模等于它们的模的乘积，两个复数乘积的辐角等于它们的辐角的和。

因此,当利用向量来表示复数时,可以说表示乘积 z_1z_2 的向量是从表示 z_1 的向量旋转一个角度 Arg z_2,并伸长(缩短)到 $|z_2|$ 倍得到的,如图 6.6 所示。特别地,当 $|z_2|=1$ 时,乘法变成了只是旋转,例如 iz 相当于将 z 逆时针旋转 $90°$,$-z$ 相当于将 z 逆时针旋转 $180°$。又当 arg $z_2=0$ 时,乘法就变成了仅仅是伸长(缩短)。

读者要正确理解等式(6.14)。由于辐角的多值性,因此,该等式两端都是由无穷多个数构成的两个数集,等式(6.14)表示两端可能取的值的全体是相同的。也就是说,对于左端的任一值,右端必有一值和它相等,并且反过来也一样。

图 6.6

如果用指数形式表示复数:

$$z_1=r_1\mathrm{e}^{\mathrm{i}\theta_1}\,,\ z_2=r_2\mathrm{e}^{\mathrm{i}\theta_2}$$

那么定理 6.1 可以简明地表示为

$$z_1\cdot z_2=r_1\cdot r_2\mathrm{e}^{\mathrm{i}(\theta_1+\theta_2)} \tag{6.15}$$

由此逐步可证,如果

$$z_k=r_k(\cos\theta_k+\mathrm{i}\sin\theta_k)=r_k\mathrm{e}^{\mathrm{i}\theta_k}\,,\quad (k=1,2,\cdots,n)$$

那么

$$\begin{aligned}z_1\cdot z_2\cdot\cdots\cdot z_n&=r_1\cdot r_2\cdot\cdots\cdot r_n[\cos(\theta_1+\theta_2+\cdots+\theta_n)\\&\quad+\mathrm{i}\sin(\theta_1+\theta_2+\cdots+\theta_n)]\\&=r_1\cdot r_2\cdot\cdots\cdot r_n\mathrm{e}^{\mathrm{i}(\theta_1+\theta_2+\cdots+\theta_n)}\end{aligned} \tag{6.16}$$

按照商的定义,当 $z_1\neq0$ 时,有 $z_2=\dfrac{z_2}{z_1}z_1$,所以

$$|z_2|=\left|\frac{z_2}{z_1}\right||z_1|\,,\ \mathrm{Arg}\ z_2=\mathrm{Arg}\left(\frac{z_2}{z_1}\right)+\mathrm{Arg}\ z_1$$

于是

$$\left|\frac{z_2}{z_1}\right|=\frac{|z_2|}{|z_1|}\,,\ \mathrm{Arg}\left(\frac{z_2}{z_1}\right)=\mathrm{Arg}\ z_2-\mathrm{Arg}\ z_1 \tag{6.17}$$

由此可得到如下定理 6.2。

定理 6.2　两个复数的商的模等于它们的模的商,两个复数的商的辐角等于被除数与除数的辐角之差。

如果用指数形式表示复数:

$$z_1=r_1\mathrm{e}^{\mathrm{i}\theta_1}\,,\ z_2=r_2\mathrm{e}^{\mathrm{i}\theta_2}$$

那么定理 6.2 可以简明表示为

$$\frac{z_2}{z_1}=\frac{r_2}{r_1}\mathrm{e}^{\mathrm{i}(\theta_2-\theta_1)}\quad (r_1\neq0) \tag{6.18}$$

例 6.7　已知 $z_1=\dfrac{1}{2}(1-\sqrt{3}\,\mathrm{i})$,$z_2=\sin\dfrac{\pi}{3}-\mathrm{i}\cos\dfrac{\pi}{3}$,求 $z_1\cdot z_2$ 和 $\dfrac{z_1}{z_2}$。

解　因为 $z_1=\cos\left(-\dfrac{\pi}{3}\right)+\mathrm{i}\sin\left(-\dfrac{\pi}{3}\right)$,$z_2=\cos\left(-\dfrac{\pi}{6}\right)+\mathrm{i}\sin\left(-\dfrac{\pi}{6}\right)$,所以

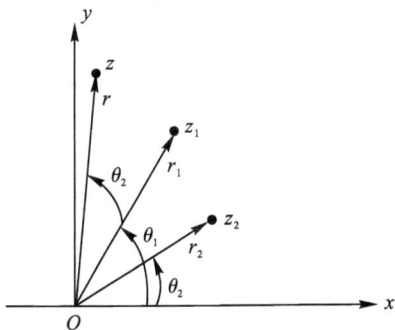

$$z_1 \cdot z_2 = \cos\left(-\frac{\pi}{3}-\frac{\pi}{6}\right) + i\sin\left(-\frac{\pi}{3}-\frac{\pi}{6}\right) = -i$$

$$\frac{z_1}{z_2} = \cos\left(-\frac{\pi}{3}+\frac{\pi}{6}\right) + i\sin\left(-\frac{\pi}{3}+\frac{\pi}{6}\right) = \frac{\sqrt{3}}{2} - \frac{1}{2}i$$

6.3.2 幂与根

n 个相同复数 z 的乘积称为 z 的 n 次幂，记作 z^n，即

$$z^n = \underbrace{z \cdot z \cdot \cdots \cdot z}_{n}$$

如果我们在(6.16)式中，令从 z_1 到 z_n 的所有复数都等于 z，那么对于任何正整数 n，我们有

$$z^n = r^n(\cos n\theta + i\sin n\theta) \tag{6.19}$$

如果我们定义 $z^{-n} = \frac{1}{z^n}$，那么当 n 为负整数时上式也是成立的。作为练习，由读者自己证明。

特别地，当 z 的模 $r=1$，即 $z=\cos\theta+i\sin\theta$ 时，由(6.19)式有

$$(\cos\theta+i\sin\theta)^n = \cos n\theta + i\sin n\theta \tag{6.20}$$

这就是棣莫弗(De Moivre)公式。

公式(6.19)与(6.20)有广泛的应用。下面我们用它们来求方程 $w^n=z$ 的根 w，其中 z 为已知复数。

我们即将看到，当 z 的值不等于零时，就有 n 个不同的 w 值与它对应。每一个这样的值称为 z 的 n 次根，都记作 $\sqrt[n]{z}$，即 $w=\sqrt[n]{z}$。为了求出根 w，令

$$z=r(\cos\theta+i\sin\theta), \quad w=\rho(\cos\varphi+i\sin\varphi)$$

根据棣莫弗公式(6.20)有

$$w^n = \rho^n(\cos n\varphi + i\sin n\varphi) = r(\cos\theta+i\sin\theta)$$

于是

$$\rho^n = r, \quad \cos n\varphi = \cos\theta, \quad \sin n\varphi = \sin\theta$$

显然，后两式成立的充要条件是

$$n\varphi = \theta + 2k\pi, \quad (k=0,\pm1,\pm2,\cdots)$$

由此

$$\rho = r^{\frac{1}{n}}, \quad \varphi = \frac{\theta+2k\pi}{n}$$

其中，$r^{\frac{1}{n}}$ 是算术根，所以

$$w=\sqrt[n]{z} = r^{\frac{1}{n}}\left(\cos\frac{\theta+2k\pi}{n} + i\sin\frac{\theta+2k\pi}{n}\right) \tag{6.21}$$

当 $k=0,1,2,\cdots,n-1$ 时，得到 n 个相异的根：

$$w_0 = r^{\frac{1}{n}}\left(\cos\frac{\theta}{n} + i\sin\frac{\theta}{n}\right)$$

$$w_1 = r^{\frac{1}{n}}\left(\cos\frac{\theta+2\pi}{n}+\mathrm{i}\sin\frac{\theta+2\pi}{n}\right)$$

$$\cdots\cdots$$

$$w_{n-1} = r^{\frac{1}{n}}\left(\cos\frac{\theta+2(n-1)\pi}{n}+\mathrm{i}\sin\frac{\theta+2(n-1)\pi}{n}\right)$$

当 k 以其他整数值代入时，这些根又重复出现。例如 $k=n$ 时，有

$$w_n = r^{\frac{1}{n}}\left(\cos\frac{\theta+2n\pi}{n}+\mathrm{i}\sin\frac{\theta+2n\pi}{n}\right)$$

$$= r^{\frac{1}{n}}\left(\cos\frac{\theta}{n}+\mathrm{i}\sin\frac{\theta}{n}\right)=w_0$$

在几何上，不难看出 $\sqrt[n]{z}$ 的 n 个值就是以原点为中心，$r^{\frac{1}{n}}$ 为半径的圆的内接正 n 边形的 n 个顶点。

例 6.8　计算 $\sqrt[4]{1+\mathrm{i}}$ 的值。

解　$1+\mathrm{i}=\sqrt{2}\left[\cos\dfrac{\pi}{4}+\mathrm{i}\sin\dfrac{\pi}{4}\right]$

$$\sqrt[4]{1+\mathrm{i}}=\sqrt[8]{2}\left[\cos\frac{\dfrac{\pi}{4}+2k\pi}{4}+\mathrm{i}\sin\frac{\dfrac{\pi}{4}+2k\pi}{4}\right]\qquad(k=0,1,2,3)$$

$$w_0=\sqrt[8]{2}\left[\cos\frac{\pi}{16}+\mathrm{i}\sin\frac{\pi}{16}\right]$$

$$w_1=\sqrt[8]{2}\left[\cos\frac{9\pi}{16}+\mathrm{i}\sin\frac{9\pi}{16}\right]$$

$$w_2=\sqrt[8]{2}\left[\cos\frac{17\pi}{16}+\mathrm{i}\sin\frac{17\pi}{16}\right]$$

$$w_3=\sqrt[8]{2}\left[\cos\frac{25\pi}{16}+\mathrm{i}\sin\frac{25\pi}{16}\right]$$

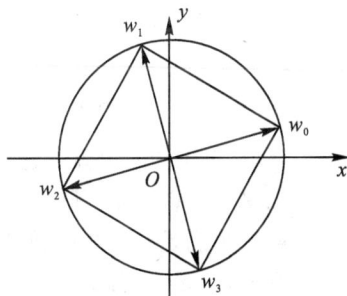

图 6.7

这四个根是内接于中心在原点半径为 $\sqrt[8]{2}$ 的圆的正方形的四个顶点（见图 6.7），并且 $w_1=\mathrm{i}w_0,\ w_2=-w_0,\ w_3=-\mathrm{i}w_0$。

6.4　区　域

现在，我们来研究复变数的问题。同实变数一样，每一个复变数都有自己的变化范围，在今后的讨论中，所遇到的变化范围主要就是所谓区域。

6.4.1　区域的概念

在讲区域之前，需要先介绍复平面上一点的邻域、集合的内点与开集的概念。

1. 邻域

平面上以 z_0 为中心，δ（任意的正数）为半径的圆：$|z-z_0|<\delta$ 内部的点的集合称为 z_0 的 δ-邻域（见图 6.8），记作 $U(z_0,\delta)$，而称由不等式 $0<|z-z_0|<\delta$ 所确定的点集为 z_0 的去心邻域。

2. 开集

设 G 为一平面点集，z_0 为 G 中任意一点。如果存在 z_0 的一个邻域，该邻域内的所有点

都属于 G,那么称 z_0 为 G 的内点。如果 G 内的每个点都是它的内点,那么称 G 为开集。

3. 区域

如果平面点集 D 满足下列两个条件,那么平面点集 D 称为一个区域:

①D 是一个开集;

②D 是连通的,就是说 D 中任何两点都可以用完全属于 D 的一条折线连接起来(见图 6.8)。

4. 边界

设 D 为复平面内的一个区域,如果点 P 不属于 D,但在 P 的任意小的邻域内总包含有 D 中的点,这样的点 P 我们称为 D 的边界点。D 的所有边界点组成 D 的边界(见图 6.8)。区域的边界可能是由几条曲线和一些孤立的点所组成的(见图 6.9)。

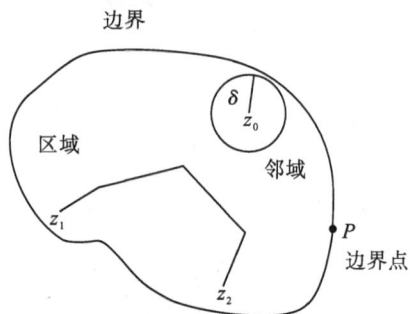

图 6.8

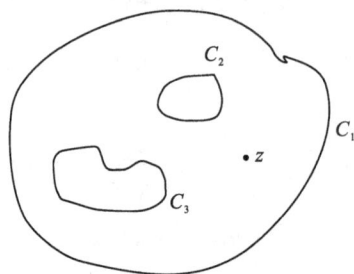

图 6.9

区域 D 与它的边界一起构成闭区域或闭域,记作 $\overline{D}$。

如果一个区域 D 可以被包含在一个以原点为中心的圆里面,即存在正数 M,使区域 D 的每个点 z 都满足 $|z| < M$,那么 D 称为有界的,否则称为无界的。

例如,满足不等式 $r_1 < |z - z_0| < r_2$ 的所有点构成一个区域,而且是有界的,区域的边界由两个圆周 $|z - z_0| = r_1$ 和 $|z - z_0| = r_2$ 组成(见图 6.10(a)),称为圆环域。如果在圆环域内去掉一个(或几个)点,它仍然构成区域,只是区域的边界由两个圆周和一个(或几个)孤立的点所组成(见图 6.10(b))。这两个区域都是有界的,而圆的外部 $|z - z_0| > R$,上半平面 $\text{Im} z > 0$,角形域 $0 < \arg z < \varphi$ 及带形域 $a < \text{Im} z < b$ 等都是无界区域。

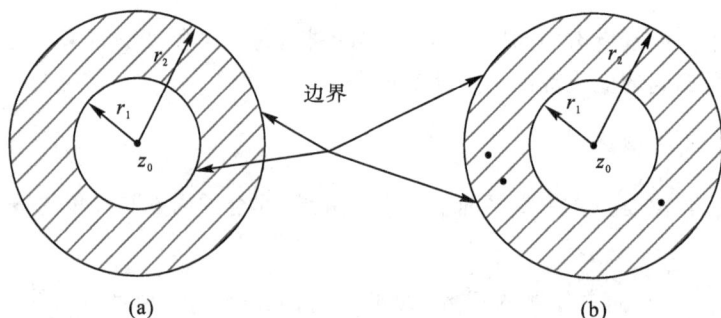

图 6.10

6.4.2 单连通域与多连通域

先介绍几个有关平面曲线的概念。

我们知道,如果 $x(t)$ 和 $y(t)$ 是两个连续的实变函数,则方程组

$$\begin{cases} x=x(t) \\ y=y(t) \end{cases} \quad (a\leqslant t\leqslant b)$$

代表一条平面曲线,称为连续曲线。如果令

$$z(t)=x(t)+\mathrm{i}y(t) \quad (a\leqslant t\leqslant b)$$

则此曲线可用一个方程

$$z=z(t) \quad (a\leqslant t\leqslant b)$$

来代表。这就是平面曲线的复数表示式。

如果在区间 $[a,b]$,$x'(t)$、$y'(t)$ 都是连续的,且对 t 的每一个值有

$$[x'(t)]^2+[y'(t)]^2\neq 0$$

那么称这条曲线为光滑的。由几段光滑曲线衔接而成的曲线称为分段光滑曲线。设 $C:z=z(t)(a\leqslant t\leqslant b)$ 为一条连续曲线,$z(a)$ 与 $z(b)$ 分别称为 C 的起点与终点,对于 $a<t_1<b,a\leqslant t_2\leqslant b$ 的 t_1 与 t_2,当 $t_1\neq t_2$ 而有 $z(t_1)=z(t_2)$ 时,点 $z(t_1)$ 称为曲线 C 的重点。没有重点的曲线 C 称为简单曲线(或若尔当曲线)。如果简单曲线 C 的起点与终点重合,即 $z(a)=z(b)$,那么曲线 C 称为简单闭曲线,简单曲线自身不会相交。

任意一条简单闭曲线 C 把整个复平面唯一地分成三个互不相交的点集,其中除去 C 以外,一个是有界区域,称为 C 的内部,另一个是无界区域,称为 C 的外部,C 为它们的公共边界。简单闭曲线的这一性质,其几何直观意义是很清楚的。

定义 6.1　复平面上的一个区域 B,如果在其中任作一条简单闭曲线,而曲线的内部总属于 B,就称为单连通域(见图 6.11(a)(b))。一个区域如果不是单连通域,就称为多连通域(见图 6.11(c))。

一条简单闭曲线的内部是单连通域(见图 6.11(a)(b))。单连通域 B 具有这样的特征:属于 B 的任何一条简单闭曲线,在 B 内可以经过连续的变形而缩成一点,而多连通域就不具有这个特征。

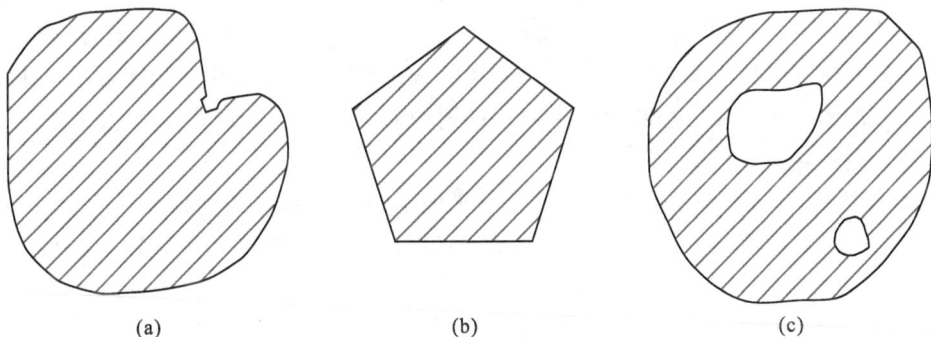

图 6.11

6.5　复变函数

6.5.1　复变函数的定义

定义 6.2　设 G 是一个复数 $z=x+\mathrm{i}y$ 的集合:如果有一个确定的法则存在,按照这一法

则,对于集合 G 中的每一个复数 z,就有一个或几个复数 $w=u+iv$ 与之对应,那么称复变数 w 是复变数 z 的函数(简称复变函数),记作

$$w=f(z)$$

如果 z 的一个值对应着 w 的一个值,那么我们称函数 $f(z)$ 是单值的;如果 z 的一个值对应着 w 的两个或两个以上的值,那么我们称函数 $f(z)$ 是多值的。集合 G 称为 $f(z)$ 的定义集合,对应 G 中所有 z 的一切 w 值所成的集合 G^*,称为函数值集合。

在以后的讨论中,定义集合 G 常常是一个平面区域,称之为定义域。并且,如无特别申明,所讨论的函数均为单值函数。

由于给定了一个复数 $z=x+iy$ 就相当于给定了两个实数 x 和 y,而复数 $w=u+iv$ 亦同样地对应着一对实数 u 和 v,所以复变函数 w 和自变量 z 之间的关系 $w=f(z)$ 相当于两个关系式:

$$u=u(x,y), \qquad v=v(x,y)$$

它们确定了自变量为 x 和 y 的两个二元实变函数。

例如,考察函数 $w=z^2$,令 $z=x+iy,w=u+iv$,那么

$$u+iv=(x+iy)^2=x^2-y^2+2xyi$$

因而函数 $w=z^2$ 对应于两个二元实变函数:

$$u=x^2-y^2, \quad v=2xy$$

6.5.2 映射的概念

在高等数学课程中,我们常把实变函数用几何图形来表示,这些几何图形可以直观地帮助我们理解和研究函数的性质。对于复变函数,由于它反映了两对变量 u,v 和 x,y 之间的对应关系,因而无法用同一个平面内的几何图形表示出来,必须把它看成两个复平面上的点集之间的对应关系。

如果用 z 平面上的点表示自变量 z 的值,而用另一个平面 w 平面上的点表示函数 w 的值,那么函数 $w=f(z)$ 在几何上就可以看作把 z 平面上的一个点集 G (定义集合)变到 w 平面上的一个点集 G^*(函数值集合)的映射(或变换)。这个映射通常简称为由函数 $w=f(z)$ 所构成的映射。如果 G 中的点 z 被映射 $w=f(z)$ 映射成 G^* 中的点 w,那么 w 称为 z 的象(映象),而 z 称为 w 的原象。

例如,函数 $w=\bar{z}$ 所构成的映射,显然把 z 平面上的点 $z=a+ib$ 映射成 w 平面上的点 $w=a-ib$;$z_1=2+3i$ 映射成 $w_1=2-3i$;$z_2=1-2i$ 映射成 $w_2=1+2i$,等等(见图 6.12)。

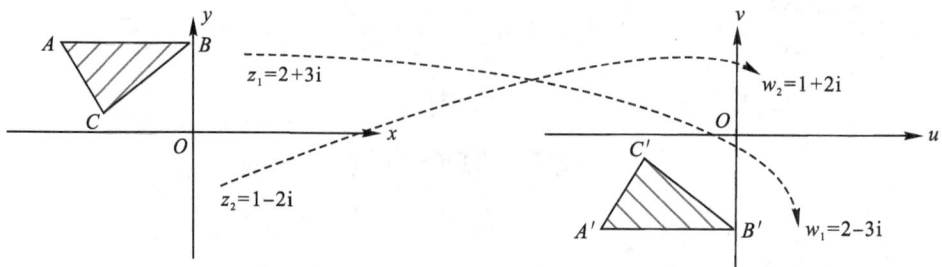

图 6.12

如果把 z 平面和 w 平面重叠在一起,不难看出,函数 $w=\bar{z}$ 是关于实轴的一个对称映射。因此,一般地,通过映射 $w=\bar{z}$,z 平面上的任一图形的映象是关于实轴对称的一个全同图形。

再来研究函数 $w=z^2$ 所构成的映射。不难算得,通过函数 $w=z^2$,点 $z_1=\mathrm{i}$,$z_2=1+2\mathrm{i}$ 和 $z_3=-1$ 分别映射到点 $w_1=-1$,$w_2=-3+4\mathrm{i}$,$w_3=-1$。根据 6.3 节关于乘法的模与辐角的定理可知,通过映射 $w=z^2$,z 的辐角增大一倍。因此,z 平面上与正实轴交角为 α 的角形域映射成 w 平面上与正实轴交角为 2α 的角形域。

由于函数 $w=z^2$ 对应于两个二元实变函数:
$$u=x^2-y^2,\quad v=2xy$$
因此,它把 z 平面上的两族分别以直线 $y=\pm x$ 和坐标轴为渐近线的等轴双曲线
$$x^2-y^2=c_1,\quad 2xy=c_2$$
分别映射成 w 平面上的两组平行直线
$$u=c_1,\quad v=c_2$$
两块阴影部分映射成同一个长方形,如图 6.13 所示。

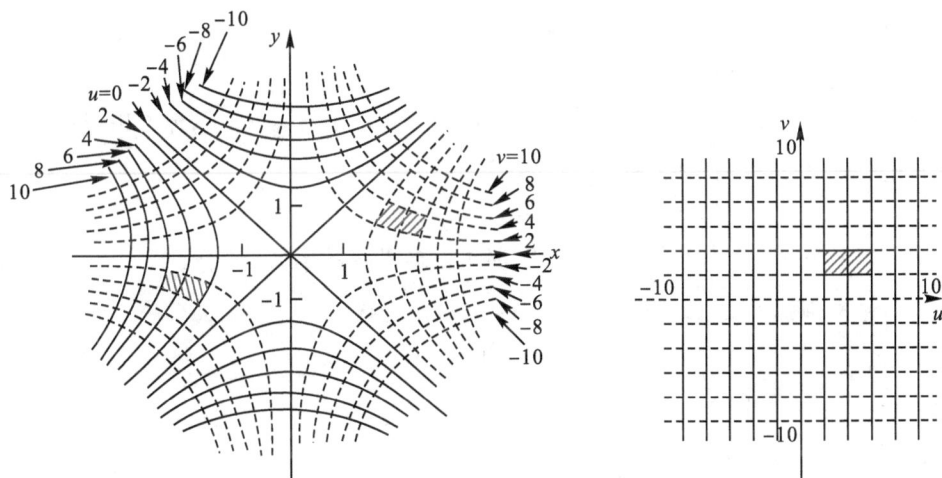

图 6.13

跟实变函数一样,复变函数也有反函数的概念。假定函数 $w=f(z)$ 的定义集合为 z 平面上的集合 G,函数值集合为 w 平面上的集合 G^*,那么 G^* 中的每一个点 w 必将对应着 G 中的一个(或几个)点。按照函数的定义,在 G^* 上就确定了一个单值(或多值)函数 $z=\varphi(w)$,它称为函数 $w=f(z)$ 的反函数,也称为映射 $w=f(z)$ 的逆映射。

从反函数的定义可知,对于任意的 $w\in G^*$,有
$$w=f[\varphi(w)]$$
当反函数为单值函数时,也有
$$z=\varphi[f(z)],\quad z\in G$$

今后,我们不再区分函数与映射(变换)。如果函数(映射)$w=f(z)$ 与它的反函数(逆映射)$z=\varphi(w)$ 都是单值的,那么称函数(映射)$w=f(z)$ 是一一对应的。此时,我们也称集合 G 与集合 G^* 是一一对应的。

6.6 复变函数的极限和连续性

6.6.1 函数的极限

定义 6.3 设函数 $w=f(z)$ 定义在 z_0 的去心邻域 $0<|z-z_0|<\rho$ 内。如果存在常数 A，对于任意给定的 $\varepsilon>0$，相应地必有一正数 $\delta(\varepsilon)(0<\delta\leqslant\rho)$，使得 $0<|z-z_0|<\delta$ 时有

$$|f(z)-A|<\varepsilon$$

则称 A 为 $f(z)$ 当 z 趋向于 z_0 时的极限，记作 $\lim\limits_{z\to z_0}f(z)=A$ 或 $(f(z)\xrightarrow{z\to z_0}A)$。

这个定义的几何意义是：当变点 z 一旦进入 z_0 的充分小的 δ 去心邻域时，它的象点 $f(z)$ 就落入 A 的预先给定的 ε 邻域中。跟一元实变函数极限的几何意义相比十分类似，只是这里用圆形邻域代替了那里的邻区。

应当注意，定义中 z 趋向于 z_0 的方式是任意的，就是说，无论 z 从什么方向，以何种方式趋向于 z_0 都要趋向于同一个常数 A。这比对一元实变函数极限定义的要求苛刻得多。

关于极限的计算，有下面两个定理。

定理 6.3 设 $f(z)=u(x,y)+iv(x,y)$，$A=u_0+iv_0$，$z_0=x_0+iy_0$，那么 $\lim\limits_{z\to z_0}f(z)=A$ 的充要条件是 $\lim\limits_{\substack{x\to x_0\\y\to y_0}}u(x,y)=u_0$，$\lim\limits_{\substack{x\to x_0\\y\to y_0}}v(x,y)=v_0$。

证明 （1）必要性。如果 $\lim\limits_{z\to z_0}f(z)=A$，那么根据极限的定义，对于 $\forall\varepsilon>0$，$\exists\delta>0$，使得当 $0<|z-z_0|<\delta$，即当 $0<|(x+iy)-(x_0+iy_0)|<\delta$ 就有

$$|(u+iv)-(u_0+iv_0)|<\varepsilon$$

或当 $0<\sqrt{(x-x_0)^2+(y-y_0)^2}<\delta$ 时有

$$|(u-u_0)+i(v-v_0)|<\varepsilon$$

因此

$$|u-u_0|<\varepsilon,\quad|v-v_0|<\varepsilon$$

故

$$\lim\limits_{\substack{x\to x_0\\y\to y_0}}u(x,y)=u_0,\quad\lim\limits_{\substack{x\to x_0\\y\to y_0}}v(x,y)=v_0$$

（2）充分性。反之，如果上面两式成立，则对任意给定的 $\varepsilon>0$，存在 $\delta>0$，使得当 $0<\sqrt{(x-x_0)^2+(y-y_0)^2}<\delta$ 时，有

$$|u-u_0|<\frac{\varepsilon}{2},\quad|v-v_0|<\frac{\varepsilon}{2}$$

$$|f(z)-A|=|(u-u_0)+i(v-v_0)|\leqslant|u-u_0|+|v-v_0|$$

故当 $0<|z-z_0|<\delta$ 时就有

$$|f(z)-A|<\varepsilon$$

故

$$\lim\limits_{z\to z_0}f(z)=A$$

这个定理将求复变函数 $f(z)=u(x,y)+iv(x,y)$ 的极限问题转化为求两个二元实变函数 $A=u_0+iv_0$ 的极限问题。根据定理 6.3，读者不难证明，下面的极限有理运算法则对于复变函数也成立。

定理 6.4　如果 $\lim\limits_{z \to z_0} f(z)=A$，$\lim\limits_{z \to z_0} g(z)=B$，那么

(1) $\lim\limits_{z \to z_0}[f(z) \pm g(z)]=A \pm B$；

(2) $\lim\limits_{z \to z_0}[f(z)g(z)]=AB$；

(3) $\lim\limits_{z \to z_0} \dfrac{f(z)}{g(z)}=\dfrac{A}{B}$　$(B \neq 0)$。

例 6.9　证明函数 $f(z)=\dfrac{\mathrm{Re}z}{|z|}$，$z \to 0$ 的极限不存在。

证明　令 $z=x+iy$，则

$$f(z)=\frac{x}{\sqrt{x^2+y^2}}$$

由此得

$$u(x,y)=\frac{x}{\sqrt{x^2+y^2}}, \quad v(x,y)=0$$

当 z 沿直线 $y=kx$ 趋于零时，有

$$\lim_{\substack{x \to 0 \\ y=kx}} u(x,y)=\lim_{\substack{x \to 0 \\ y=kx}} \frac{x}{\sqrt{x^2+y^2}}=\lim_{x \to 0} \frac{x}{\sqrt{x^2+(kx)^2}}$$

$$=\lim_{x \to 0} \frac{x}{\sqrt{x^2(1+k^2)}}=\pm \frac{1}{\sqrt{1+k^2}}$$

显然，它随 k 的不同而不同，所以 $\lim\limits_{\substack{x \to x_0 \\ y \to y_0}} u(x,y)$ 不存在。虽然 $\lim\limits_{\substack{x \to x_0 \\ y \to y_0}} v(x,y)=0$，但根据定理 6.3，$\lim\limits_{z \to 0} f(z)$ 不存在。

6.6.2　函数的连续性

定义 6.4　如果 $\lim\limits_{z \to z_0} f(z)=f(z_0)$，那么我们就说 $f(z)$ 在 z_0 处连续。如果 $f(z)$ 在区域 D 内处处连续，我们说 $f(z)$ 在 D 内连续。

根据这个定义和上述定理 6.3，容易证明下面的定理 6.5。

定理 6.5　函数 $f(z)=u(x,y)+iv(x,y)$ 在 $z_0=x_0+iy_0$ 处连续的充要条件是：$u(x,y)$ 和 $v(x,y)$ 在 (x_0,y_0) 处连续。

例如，函数 $f(z)=\ln(x^2+y^2)+i(x^2-y^2)$ 在复平面内除原点外处处连续，因为 $u(x,y)=\ln(x^2+y^2)$ 除原点外是处处连续的，而 $v(x,y)=x^2-y^2$ 是处处连续的。

由定理 6.4 和定理 6.5，还可以推得下面的定理 6.6。

定理 6.6　(1) 在 z_0 连续的两个函数 $f(z)$ 和 $g(z)$ 的和、差、积、商（分母在 z_0 时不为零）在 z_0 处仍连续；

(2) 如果函数 $h=g(z)$ 在 z_0 连续，函数 $w=f(h)$ 在 $h_0=g(z_0)$ 连续，那么复合函数 $w=f[g(z)]$ 在 z_0 处连续。

从以上这些定理,我们可以推得有理整函数(多项式)

$$w=P(z)=a_0+a_1z+a_2z^2+\cdots+a_nz^n$$

对复平面内所有的 z 都是连续的,而有理分式函数

$$w=\frac{P(z)}{Q(z)}$$

其中 $P(z)$ 和 $Q(z)$ 都是多项式,在复平面内使分母不为零的点也是连续的。还应指出,所谓函数 $f(z)$ 在曲线 C 上 z_0 点处连续的意义是指

$$\lim_{z\to z_0}f(z)=f(z_0),\qquad z\in C$$

在闭曲线或包括曲线端点在内的曲线段上连续的函数 $f(z)$,在曲线上是有界的。即存在一正数 M,在曲线上恒有 $|f(z)|\leqslant M$。

习　题　6

1.求下列实数的实部与虚部、共轭复数、模与复角:

(1) $\dfrac{1}{3+2i}$;

(2) $\dfrac{1}{i}-\dfrac{3i}{1-i}$;

(3) $\dfrac{(3+4i)(2-5i)}{2i}$;

(4) $i^8-4i^{21}+i$。

2.当 x、y 为什么实数时,等式 $\dfrac{x+1+i(y-3)}{2i}=1+i$ 成立?

3.证明虚数单位 i 具有这样的性质 $-i=i^{-1}=\bar{i}$。

4.证明:

(1) $|z|^2=z\bar{z}$;

(2) $\overline{z_1+z_2}=\overline{z_1}+\overline{z_2}$;

(3) $\overline{z_1z_2}=\overline{z_1}\ \overline{z_2}$;

(4) $\overline{\left(\dfrac{z_1}{z_2}\right)}=\dfrac{\overline{z_1}}{\overline{z_2}}$,$(z_2\neq0)$;

(5) $\text{Re}z=\dfrac{1}{2}(\bar{z}+z)$,$\text{Im}z=\dfrac{1}{2i}(z-\bar{z})$。

5.对任何 z,$|z|^2=z^2$ 是否都成立? 如果成立,就给出证明;如果不成立,对哪些值才成立?

6.当 $|z|\leqslant1$ 时,求 $|z^n+a|$ 的最大值。其中 n 为正整数,a 为复数。

7.将下列复数化为三角形式和指数形式。

(1) i;

(2) -1;

(3) $1+\sqrt{3}i$;

(4) $1-\cos\varphi+i\sin\varphi$;

(5) $\dfrac{2i}{-1+i}$;

(6) $\dfrac{(\cos5\varphi+i\sin5\varphi)^2}{(\cos3\varphi-i\sin5\varphi)^3}$。

8.证明:$|z_1+z_2|^2+|z_1-z_2|^2=2(|z_1|^2+|z_2|^2)$,并说明其几何意义。

9.如果 $z=e^{it}$,证明:

(1) $z^n+\dfrac{1}{z^n}=2\cos nt$;

(2) $z^n-\dfrac{1}{z^n}=2i\sin nt$。

10. 求下列各式的值：

(1) $(\sqrt{3}-i)^5$；

(2) $(1+i)^6$；

(3) $\sqrt[6]{-1}$；

(4) $(1-i)^{1/3}$。

11. 已知两点 z_1、z_2（或已知三点 z_1、z_2、z_3），问下列各点位于何处？

(1) $z=\dfrac{1}{2}(z_1+z_2)$；

(2) $z=\lambda z_1+(1-\lambda z_2)$，其中 λ 为实数；

(3) $z=\dfrac{1}{3}(z_1+z_2+z_3)$。

12. 设 z_1、z_2、z_3 三点适合条件 $z_1+z_2+z_3=0$，$|z_1|=|z_2|=|z_3|=1$。证明 z_1、z_2、z_3 是内接于单位圆 $|z|=1$ 的正三角形的顶点。

13. 如果复数 z_1、z_2、z_3 满足等式 $\dfrac{z_2-z_1}{z_3-z_1}=\dfrac{z_1-z_3}{z_2-z_3}$，证明 $|z_2-z_1|=|z_3-z_1|=|z_2-z_3|$，并说明这些等式的几何意义。

14. 指出下列各题中点 z 的轨迹或所在范围，并作图。

(1) $|z-5|=6$；

(2) $|z+2i|\geqslant 1$；

(3) $\mathrm{Re}(z+2)=-1$；

(4) $\mathrm{Re}(iz)=3$；

(5) $|z+i|=|z-i|$；

(6) $|z+3|+|z+1|=4$；

(7) $\mathrm{Im}\,z\leqslant 2$；

(8) $\left|\dfrac{z-3}{z-2}\right|\geqslant 1$；

(9) $0<\arg z<\pi$；

(10) $\arg(z-i)=\dfrac{\pi}{4}$。

15. 指出下列不等式所确定的区域或闭区域，并指明它是有界的还是无界的，单连通的还是多连通的。

(1) $\mathrm{Im}\,z\geqslant 0$；

(2) $|z-1|\geqslant 4$；

(3) $0<\mathrm{Re}\,z<1$；

(4) $2\leqslant |z|\leqslant 3$；

(5) $|z-1|<|z+3|$；

(6) $-1<\arg z<-1+\pi$；

(7) $|z-1|<4|z+1|$；

(8) $|z-2|+|z+2|\leqslant 6$；

(9) $|z-2|-|z+2|>1$；

(10) $z\bar{z}-(2+i)\bar{z}\leqslant 4$。

16. 证明复平面上的直线方程可写成：$\alpha \bar{z}+\bar{\alpha}z=c$（$\alpha\neq 0$ 为复常数，c 为实常数）。

17. 证明复平面上的圆方程可写成：$z\bar{z}+\alpha\bar{z}+\bar{\alpha}z+c=0$（其中 α 为复常数，c 为实常数）。

18. 将下列方程（t 为实参数）给出的曲线用一个实直角坐标方程表示出来：

(1) $z=t(1+i)$；

(2) $z=a\cos t+ib\sin t$（a、b 为实常数）；

(3) $z=t+\dfrac{i}{t}$；

(4) $z=t^2+\dfrac{i}{t^2}$；

(5) $z=a\mathrm{ch}t+ib\mathrm{sh}t$；

(6) $z=a\mathrm{e}^{it}+b\mathrm{e}^{-it}$；

(7) $z=\mathrm{e}^{\alpha t}$（$\alpha=a+bi$ 为复数）。

19. 函数 $w=\dfrac{1}{z}$ 把下列 z 平面上的曲线映射至 w 平面上是怎样的曲线？

(1) $x^2+y^2=4$；　　　　　　　　　(2) $y=x$；

(3) $x=1$；　　　　　　　　　　　(4) $(x-1)^2+y^2=1$。

20. 已知映射 $w=z^3$，求：

(1) 点 $z_1=\mathrm{i}, z_2=1+\mathrm{i}, z_3=\sqrt{3}+\mathrm{i}$ 在 w 平面上的象；

(2) 区域 $0<\arg z<\dfrac{\pi}{3}$ 在 w 平面上的象。

21. 设 $\lim\limits_{z\to z_0}f(z)=A$，证明在 z_0 的某一去心邻域内是有界的，即存在一个实常数 $M>0$，使在 z_0 的某一去心邻域内有 $|f(z)|\leqslant M$。

22. 设 $f(z)=\dfrac{1}{2\mathrm{i}}\left(\dfrac{z}{\bar{z}}-\dfrac{\bar{z}}{z}\right)(z\neq 0)$，试证：当 $z\to 0$ 时的极限不存在。

第 7 章 解析函数

解析函数是复变函数研究的主要对象,它在理论和实际问题中有着广泛的应用。本章在介绍复变函数导数概念和求导法则的基础上着重讲解解析函数的概念及判别方法;接着,介绍一些常用的初等函数,说明它们的解析性。

7.1 复变函数的导数与微分

7.1.1 导数的定义

定义 7.1 设函数 $w=f(z)$ 定义于区域 D, z_0 为 D 中的一点,点 $z_0+\Delta z$ 不出 D 的范围,如果极限

$$\lim_{\Delta z \to 0}\frac{\Delta w}{\Delta z}=\lim_{\Delta z \to 0}\frac{f(z_0+\Delta z)-f(z_0)}{\Delta z}$$

存在,那么就说 $f(z)$ 在 z_0 可导,这个极限值称为 $f(z)$ 在 z_0 的导数,记作

$$f'(z_0)=\frac{\mathrm{d}w}{\mathrm{d}z}\Big|_{z=z_0}=\lim_{\Delta z \to 0}\frac{f(z_0+\Delta z)-f(z_0)}{\Delta z} \tag{7.1}$$

也就是说,任意给定 $\varepsilon>0$,相应地有一个 $\delta(\varepsilon)>0$,使得当 $z\in D$,并且 $0<|z-z_0|<\delta$ 时,有

$$\left|\frac{f(z)-f(z_0)}{z-z_0}-A\right|<\varepsilon$$

应当注意,定义中 $z_0+\Delta z \to z_0$ 的方式是任意的,定义中极限值存在的要求与 $z_0+\Delta z \to z_0$ 的方式无关。 也就是说,当 $z_0+\Delta z$ 在区域 D 内以任何方式趋于 z_0 时,比值 $\frac{f(z_0+\Delta z)-f(z_0)}{\Delta z}$ 都趋于同一个数。对于导数的这一限制比对一元实变函数的类似限制要严格得多,从而使复变可导函数具有许多独特的性质和应用。

如果 $f(z)$ 在区域 D 内处处可导,我们就说 $f(z)$ 在 D 内可导。

例 7.1 求 $f(z)=z^2$ 的导数。

解 $\forall\, z\in D$

因为 $\lim_{\Delta z \to 0}\frac{f(z+\Delta z)-f(z)}{\Delta z}$

$=\lim_{\Delta z \to 0}\frac{(z+\Delta z)^2-z^2}{\Delta z}$

$=\lim_{\Delta z \to 0}(2z+\Delta z)=2z$

所以 $f(z)=z^2$ 在 z 平面处处可导,$(z^2)'=2z$。

例 7.2 问 $f(z)=x+2yi$ 是否可导。

解 $\lim_{\Delta z \to 0}\frac{\Delta f}{\Delta z}=\lim_{\Delta z \to 0}\frac{f(z+\Delta z)-f(z)}{\Delta z}$

$$= \lim_{\Delta z \to 0} \frac{(x+\Delta x)+2(y+\Delta y)\mathrm{i}-x-2y\mathrm{i}}{\Delta z}$$

$$= \lim_{\Delta z \to 0} \frac{\Delta x+2\Delta y\mathrm{i}}{\Delta x+\Delta y\mathrm{i}}$$

设 $z+\Delta z$ 沿着平行于 x 轴的直线趋于 z（见图 7.1），因而 $\Delta y=0$。这时极限

$$\lim_{\Delta z \to 0} \frac{\Delta x+2\Delta y\mathrm{i}}{\Delta x+\Delta y\mathrm{i}} = \lim_{\Delta x \to 0} \frac{\Delta x}{\Delta x} = 1$$

设 $z+\Delta z$ 沿着平行于 y 轴的直线趋于 z（见图 7.1），因而 $\Delta x=0$。这时极限

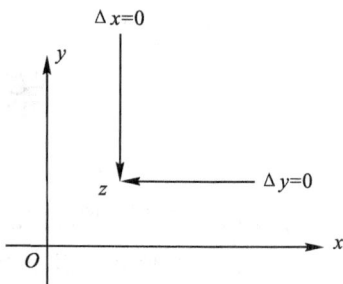

图 7.1

$$\lim_{\Delta z \to 0} \frac{\Delta x+2\Delta y\mathrm{i}}{\Delta x+\Delta y\mathrm{i}} = \lim_{\Delta x \to 0} \frac{2\Delta y\mathrm{i}}{\Delta y\mathrm{i}} = 2$$

所以 $f(z)=x+2y\mathrm{i}$ 的导数不存在。

7.1.2 可导与连续

从例 7.2 可以看出，函数 $f(z)=x+2y\mathrm{i}$ 在复平面内处处连续却处处不可导。然而，反过来我们容易证明在 z_0 的可导函数必定在 z_0 连续。

事实上，由在 z_0 可导的定义，对于任给的 $\varepsilon > 0$ 相应地有一个 $\delta(\varepsilon) > 0$，使得当 $0 < |z-z_0| < \delta$ 时，有

$$\left| \frac{f(z)-f(z_0)}{z-z_0} - f'(z_0) \right| < \varepsilon$$

令

$$\rho(\Delta z) = \frac{f(z_0+\Delta z)-f(z_0)}{\Delta z} - f'(z_0)$$

那么

$$\lim_{\Delta z \to 0} \rho(\Delta z) = 0$$

由此得

$$f(z_0+\Delta z)-f(z_0) = f'(z_0)\Delta z + \rho(\Delta z)\Delta z \qquad (7.2)$$

所以

$$\lim_{\Delta z \to 0} f(z_0+\Delta z) = f(z_0)$$

即 $f(z)$ 在 z_0 连续。

7.1.3 求导法则

由于复变函数中导数的定义与一元实变函数中导数的定义在形式上完全相同，而且复变函数中的极限运算法则也和实变函数中的一样，因而实变函数中的求导法则都可以不加更改地推广到复变函数中来，而且证法也是相同的。现将几个求导公式与法则罗列于下：

(1) $(c)' = 0$，其中 c 为复常数；

(2) $(z^n)' = nz^{n-1}$，其中 n 为正整数；

(3) $(f(z) \pm g(z))' = f'(z) \pm g'(z)$；

(4) $[f(z)g(z)]' = f'(z)g(z) + f(z)g'(z)$；

$(5)\left[\dfrac{f(z)}{g(z)}\right]'=\dfrac{f'(z)g(z)-f(z)g'(z)}{g^2(z)},(g(z)\neq 0)$;

$(6)\{f[g(z)]\}'=f'(w)g'(z)$,其中 $w=g(z)$。

$(7)f'(z)=\dfrac{1}{\varphi'(w)}$,其中 $w=f(z)$ 与 $z=\varphi(w)$ 是两个互为反函数的单值函数,且 $\varphi'(w)\neq 0$。

7.1.4　微分的概念

和导数的情形一样,复变函数的微分概念,在形式上与一元实变函数的微分概念完全一样。

设函数 $w=f(z)$ 在 z_0 可导,则由(7.2)式得知

$$\Delta w=f(z_0+\Delta z)-f(z_0)=f'(z_0)\cdot\Delta z+\rho(\Delta z)\Delta z$$

其中 $\lim\limits_{\Delta z\to 0}\rho(\Delta z)=0$,因此,$|\eta|=|\rho(\Delta z)\Delta z|$ 是 $|\Delta z|\to 0$ 的高阶无穷小量,而 $f'(z_0)\cdot\Delta z$ 是函数 $w=f(z)$ 的改变量 Δw 的线性部分。我们称 $f'(z_0)\cdot\Delta z$ 为函数 $w=f(z)$ 在点 z_0 的微分,记作

$$\mathrm{d}w=f'(z_0)\cdot\Delta z \tag{7.3}$$

如果函数 $f(z)$ 在 z_0 的微分存在,则称函数 $f(z)$ 在 z_0 可微。

特别地,当 $f(z)=z$ 时,由(7.3)式得 $\mathrm{d}z=\Delta z$,于是(7.3)式变为

$$\mathrm{d}w=f'(z_0)\cdot\Delta z=f'(z_0)\cdot\mathrm{d}z$$

即

$$f'(z_0)=\dfrac{\mathrm{d}w}{\mathrm{d}z}\bigg|_{z=z_0}$$

由此可见:函数 $w=f(z)$ 在 z_0 可导与在 z_0 可微是等价的。

如果 $f(z)$ 在区域 D 内处处可微,则称 $f(z)$ 在 D 内可微。

7.2　解析函数的概念

在复变函数理论中,重要的不是只在个别点可导的函数,而是所谓的解析函数。

定义 7.2　如果函数 $f(z)$ 在 z_0 及 z_0 的邻域内处处可导,那么称 $f(z)$ 在 z_0 解析。如果 $f(z)$ 在区域 D 内每一点解析,那么称 $f(z)$ 在 D 内解析,或称 $f(z)$ 是 D 内的一个解析函数(全纯函数或正则函数)。

如果 $f(z)$ 在 z_0 不解析,那么称 z_0 为 $f(z)$ 的奇点。

由定义可知,函数在区域内解析与在区域内可导是等价的。但是,函数在一点处解析和在一点处可导是两个不等价的概念。就是说,函数在一点处可导,不一定在该点处解析。函数在一点处解析比该点处可导的要求要高得多。

例 7.3　研究函数 $f(z)=z^2,g(z)=x+2y\mathrm{i}$ 和 $h(z)=|z|^2$ 的解析性。

解　由解析函数的定义与本节的例 7.1、例 7.2 可知 $f(z)=z^2$ 在复平面内是解析的,而 $g(z)=x+2y\mathrm{i}$ 却处处不解析。下面研究 $h(z)=|z|^2$ 的解析性。

由于

$$\frac{h(z_0+\Delta z)-h(z_0)}{\Delta z}=\frac{|z_0+\Delta z|^2-|z_0|^2}{\Delta z}$$

$$=\frac{(z_0+\Delta z)(\overline{z_0}+\overline{\Delta z})-z_0\,\overline{z_0}}{\Delta z}$$

$$=\overline{z_0}+\overline{\Delta z}+z_0\,\frac{\overline{\Delta z}}{\Delta z}$$

所以

(1) $z_0=0$, $\lim\limits_{\Delta z\to 0}\dfrac{h(z_0+\Delta z)-h(z_0)}{\Delta z}=0$;

(2) $z_0\neq 0$, 令 $z_0+\Delta z$ 沿直线 $y-y_0=k(x-x_0)$ 趋于 z_0

$$\frac{\overline{\Delta z}}{\Delta z}=\frac{\Delta x-\mathrm{i}\Delta y}{\Delta x+\mathrm{i}\Delta y}=\frac{1-\mathrm{i}\dfrac{\Delta y}{\Delta x}}{1+\mathrm{i}\dfrac{\Delta y}{\Delta x}}=\frac{1-\mathrm{i}k}{1+\mathrm{i}k}$$

由于 k 的任意性,上式不趋于一个确定的值,即 $\lim\limits_{\Delta z\to 0}\dfrac{h(z_0+\Delta z)-h(z_0)}{\Delta z}$ 的极限不存在。因此, $h(z)=|z|^2$ 仅在 $z=0$ 处可导,而在其他点都不可导。由定义,它在复平面内处处不解析。

例 7.4　研究函数 $w=\dfrac{1}{z}$ 的解析性。

解　因为 w 在复平面内除点 $z=0$ 外处处可导,且

$$\frac{\mathrm{d}w}{\mathrm{d}z}=-\frac{1}{z^2}$$

所以在除 $z=0$ 外的复平面内,函数 $w=\dfrac{1}{z}$ 处处解析,而 $z=0$ 是它的奇点。

根据求导法则,不难证明:

定理 7.1　(1)在区域 D 内解析的两个函数 $f(z)$ 与 $g(z)$ 的和、差、积、商(除去分母为零的点)在 D 内解析。

(2)设函数 $h=g(z)$ 在 z 平面上的区域 D 内解析,函数 $w=f(h)$ 在 h 平面上的区域 G 内解析,如果对 D 内的每一个点 z,函数 $g(z)$ 的对应值 h 都属于 G,那么复合函数 $w=f[g(z)]$ 在 D 内解析。

从这个定理可以推知,所有多项式在复平面内是处处解析的,任何一个有理分式函数 $\dfrac{P(z)}{Q(z)}$ 在不含分母为零的点的区域内是解析函数,使分母为零的点是它的奇点。

7.3　函数解析的充要条件

在上一节中,我们已经看到并不是每一个复变函数都是解析函数;判别一个函数是否解析,如果只根据解析函数的定义,这往往是困难的。因此,需要寻找判定函数解析的简便方法。

首先考察函数在一点可导(或可微)应当满足什么条件。设函数 $f(z)=u(x,y)+\mathrm{i}v(x,y)$ 定义在区域 D 内,并且在 D 内一点 $z=x+\mathrm{i}y$ 可导。由(7.2)式可知,对于充分小的 $|\Delta z|=|\Delta x+\mathrm{i}\Delta y|>0$,有

$$f(z+\Delta z)-f(z)=f'(z)\Delta z+\rho(\Delta z)\Delta z$$

其中 $\lim\limits_{\Delta z \to 0}\rho(\Delta z)=0$,令

$$f(z+\Delta z)-f(z)=\Delta u+\mathrm{i}\Delta v,\ f'(z)=a+\mathrm{i}b,\ \rho(\Delta z)=\rho_1+\mathrm{i}\rho_2$$

由上式得

$$\Delta u+\mathrm{i}\Delta v=(a+\mathrm{i}b)(\Delta x+\mathrm{i}\Delta y)+(\rho_1+\mathrm{i}\rho_2)(\Delta x+\mathrm{i}\Delta y)$$
$$=(a\Delta x-b\Delta y+\rho_1\Delta x-\rho_2\Delta y)+\mathrm{i}(b\Delta x+a\Delta y+\rho_2\Delta x+\rho_1\Delta y)$$

从而就有

$$\Delta u=(a\Delta x-b\Delta y+\rho_1\Delta x-\rho_2\Delta y)$$
$$\Delta v=(b\Delta x+a\Delta y+\rho_2\Delta x+\rho_1\Delta y)$$

由于 $\lim\limits_{\Delta z \to 0}\rho(\Delta z)=0$,所以 $\lim\limits_{\substack{\Delta x\to 0\\\Delta y\to 0}}\rho_1=0,\lim\limits_{\substack{\Delta x\to 0\\\Delta y\to 0}}\rho_2=0$,因此得知 $u(x,y)$ 和 $v(x,y)$ 在点 (x,y) 可微,

而且满足方程

$$a=\frac{\partial u}{\partial x}=\frac{\partial v}{\partial y},\qquad b=\frac{\partial u}{\partial y}=-\frac{\partial v}{\partial x}$$

这就是函数 $f(z)=u(x,y)+\mathrm{i}v(x,y)$ 在区域 D 内一点 $z=x+\mathrm{i}y$ 可导的必要条件。

方程

$$\frac{\partial u}{\partial x}=\frac{\partial v}{\partial y},\qquad \frac{\partial u}{\partial y}=-\frac{\partial v}{\partial x} \tag{7.4}$$

称为柯西-黎曼(Cauchy - Riemann)方程。

实际上,这个条件也是充分的。换句话说,我们有如下定理。

定理 7.2　设函数 $f(z)=u(x,y)+\mathrm{i}v(x,y)$ 定义在区域 D 内,则 $f(z)$ 在 D 内一点 $z=x+\mathrm{i}y$ 可导的充要条件是:$u(x,y)$ 与 $v(x,y)$ 在点 (x,y) 可微,并且在该点满足柯西-黎曼方程

$$\frac{\partial u}{\partial x}=\frac{\partial v}{\partial y},\qquad \frac{\partial u}{\partial y}=-\frac{\partial v}{\partial x}$$

证明　条件的必要性上面已经证明,现在来证明它的充分性。

假设 $u(x,y)$ 与 $v(x,y)$ 在点 (x,y) 可微,且有 $\frac{\partial u}{\partial x}=\frac{\partial v}{\partial y},\frac{\partial u}{\partial y}=-\frac{\partial v}{\partial x}$。于是

$$\Delta u=\frac{\partial u}{\partial x}\Delta x+\frac{\partial u}{\partial y}\Delta y+\varepsilon_1\Delta x+\varepsilon_2\Delta y$$

$$\Delta v=\frac{\partial v}{\partial x}\Delta x+\frac{\partial v}{\partial y}\Delta y+\varepsilon_3\Delta x+\varepsilon_4\Delta y$$

这里 $\lim\limits_{\substack{\Delta x\to 0\\\Delta y\to 0}}\varepsilon_k=0,(k=1,2,3,4)$,因此

$$f(z+\Delta z)-f(z)=u(x+\Delta x,y+\Delta y)-u(x,y)+\mathrm{i}[v(x+\Delta x,y+\Delta y)-v(x,y)]$$
$$=\Delta u+\mathrm{i}\Delta v$$

$$f(z+\Delta z)-f(z)=\left(\frac{\partial u}{\partial x}+\mathrm{i}\frac{\partial v}{\partial x}\right)\Delta x+\left(\frac{\partial u}{\partial y}+\mathrm{i}\frac{\partial v}{\partial y}\right)\Delta y+(\varepsilon_1+\mathrm{i}\varepsilon_3)\Delta x+(\varepsilon_2+\mathrm{i}\varepsilon_4)\Delta y$$

由柯西-黎曼方程

$$\frac{\partial u}{\partial x}=\frac{\partial v}{\partial y},\qquad \frac{\partial u}{\partial y}=-\frac{\partial v}{\partial x}=\mathrm{i}^2\frac{\partial v}{\partial x}$$

所以

$$f(z+\Delta z)-f(z)=\left(\frac{\partial u}{\partial x}+\mathrm{i}\frac{\partial v}{\partial x}\right)(\Delta x+\mathrm{i}\Delta y)+(\varepsilon_1+\mathrm{i}\varepsilon_3)\Delta x+(\varepsilon_2+\mathrm{i}\varepsilon_4)\Delta y$$

$$\frac{f(z+\Delta z)-f(z)}{\Delta z}=\frac{\partial u}{\partial x}+\mathrm{i}\frac{\partial v}{\partial x}+(\varepsilon_1+\mathrm{i}\varepsilon_3)\frac{\Delta x}{\Delta z}+(\varepsilon_2+\mathrm{i}\varepsilon_4)\frac{\Delta y}{\Delta z}$$

因为 $\left|\dfrac{\Delta x}{\Delta z}\right|\leqslant 1,\left|\dfrac{\Delta y}{\Delta z}\right|\leqslant 1$，故

$$\lim_{\Delta z\to 0}\left[(\varepsilon_1+\mathrm{i}\varepsilon_3)\frac{\Delta x}{\Delta z}+(\varepsilon_2+\mathrm{i}\varepsilon_4)\frac{\Delta y}{\Delta z}\right]=0$$

所以

$$f'(z)=\lim_{\Delta z\to 0}\frac{f(z+\Delta z)-f(z)}{\Delta z}=\left(\frac{\partial u}{\partial x}+\mathrm{i}\frac{\partial v}{\partial x}\right)$$

即函数 $f(z)=u(x,y)+\mathrm{i}v(x,y)$ 在点 $z=x+\mathrm{i}y$ 可导。由定理 7.2 的证明及柯西-黎曼方程，可以得到函数 $f(z)=u(x,y)+\mathrm{i}v(x,y)$ 在点 $z=x+\mathrm{i}y$ 处的导数公式：

$$f'(z)=\frac{\partial u}{\partial x}+\mathrm{i}\frac{\partial v}{\partial x}=\frac{\partial v}{\partial y}+\mathrm{i}\frac{\partial v}{\partial x}=\frac{\partial u}{\partial x}-\mathrm{i}\frac{\partial u}{\partial y}=\frac{\partial v}{\partial y}-\mathrm{i}\frac{\partial u}{\partial y} \tag{7.5}$$

根据函数在区域内解析的定义及定理 7.2，我们就得到了判断函数在区域 D 内解析的一个充要条件。

定理 7.3 函数 $f(z)=u(x,y)+\mathrm{i}v(x,y)$ 在其定义域 D 内解析的充要条件是：$u(x,y)$ 与 $v(x,y)$ 在 D 内可微，并且满足柯西-黎曼方程(7.4)。

这两个定理是本章的主要定理。它们不但提供了判断函数 $f(z)$ 在某点是否可导，在区域内是否解析的常用方法，而且给出了一个简洁的求导公式(7.5)。是否满足柯西-黎曼方程是定理中的主要条件。如果 $f(z)$ 在区域 D 内不满足柯西-黎曼方程，那么 $f(z)$ 在 D 内不解析，如果在 D 内满足柯西-黎曼方程，并且 u 和 v 具有一阶连续偏导数(因而 u 和 v 在 D 内可微)，那么，$f(z)$ 在 D 内解析。对于 $f(z)$ 在点 $z=x+\mathrm{i}y$ 的可导性，也有类似的结论。

例 7.5 判定下列函数在何处可导，在何处解析：

(1) $w=\bar{z}$；

(2) $f(z)=\mathrm{e}^x(\cos y+\mathrm{i}\sin y)$；

(3) $w=z\mathrm{Re}\,z$。

解 (1) $w=\bar{z}$，$u=x$，$v=-y$

$$\frac{\partial u}{\partial x}=1,\quad \frac{\partial u}{\partial y}=0,\quad \frac{\partial v}{\partial x}=0,\quad \frac{\partial v}{\partial y}=-1$$

由此可知柯西-黎曼方程不满足，所以 $w=\bar{z}$ 在复平面内处处不可导，处处不解析。

(2) $u=\mathrm{e}^x\cos y$，$v=\mathrm{e}^x\sin y$，$\dfrac{\partial u}{\partial x}=\mathrm{e}^x\cos y$，$\dfrac{\partial u}{\partial y}=-\mathrm{e}^x\sin y$，$\dfrac{\partial v}{\partial x}=\mathrm{e}^x\sin y$，$\dfrac{\partial v}{\partial y}=\mathrm{e}^x\cos y$，

从而

$$\frac{\partial u}{\partial x}=\frac{\partial v}{\partial y},\quad \frac{\partial u}{\partial y}=-\frac{\partial v}{\partial x}$$

并且由于上面四个一阶偏导数都是连续的，所以 $f(z)$ 在复平面内处处可导，处处解析，并且根据(7.5)式，有

$$f'(z)=\mathrm{e}^x(\cos y+\mathrm{i}\sin y)=f(z)$$

这个函数的特点在于它的导数是其本身，后面我们将知道这个函数就是复变函数中的指数函数。

(3) 由 $w=z\mathrm{Re}(z)=x^2+xy\mathrm{i}$ 得 $u=x^2$，$v=xy$，所以

$$\frac{\partial u}{\partial x}=2x, \quad \frac{\partial u}{\partial y}=0, \quad \frac{\partial v}{\partial x}=y, \quad \frac{\partial v}{\partial y}=x$$

容易看出,这四个偏导数处处连续,但是仅当 $x=y=0$ 时,它们才满足柯西-黎曼方程。因而函数仅在 $x=y=0$ 可导,但在复平面内任何地方都不解析。

例 7.6　设函数 $f(z)=x^2+axy+by^2+\mathrm{i}(cx^2+dxy+y^2)$,问常数 a、b、c、d 取何值时,$f(z)$ 在复平面内处处解析。

解
$$\frac{\partial u}{\partial x}=2x+ay, \quad \frac{\partial u}{\partial y}=ax+2by$$
$$\frac{\partial v}{\partial x}=2cx+dy, \quad \frac{\partial v}{\partial y}=dx+2y$$

欲使得
$$\frac{\partial u}{\partial x}=\frac{\partial v}{\partial y}, \quad \frac{\partial u}{\partial y}=-\frac{\partial v}{\partial x}$$
$$2x+ay=dx+2y, \quad -2cx-dy=ax+2by$$

于是,当 $a=2,b=-1,c=-1,d=2$ 时,此函数在复平面内处处解析。

7.4　初等函数

本节将把实变函数中的一些常用的初等函数推广到复变数的情形,研究这些初等函数的性质,并说明它们的解析性。

7.4.1　指数函数

在高等数学中,我们已经知道,指数函数 e^x 对任何实数 x 都是可导的,且 $(\mathrm{e}^x)'=\mathrm{e}^x$。为了将它推广到复变数的情形,我们很自然地想到在复平面内定义一个函数 $f(z)$,使它满足下列三个条件:①$f(z)$ 在复平面内处处解析;②$f'(z)=f(z)$;③当 $\operatorname{Im}z=0$ 时,$f(z)=\mathrm{e}^x$,其中 $x=\operatorname{Re}z$。

从前文中可知,函数 $f(z)=\mathrm{e}^x(\cos y+\mathrm{i}\sin y)$ 是一个在复平面内处处解析的函数,且有 $f'(z)=f(z)$,并从上式显然可见,当 $\operatorname{Im}z=y=0$ 时,$f(z)=\mathrm{e}^x$。所以,这个函数是满足条件①②③的函数,我们称它为复变数 z 的指数函数,记作
$$\exp z=\mathrm{e}^x(\cos y+\mathrm{i}\sin y) \tag{7.6}$$
这个定义等价于关系式:
$$|\exp z|=\mathrm{e}^x \tag{7.7}$$
$$\operatorname{Arg}(\exp z)=y+2k\pi$$
其中 k 为任何整数。由(7.7)式中的第一式可知
$$\exp z\neq 0$$
与 e^x 一样,$\exp z$ 也服从加法定理:
$$\exp z_1\cdot\exp z_2=\exp(z_1+z_2) \tag{7.8}$$
事实上,设 $z_1=x_1+\mathrm{i}y_1,z_2=x_2+\mathrm{i}y_2$,按定义有
$$\exp z_1\cdot\exp z_2=\mathrm{e}^{x_1}(\cos y_1+\mathrm{i}\sin y_1)\cdot\mathrm{e}^{x_2}(\cos y_2+\mathrm{i}\sin y_2)$$
$$=\mathrm{e}^{x_1+x_2}[(\cos y_1\cos y_2-\sin y_1\sin y_2)]+\mathrm{i}[(\sin y_1\cos y_2+\cos y_1\sin y_2)]$$
$$=\mathrm{e}^{x_1+x_2}[\cos(y_1+y_2)+\mathrm{i}\sin(y_1+y_2)]=\exp(z_1+z_2)$$

鉴于 exp$z$ 满足条件③,且加法定理也成立,为了方便,我们往往用 e^z 代替 exp$z$,但必须注意,这里的 e^z 没有幂的意义,仅仅作为代替 exp$z$ 的符号使用(幂的意义在下面再讲)。因此我们就有

$$e^z = e^x(\cos y + i\sin y) \tag{7.9}$$

特别地,当 $x=0$ 时,有

$$e^{iy} = (\cos y + i\sin y) \tag{7.10}$$

由加法定理,我们可以推出 exp$z$ 的周期性。它的周期是 $2k\pi i$,即

$$e^{z+2k\pi i} = e^z \cdot e^{2k\pi i} = e^z$$

其中 k 为任何整数,这个性质是实变指数函数 e^x 所没有的。

7.4.2 对数函数

和实变函数一样,对数函数定义为指数函数的反函数。我们把满足方程

$$e^w = z \qquad (z \neq 0)$$

的函数 $w=f(z)$ 称为对数函数,令 $z=re^{i\theta}$,$w=u+iv$,那么

$$e^{u+iv} = re^{i\theta}$$

所以

$$u = \ln r, \quad v = \theta + 2k\pi$$

因此

$$w = \ln|z| + i\text{Arg } z$$

由于 Arg z 为多值函数,所以对数函数 $w=f(z)$ 为多值函数,并且每两个值相差 $2\pi i$ 的整数倍,记作

$$\text{Ln}z = \ln|z| + i\text{Arg } z \tag{7.11}$$

如果规定上式中的 Arg z 取主值 arg z,那么 Lnz 为一单值函数,记作 ln z,称为 Ln z 的主值。这样,我们就有

$$\ln z = \ln|z| + i\text{arg } z \tag{7.12}$$

而其余各个值可由

$$\text{Ln}z = \ln z + 2k\pi i \quad (k = \pm1, \pm2, \cdots) \tag{7.13}$$

表达,对于每一个固定的 k,(7.13)式为一单值函数,称为 Lnz 的一个分支。

特别地,当 $z=x>0$ 时,Lnz 的主值 $\ln z=\ln x$,就是实变数对数函数。

例 7.7 求 Ln2、Ln(-1) 以及与它们相应的主值。

解 因为 Ln$2=\ln 2+2k\pi i$,所以它的主值就是(Ln2)。而

$$\text{Ln}(-1) = \ln 1 + i\text{Arg}(-1) = (2k+1)\pi i \quad (k \text{ 为整数})$$

所以它的主值是 Ln$(-1)=\pi i$。

在实变函数中,负数无对数。此例说明这个事实在复数范围内不再成立,而且正实数的对数也是无穷多值的。因此,复变数对数函数是实变数对数函数的拓广,利用辐角的相应的性质,不难证明,复变数对数函数保持了实变数对数函数的基本性质:

$$\text{Ln}(z_1 \cdot z_2) = \text{Ln}z_1 + \text{Ln}z_2, \quad \text{Ln}\frac{z_1}{z_2} = \text{Ln}z_1 - \text{Ln}z_2$$

但应注意,与第 6 章中关于乘积和商的辐角等式(6.14)与(6.17)一样,这些等式也应理解为两

端可能取的函数值的全体是相同的。还应当注意的是,等式

$$\mathrm{Ln}z^n = n\mathrm{Ln}z, \qquad \mathrm{Ln}\sqrt[n]{z} = \frac{1}{n}\mathrm{Ln}z$$

不再成立,其中 n 为大于 1 的正整数。

我们再来讨论对数函数的解析性。就主值 $\mathrm{Ln}z$ 而言,其中 $\mathrm{Ln}|z|$ 除原点外在其他点都是连续的,而 $\arg z$ 在原点与负实轴上都不连续。因为若设 $z = x + iy$,则当 $x < 0$ 时,

$$\lim_{y \to 0^-}\arg z = -\pi, \qquad \lim_{y \to 0^+}\arg z = \pi$$

所以,除去原点与负实轴,在复平面内其他点 $\ln z$ 处处连续。综上所述,$z = e^w$ 在区域 $-\pi < \theta = \arg z < \pi$ 内的反函数 $w = \ln z$ 是单值的。由反函数的求导法则(见本章 7.1 节)可知:

$$\frac{\mathrm{d}\ln z}{\mathrm{d}z} = \frac{1}{\dfrac{\mathrm{d}e^w}{\mathrm{d}w}} = \frac{1}{e^w}$$

所以,$\ln z$ 在除去原点及负实轴的平面内解析,由(7.13)式就可知道,$\ln z$ 的各个分支在除去原点及负实轴的平面内也解析,并且有相同的导数值。

今后,我们应用对数函数 $\mathrm{Ln}z$ 时,指的都是它在除去原点及负实轴的平面内的某一单值分支。

7.4.3 乘幂 a^b 与幂函数

在高等数学中,我们知道,如果 a 为正数,b 为实数,那么乘幂 a^b 可以表示为 $a^b = e^{b\ln a}$,现在将它推广到复数的情形。设 a 为不等于零的一个复数,b 为任意一个复数,我们定义乘幂 a^b 为 $e^{b\mathrm{Ln}a}$,即

$$a^b = e^{b\mathrm{Ln}a} \tag{7.14}$$

由于 $\mathrm{Ln}a = \ln|a| + i(\arg a + 2k\pi)$ 是多值的,因而 a^b 也是多值的,当 b 为整数时,由于

$$a^b = e^{b\mathrm{Ln}a} = e^{b[\ln|a| + i(\arg a + 2k\pi)]}$$
$$= e^{b(\ln|a| + i\arg a) + 2kb\pi i}$$

所以 a^b 具有单一的值。当 $b = \dfrac{p}{q}$(p 与 q 为互质的整数,$q > 0$)时,由于

$$a^b = e^{\frac{p}{q}[\ln|a| + i(\arg a + 2k\pi)]} = e^{\frac{p}{q}\ln|a| + i\frac{p}{q}(\arg a + 2k\pi)}$$
$$= e^{\frac{p}{q}\ln|a|}\left[\cos\frac{p}{q}(\arg a + 2k\pi) + i\sin\frac{p}{q}(\arg a + 2k\pi)\right] \tag{7.15}$$

a^b 具有 q 个值,即当 $k = 0, 1, 2, \cdots, (q-1)$ 时相应的各个值。

除此而外,一般而论 a^b 具有无穷多的值。

例 7.8 求 $1^{\sqrt{2}}$ 和 i^i 的值。

解
$$1^{\sqrt{2}} = e^{\sqrt{2}\mathrm{Ln}1} = \cos(2\sqrt{2}k\pi) + i\sin(2\sqrt{2}k\pi) \qquad k = 0, \pm 1, \pm 2, \cdots$$
$$i^i = e^{i\mathrm{Ln}i} = e^{i\left(\frac{\pi}{2}i + 2k\pi i\right)} = e^{-\left(\frac{\pi}{2} + 2k\pi\right)} \qquad k = 0, \pm 1, \pm 2, \cdots$$

由此可见,i^i 的值都是正实数,它的主值是 $e^{-\frac{\pi}{2}}$。

应当指出,(7.14)式所定义的乘幂 a^b 的意义,当 b 为正整数 n 及分数 $\dfrac{1}{n}$ 时是与 a 的 n 次幂及 a 的 n 次根(参见第 6 章)的意义完全一致的。

7.4.4 三角函数和双曲函数

根据(7.10)式,我们有

$$e^{iy} = \cos y + i\sin y, \quad e^{-iy} = \cos y - i\sin y$$

把这两式相加与相减,分别得到

$$\cos y = \frac{e^{iy} + e^{-iy}}{2}, \quad \sin y = \frac{e^{iy} - e^{-iy}}{2i} \tag{7.16}$$

现在把余弦和正弦函数的定义推广到自变数取复值的情形,定义

$$\cos z = \frac{e^{iz} + e^{-iz}}{2}, \quad \sin z = \frac{e^{iz} - e^{-iz}}{2i} \tag{7.17}$$

当 z 为实数时,显然这与(7.16)式完全一致。

根据这个定义,由于 e^z 是以 $2\pi i$ 为周期的周期函数,不难证明,余弦函数和正弦函数都是以 2π 为周期的周期函数,即

$$\sin(z + 2\pi) = \sin z, \quad \cos(z + 2\pi) = \cos z$$

也容易推出 $\cos z$ 是偶函数:

$$\cos(-z) = \cos z$$

而 $\sin z$ 为奇函数:

$$\sin(-z) = -\sin z$$

此外,由指数函数的导数公式可以求得

$$(\sin z)' = \cos z, \quad (\cos z)' = -\sin z$$

所以它们都是复平面内的解析函数,且导数公式与实变数的情形完全相同,从(7.17)式,易知

$$e^{iz} = \cos z + i\sin z \tag{7.18}$$

普遍正确,即对于复数而言,欧拉公式仍然成立。

根据(7.17)式及指数函数的加法定理,可以推知三角学中很多有关余弦和正弦函数的公式仍然是有效的。例如

$$\left.\begin{array}{l}\cos(z_1 \pm z_2) = \cos z_1 \cos z_2 \mp \sin z_1 \sin z_2 \\ \sin(z_1 \pm z_2) = \sin z_1 \cos z_2 \pm \cos z_1 \sin z_2 \\ \sin^2 z + \cos^2 z = 1\end{array}\right\} \tag{7.19}$$

由此得

$$\cos(x + iy) = \cos x \cos iy - \sin x \sin iy$$
$$\sin(x + iy) = \sin x \cos iy + \cos x \sin iy$$

但当 z 为纯虚数 iy 时,据(7.17)式有

$$\left.\begin{array}{l}\cos iy = \dfrac{e^{-y} + e^y}{2} = \mathrm{ch}\,y \\ \sin iy = \dfrac{e^{-y} - e^y}{2i} = i\,\mathrm{sh}\,y\end{array}\right\} \tag{7.20}$$

所以

$$\left.\begin{array}{l}\cos(x + iy) = \cos x\,\mathrm{ch}\,y - \sin x\,\mathrm{sh}\,y \\ \sin(x + iy) = \sin x\,\mathrm{ch}\,y + i\cos x\,\mathrm{sh}\,y\end{array}\right\}$$

这两个公式在具体计算 $\cos z$ 与 $\sin z$ 的值时是有用的。

我们还可以从(7.20)式看出：当 $y \to 0$ 时，$|\sin iy|$ 和 $|\cos iy|$ 都趋于无穷大。因此 $|\sin z| \leqslant 1$ 和 $|\cos z| \leqslant 1$ 在复数范围内不再成立。可见，$\sin z$ 和 $\cos z$ 虽然保持了与其相应的实变函数的一些基本性质，但是，它们之间也有本质上的差异。

其他复变数三角函数的定义如下：

$$\tan z = \frac{\sin z}{\cos z}, \quad \cot z = \frac{\cos z}{\sin z}$$

$$\sec z = \frac{1}{\cos z}, \quad \csc z = \frac{1}{\sin z}$$

读者可仿照 $\sin z$ 和 $\cos z$ 讨论它们的周期性、奇偶性与解析性等。与三角函数 $\sin z$ 和 $\cos z$ 密切相关的是双曲函数。我们定义

$$\mathrm{ch}\, z = \frac{\mathrm{e}^z + \mathrm{e}^{-z}}{2}, \quad \mathrm{sh}\, z = \frac{\mathrm{e}^z - \mathrm{e}^{-z}}{2}, \quad \mathrm{th}\, z = \frac{\mathrm{e}^z - \mathrm{e}^{-z}}{\mathrm{e}^z + \mathrm{e}^{-z}} \tag{7.21}$$

分别称为双曲余弦、双曲正弦和双曲正切函数。当 z 为实数 x 时，显然它们与高等数学中的双曲函数的定义完全一致。

$\mathrm{ch}\, z$ 和 $\mathrm{sh}\, z$ 都是以 $2\pi \mathrm{i}$ 为周期的周期函数。$\mathrm{ch}\, z$ 为偶函数，$\mathrm{sh}\, z$ 为奇函数，而且它们都是复平面内的解析函数，导数分别为

$$(\mathrm{ch}\, z)' = \mathrm{sh}\, z, \quad (\mathrm{sh}\, z)' = \mathrm{ch}\, z \tag{7.22}$$

根据定义，不难证明

$$\mathrm{ch}\, \mathrm{i}y = \cos y, \quad \mathrm{sh}\, \mathrm{i}y = \mathrm{i}\sin y \tag{7.23}$$

$$\left.\begin{array}{l} \mathrm{ch}(x + \mathrm{i}y) = \mathrm{ch}\, x \cos y + \mathrm{i}\,\mathrm{sh}\, x \sin y \\ \mathrm{sh}(x + \mathrm{i}y) = \mathrm{sh}\, x \cos y + \mathrm{i}\,\mathrm{ch}\, x \sin y \end{array}\right\} \tag{7.24}$$

7.4.5　反三角函数与反双曲函数

反三角函数定义为三角函数的反函数，设 $z = \cos w$，那么称 w 为 z 的反余弦函数，记作

$$w = \mathrm{Arccos}\, z$$

由 $z = \cos w = \dfrac{\mathrm{e}^{\mathrm{i}w} + \mathrm{e}^{-\mathrm{i}w}}{2}$ 得 $\mathrm{e}^{\mathrm{i}w}$ 的二次方程：

$$\mathrm{e}^{2\mathrm{i}w} - 2z\mathrm{e}^{\mathrm{i}w} + 1 = 0$$

它的根为

$$\mathrm{e}^{\mathrm{i}w} = z + \sqrt{z^2 - 1}$$

两端取对数，得

$$\mathrm{Arccos}\, z = -\mathrm{i}\,\mathrm{Ln}(z + \sqrt{z^2 - 1})$$

显然，$\mathrm{Arccos}\, z$ 是一个多值函数，它的多值性正是 $\cos w$ 的偶函数性和周期性的反映。

用同样的方法可以定义反正弦函数和反正切函数，并且重复上述步骤，可以得到它们的表达式：

$$\mathrm{Arcsin}\, z = -\mathrm{i}\,\mathrm{Ln}(\mathrm{i}z + \sqrt{1 - z^2})$$

$$\mathrm{Arctan}\, z = -\frac{\mathrm{i}}{2}\,\mathrm{Ln}\,\frac{1 + \mathrm{i}z}{1 - \mathrm{i}z}$$

反双曲函数定义为双曲函数的反函数。用与推导反三角函数表达式完全类似的步骤，可以得到各反双曲函数的表达式：

反双曲正弦

$$\text{Arsinh}z = \text{Ln}(z + \sqrt{z^2 + 1})$$

反双曲余弦

$$\text{Arcosh}z = \text{Ln}(z + \sqrt{z^2 - 1})$$

反双曲正切

$$\text{Artanh}z = \frac{1}{2}\text{Ln}\frac{1+z}{1-z}$$

它们都是多值函数。

习　题　7

1. 利用导数定义推出：

(1) $(z^n)' = nz^{n-1}$，n 为正整数；

(2) $\left(\dfrac{1}{z}\right)' = \dfrac{-1}{z^2}$。

2. 下列函数何处可导？何处解析？

(1) $f(z) = x^2 - yi$；

(2) $f(z) = 2x^3 + 3y^3i$。

3. 指出下列函数的解析区域，并求出其导数。

(1) $(z-1)^5$；

(2) $z^3 + 2iz$；

(3) $\dfrac{1}{z^2 - 1}$；

(4) $\dfrac{az+b}{cz+d}$（c、d 中至少一个不为 0）。

4. 求下列函数的奇点：

(1) $\dfrac{z+1}{z(z^2+1)}$；

(2) $\dfrac{z-2}{(z+1)^2(z^2+1)}$。

5. 如果 $f(z) = u + vi$ 是 z 的解析函数，证明：

$$\left(\frac{\partial}{\partial x}|f(z)|\right)^2 + \left(\frac{\partial}{\partial y}|f(z)|\right)^2 = |f'(z)|$$

6. 设 $my^3 + nx^2y + (x^3 + lxy^2)i$ 为解析函数，试确定 l、m、n 的值。

7. 找出下列方程的全部解：

(1) $\sin z = 0$；

(2) $\cos z = 0$；

(3) $1 + e^z = 0$；

(4) $\sin z + \cos z = 0$。

8. 证明：

(1) $\cos(z_1 + z_2) = \cos z_1 \cos z_2 - \sin z_1 \sin z_2$；

　　　 $\sin(z_1 + z_2) = \sin z_1 \cos z_2 + \cos z_1 \sin z_2$；

(2) $\sin^2 z + \cos^2 z = 1$；

(3) $\sin 2z = 2\sin z \cos z$；

(4) $\tan 2z = \dfrac{2\tan z}{1 - \tan^2 z}$；

(5) $\sin\left(\dfrac{\pi}{2} - z\right) = \cos z, \cos(z + \pi) = -\cos z$；

(6) $|\cos z|^2 = \cos^2 x + \mathrm{sh}^2 y, |\sin z|^2 = \sin^2 x + \mathrm{sh}^2 y$。

9. 说明：

(1) 当 $y \to \infty$ 时，$|\sin(x + \mathrm{i}y)|$ 和 $|\cos(x + \mathrm{i}y)|$ 趋于无穷大；

(2) 当 t 为复数时，$|\sin t| \leqslant 1$ 和 $|\cos t| \leqslant 1$ 不成立。

10. 求 $\mathrm{Ln}(-\mathrm{i}), \mathrm{Ln}(-3 + 4\mathrm{i})$ 和它们的主值。

11. 证明对数的下列性质：

(1) $\mathrm{Ln}(z_1 z_2) = \mathrm{Ln}\, z_1 + \mathrm{Ln}\, z_2$；

(2) $\mathrm{Ln}\left(\dfrac{z_1}{z_2}\right) = \mathrm{Ln}\, z_1 - \mathrm{Ln}\, z_2$。

12. 说明下列等式是否正确。

(1) $\mathrm{Ln}\, z^2 = 2\mathrm{Ln}\, z$；

(2) $\mathrm{Ln}\sqrt{z} = \dfrac{1}{2}\mathrm{Ln}\, z$。

13. 求下列各式的值：

(1) $\mathrm{e}^{1 - \frac{\pi}{2}\mathrm{i}}$；

(2) $\mathrm{e}^{\frac{1}{4}(1 + \pi\mathrm{i})}$；

(3) 3^{i}；

(4) $(1 + \mathrm{i})^{\mathrm{i}}$。

14. 证明 $(z^{\alpha})' = \alpha z^{\alpha - 1}$，其中 α 为实数。

第8章 复变函数的积分

在微积分学中,微分法与积分法是研究函数性质的重要方法。同样,在复变函数中,积分法也跟微分法一样是研究复变函数性质十分重要的方法和解决实际问题的有力工具。

在本章中,我们将先介绍复变函数积分的概念、性质和计算方法,其次介绍关于解析函数积分的柯西-古尔萨基本定理及其推广-复合闭路定理。在此基础上,建立柯西积分公式,然后利用这一重要公式证明解析函数的导数仍然是解析函数这一重要结论,从而得出高阶导数公式。值得注意的是,证明解析函数的导数仍然是解析函数,从表面上看是属于微分学问题,但它的证明却要利用积分。柯西-古尔萨基本定理和柯西积分公式是探讨解析函数性质的理论基础。最后讨论解析函数与调和函数的关系。

8.1 复变函数积分的概念

8.1.1 积分的定义

设 C 为平面上给定的一条光滑(或按段光滑)曲线。如果选定 C 的两个可能方向中的一个作为正方向(或正向),那么我们就把 C 理解为带有方向的曲线,称为有向曲线。设曲线 C 的两个端点为 A 与 B,如果把从 A 到 B 的方向作为 C 的正方向,那么从 B 到 A 的方向就是 C 的负方向,并把它记作 C^-。在今后的讨论中,常把两个端点中的一个作为起点,另一个作为终点。除特殊申明外,正方向总是指从起点到终点的方向。关于简单闭曲线的正方向是指当曲线上的点 P 顺此方向沿该曲线前进时,邻近 P 点的曲线内部始终位于 P 点的左方。与之相反的方向就是曲线的负方向。

定义 8.1 设函数 $w=f(z)$ 定义在区域 D 内,C 为在区域 D 内起点为 a 终点为 b 的一条光滑的有向曲线。把曲线 C 任意分成 n 个弧段,设分点为

$$a=z_0,z_1,\cdots,z_{k-1},z_k,\cdots,z_n=b$$

在每个弧段 $\overparen{z_{k-1}z_k}(k=1,2,\cdots,n)$ 上任意取一点 ζ_k(见图 8.1),并作和式

$$S_n=\sum_{k=1}^{n}f(\zeta_k)\cdot(z_k-z_{k-1})=\sum_{k=1}^{n}f(\zeta_k)\cdot\Delta z_k$$

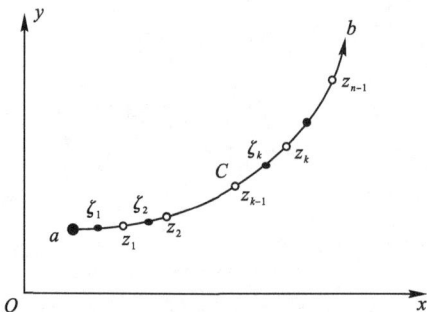

图 8.1

这里 $\Delta z_k = z_k - z_{k-1}$。记 $\Delta s_k = \overgroup{z_{k-1}z_k}$ 的长度，当 $\delta = \max\limits_{1\leqslant k\leqslant n}\{\Delta s_k\}$，当 n 无限增加且 $\delta\to0$ 时，如果不论对 C 的分法及 ζ_k 的取法如何，S_n 有唯一极限，那么称这极限值为函数 $f(z)$ 沿曲线 C 的积分。记作

$$\int_C f(z)\mathrm{d}z = \lim_{\substack{\delta\to0\\n\to\infty}}\sum_{k=1}^n f(\zeta_k)\cdot\Delta z_k \tag{8.1}$$

如果 C 为闭曲线，那么沿此闭曲线的积分记作 $\oint_C f(z)\mathrm{d}z$。

我们容易看出，当 C 是 x 轴上的区间，$a\leqslant x\leqslant b$，而 $f(z)=u(x)$ 时，这个积分定义就是一元实变函数定积分的定义。

8.1.2　积分存在的条件及其计算方法

设光滑曲线 C 由参数方程

$$z = x(t)+\mathrm{i}y(t),\quad \alpha\leqslant t\leqslant\beta$$

给出，正方向为参数增加的方向，参数 α、β 对应于起点 a 及终点 b，并且

$$z'\neq0,\quad \alpha<t<\beta \tag{8.2}$$

如果 $f(z)=u(x,y)+\mathrm{i}v(x,y)$ 在 D 内处处连续，那么 $u(x,y)$ 及 $v(x,y)$ 均为 D 内的连续函数。设 $\zeta_k=\xi_k+\mathrm{i}\eta_k$，由于

$$\begin{aligned}\Delta z_k &= z_k-z_{k-1}=x_k+\mathrm{i}y_k-(x_{k-1}+\mathrm{i}y_{k-1})\\ &=(x_k-x_{k-1})+\mathrm{i}(y_k-y_{k-1})\end{aligned}$$

所以

$$f(\zeta_k)=u(\xi_k,\eta_k)+\mathrm{i}v(\xi_k,\eta_k)$$

$$S_n=\sum_{k=1}^n f(\zeta_k)\cdot\Delta z_k=\sum_{k=1}^n[u(\xi_k,\eta_k)+\mathrm{i}v(\xi_k,\eta_k)](\Delta x_k+\mathrm{i}\Delta y_k)$$

$$S_n=\sum_{k=1}^n[u(\xi_k,\eta_k)\Delta x_k-v(\xi_k,\eta_k)\Delta y_k]+\mathrm{i}\sum_{k=1}^n[v(\xi_k,\eta_k)\Delta x_k+u(\xi_k,\eta_k)\Delta y_k]$$

由于 $u(x,y)$、$v(x,y)$ 都是连续函数，根据线积分的存在定理，我们知道当 n 无限增大而弧段长度的最大值趋于零时，不论对 C 的分法如何，点 (ξ_k,η_k) 的取法如何，上式右端的两个和式的极限都是存在的。因此有

$$\int_C f(z)\mathrm{d}z=\int_C(u+\mathrm{i}v)(\mathrm{d}x+\mathrm{i}\mathrm{d}y)=\int_C u\mathrm{d}x-v\mathrm{d}y+\mathrm{i}\int_C v\mathrm{d}x+u\mathrm{d}y \tag{8.3}$$

公式(8.3)在形式上可以看作是 $f(z)=u+\mathrm{i}v$ 与 $\mathrm{d}z=\mathrm{d}x+\mathrm{i}\mathrm{d}y$ 相乘后求积分得到：

$$\begin{aligned}\int_C f(z)\mathrm{d}z &=\int_C(u+\mathrm{i}v)(\mathrm{d}x+\mathrm{i}\mathrm{d}y)=\int_C u\mathrm{d}x+\mathrm{i}v\mathrm{d}x+\mathrm{i}u\mathrm{d}y-v\mathrm{d}y\\ &=\int_C u\mathrm{d}x-v\mathrm{d}y+\mathrm{i}\int_C v\mathrm{d}x+u\mathrm{d}y\end{aligned}$$

所以是很容易记住的。(8.3)式说明了两个问题：

① 当 $f(z)$ 是连续函数而 C 是光滑曲线时，积分 $\int_C f(z)\mathrm{d}z$ 是一定存在的。

② $\int_C f(z)\mathrm{d}z$ 可以通过两个二元实变函数的线积分来计算。

根据线积分的计算方法，我们有：

$$\int_C f(z)\mathrm{d}z = \int_\alpha^\beta \{u[x(t),y(t)]x'(t) - v[x(t),y(t)]y'(t)\}\mathrm{d}t \qquad (8.4)$$
$$+ \mathrm{i}\int_\alpha^\beta \{v[x(t),y(t)]x'(t) + u[x(t),y(t)]y'(t)\}\mathrm{d}t$$

上式右端可以写成

$$\int_\alpha^\beta \{u[x(t),y(t)] + \mathrm{i}v[x(t),y(t)]\}[x'(t) + y'(t)]\mathrm{d}t = \int_\alpha^\beta f[z(t)]z'(t)\mathrm{d}t \qquad (8.5)$$

所以

$$\int_C f(z)\mathrm{d}z = \int_\alpha^\beta f[z(t)]z'(t)\mathrm{d}t \qquad (8.6)$$

如果 C 是由 $C_1, C_2, \cdots, C_n$ 等光滑曲线段依次相互连接所组成的按段光滑曲线，那么我们定义

$$\int_C f(z)\mathrm{d}z = \int_{C_1} f(z)\mathrm{d}z + \int_{C_2} f(z)\mathrm{d}z + \cdots + \int_{C_n} f(z)\mathrm{d}z \qquad (8.7)$$

今后我们所讨论的积分，如无特别申明，总假定被积函数是连续的，曲线 C 是按段光滑的。

例 8.1 计算 $\int_C z\mathrm{d}z$，其中 C 为从原点到点 $3+4\mathrm{i}$ 的直线段。

解 直线的方程可写作

$$x = 3t, y = 4t, 0 \leqslant t \leqslant 1 \quad 或 \quad z = (3+4\mathrm{i})t, 0 \leqslant t \leqslant 1, \quad \mathrm{d}z = (3+4\mathrm{i})\mathrm{d}t$$

于是

$$\int_C z\mathrm{d}z = \int_0^1 (3+4\mathrm{i})^2 t\,\mathrm{d}t = (3+4\mathrm{i})^2 \int_0^1 t\mathrm{d}t = \frac{(3+4\mathrm{i})^2}{2} = -\frac{7}{2} + \mathrm{i}\frac{24}{2}$$

又因为

$$\int_C z\mathrm{d}z = \int_C (x+\mathrm{i}y)(\mathrm{d}x+\mathrm{i}\mathrm{d}y) = \int_C x\mathrm{d}x - y\mathrm{d}y + \mathrm{i}\int_C y\mathrm{d}x + x\mathrm{d}y$$

容易验证，右边两个线积分都与路线 C 无关，所以 $\int_C z\mathrm{d}z$ 的值，不论 C 是怎样的连接原点到 $3+4\mathrm{i}$ 的曲线，都等于 $-\frac{7}{2} + \mathrm{i}\frac{24}{2}$。

例 8.2 计算 $\oint_C \dfrac{1}{(z-z_0)^{n+1}}\mathrm{d}z$，其中 C 为以 z_0 为中心、r 为半径的正向圆周（见图 8.2），n 为整数。

解 C 的方程可写作 $z = z_0 + r\mathrm{e}^{\mathrm{i}\theta} \quad (0 \leqslant \theta \leqslant 2\pi)$，所以

$$\oint_C \frac{1}{(z-z_0)^{n+1}}\mathrm{d}z = \int_0^{2\pi} \frac{\mathrm{i}r\mathrm{e}^{\mathrm{i}\theta}}{r^{n+1}\mathrm{e}^{\mathrm{i}(n+1)\theta}}\mathrm{d}\theta = \frac{\mathrm{i}}{r^n}\int_0^{2\pi} \mathrm{e}^{-\mathrm{i}n\theta}\mathrm{d}\theta$$

当 $n=0$ 时，结果为

$$\oint_C \frac{1}{(z-z_0)^{n+1}}\mathrm{d}z = \mathrm{i}\int_0^{2\pi}\mathrm{d}\theta = 2\pi\mathrm{i}$$

当 $n \neq 0$ 时，结果为

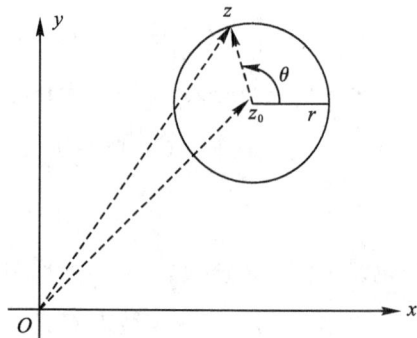

图 8.2

$$\oint_C \frac{1}{(z-z_0)^{n+1}}\mathrm{d}z = \frac{\mathrm{i}}{r^n}\int_0^{2\pi}(\cos n\theta - \mathrm{i}\sin n\theta)\mathrm{d}\theta = 0$$

所以

$$\oint_{|z-z_0|=r}\frac{1}{(z-z_0)^{n+1}}\mathrm{d}z = \begin{cases} 2\pi\mathrm{i}, & n=0 \\ 0, & n\neq0 \end{cases}$$

这个结果以后经常要用到，它的特点是与积分路线圆周的中心和半径无关，应记住。

8.1.3　积分的性质

从积分的定义我们可以推得积分有下列一些简单性质，它们是与实变函数中定积分的性质相类似的：

(1) $\int_C f(z)\mathrm{d}z = -\int_{C^-}f(z)\mathrm{d}z$; (8.8)

(2) $\int_C kf(z)\mathrm{d}z = k\int_C f(z)\mathrm{d}z$; (8.9)

(3) $\int_C[f(z)\pm g(z)]\mathrm{d}z = \int_C f(z)\mathrm{d}z \pm \int_C g(z)\mathrm{d}z$; (8.10)

(4) 设曲线 C 由分段光滑曲线段构成，即 $C=C_1+C_2+C_3+\cdots+C_n$

$$\int_C f(z)\mathrm{d}z = \int_{C_1}f(z)\mathrm{d}z + \int_{C_2}f(z)\mathrm{d}z + \cdots + \int_{C_n}f(z)\mathrm{d}z \quad (8.11)$$

(5) $\left|\int_C f(z)\mathrm{d}z\right| \leqslant \int_C |f(z)||\mathrm{d}z| = \int_C |f(z)|\mathrm{d}s$; (8.12)

(6) 设曲线 C 的长度为 L，函数 $f(z)$ 在 C 上满足 $|f(z)|\leqslant M$，那么

$$\left|\int_C f(z)\mathrm{d}z\right| \leqslant \int_C |f(z)|\mathrm{d}s \leqslant ML \quad (8.13)$$

事实上，$|\Delta z_k|$ 是 z_k 与 z_{k-1} 两点之间的距离，Δs_k 为这两点之间的弧段的长度，所以

$$\left|\sum_{k=1}^n f(\zeta_k)\cdot\Delta z_k\right| \leqslant \sum_{k=1}^n |f(\zeta_k)\cdot\Delta z_k| \leqslant \sum_{k=1}^n |f(\zeta_k)|\cdot\Delta s_k$$

两端取极限，得

$$\left|\int_C f(z)\mathrm{d}z\right| \leqslant \int_C |f(z)|\mathrm{d}s$$

这里 $\int_C |f(z)|\mathrm{d}s$ 表示连续函数（非负的）$|f(z)|$ 沿 C 的曲线积分，因此得不等式(8.12)式。又因

$$\sum_{k=1}^n |f(\zeta_k)|\cdot\Delta s_k \leqslant M\sum_{k=1}^n \Delta s_k = ML$$

所以

$$\left|\int_C f(z)\mathrm{d}z\right| \leqslant \int_C |f(z)|\mathrm{d}s \leqslant ML$$

这是不等式(8.13)式。

8.2　柯西-古尔萨(Cauchy – Goursat)基本定理

从上一节所举的例子看来，例 8.1 中的被积函数 $f(z)=z$ 在复平面内是处处解析的，它沿

连接起点及终点的任何路线的积分值都相同。换句话说，积分是与路线无关的。例 8.2 中的被积函数当 $n=0$ 时为 $\dfrac{1}{(z-z_0)}$，它在以 z_0 为中心的圆周 C 的内部不是处处解析的，因为它在 z_0 没有定义，当然在 z_0 不解析了，而此时 $\oint_C \dfrac{1}{(z-z_0)^{n+1}}\mathrm{d}z=2\pi\mathrm{i}$。如果我们把 z_0 除去，虽然在除去 z_0 的 C 的内部，函数是处处解析的，但是这个区域已经不是单连通的了。由此可见，积分的值与路线无关，或沿封闭曲线的积分值为零的条件，可能与被积函数的解析性及区域的单连通性有关。究竟关系如何，我们不妨先在加强条件下做些初步探讨。

假设 $f(z)=u+\mathrm{i}v$ 在单连通域 B 点处处解析，且 $f'(z)$ 在 B 内连续。由于 $f'(z)=u_x+\mathrm{i}v_x=v_y-\mathrm{i}u_y$，所以 u 和 v 以及它们的偏导数 u_x、u_y、v_x、v_y 在 B 内都是连续的，并满足柯西-黎曼方程

$$u_x=v_y, \quad v_x=-u_y$$

根据 (8.3) 式，有

$$\int_C f(z)\mathrm{d}z=\int_C u\,\mathrm{d}x-v\,\mathrm{d}y+\mathrm{i}\int_C v\,\mathrm{d}x+u\,\mathrm{d}y \tag{8.14}$$

其中 C 为 B 内任何一条简单闭曲线。从格林公式与柯西-黎曼方程（路线 C 取正向）得

$$\int_C u\,\mathrm{d}x-v\,\mathrm{d}y=\iint_D (-v_x-u_y)\mathrm{d}x\mathrm{d}y=0$$

$$\int_C v\,\mathrm{d}x+u\,\mathrm{d}y=\iint_D (u_x-v_y)\mathrm{d}x\mathrm{d}y=0$$

其中 D 是 C 所围的区域，所以 (8.14) 的左端为零。因此，在上面的假设下，函数 $f(z)$ 沿 B 内任何一条闭曲线的积分为零。实际上，$f'(z)$ 在 B 内连续的假设是不必要的。我们有下面一条在解析函数理论中最基本的定理：

定理 8.1(柯西-古尔萨基本定理) 如果函数 $f(z)$ 在单连通域 B 内处处解析，那么函数 $f(z)$ 沿 B 内的任何一条封闭曲线 C（见图 8.4）的积分为零，即

$$\oint_C f(z)\mathrm{d}z=0 \tag{8.15}$$

定理中的 C 可以不是简单曲线。这个定理又称柯西积分定理，它的证明比较复杂，我们在这里就不证明了。

这个定理成立的条件之一是曲线 C 要属于区域 B。如果曲线 C 是区域 B 的边界，函数 $f(z)$ 在 B 内与 C 上解析，即在闭区域 $\bar{B}=B+C$ 上解析，那么

$$\oint_C f(z)\mathrm{d}z=0$$

是否仍然成立呢？回答是肯定的。不仅如此，我们还可以证明：如果 C 是区域 B 的边界，$f(z)$ 在 B 内解析，在闭区域 $\bar{B}$ 上连续，那么定理还是成立的。

8.3 复合闭路定理

我们可以把柯西-古尔萨基本定理推广到多连通域的情况。设函数 $f(z)$ 在多连通域 D 内解析，C 为 D 内的任意一条简单闭曲线。如果 C 的内部完全含于 D，从而 $f(z)$ 在 C 上及其内部解析，故知

$$\oint_C f(z)\mathrm{d}z=0$$

但是,当 C 的内部不完全含于 D 时,我们就不一定有上面的等式,如本章例 8.2 就说明了这一点。

为了把基本定理推广到多连通域的情形,我们假设 C 及 C_1 为 D 内的任意两条(正向为逆时针方向)简单闭曲线,C_1 在 C 的内部,而且以 C 及 C_1 为边界的区域 D_1 全含于 D。作两条不相交的弧段 $\widehat{AA'}$ 及 $\widehat{BB'}$,它们依次连接 C 上某一点 A 到 C_1 上的一点 A',以及 C_1 上某一点 B'(异于 A')到 C 上的一点 B,且此两弧段除去它们的端点外全含于 D_1,这样就使得 $AEBB'E'A'A$ 及 $AA'F'B'$

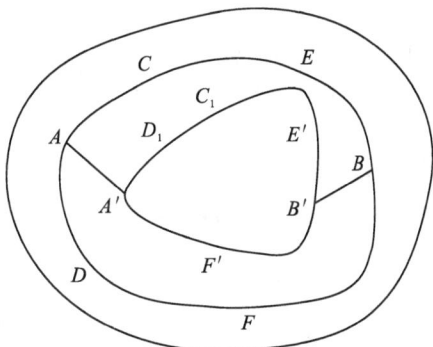

图 8.3

BFA 形成两条全在 D 内的简单闭曲线,它们的内部全含于 D(见图 8.3)。根据以上所述,可知

$$\oint_{AEBB'E'A'A} f(z)\mathrm{d}z=0, \qquad \oint_{AA'F'B'BFA} f(z)\mathrm{d}z=0$$

将上面两等式相加,得

$$\oint_{AEBB'E'A'A} f(z)\mathrm{d}z+\oint_{AA'F'B'BFA} f(z)\mathrm{d}z=0$$

由此得

$$\oint_C f(z)\mathrm{d}z+\oint_{C_1^-} f(z)\mathrm{d}z+\oint_{AA'} f(z)\mathrm{d}z+\oint_{A'A} f(z)\mathrm{d}z+\oint_{B'B} f(z)\mathrm{d}z+\oint_{BB'} f(z)\mathrm{d}z=0$$

即

$$\oint_C f(z)\mathrm{d}z+\oint_{C_1^-} f(z)\mathrm{d}z=0 \tag{8.16}$$

或

$$\oint_C f(z)\mathrm{d}z=\oint_{C_1} f(z)\mathrm{d}z \tag{8.17}$$

(8.16)式说明,如果我们把如上两条简单闭曲线 C 及 C_1^- 看成一条复合闭路 $\varGamma$,而且它的正向为:外面的闭曲线 C 按逆时针进行,内部的闭曲线 C_1 按顺时针进行(就是沿 $\varGamma$ 的正向进行时,$\varGamma$ 的内部总在 $\varGamma$ 的左手边),那么

$$\oint_{\varGamma} f(z)\mathrm{d}z=0$$

(8.17)式说明,在区域内的一个解析函数沿闭曲线的积分,不因闭曲线在区域内作连续变形而改变它的值,只要在变形过程中曲线不经过函数 $f(z)$ 不解析的点。这一重要事实称为闭路变形原理。用同样的方法,我们可以证明:

定理 8.2(复合闭路定理)　设 C 为多连通域 D 内的一条简单闭曲线,$C_1,C_2,\cdots,C_n$ 是在 C 内部的简单闭曲线,它们互不包含也互不相交,并且以 $C_1,C_2,\cdots,C_n$ 为边界的区域全含于 D(见图 8.4)。如果 $f(z)$ 在 D 内解析,那么

(1) $\displaystyle\oint_C f(z)\mathrm{d}z=\sum_{k=1}^n \oint_{C_k} f(z)\mathrm{d}z$

其中 C 及 C_n 均取正方向；

$$(2) \oint_C f(z)\mathrm{d}z + \sum_{k=1}^{n} \oint_{C_k^-} f(z)\mathrm{d}z = 0$$

其方向是：C 按逆时针进行，C_k^- 按顺时针进行。

例如，从本章例 8.2 可知，当 C 为以 z_0 为中心的正向圆周时 $\oint_C \dfrac{1}{(z-z_0)}\mathrm{d}z = 2\pi\mathrm{i}$，根据闭路变形原理，对于包含 z_0 的任何一条正向简单闭曲线 Γ 都有

$$\oint_\Gamma \frac{1}{(z-z_0)}\mathrm{d}z = 2\pi\mathrm{i}$$

例 8.3 计算 $\oint_C \dfrac{2z-1}{z^2-z}\mathrm{d}z$，$C$ 为包含圆周 $|z|=1$ 在内的任何正向简单闭曲线。

解 我们知道，函数 $\dfrac{2z-1}{z^2-z}$ 在复平面内除 $z=0$ 和 $z=1$ 两个奇点外是处处解析的。由于 C 是包含圆周 $|z|=1$ 在内的任何正向简单闭曲线，因此它也包含这两个奇点。在 C 内作两个互不包含也互不相交的正向圆周 C_1 与 C_2，C_1 只包含奇点 $z=0$，C_2 只包含奇点 $z=1$（见图 8.5），那么根据复合闭路定理 8.2 中的 (1)，得

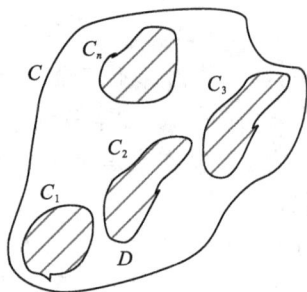

图 8.4

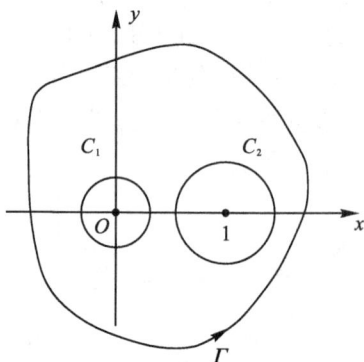

图 8.5

$$\begin{aligned}
\oint_C \frac{2z-1}{z^2-z}\mathrm{d}z &= \oint_{C_1} \frac{2z-1}{z^2-z}\mathrm{d}z + \oint_{C_2} \frac{2z-1}{z^2-z}\mathrm{d}z \\
&= \oint_{C_1} \frac{1}{z-1}\mathrm{d}z + \oint_{C_1} \frac{1}{z}\mathrm{d}z + \oint_{C_2} \frac{1}{z-1}\mathrm{d}z + \oint_{C_2} \frac{1}{z}\mathrm{d}z \\
&= 0 + 2\pi\mathrm{i} + 2\pi\mathrm{i} + 0 = 4\pi\mathrm{i}
\end{aligned}$$

从这个例子我们看到：借助于复合闭路定理，有些比较复杂的函数的积分可以化为比较简单的函数的积分来计算它的值，这是计算积分常用的一种方法。

8.4　原函数与不定积分

我们知道，线积分沿封闭曲线的积分为零跟曲线积分与路线无关是两个等价的概念，所以根据柯西-古尔萨基本定理，下面的定理显然成立。

定理 8.3 如果函数 $f(z)$ 在单连通域 B 内处处解析，那么积分 $\oint_C f(z)\mathrm{d}z$ 与连结起点及终点的路线 C 无关。

由定理 8.3 可知，解析函数在单连通域内的积分只与起点 z_0 及终点 z_1 有关，如图 8.6 所示，所以我们有

$$\int_{C_1} f(z)\mathrm{d}z = \int_{C_2} f(z)\mathrm{d}z = \int_{z_0}^{z_1} f(z)\mathrm{d}z$$

固定 z_0，让 z_1 在 B 内变动，并令 $z_1=z$，那么积分 $\displaystyle\int_{z_0}^{z} f(\zeta)\mathrm{d}\zeta$ 在 B 内确定了一个单值函数

$F(z)$,即

$$F(z) = \int_{z_0}^{z} f(\zeta)\,\mathrm{d}\zeta \qquad (8.18)$$

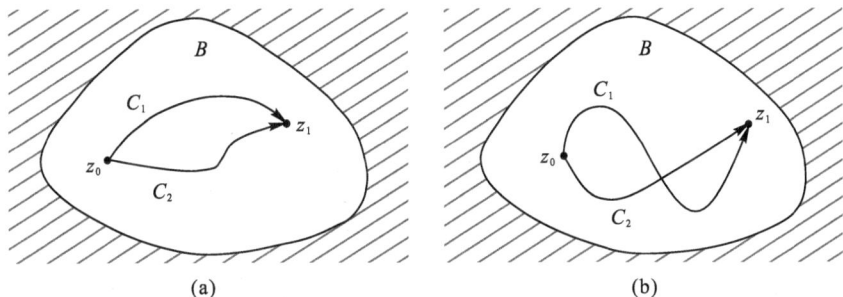

图 8.6

对这个函数,我们有如下定理。

定理 8.4　如果 $f(z)$ 在单连通域 B 内处处解析,那么函数 $F(z)$ 必为 B 内的一个解析函数,并且 $F'(z) = f(z)$。

证明　我们从导数的定义出发来证,设 z 为 B 内任意一点,以 z 为中心作一含于 B 内的小圆 K。取 $|\Delta z|$ 充分小,使 $z + \Delta z$ 在 K 内(见图 8.7)。于是由 (8.18) 式得

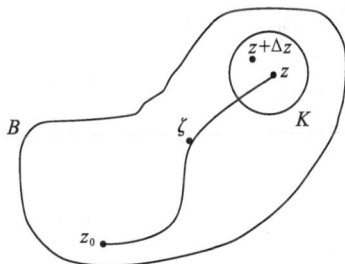

图 8.7

$$F(z + \Delta z) - F(z) = \int_{z_0}^{z+\Delta z} f(\zeta)\,\mathrm{d}\zeta - \int_{z_0}^{z} f(\zeta)\,\mathrm{d}\zeta$$

由于积分与路线无关,因此积分 $\int_{z_0}^{z+\Delta z} f(\zeta)\,\mathrm{d}\zeta$ 的积分路线可取先从 z_0 到 z,然后再从 z 沿直线段到 $z + \Delta z$,而从 z_0 到 z 的积分路线取得跟积分 $\int_{z_0}^{z} f(\zeta)\,\mathrm{d}\zeta$ 的积分路线相同。于是有

$$F(z + \Delta z) - F(z) = \int_{z}^{z+\Delta z} f(\zeta)\,\mathrm{d}\zeta$$

又因

$$\int_{z}^{z+\Delta z} f(\zeta)\,\mathrm{d}\zeta = f(z)\int_{z}^{z+\Delta z}\mathrm{d}\zeta = f(z)\Delta z$$

从而有

$$F(z + \Delta z) - F(z) = \int_{z_0}^{z} f(\zeta)\,\mathrm{d}\zeta + \int_{z}^{z+\Delta z} f(\zeta)\,\mathrm{d}\zeta - \int_{z_0}^{z} f(\zeta)\,\mathrm{d}\zeta$$

$$F(z + \Delta z) - F(z) = \int_{z}^{z+\Delta z} f(\zeta)\,\mathrm{d}\zeta$$

因为 $F(z)$ 在 B 内解析,所以 $F(z)$ 在 B 内连续,因此对于任意给定的正数 $\varepsilon > 0$,$\exists \delta > 0$,使得对于满足 $|\zeta - z| < \delta$ 的一切 ζ 都在 K 内,也就是当 $|\Delta z| < \delta$ 时,总有

$$|f(\zeta) - f(z)| < \varepsilon$$

根据积分的估值性质 (8.12) 式,有

$$\left|\frac{F(z+\Delta z)-F(z)}{\Delta z}-f(z)\right|=\frac{1}{|\Delta z|}\left|\int_z^{z+\Delta z}[f(\zeta)-f(z)]\mathrm{d}\zeta\right|$$

$$\leqslant\frac{1}{|\Delta z|}\int_z^{z+\Delta z}[f(\zeta)-f(z)\mathrm{d}\zeta]$$

$$\leqslant\frac{1}{|\Delta z|}\cdot\varepsilon\cdot|\Delta z|=\varepsilon$$

这就是说

$$\lim_{\Delta z\to 0}\left|\frac{F(z+\Delta z)-F(z)}{\Delta z}-f(z)\right|=0$$

即

$$F'(z)=f(z)$$

这个定理跟微积分学中的对变上限积分的求导定理类似。在此基础上，我们也可以得出类似于微积分学中的基本定理和牛顿-莱布尼兹公式。先引入原函数的概念：

定义 8.2 如果函数 $\varphi(z)$ 在区域 B 内的导数等于 $f(z)$，即 $\varphi'(z)=f(z)$ 那么称 $\varphi(z)$ 为 $f(z)$ 在区域 B 内的原函数。

定理 8.5 表明 $F(z)=\int_{z_0}^z f(\zeta)\mathrm{d}\zeta$ 是 $f(z)$ 的一个原函数。

容易证明，$f(z)$ 的任何两个原函数相差一个常数。设 $G(z)$ 和 $H(z)$ 是 $f(z)$ 的任何两个原函数，那么

$$[G(z)-H(z)]'=G'(z)-H'(z)$$
$$=f(z)-f(z)\equiv 0$$

所以

$$G(z)-H(z)=c$$

其中，c 为任意常数。

由此可知，如果函数 $f(z)$ 在区域 B 内有一个原函数 $F(z)$，那么它就有无穷多个原函数，而且具有一般表达式 $F(z)+c$，c 为任意常数。

与在微积分学中一样，我们定义：$f(z)$ 的原函数的一般表达式 $F(z)+c$（其中 c 为任意常数）为 $f(z)$ 的不定积分，记作

$$\int f(z)\mathrm{d}z=F(z)+c$$

利用任意两个原函数之差为一常数这一性质，我们可以推得跟牛顿-莱布尼兹公式类似的解析函数的积分计算公式。

定理 8.6 如果 $f(z)$ 在单连通域 B 内处处解析，$G(z)$ 为 $f(z)$ 的一个原函数，那么 $\int_{z_0}^{z_1}f(z)\mathrm{d}z=G(z_1)-G(z_0)$。这里 z_0、z_1 为域 B 内的两点。

证明 因为 $\int_{z_0}^z f(z)\mathrm{d}z$ 也是 $f(z)$ 的原函数，所以 $\int_{z_0}^z f(z)\mathrm{d}z=G(z)+C$

当 $z=z_0$ 时，根据柯西-古尔萨基本定理，得 $C=-G(z_0)$。因此

$$\int_{z_0}^z f(z)\mathrm{d}z=G(z)-G(z_0)$$

或

$$\int_{z_0}^{z_1} f(z)\mathrm{d}z = G(z_1) - G(z_0) \tag{8.19}$$

有了原函数、不定积分和积分计算公式(8.19)式,复变函数的积分就可用跟微积分学中类似的方法去计算。

例 8.4　求积分 $\displaystyle\int_0^i z\cos z\,\mathrm{d}z$ 的值。

解　函数 $z\cos z$ 在全平面内解析,容易求得它有一个原函数为 $z\sin z + \cos z$,所以

$$\int_0^i z\cos z\,\mathrm{d}z = |z\sin z + \cos z|_0^i = i\sin i + \cos i - 1 = i\frac{e^{-1}-e}{2i} + \frac{e^{-1}+e}{2} - 1$$

例 8.5　试沿区域 $\mathrm{Im}\,z \geqslant 0$,$\mathrm{Re}\,z \geqslant 0$ 内的圆弧 $|z| = 1$,计算积分 $\displaystyle\int_1^i \frac{\ln(z+1)}{z+1}\mathrm{d}z$ 的值。

解　函数 $\dfrac{\ln(z+1)}{z+1}$ 在所设区域内解析,它的一个原函数为 $\dfrac{\ln^2(z+1)}{2}$,所以

$$\int_1^i \frac{\ln(z+1)}{z+1}\mathrm{d}z = \frac{\ln^2(z+1)}{2}\bigg|_1^i = \frac{1}{2}\big[\ln^2(1+i) - \ln^2 2\big]$$

$$= \frac{1}{2}\left[\left(\frac{1}{2}\ln 2 + \frac{\pi}{4}i\right)^2 - \ln^2 2\right] = -\frac{\pi^2}{32} - \frac{3}{8}\ln^2 2 + \frac{\pi\ln 2}{8}i$$

8.5　柯西积分公式

设 B 为一单连通域,z_0 为 B 中的一点。如果 $f(z)$ 在 B 内解析,那么函数 $\dfrac{f(z)}{z-z_0}$ 在 z_0 不解析,所以在 B 内围绕一点 z_0 的一条闭曲线 C 的积分 $\displaystyle\oint_C \frac{f(z)}{z-z_0}\mathrm{d}z$ 一般不为零。又根据闭路变形原理,这积分的值沿任何一条围绕 z_0 的简单闭曲线都是相同的。现在我们来求这个积分的值。既然沿围绕 z_0 的任何简单闭曲线积分值都相同,那么我们就取以 z_0 为中心、δ 为半径的很小的圆周 $|z-z_0| = \delta$ (取其正向)作为积分曲线 C。由于 $f(z)$ 的连续性,在 C 上的函数 $f(z)$ 值将随着 δ 的缩小而逐渐接近于它在圆心 z_0 处的值,从而使我们猜想积分 $\displaystyle\oint_C \frac{f(z)}{z-z_0}\mathrm{d}z$ 的值也将随着 δ 的缩小而逐渐接近于

$$\oint_C \frac{f(z)}{z-z_0}\mathrm{d}z = f(z_0)\oint_C \frac{1}{z-z_0}\mathrm{d}z = 2\pi i f(z_0)$$

其实两者是相等的,即

$$\oint_C \frac{f(z)}{z-z_0}\mathrm{d}z = 2\pi i f(z_0)$$

我们有下面的定理。

定理 8.7(柯西积分公式)　如果 $f(z)$ 在区域 D 内处处解析,C 为 D 内的任何一条正向简单闭曲线,它的内部完全含于 D 内,z_0 为 C 内的任一点,那么

$$f(z_0) = \frac{1}{2\pi i}\oint_C \frac{f(z)}{z-z_0}\mathrm{d}z \tag{8.20}$$

证明　由于 $f(z)$ 在 z_0 连续,任意给定 $\varepsilon > 0$,必有一个 $\delta(\varepsilon) > 0$,当 $|z-z_0| < \delta$ 时,$|f(z) - f(z_0)| < \varepsilon$。设以 z_0 为中心、R 为半径的圆周 $K: |z-z_0| = R$ 全部在 C 的内部,且

$R < \delta$(见图 8.8),那么

$$\oint_C \frac{f(z)}{z - z_0} dz = \oint_K \frac{f(z)}{z - z_0} dz = \oint_K \frac{f(z_0)}{z - z_0} dz + \oint_K \frac{f(z) - f(z_0)}{z - z_0} dz \tag{8.21}$$

$$= 2\pi i f(z_0) + \oint_K \frac{f(z) - f(z_0)}{z - z_0} dz$$

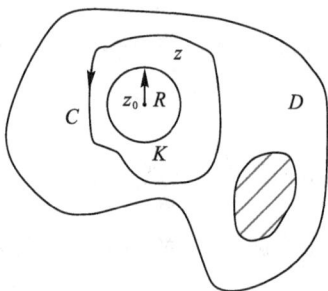

图 8.8

由(8.13)式有

$$\left| \oint_K \frac{f(z) - f(z_0)}{z - z_0} dz \right| \leqslant \oint_K \frac{|f(z) - f(z_0)|}{|z - z_0|} ds < \frac{\varepsilon}{R} \oint_K ds = 2\pi\varepsilon$$

这表明不等式左端积分的模可以任意小,只要 R 足够小就行了。根据闭路变形原理,该积分的值与 R 无关,所以只有在对所有的 R 积分值为零时才有可能。因此,由(8.21)式即得所要证的(8.20)式。

如果 $f(z)$ 在简单闭曲线 C 所围成的区域内及 C 上解析,那么公式(8.20)仍然成立。

公式(8.20)称为柯西积分公式。通过这个公式就可以把一个函数在 C 内部任一点的值用它在边界上的值来表示。换句话说,如果 $f(z)$ 在区域边界上的值一经确定,那么它在区域内部任一点处的值也就确定。这是解析函数的又一特征。柯西积分公式不但提供了计算某些复变函数沿闭路积分的一种方法,而且给出了解析函数的一个积分表达式,是研究解析函数的有力工具。

如果 C 是圆周 $z = z_0 + R \cdot e^{i\theta}$,那么(8.20)式成为

$$f(z_0) = \frac{1}{2\pi} \int_0^{2\pi} f(z_0 + R \cdot e^{i\theta}) d\theta \tag{8.22}$$

这就是说,一个解析函数在圆心处的值等于它在圆周上的平均值。

例 8.6 求下列积分(沿圆周正向)的值:

$(1) \dfrac{1}{2\pi i} \oint\limits_{|z|=4} \dfrac{\sin z}{z} dz;$ $(2) \oint\limits_{|z|=4} \left(\dfrac{1}{z+1} + \dfrac{2}{z-3} \right) dz。$

解 由(8.20)式得

$(1) \dfrac{1}{2\pi i} \oint\limits_{|z|=4} \dfrac{\sin z}{z} dz = \dfrac{1}{2\pi i} \cdot 2\pi i \cdot \sin z \big|_{z=0} = 0$

$(2) \oint\limits_{|z|=4} \left(\dfrac{1}{z+1} + \dfrac{2}{z-3} \right) dz = \oint\limits_{|z|=4} \dfrac{1}{z+1} dz + \oint\limits_{|z|=4} \dfrac{2}{z-3} dz$

$$= 2\pi i \cdot 1 + 2\pi i \cdot 2 = 6\pi i$$

8.6　解析函数的高阶导数

一个解析函数不仅有一阶导数,而且有各高阶导数,它的值也可以用函数在边界上的值通过积分来表示。这一点跟实变函数完全不同。一个实变函数在某一区间上可导,它的导数在这区域上也不一定连续,更不要说它有高阶导数存在了。

关于解析函数的高阶导数我们有下面的定理:

定理 8.8　解析函数 $f(z)$ 的导数仍为解析函数,它的 n 阶导数为

$$f^{(n)}(z_0)=\frac{n!}{2\pi i}\oint_C\frac{f(z)}{(z-z_0)^{n+1}}dz \quad (z_0\in D)(n=1,2,\cdots) \tag{8.23}$$

其中 C 为在函数 $f(z)$ 的解析区域 D 内围绕 z_0 的任何一条正向简单闭曲线,而且它的内部全含于 D。(证明略)

公式(8.23)可以这样记忆:把柯西积分公式(8.20)的两边对 z_0 求 n 阶导数,右边求导在积分号下进行,求导时把被积函数看作 z_0 的函数,而把 z 看作常数。

高阶导数公式的作用,不在于通过积分来求导,而在于通过求导来求积分。

例 8.7　求下列积分的值,其中 C 为正向圆周 $|z|=2$。

$$(1)\oint_C\frac{\sin\frac{\pi}{4}z}{z^2-1}dz; \quad (2)\oint_{|z|=2}\frac{e^z}{(z^2+1)^2}dz$$

解　(1) $\displaystyle\oint_{|z|=2}\frac{\sin\frac{\pi}{4}z}{z^2-1}dz=\oint_{|z+1|=\frac{1}{2}}\frac{\sin\frac{\pi}{4}z}{z^2-1}dz+\oint_{|z-1|=\frac{1}{2}}\frac{\sin\frac{\pi}{4}z}{z^2-1}dz$

$$=\frac{\sqrt{2}}{2}\pi i+\frac{\sqrt{2}}{2}\pi i=\sqrt{2}\pi i$$

(2)函数 $\displaystyle\oint_{|z|=2}\frac{e^z}{(z^2+1)^2}dz$ 在 C 内 $z=\pm i$ 处不解析。我们在 C 内以 i 为中心作一个正向圆周 C_1,以 $-i$ 为中心作一个正向圆周 C_2(见图 8.9),那么函数 $\dfrac{e^z}{(z^2+1)^2}$ 由 C、C_1 和 C_2 所围成的区域内是解析的。根据复合闭路定理

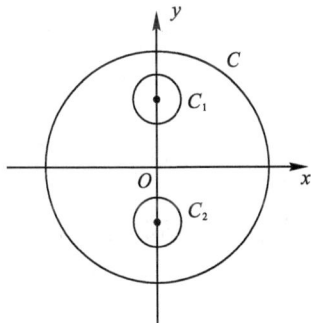

图 8.9

$$\oint_{|z|=2}\frac{e^z}{(z^2+1)^2}dz=\oint_{|z-i|=r}\frac{\frac{e^z}{(z+i)^2}}{(z-i)^2}dz+\oint_{|z+i|=r}\frac{e^z}{(z^2+1)^2}dz$$

$$=\oint_{|z-i|=r}\frac{\frac{e^z}{(z+i)^2}}{(z-i)^2}dz+\oint_{|z+i|=r}\frac{\frac{e^z}{(z-i)^2}}{(z+i)^2}dz$$

$$=2\pi i\left[\frac{e^z}{(z+i)^2}\right]'\bigg|_{z=i}+2\pi i\left[\frac{e^z}{(z-i)^2}\right]'\bigg|_{z=-i}$$

$$=\pi i(\sin1-\cos1)$$

例 8.8 设函数 $f(z)$ 在单连通域 B 内连续,且对于 B 内任何一条简单闭曲线 C 都有 $\int_C f(z)\mathrm{d}z = 0$,证明 $f(z)$ 在 B 内解析(Morera 定理)。

证明 在 B 内取定一点 z_0,z 为 B 内任意一点。根据已知条件,知积分 $\int_{z_0}^{z} f(\zeta)\mathrm{d}\zeta$ 的值与连接 z_0 与 z 的路线无关,它定义了一个 z 的单值函数:

$$F(z) = \int_{z_0}^{z} f(\zeta)\mathrm{d}\zeta$$

用跟证明定理 8.4 完全相同的方法,可以证明

$$F'(z) = f(z)$$

所以 $f(z)$ 是 B 内的一个解析函数,再根据刚才证明的定理知解析函数的导数仍为解析函数,故 $f(z)$ 为解析函数。

8.7　解析函数与调和函数的关系

在前一节,我们证明了在区域 D 内解析的函数,其导数仍为解析函数,因而具有任意阶的导数。本节利用这个重要结论研究它与调和函数之间的关系。

如果二元实变函数 $\varphi(x,y)$ 在区域 D 内具有二阶连续偏导数并且满足拉普拉斯(Laplace)方程

$$\frac{\partial^2 \varphi}{\partial x^2} + \frac{\partial^2 \varphi}{\partial y^2} = 0$$

那么称 $\varphi(x,y)$ 为区域 D 内的调和函数。

调和函数在诸如流体力学和电磁场理论等实际问题中都有重要的应用。下面的定理说明了调和函数与解析函数的关系。

定理 8.7 任何在区域 D 内解析的函数,它的实部和虚部都是 D 内的调和函数。

证明 设 $f(z) = u + \mathrm{i}v$ 为 D 内的一个解析函数,那么

$$\frac{\partial u}{\partial x} = \frac{\partial v}{\partial y}, \quad \frac{\partial u}{\partial y} = -\frac{\partial v}{\partial x}$$

$$\frac{\partial^2 u}{\partial x^2} = \frac{\partial^2 v}{\partial x \partial y}, \quad \frac{\partial^2 u}{\partial y^2} = -\frac{\partial^2 v}{\partial y \partial x}$$

根据解析函数高阶导数定理,u 与 v 具有任意阶的连续偏导数,所以

$$\frac{\partial^2 v}{\partial x \partial y} = \frac{\partial^2 v}{\partial y \partial x}$$

从而

$$\frac{\partial^2 u}{\partial x^2} + \frac{\partial^2 u}{\partial y^2} = 0, \quad \frac{\partial^2 v}{\partial x^2} + \frac{\partial^2 v}{\partial y^2} = 0$$

因此 u 与 v 都是调和函数。

设 $u(x,y)$ 为区域 D 内给定的调和函数,我们把使 $u+\mathrm{i}v$ 在 D 内构成解析函数的调和函数 $v(x,y)$ 称为 $u(x,y)$ 的共轭调和函数。换句话说,在 D 内满足柯西-黎曼方程

$$\frac{\partial u}{\partial x} = \frac{\partial v}{\partial y}, \quad \frac{\partial u}{\partial y} = -\frac{\partial v}{\partial x}$$

的两个调和函数中,v 称为 u 的共轭调和函数。因此,上面的定理说明:区域 D 内的解析函数的虚部为实部的共轭调和函数。

解析函数和调和函数的上述关系,使我们可以借助于解析函数的理论解决调和函数的问题。应当指出,如果已知一个调和函数 u,那么就可以利用柯西-黎曼方程(7.4)求得它的共轭调和函数 v,从而构成一个解析函数 $u+iv$,下面举例说明求法。

例 8.9 证明 $u(x,y)=x^3-3y^2x$ 为调和函数,并求其共轭调和函数 $v(x,y)$ 和由它们构成的解析函数。

证明 (1)因为 $\dfrac{\partial u}{\partial x}=3x^2-3y^2,\dfrac{\partial u}{\partial y}=-6xy$,得

$$\frac{\partial^2 u}{\partial x^2}=6x=-\frac{\partial^2 u}{\partial y^2}$$

所以

$$\frac{\partial^2 u}{\partial x^2}+\frac{\partial^2 u}{\partial y^2}=0$$

这就证明了 $u(x,y)$ 为调和函数。

(2)$\dfrac{\partial v}{\partial y}=\dfrac{\partial u}{\partial x}=3x^2-3y^2$

$$v(x,y)=\int v_y(x,y)\mathrm{d}y=\int(3x^2-3y^2)\mathrm{d}y=3x^2y-y^3+\varphi(x)$$

由此得

$$v_x=6xy+\varphi'(x)=-u_y=6xy;\ \varphi'(x)=0,\ \varphi(x)=C$$

故

$$v(x,y)=3x^2y-y^3+C$$
$$f(z)=u+iv=x^3-3xy^2+i(3x^2y-y^3+C)$$
$$=(x+iy)^3+iC=z^3+iC$$

此例说明,已知解析函数的实部,就可以确定它的虚部,至多差一个任意常数。下面的例子则说明可以类似地由解析函数的虚部确定(可能相差一个常数)它的实部。

例 8.10 已知一调和函数 $v(x,y)=e^x(y\cos y+x\sin y)+x+y$,求一解析函数 $f(z)=u+iv$,使 $f(0)=0$。

解 因为

$$\frac{\partial v}{\partial x}=e^x(y\cos y+x\sin y+\sin y)+1$$
$$\frac{\partial v}{\partial y}=e^x(\cos y-y\sin y+x\cos y)+1$$

由

$$\frac{\partial u}{\partial x}=\frac{\partial v}{\partial y}=e^x(\cos y-y\sin y+x\cos y)+1$$

得

$$u=\int\left[e^x(\cos y-y\sin y+x\cos y)+1\right]\mathrm{d}x$$
$$u=e^x(x\cos y-y\sin y)+x+g(y)$$

由

$$\frac{\partial v}{\partial x} = -\frac{\partial u}{\partial y}$$

得

$$e^x(y\cos y + x\sin y + \sin y) + 1 = e^x(x\sin y + y\cos y + \sin y) - g'(y)$$

故

$$g(y) = -y + c$$

于是

$$u = e^x(x\cos y - y\sin y) + x - y + c$$

而

$$f(z) = u + iv = xe^x e^{iy} + iye^x e^{iy} + x(1+i) + iy(1+i) + c$$
$$= ze^z + (1+i)z + c$$

由 $f(0) = 0$ 得 $c = 0$，所以所求的解析函数为 $f(z) = ze^z + (1+i)z$。

习 题 8

1.沿下列路径计算积分 $\int_0^{3+i} z^2 \, \mathrm{d}z$：

(1)自原点至 $3+i$ 直线段；

(2)自原点沿实轴至 3，再由 3 铅直向上至 $3+i$；

(3)自原点沿虚轴至 i，再由 i 沿水平方向向右至 $3+i$。

2.分别沿 $y=x$ 与 $y=x^2$ 算出积分 $\int_0^{1+i}(x^2 + iy)\,\mathrm{d}z$ 的值。

3.利用单位圆上 $\bar{z} = \dfrac{1}{z}$ 的性质及柯西积分公式说明 $\oint_C \bar{z}\mathrm{d}z = 2\pi i$，其中 C 为正向单位圆周 $|z|=1$。

4.分别计算积分 $\oint_C \dfrac{\bar{z}}{|z|}\mathrm{d}z$ 的值，其中 C 为正向圆周：(1) $|z|=2$；(2) $|z|=4$。

5.沿指定曲线的正向计算下列积分：

(1) $\oint_C \dfrac{e^z}{z-2}\mathrm{d}z$，$C$：$|z-2|=1$；

(2) $\oint_C \dfrac{1}{z^2-a^2}\mathrm{d}z$，$C$：$|z-a|=a$；

(3) $\oint_C \dfrac{e^{iz}}{z^2+1}\mathrm{d}z$，$C$：$|z-2i|=\dfrac{3}{2}$；

(4) $\oint_C \dfrac{z}{z-3}\mathrm{d}z$，$C$：$|z|=2$；

(5) $\oint_C \dfrac{\mathrm{d}z}{(z^2-1)(z^3-1)}$，$C$：$|z|=r<1$；

(6) $\oint_C z^3\cos z\mathrm{d}z$（$C$ 为包含曲线 $z=0$ 的闭曲线）；

(7) $\oint_C \dfrac{\mathrm{d}z}{(z^2+1)(z^2+4)}$，$C$：$|z|=\dfrac{3}{2}$；

(8) $\oint_C \dfrac{\sin z}{z}\mathrm{d}z$，$C$：$|z|=1$；

(9) $\oint_C \dfrac{\mathrm{e}^z}{z^5}\mathrm{d}z$，$C$：$|z|=1$；

(10) $\oint_C \dfrac{\sin z}{\left(z-\dfrac{\pi}{2}\right)^2}\mathrm{d}z$，$C$：$|z|=2$。

6. 计算下列各题：

(1) $\displaystyle\int_{-\pi\mathrm{i}}^{3\pi\mathrm{i}} \mathrm{e}^{2z}\mathrm{d}z$；

(2) $\displaystyle\int_{-\pi\mathrm{i}}^{\pi\mathrm{i}} \sin^2 z\,\mathrm{d}z$；

(3) $\displaystyle\int_{0}^{1} z\sin z\,\mathrm{d}z$；

(4) $\displaystyle\int_{0}^{\mathrm{i}} (z-\mathrm{i})\mathrm{e}^{-z}\mathrm{d}z$；

(5) $\displaystyle\int_{1}^{\mathrm{i}} \dfrac{1+\tan z}{\cos^2 z}\mathrm{d}z$（沿 1 到 i 的直线段）。

7. 计算下列积分：

(1) $\oint_C \left(\dfrac{4}{z+1}+\dfrac{3}{z+2\mathrm{i}}\right)\mathrm{d}z$，$C$：$|z|=4$ 的正向；

(2) $\oint_C \dfrac{2\mathrm{i}\,\mathrm{d}z}{(z^2+1)}$，$C$：$|z-1|=6$ 的正向；

(3) $\oint_{C=C_1+C_2} \dfrac{\cos z\,\mathrm{d}z}{z^3}$，$C_1$：$|z|=2$ 为正向，C_2：$|z|=3$ 为负向；

(4) $\oint_C \dfrac{\mathrm{d}z}{(z-\mathrm{i})}$，$C$：以 $\pm\dfrac{1}{2}$、$\pm\dfrac{6}{5}\mathrm{i}$ 为顶点的正向菱形；

(5) $\oint_C \dfrac{\mathrm{d}z}{(z-\alpha)^3}$，$C$：$|z|=1$，$|\alpha|\neq 1$。

8. 证明：当 C 为不通过原点的简单闭曲线时，$\oint_C \dfrac{\mathrm{d}z}{z^2}=0$。

9. 下列两个积分值是否相等？积分(2)的值能否利用闭路变形原理从(1)的值得到？为什么？

(1) $\displaystyle\oint_{|z|=2} \dfrac{\bar{z}\,\mathrm{d}z}{z}$；

(2) $\displaystyle\oint_{|z|=4} \dfrac{\bar{z}\,\mathrm{d}z}{z}$。

10. 设 $f(z)$ 与 $g(z)$ 在区域 D 内处处解析，C 为 D 内的任何一条简单闭曲线，它的内部全含于 D。如果 $f(z)=g(z)$ 在 C 上所有点处成立，试证在 C 内所有点处 $f(z)=g(z)$ 也成立。

11. 设 $f(z)$ 在单连通域 B 内处处解析，且不为零。C 为 B 内的任何一条简单闭曲线。问积分 $\oint_C \dfrac{f'(z)\,\mathrm{d}z}{f(z)}$ 是否等于零？为什么？

12. 试说明柯西-古尔萨基本定理中的 C 为什么可以不是简单闭曲线。

13. 设 $f(z)$ 在区域 D 内解析，C 为 D 内的任意一条正向简单闭曲线。证明：对在 D 内但不在 C 上的任意一点 z_0，等式 $\oint_C \dfrac{f'(z)\mathrm{d}z}{z-z_0} = \oint_C \dfrac{f(z)\mathrm{d}z}{(z-z_0)^2}$ 成立。

14. 如果 $\varphi(x,y)$ 和 $\psi(x,y)$ 都具有二阶连续偏导数，且适合拉普拉斯方程，而 $s = \varphi_y - \psi_x$，$t = \varphi_x - \psi_y$，那么 $s+it$ 是 $x+iy$ 的解析函数。

15. 证明：一对共轭调和函数的乘积仍然是共轭调和函数。

16. 如果 $f(z) = u + iv$ 是一解析函数，试证：

(1) $i\overline{f(z)}$ 也是解析函数；

(2) $-u$ 是 v 的共轭调和函数；

(3) $\dfrac{\partial^2 |f(z)|^2}{\partial x^2} + \dfrac{\partial^2 |f(z)|^2}{\partial y^2} = 4(u_x^2 + v_y^2) = 4|f'(z)|^2$。

17. 证明：$u = x^2 - y^2$ 和 $v = \dfrac{y}{x^2 + y^2}$ 都是调和函数，但是 $u+iv$ 不是解析函数。

18. 由下列各已知调和函数求解析函数 $f(z) = u + iv$：

(1) $u = (x-y)(x^2 + 4xy + y^2)$；

(2) $v = \dfrac{y}{x^2 + y^2}$，$f(2) = 0$；

(3) $u = 2(x-1)y$，$f(2) = -i$；

(4) $v = \arctan \dfrac{y}{x}$，$x > 0$。

19. 设 $v = e^{px}\sin y$，求使 v 为调和函数时 p 的值，并求出解析函数 $f(z) = u + iv$。

第9章 级 数

我们在高等数学中学习级数时,已经知道级数和数列有着密切的关系。在复数范围内,级数和数列的关系与实数范围内的情况十分类似。我们即将看到,关于复数项级数和复变函数项级数的某些概念和定理都是实数范围内的相应内容在复数范围内的直接推广。因此,在学习本章内容时,要结合高等数学中级数部分的复习,并在对比中进行学习。

本章的主要内容是:除了介绍关于复数项和复变函数项级数的一些基本概念与性质以外,着重介绍复变函数项级数中的幂级数和由正、负整次幂项所组成的洛朗级数,并围绕如何将解析函数展开成幂级数或洛朗级数这一中心内容来进行。这两类级数都是研究解析函数的重要工具,也是学习下一章"留数"的必要基础。

9.1 复数项级数

9.1.1 复数列的极限

设 $\{\alpha_n\}(n=1,2,\cdots)$ 为一复数列,其中 $\alpha_n=a_n+ib_n$,又设 $\alpha=a+ib$ 为一确定的复数。如果任意给定 $\varepsilon>0$,相应地能找到一个正数 $N(\varepsilon)$,使 $|\alpha_n-\alpha|<\varepsilon$ 在 $n>N$ 时成立,那么 α 称为复数列 $\{\alpha_n\}$ 当 $n\to\infty$ 时的极限,记作

$$\lim_{n\to\infty}\alpha_n=\alpha$$

此时也称复数列 $\{\alpha_n\}$ 收敛于 α。

定理 9.1 复数列 $\{\alpha_n\}(n=1,2,\cdots)$ 收敛于 α 的充要条件是

$$\lim_{n\to\infty}a_n=a,\quad \lim_{n\to\infty}b_n=b$$

证明 如果 $\lim_{n\to\infty}\alpha_n=\alpha$,那么对于任意给定的 $\varepsilon>0$,就能找到一个正数 N,当 $n>N$ 时,$|(a_n+ib_n)-(a+ib)|<\varepsilon$ 从而有

$$|a_n-a|\leqslant|(a_n-a)+i(b_n-b)|<\varepsilon$$

所以

$$\lim_{n\to\infty}a_n=a$$

同理

$$\lim_{n\to\infty}b_n=b$$

反之,如果 $\lim_{n\to\infty}a_n=a$,$\lim_{n\to\infty}b_n=b$,那么当 $n>N$ 时,

$$|a_n-a|<\frac{\varepsilon}{2},\quad |b_n-b|<\frac{\varepsilon}{2}$$

从而有

$$|\alpha_n-\alpha|=|(a_n+ib_n)-(a+ib)|$$
$$=|(a_n-a)+i(b_n-b)|\leqslant|a_n-a|+|b_n-b|<\varepsilon$$

所以 $$\lim_{n\to\infty}\alpha_n=\alpha$$ [证毕]

9.1.2 级数概念

设 $\{\alpha_n\}=\{a_n+b_n\}(n=1,2,\cdots)$ 为一复数列，表达式 $\sum\limits_{n=1}^{\infty}\alpha_n=\alpha_1+\alpha_2+\cdots+\alpha_n+\cdots$ 称为无穷级数，其最前面 n 项的和

$$s_n=\alpha_1+\alpha_2+\cdots+\alpha_n$$

称为级数的部分和。

如果部分和数列 $\{s_n\}$ 收敛，那么级数 $\sum\limits_{n=1}^{\infty}\alpha_n$ 称为收敛，并且极限 $\lim\limits_{n\to\infty}s_n=s$ 称为级数的和；如果数列 $\{s_n\}$ 不收敛，那么级数 $\sum\limits_{n=1}^{\infty}\alpha_n$ 称为发散。

定理 9.2 级数 $\sum\limits_{n=1}^{\infty}\alpha_n=\sum\limits_{n=1}^{\infty}(a_n+\mathrm{i}b_n)$ 收敛的充要条件是级数 $\sum\limits_{n=1}^{\infty}a_n$ 和级数 $\sum\limits_{n=1}^{\infty}b_n$ 都收敛。

证明 因

$$s_n=\alpha_1+\alpha_2+\cdots+\alpha_n$$
$$=(a_1+a_2+\cdots+a_n)+\mathrm{i}(b_1+b_2+\cdots+b_n)=\sigma_n+\mathrm{i}\tau_n$$

其中 $\sigma_n=(a_1+a_2+\cdots+a_n)$，$\tau_n=(b_1+b_2+\cdots+b_n)$ 分别为 $\sum\limits_{n=1}^{\infty}a_n$ 和 $\sum\limits_{n=1}^{\infty}b_n$ 的部分和。由定理 9.1 $\{s_n\}$ 知有极限存在的充要条件是 $\{\sigma_n\}$ 和 $\{\tau_n\}$ 的极限存在，即级数 $\sum\limits_{n=1}^{\infty}a_n$ 和 $\sum\limits_{n=1}^{\infty}b_n$ 都收敛。

定理 9.3 将复数项级数的收敛问题转化为实数项级数的收敛问题，而由实数项级数 $\sum\limits_{n=1}^{\infty}a_n$ 和 $\sum\limits_{n=1}^{\infty}b_n$ 收敛的必要条件

$$\lim_{n\to\infty}a_n=0,\qquad \lim_{n\to\infty}b_n=0$$

立即可得 $\lim\limits_{n\to\infty}\alpha_n=0$，从而推出复数项级数 $\sum\limits_{n=1}^{\infty}\alpha_n$ 收敛的必要条件是 $\lim\limits_{n\to\infty}\alpha_n=0$。

定理 9.4 如果 $\sum\limits_{n=1}^{\infty}|\alpha_n|$ 收敛，那么 $\sum\limits_{n=1}^{\infty}\alpha_n$ 也收敛，且 $\left|\sum\limits_{n=1}^{\infty}\alpha_n\right|\leqslant\sum\limits_{n=1}^{\infty}|\alpha_n|$。

证明 由于 $\sum\limits_{n=1}^{\infty}|\alpha_n|=\sum\limits_{n=1}^{\infty}\sqrt{a_n^2+b_n^2}$，而 $|a_n|\leqslant\sqrt{a_n^2+b_n^2}$，$|b_n|\leqslant\sqrt{a_n^2+b_n^2}$，根据实数项级数的比较准则，可知级数 $\sum\limits_{n=1}^{\infty}a_n$ 及 $\sum\limits_{n=1}^{\infty}b_n$ 都收敛，由定理 9.2 可知 $\sum\limits_{n=1}^{\infty}\alpha_n$ 是收敛的。由对于级数 $\sum\limits_{n=1}^{\infty}\alpha_n$ 与 $\sum\limits_{n=1}^{\infty}|\alpha_n|$ 的部分和成立的不等式

$$\left|\sum_{k=1}^{n}\alpha_k\right|\leqslant\sum_{k=1}^{n}|\alpha_k|$$

可以得出

$$\lim_{n\to\infty}\left|\sum_{k=1}^{n}\alpha_k\right|\leqslant\lim_{n\to\infty}\sum_{k=1}^{n}|\alpha_k|$$

或

$$\left|\sum_{k=1}^{\infty}\alpha_k\right|\leqslant\sum_{k=1}^{\infty}|\alpha_k|$$

如果 $\sum\limits_{n=1}^{\infty}|\alpha_n|$ 收敛,那么称级数 $\sum\limits_{n=1}^{\infty}\alpha_n$ 绝对收敛,非绝对收敛的收敛级数称为条件收敛级数。

顺便指出,由于 $\sqrt{a_n^2+b_n^2}\leqslant|a_n|+|b_n|$,因此 $\sum\limits_{k=1}^{n}\sqrt{a_k^2+b_k^2}\leqslant\sum\limits_{k=1}^{n}|a_k|+\sum\limits_{k=1}^{n}|b_k|$。所以当 $\sum\limits_{n=1}^{\infty}a_n$ 与 $\sum\limits_{n=1}^{\infty}b_n$ 绝对收敛时,$\sum\limits_{n=1}^{\infty}\alpha_n$ 也绝对收敛。结合定理 9.3 的证明过程,可知 $\sum\limits_{n=1}^{\infty}\alpha_n$ 绝对收敛的充要条件是级数 $\sum\limits_{n=1}^{\infty}a_n$ 与 $\sum\limits_{n=1}^{\infty}b_n$ 绝对收敛。

另外,因为 $\sum\limits_{n=1}^{\infty}|\alpha_n|$ 的各项都是非负的实数,所以它的收敛性可用正项级数的判定法来判定。

例 9.1　下列数列是否收敛? 如果收敛,求出其极限。

$(1)\alpha_n=\left(1+\dfrac{1}{n}\right)^{e^{i\frac{\pi}{n}}}$;　　　　　　$(2)\alpha_n=n\cos in$。

解　(1)因为 $\alpha_n=\left(1+\dfrac{1}{n}\right)^{e^{i\frac{\pi}{n}}}=\left(1+\dfrac{1}{n}\right)\left(\cos\dfrac{\pi}{n}+i\sin\dfrac{\pi}{n}\right)$

$$a_n=\left(1+\frac{1}{n}\right)\cos\frac{\pi}{n},\ b_n=\left(1+\frac{1}{n}\right)\sin\frac{\pi}{n}$$

$$\lim_{n\to\infty}a_n=1,\ \lim_{n\to\infty}b_n=0$$

所以数列 $\alpha_n=\left(1+\dfrac{1}{n}\right)^{e^{i\frac{\pi}{n}}}$ 收敛,且有 $\lim\limits_{n\to\infty}\alpha_n=1$。

(2) 由于 $\alpha_n=n\cos in=n\cosh n$,$n\to\infty$ 时 $\alpha_n\to\infty$,所以数列发散。

9.2　幂级数

9.2.1　幂级数概念

设 $\{f_n(z)\}$,$(n=1,2,\cdots)$ 为一复变函数序列,其中各项在区域 D 内有定义,表达式

$$\sum_{n=1}^{+\infty}f_n(z)=f_1(z)+f_2(z)+\cdots+f_n(z)+\cdots \tag{9.1}$$

称为复变函数项级数,记作 $\sum\limits_{n=1}^{+\infty}f_n(z)$。这级数的最前面 n 项的和

$$s_n(z)=f_1(z)+f_2(z)+\cdots+f_n(z)$$

称为这级数的部分和。

如果对于 D 内的某一点 z_0,极限 $\lim\limits_{n\to\infty}s_n(z_0)=s(z_0)$ 存在,那么我们称复变函数项级数 (9.1)在 z_0 收敛,而 $s(z_0)$ 称为它的和。如果级数在 D 内处处收敛,那么它的和一定是 z 的一

个函数 $s(z)$

$$s(z)=f_1(z)+f_2(z)+\cdots+f_n(z)+\cdots$$

$s(z)$ 称为级数 $\sum\limits_{n=1}^{+\infty} f_n(z)$ 的和函数。

当 $f_n(z)=c_{n-1}(z-a)^{n-1}$ 或 $f_n(z)=c_{n-1}z^{n-1}$ 时,就得到函数项级数的特殊情形

$$\sum_{n=0}^{\infty} c_n(z-a)^n=c_0+c_1(z-a)+c_2(z-a)^2+\cdots \tag{9.2}$$

或

$$\sum_{n=0}^{\infty} c_n z^n=c_0+c_1 z+c_2 z^2+\cdots+c_n z^n+\cdots \tag{9.3}$$

这种级数称为幂级数。

如果令 $z-a=\xi$,那么(9.2)式成为 $\sum\limits_{n=0}^{\infty} c_n\xi^n$,这是(9.3)的形式。为了方便,今后常就(9.3)式来讨论。

同高等数学中的实变幂级数一样,复变幂级数也有所谓幂级数的收敛定理,即阿贝尔(Abel)定理。

定理 9.5(阿贝尔定理) 如果级数 $\sum\limits_{n=0}^{\infty} c_n z^n$ 在 $z=z_0(\neq 0)$ 收敛,那么对满足 $|z|<|z_0|$ 的 z,级数必绝对收敛;如果在 $z=z_0$ 级数发散,那么对满足 $|z|>|z_0|$ 的 z,级数必发散。

证明 由于级数 $\sum\limits_{n=1}^{\infty} c_n z_0^n$ 收敛,根据收敛的必要条件,有 $\lim\limits_{n\to\infty} c_n z_0^n=0$,因而存在正数 M,使对所有的 n 有

$$|c_n z_0{}^n|<M$$

如果 $|z|<|z_0|$,那么 $\dfrac{|z|}{|z_0|}=q<1$,而 $|c_n z^n|=|c_n z_0{}^n|\cdot\dfrac{|z|^n}{|z_0|^n}<Mq^n$,由于 $\sum\limits_{n=0}^{\infty} Mq^n$ 为公比小于 1 的等比级数,故收敛,从而根据正项级数的比较审敛法知

$$\sum_{n=0}^{\infty}|c_n z^n|=|c_0|+|c_1 z|+|c_2 z^2|+\cdots+|c_n z^n|+\cdots$$

收敛,从而级数 $\sum\limits_{n=1}^{\infty} c_n z_0{}^n$ 是绝对收敛的。另一部分的证明,由读者自己来完成。

9.2.2 收敛圆与收敛半径

利用阿贝尔定理,可以定出幂级数的收敛范围,对一个幂级数来说,它的收敛情况不外乎下述三种:

①对所有的正实数都是收敛的,这时,根据阿贝尔定理可知级数在复平面内处处绝对收敛。

②对所有的正实数除 $z=0$ 外都是发散的,这时,级数在复平面内除原点外处处发散。

③既存在使级数收敛的正实数,也存在使级数发散的正实数。设 $z=\alpha$(正实数)时,级数收敛,$z=\beta$(正实数)时,级数发散。那么在以原点为中心,α 为半径的圆周 C_α 内,级数绝对收敛;在以原点为中心,β 为半径的圆周 C_β 外,级数发散。显然,$\alpha<\beta$;否则,级数将在 α 处发散。

现在我们设想把 z 平面内级数收敛的部分涂以阴影。当 α 由小逐渐变大时，C_α 必定逐渐接近一个以原点为中心，R 为半径的圆周 C_R，在 C_R 的内部都是阴影，外部都是白色。这个黑白两色的分界圆周 C_R 称为幂级数的收敛圆（见图 9.1）。在收敛圆的内部，级数绝对收敛；在收敛圆的外部，级数发散，收敛圆的半径 R 称为收敛半径。所以幂级数（9.3）的收敛范围是以原点为中心的圆域。

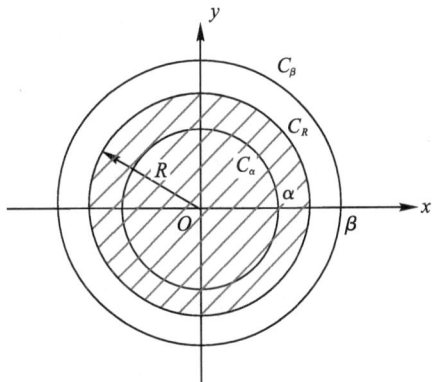

对幂级数（9.2）来说，它的收敛范围是以 $z=a$ 为中心的圆域。在收敛圆的圆周上是收敛还是发散，不能做出一般的结论，要对具体级数进行具体分析。

图 9.1

例 9.2　求幂级数 $\sum\limits_{n=0}^{\infty} z^n = 1 + z + z^2 + \cdots + z^n + \cdots$ 的收敛范围与和函数。

解　级数的部分和为

$$s_n = 1 + z + z^2 + \cdots + z^{n-1} = \frac{1-z^n}{1-z} \quad (z \neq 1)$$

当 $|z| < 1$ 时，由于 $\lim\limits_{n \to \infty} z^n = 0$，从而有 $\lim\limits_{n \to \infty} s_n = \frac{1}{1-z}$，即 $|z| < 1$ 时，级数 $\sum\limits_{n=1}^{\infty} z^n$ 收敛，和函数为 $\frac{1}{1-z}$；当 $|z| > 1$ 时，由于 $n \to \infty$ 时，级数的一般项 z^n 不趋于零，故级数发散。由阿贝尔定理知级数的收敛范围为一单位圆域 $|z| < 1$，在此圆域内，级数不仅收敛，而且绝对收敛。收敛半径为 1，并有

$$\frac{1}{1-z} = 1 + z + \frac{z^2}{2^2} + \cdots + \frac{z^n}{n^n} + \cdots \tag{9.4}$$

9.2.3　收敛半径的求法

关于幂级数（9.3）的收敛半径的求法，我们有

定理 9.6（比值法）　如果 $\lim\limits_{n \to \infty} \left| \dfrac{c_{n+1}}{c_n} \right| = \lambda \neq 0$，那么收敛半径 $R = \dfrac{1}{\lambda}$。

证明　由于 $\lim\limits_{n \to \infty} \dfrac{|c_{n+1}|\,|z|^{n+1}}{|c_n|\,|z|^n} = \lim\limits_{n \to \infty} \left| \dfrac{c_{n+1}}{c_n} \right| |z| = \lambda|z| = \rho$，故知当 $|z| < \dfrac{1}{\lambda}$ 时，$\sum\limits_{n=0}^{\infty} |c_n|\,|z|^n$ 收敛。根据定理 9.3，级数 $\sum\limits_{n=1}^{\infty} c_n z_0^n$ 在圆 $|z| = \dfrac{1}{\lambda}$ 内收敛。再证当 $|z_1| > \dfrac{1}{\lambda}$ 时级数发散。

假设在圆 $|z| = \dfrac{1}{\lambda}$ 外取一点 z_0，使级数 $\sum\limits_{n=1}^{\infty} c_n z_0^n$ 收敛，在圆 $|z| = \dfrac{1}{\lambda}$ 外再取一点 z_1，使 $|z_1| < |z_0|$，那么根据阿贝尔定理，级数 $\sum\limits_{n=0}^{\infty} |c_n|\,|z_1|^n$ 必收敛。然而 $|z_1| > \dfrac{1}{\lambda}$，所以

$$\lim_{n \to \infty} \frac{|c_{n+1}|\,|z_1|^{n+1}}{|c_n|\,|z_1|^n} = \lambda|z_1| > 1$$

这跟 $\sum\limits_{n=0}^{\infty}|c_n||z_1|^n$ 收敛相矛盾,即在圆周 $|z|=\dfrac{1}{\lambda}$ 外有一点 z_0,使级数 $\sum\limits_{n=1}^{\infty}c_nz_0^n$ 收敛的假定不能成立。因而 $\sum\limits_{n=0}^{\infty}c_nz^n$ 在圆 $|z|=\dfrac{1}{\lambda}$ 外发散。以上的结果表明了收敛半径 $R=\dfrac{1}{\lambda}$。

我们必须注意,定理中的极限是假定存在的而且不为零。如果 $\lambda=0$,那么对任何 z,级数 $\sum\limits_{n=0}^{\infty}|c_n||z|^n$ 都收敛,从而级数 $\sum\limits_{n=0}^{\infty}c_nz^n$ 在复平面内处处收敛,即 $R=\infty$;如果 $\lambda=\infty$,那么对于复平面内除 $z=0$ 以外的一切 z,级数 $\sum\limits_{n=0}^{\infty}|c_n||z|^n$ 都不收敛。因此 $\sum\limits_{n=0}^{\infty}c_nz^n$ 也不能收敛,即 $R=0$。否则,根据阿贝尔定理将有 $z\neq0$ 使得级数 $\sum\limits_{n=0}^{\infty}|c_n||z|^n$ 收敛。

定理 9.7(根值法) 如果 $\lim\limits_{n\to\infty}\sqrt[n]{|c_n|}=\lambda\neq0$,那么收敛半径 $R=\dfrac{1}{\lambda}$。

证明从略。

例 9.3 求下列幂级数的收敛半径:

(1) $\sum\limits_{n=1}^{\infty}\dfrac{z^n}{n^3}$(并讨论在收敛圆周上的情形);

(2) $\sum\limits_{n=1}^{\infty}\dfrac{(z-1)^n}{n}$(并讨论 $z=0,2$ 时的情形);

(3) $\sum\limits_{n=0}^{\infty}(\cos\mathrm{i}n)z^n$。

解 (1)因 $\lim\limits_{n\to\infty}\left|\dfrac{c_{n+1}}{c_n}\right|=\lim\limits_{n\to\infty}\left(\dfrac{n}{n+1}\right)^3=1$,所以收敛半径 $R=1$,也就是原级数在圆 $|z|=1$ 内收敛,在圆外发散。在圆周 $|z|=1$,级数 $\sum\limits_{n=1}^{\infty}\left|\dfrac{z^n}{n^3}\right|=\sum\limits_{n=1}^{\infty}\dfrac{1}{n^3}$ 是收敛的,因为这是一个 p 级数,$p=3>1$,所以原级数在收敛圆上是处处收敛的。

(2) $\lim\limits_{n\to\infty}\left|\dfrac{c_{n+1}}{c_n}\right|=\lim\limits_{n\to\infty}\dfrac{n}{n+1}=1$,即 $R=1$

用根值审敛法也得同样结果。

在收敛圆 $|z-1|=1$ 上,当 $z=0$ 时,原级数成为 $\sum\limits_{n=1}^{\infty}(-1)^n\dfrac{1}{n}$,它是交错级数,根据莱布尼茨准则,级数收敛;当 $z=2$ 时,原级数成 $\sum\limits_{n=1}^{\infty}\dfrac{1}{n}$,它是调和级数,所以发散。这个例子表明,在收敛圆周上既有级数的收敛点,也有级数的发散点。

(3)因为 $c_n=\cos\mathrm{i}n=\cosh n=\dfrac{1}{2}(\mathrm{e}^n+\mathrm{e}^{-n})$,所以

$$\lim_{n\to\infty}\left|\dfrac{c_{n+1}}{c_n}\right|=\lim_{n\to\infty}\dfrac{\mathrm{e}^{n+1}+\mathrm{e}^{-n-1}}{\mathrm{e}^n+\mathrm{e}^{-n}}=\mathrm{e}$$

故收敛半径 $R=\dfrac{1}{\mathrm{e}}$。

9.2.4 幂级数的运算和性质

像实变幂级数一样,复变幂级数也能进行有理运算。设

$$f(z) = \sum_{n=0}^{\infty} a_n z^n, \quad R = r_1, \quad g(z) = \sum_{n=0}^{\infty} b_n z^n, \quad R = r_2$$

那么在以原点为中心，以 r_1、r_2 中较小的一个为半径的圆内，这两个幂级数可以像多项式那样进行相加、相减、相乘，所得到的幂级数的和函数分别就是 $f(z)$ 与 $g(z)$ 的和、差与积。在这几种情形下，所得到的幂级数的收敛半径大于或等于 r_1、r_2 中较小的一个。也就是

$$f(z) \pm g(z) = \sum_{n=0}^{\infty} a_n z^n \pm \sum_{n=0}^{\infty} b_n z^n = \sum_{n=0}^{\infty} (a_n \pm b_n) z^n, \quad |z| < R$$

$$f(z) \cdot g(z) = \left(\sum_{n=0}^{\infty} a_n z^n \right) \cdot \left(\sum_{n=0}^{\infty} b_n z^n \right) = \sum_{n=0}^{\infty} (a_n b_0 + a_{n-1} b_1 + \cdots + a_0 b_n) z^n, \quad |z| < R$$

这里 $R = \min(r_1, r_2)$。

更为重要的是代换（复合）运算：如果当 $|z| < r$ 时，$f(z) = \sum_{n=0}^{\infty} a_n z^n$，又设在 $|z| < R$ 内 $g(z)$ 解析且满足 $|g(z)| < r$，那么当 $|z| < R$ 时，$f[g(z)] = \sum_{n=0}^{\infty} a_n [g(z)]^n$。这个代换运算，在把函数展开成幂级数时，有着广泛的应用。

例 9.4 把函数 $\dfrac{1}{z-b}$ 表成形如 $\sum_{n=0}^{\infty} c_n (z-a)^n$ 的幂级数，其中 a 与 b 是不相等的复常数。

解 把函数 $\dfrac{1}{z-b}$ 写成如下的形式：

$$\frac{1}{z-b} = \frac{1}{(z-a)-(b-a)} = -\frac{1}{b-a} \cdot \frac{1}{1 - \dfrac{z-a}{b-a}}$$

$$\frac{1}{1 - \dfrac{z-a}{b-a}} = 1 + \left(\frac{z-a}{b-a} \right) + \left(\frac{z-a}{b-a} \right)^2 + \cdots + \left(\frac{z-a}{b-a} \right)^n + \cdots$$

从而得到

$$\frac{1}{z-b} = -\frac{1}{b-a} - \frac{1}{(b-a)^2}(z-a) - \frac{1}{(b-a)^3}(z-a)^2$$

$$- \cdots - \frac{1}{(b-a)^{n+1}}(z-a)^n - \cdots$$

设 $|b-a| = R$，那么当 $|z-a| < R$ 时，上式右端的级数收敛，且其和为 $\dfrac{1}{z-b}$。因为 $z = b$ 时，上式右端的级数发散，故由阿贝尔定理知，当 $|z-a| > |b-a| = R$ 时，级数发散，即上式右端的级数的收敛半径为 $R = |b-a|$。

细察本题的解题步骤，不难看出：首先要把函数作代数变形，使其分母中出现 $z-a$，因为我们要展成 $z-a$ 的幂级数，再把它按照展开式为已知的函数 $\dfrac{1}{1-z}$ 的形式写成 $\dfrac{1}{1-g(z)}$，其中 $g(z) = \dfrac{z-a}{b-a}$，然后把 $\dfrac{1}{1-z}$ 展开式中的 z 换成 $g(z)$。

以后，把函数展成幂级数时，常用例 9.4 中的方法，希望读者注意。

复变幂级数也像实变幂级数一样，在其收敛圆内具有下列性质（证明从略）：

定理 9.8 设幂级数 $\sum_{n=0}^{\infty} c_n (z-a)^n$ 的收敛半径为 R，那么

(1)它的和函数 $f(z) = \sum\limits_{n=0}^{\infty} c_n (z-a)^n$,是收敛圆:$|z-a| < R$ 内的解析函数;

(2)$f(z)$ 在收敛圆内的导数可将其幂级数逐项求导得到,即

$$f'(z) = \sum_{n=1}^{\infty} n c_n (z-a)^{n-1}$$

(3)$f(z)$ 在收敛圆内可以逐项积分,即

$$\int_C f(z) \mathrm{d}z = \sum_{n=0}^{\infty} c_n \int_C (z-a)^n \mathrm{d}z, \quad C \in |z-a| < R$$

或

$$\int_a^z f(\zeta) \mathrm{d}\zeta = \sum_{n=0}^{\infty} \frac{c_n}{n+1} (z-a)^{n+1}$$

9.3　泰勒级数

在 9.2 节中,我们已经知道一个幂级数的和函数在它的收敛圆的内部是一个解析函数。现在我们来研究与此相反的问题:任何一个解析函数是否能用幂级数来表达? 这个问题不但具有理论意义,而且很有实用价值。

设函数 $f(z)$ 在区域 D 内解析,而 $|\zeta - z_0| = r$ 为 D 内以 z_0 为中心的任何一个圆周,它与它的内部全含于 D,把此圆周记作 K。又设 z 为 K 内任一点(见图 9.2),于是按照柯西积分公式,有

$$f(z) = \frac{1}{2\pi \mathrm{i}} \oint_K \frac{f(\zeta)}{\zeta - z} \mathrm{d}\zeta \qquad (9.5)$$

其中 K 取正方向。由于积分变量 ζ 取在圆周 K 上,点 z 在 K 的内部,所以 $\left| \dfrac{z - z_0}{\zeta - z_0} \right| < 1$,根据 9.2 节中的例 9.4,就有

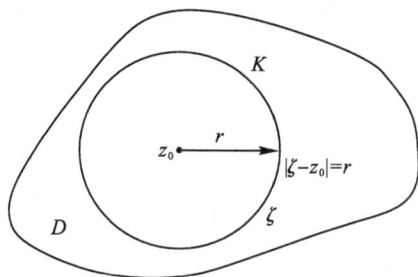

图 9.2

$$\frac{1}{\zeta - z} = \frac{1}{\zeta - z_0} \frac{1}{1 - \dfrac{z - z_0}{\zeta - z_0}}$$

$$= \frac{1}{\zeta - z_0} \left[1 + \left(\frac{z - z_0}{\zeta - z_0} \right) + \left(\frac{z - z_0}{\zeta - z_0} \right)^2 + \cdots + \left(\frac{z - z_0}{\zeta - z_0} \right)^n + \cdots \right]$$

$$= \sum_{n=0}^{\infty} \frac{1}{(\zeta - z_0)^{n+1}} (z - z_0)^n$$

以此代入(9.5)式,并把它写成

$$f(z) = \sum_{n=0}^{N-1} \left[\frac{1}{2\pi \mathrm{i}} \oint_K \frac{f(\zeta) \mathrm{d}\zeta}{(\zeta - z_0)^{n+1}} \right] (z - z_0)^n + \frac{1}{2\pi \mathrm{i}} \oint_K \left[\sum_{n=N}^{\infty} \frac{f(\zeta)}{(\zeta - z_0)^{n+1}} (z - z_0)^n \right] \mathrm{d}\zeta$$

由解析函数的高阶导数公式(8.23),上式又可写成

$$f(z) = \sum_{n=0}^{N-1} \frac{f^{(n)}(z_0)}{n!} (z - z_0)^n + R_N(z) \qquad (9.6)$$

其中

$$R_N(z) = \frac{1}{2\pi i} \oint_K \left[\sum_{n=N}^{\infty} \frac{f(\zeta)}{(\zeta-z_0)^{n+1}} (z-z_0)^n \right] \mathrm{d}\zeta \tag{9.7}$$

我们如果能够证明 $\lim\limits_{N\to\infty} R_N(z)=0$ 在 K 内成立，那么由(9.6)式就可得知

$$f(z) = \sum_{n=0}^{\infty} \frac{f^{(n)}(z_0)}{n!} (z-z_0)^n \tag{9.8}$$

在 K 内成立，即 $f(z)$ 在 K 内可以用幂级数来表达。为此，我们令

$$\left| \frac{z-z_0}{\zeta-z_0} \right| = \frac{|z-z_0|}{r} = q$$

显然，q 是与积分变量 ζ 无关的量，并且 $0 \leqslant q < 1$。由于 K 含于 D，而 $f(z)$ 在 D 内解析，从而在 K 上连续，因此，$f(\zeta)$ 在 K 上也连续。于是 $f(\zeta)$ 在 K 上有界，即存在一个正常数 M，在 K 上 $|f(\zeta)| \leqslant M$。由(9.7)式，有

$$|R_N(z)| \leqslant \frac{1}{2\pi} \oint_K \left| \sum_{n=N}^{\infty} \frac{f(\zeta)}{(\zeta-z_0)^{n+1}} (z-z_0)^n \right| \mathrm{d}s$$

$$\leqslant \frac{1}{2\pi} \oint_K \left[\sum_{n=N}^{\infty} \frac{|f(\zeta)|}{|\zeta-z_0|} \left| \frac{z-z_0}{\zeta-z_0} \right|^n \right] \mathrm{d}s$$

$$\leqslant \frac{1}{2\pi} \cdot \sum_{n=N}^{\infty} \frac{M}{r} q^n \cdot 2\pi r = \frac{M}{1-q} q^N$$

因为 $\lim\limits_{N\to\infty} q^N = 0$，所以 $\lim\limits_{N\to\infty} R_N(z) = 0$ 在 K 内成立，从而公式(9.8)在 K 内成立。这个公式称为 $f(z)$ 的泰勒展开式，它右端的级数称为 $f(z)$ 在 z_0 的泰勒级数，与实变函数的情形完全一样。

圆周 K 的半径可以任意增大，只要 K 在 D 内。所以，如果 z_0 到 D 的边界上各点的最短距离为 d，那么 $f(z)$ 在 z_0 的泰勒展开式(9.8)在圆域 $|z-z_0| < d$ 内成立。但这时对 $f(z)$ 在 z_0 的泰勒级数来说，它的收敛半径 R 至少等于 d，因为凡满足 $|z-z_0| < d$ 的 z 必能使(9.8)式成立，即 $R \geqslant d$。

从以上的讨论，我们得到下面的定理(泰勒展开定理)。

定理9.9　设 $f(z)$ 在区域 D 内解析，z_0 为 D 内的一点，d 为 z_0 到 D 的边界上各点的最短距离，那么当 $|z-z_0| < d$ 时，

$$f(z) = \sum_{n=0}^{\infty} \frac{f^{(n)}(z_0)}{n!} (z-z_0)^n$$

成立，其中

$$c_n = \frac{1}{n!} f^{(n)}(z_0), \; n=0,1,2,\cdots$$

应当指出，如果 $f(z)$ 在 z_0 解析，那么使 $f(z)$ 在 z_0 的泰勒展开式成立的圆域的半径 R 就等于从 z_0 到 $f(z)$ 的距 z_0 最近一个奇点 α 之间的距离，即 $d = |\alpha - z_0|$。这是因为 $f(z)$ 在收敛圆内解析，故奇点 α 不可能在收敛圆内。又因为奇点 α 不可能在收敛圆外，不然收敛半径还可以扩大，因此奇点 α 只能在收敛圆周上。

利用泰勒级数可以把函数展开成幂级数。但这样的展开式是否唯一呢？

设 $f(z)$ 在 z_0 已经用另外的方法展开为幂级数：

$$f(z) = a_0 + a_1(z-z_0) + a_2(z-z_0)^2 + \cdots + a_n(z-z_0)^n + \cdots$$

那么
$$f(z_0)=a_0$$

由幂级数的性质定理 9.7 的第(2)条,得
$$f'(z_0)=a_1+2a_2(z-z_0)+\cdots$$

于是 $f'(z_0)=a_1$,同理可得
$$a_n=\frac{1}{n!}f^{(n)}(z_0),\cdots$$

由此可见,任何解析函数展开成幂级数的结果就是泰勒级数,因而是唯一的。

利用泰勒展开式,我们可以直接通过计算系数
$$c_n=\frac{1}{n!}f^{(n)}(z_0),\ n=0,1,2,\cdots$$

把函数 $f(z)$ 在 z_0 展开成幂级数。下面我们把一些最简单的初等函数展开成幂级数。

例如,求 e^z 在 $z=0$ 的泰勒展开式。由于
$$(e^z)^{(n)}=e^z,(e^z)^{(n)}\big|_{z=0}=1\quad(n=0,1,2,\cdots)$$

故有
$$e^z=1+z+\frac{z^2}{2!}+\cdots+\frac{z^n}{n!}+\cdots=\sum_{n=0}^{\infty}\frac{z^n}{n!}\tag{9.9}$$

因为 e^z 在复平面内处处解析,所以这个等式在复平面内处处成立,并且右端幂级数的收敛半径 $R=\infty$。

同样,可求得 $\sin z$ 与 $\cos z$ 在 $z=0$ 的泰勒展开式:
$$\sin z=z-\frac{z^3}{3!}+\frac{z^5}{5!}-\cdots+(-1)^n\frac{z^{2n+1}}{(2n+1)!}+\cdots(R=\infty)\tag{9.10}$$
$$\cos z=1-\frac{z^2}{2!}+\frac{z^4}{4!}-\cdots+(-1)^n\frac{z^{2n}}{(2n)!}+\cdots(R=\infty)\tag{9.11}$$

因为 $\sin z$ 与 $\cos z$ 在复平面内处处解析,所以这些等式也在复平面内处处成立。

以上求 e^z 在 $z=0$ 的泰勒展开式所用的方法是直接算出各阶导数后套用泰勒展开式而得到的,这种方法称为直接法。我们也可以借助于一些已知函数的展开式,利用幂级数的运算性质和分析性质(定理 9.7),以唯一性为依据来得出一个函数的泰勒展开式,这种方法称为间接展开法。例如 $\sin z$ 在 $z=0$ 的泰勒展开式也可用简接展开法得出:
$$\sin z=\frac{1}{2i}(e^{iz}-e^{-iz})=\frac{1}{2i}\left[\sum_{n=0}^{\infty}\frac{(iz)^n}{n!}-\sum_{n=0}^{\infty}\frac{(-iz)^n}{n!}\right]$$
$$=\sum_{n=0}^{\infty}(-1)^n\frac{z^{2n+1}}{(2n+1)!}$$

例 9.5 把函数 $\frac{1}{(1+z)^2}$ 展开成 z 的幂级数。

解 由于函数 $\frac{1}{(1+z)^2}$ 在单位圆 $|z|=1$ 上有一奇点 $z=-1$,而在 $|z|<1$ 内处处解析,所以它在 $|z|<1$ 内可展开成 z 的幂级数。根据(9.4)式,把其中的 z 换成 $-z$,得
$$\frac{1}{1+z}=1-z+z^2-\cdots+(-1)^nz^n+\cdots\quad|z|<1\tag{9.12}$$

把上式两边逐项求导,即得所求的展开式

$$\frac{1}{(1+z)^2}=-\left(\frac{1}{1+z}\right)'=1-2z+3z^2-\cdots+(-1)^{n-1}nz^{n-1}+\cdots \quad (|z|<1)$$

例 9.6 求对数函数的主值 $\ln(1+z)$ 在 $z=0$ 处的泰勒展开式。

解 我们知道，$\ln(1+z)$ 在从 -1 向左沿负实轴剪开的平面内是解析的，而 -1 是它的一个奇点，所以它在 $|z|<1$ 内可以展开成 z 的幂级数（见图 9.3）。

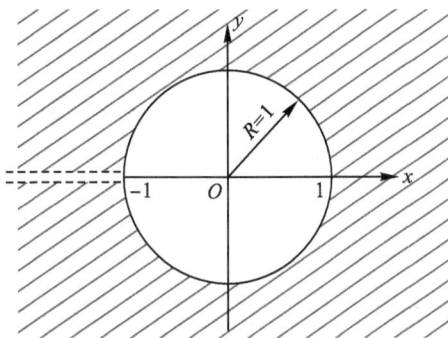

图 9.3

因为 $[\ln(1+z)]'=\dfrac{1}{1+z}$，而 $\dfrac{1}{1+z}$ 有展开式 (9.12)。在此展开式的收敛圆 $|z|<1$ 内，任取一条从 0 到 z 的积分路线 C，把 (9.12) 式的两端沿 C 逐项积分，得

$$\int_0^z \frac{1}{1+z}\mathrm{d}z=\int_0^z \sum_{n=0}^{\infty}(-1)^n z^n \mathrm{d}z$$

即

$$\ln(1+z)=z-\frac{z^2}{2}+\frac{z^3}{3}-\cdots+(-1)^n\frac{z^{n+1}}{n+1}+\cdots \tag{9.13}$$

这就是所求的泰勒展开式。

总之，把一个复变函数展开成幂级数的方法与实变函数的情形基本一样，读者必须通过练习，掌握展开的基本方法和技巧。

最后我们指出，根据 9.2 节的定理 9.8 与本节的定理知，幂级数 $\sum\limits_{n=0}^{\infty}c_n(z-z_0)^n$ 在收敛圆 $|z-z_0|<R$ 内的和函数是解析函数；反过来，在圆域 $|z-z_0|<R$ 内解析的函数 $f(z)$ 必能在 z_0 展开成幂级数 $\sum\limits_{n=0}^{\infty}c_n(z-z_0)^n$。所以，$f(z)$ 在 z_0 解析跟 $f(z)$ 在 z_0 的邻域内可以展开成幂级数 $\sum\limits_{n=0}^{\infty}c_n(z-z_0)^n$ 是两种等价的说法。

最后，附上一些常见函数的泰勒展开式：

$$(1)\,\mathrm{e}^z=1+z+\frac{z^2}{2!}+\cdots+\frac{z^n}{n!}+\cdots=\sum_{n=0}^{\infty}\frac{z^n}{n!} \qquad (|z|<\infty)$$

$$(2)\,\frac{1}{1-z}=1+z+z^2+\cdots+z^n+\cdots=\sum_{n=0}^{\infty}z^n \qquad (|z|<1)$$

$$(3)\,\frac{1}{1+z}=1-z+z^2-\cdots+(-1)^n z^n+\cdots=\sum_{n=0}^{\infty}(-1)^n z^n \qquad (|z|<1)$$

$$(4)\,\sin z=z-\frac{z^3}{3!}+\frac{z^5}{5!}-\cdots+(-1)^n\frac{z^{2n+1}}{(2n+1)!}+\cdots \qquad (|z|<\infty)$$

$$(5) \cos z = 1 - \frac{z^2}{2!} + \frac{z^4}{4!} - \cdots + (-1)^n \frac{z^{2n}}{(2n)!} + \cdots \qquad (|z| < \infty)$$

$$(6) \ln(1+z) = z - \frac{z^2}{2} + \frac{z^3}{3} - \cdots + (-1)^n \frac{z^{n+1}}{n+1} + \cdots = \sum_{n=0}^{\infty} (-1)^n \frac{z^{n+1}}{n+1} \qquad (|z| < 1)$$

$$(7)(1+z)^\alpha = 1 + \alpha z + \frac{\alpha(\alpha-1)}{2!} z^2 + \frac{\alpha(\alpha-1)(\alpha-2)}{3!} z^3 + \cdots$$

$$+ \frac{\alpha(\alpha-1)\cdots(\alpha-n+1)}{n!} z^n + \cdots \qquad (|z| < 1)$$

9.4 洛朗级数

9.4.1 负幂项级数

在上一节中,我们已经看到,一个在以 z_0 为中心的圆域内解析的函数 $f(z)$,可以在该圆域内展开成 $z-z_0$ 的幂级数,如果 $f(z)$ 在 z_0 处不解析,那么在 z_0 的邻域内就不能用 $z-z_0$ 的幂级数来表示。但是这种情况在实际问题中却经常遇到,因此,在这一节中将讨论在以 z_0 为中心的圆环域内的解析函数的级数表示法,并以此为工具为下一章研究解析函数在孤立奇点邻域内的性质,以及定义留数和计算留数奠定必要的基础。

首先让我们探讨具有下列形式的级数:

$$\sum_{n=-\infty}^{\infty} c_n (z-z_0)^n = \cdots + c_{-n}(z-z_0)^{-n} + \cdots + c_{-1}(z-z_0)^{-1}$$
$$+ c_0 + c_1(z-z_0) + \cdots + c_n(z-z_0)^n + \cdots \qquad (9.14)$$

其中 z_0 及 $c_n (n=0, \pm 1, \pm 2, \cdots)$ 都是常数。

把级数(9.14)分成两部分来考虑:正幂项(包括常数项)部分为

$$\sum_{n=0}^{\infty} c_n (z-z_0)^n = c_0 + c_1(z-z_0) + \cdots + c_n (z-z_0)^n + \cdots \qquad (9.15)$$

负幂项部分为

$$\sum_{n=1}^{\infty} c_{-n}(z-z_0)^{-n} = c_{-1}(z-z_0)^{-1} \cdots + c_{-n}(z-z_0)^{-n} + \cdots \qquad (9.16)$$

级数(9.15)是一个通常的幂级数,它的收敛范围是一个圆域。设它的收敛半径为 R_2,那么当 $|z-z_0| < R_2$ 时,级数收敛;当 $|z-z_0| > R_2$ 时,级数发散。

级数(9.16)是一个新型的级数。如果令 $\zeta = (z-z_0)^{-1}$,那么就得到

$$\sum_{n=1}^{\infty} c_{-n}(z-z_0)^{-n} = \sum_{n=1}^{\infty} c_{-n}\zeta^n = c_{-1}\zeta + c_{-2}\zeta^2 + \cdots + c_{-n}\zeta^n + \cdots \qquad (9.17)$$

对变数 ζ 来说,级数式(9.17)是一个通常的幂级数。设它的收敛半径为 R,那么当 $|\zeta| < R$ 时,级数收敛;当 $|\zeta| > R$ 时,级数发散。因此,如果我们要判定级数(9.16)的收敛范围,只需把 ζ 用 $(z-z_0)^{-1}$ 代回去就可以了。如果令 $\frac{1}{R} = R_1$,那么当且仅当 $|\zeta| < R$ 时,$|z-z_0| > R_1$;当且仅当 $|\zeta| > R$ 时,$|z-z_0| < R_1$。由此可知,对于级数(9.16),当 $|z-z_0| > R_1$ 时收敛,当 $|z-z_0| < R_1$ 时发散。

9.4.2 双边级数的收敛域

由于级数(9.14)中的正幂项与负幂项分别在常数项 c_0 的两边,各无尽头,因此没有首项。所以对它的敛散性我们无法像前面讨论的幂级数那样,用前几项的部分和的极限来定义。对这种具有正、负幂项的双边幂级数,它的敛散性我们做如下的规定:当且仅当级数(9.15)与(9.16)都收敛时,级数(9.14)才收敛,并把级数(9.14)看作级数(9.15)与(9.16)的和。因此,当 $R_1 > R_2$ 时(见图 9.4(a)),级数(9.15)与(9.16)没有公共的收敛范围,所以,级数(9.14)处处发散;当 $R_1 < R_2$ 时(见图 9.4(b)),级数(9.15)与(9.16)的公共收敛范围是圆环域 $R_1 < |z - z_0| < R_2$。所以,级数(9.14)在这圆环域内收敛,在这圆环域外发散。在圆环域的边界 $|z - z_0| = R_1$ 及 $|z - z_0| = R_2$ 上可能有些点收敛,有些点发散。这就是说,级数(9.14)的收敛域是圆环域:$R_1 < |z - z_0| < R_2$。在特殊情形,圆环域的内半径 R_1 可能等于零,外半径 R_2 可能是无穷大。例如级数 $\sum_{n=1}^{\infty} \frac{a^n}{z^n} + \sum_{n=0}^{\infty} \frac{z^n}{b^n}$ (a 与 b 为复常数)中的前面部分由负幂项组成的级数 $\sum_{n=1}^{\infty} \frac{a^n}{z^n} = \sum_{n=1}^{\infty} \left(\frac{a}{z}\right)^n$,当 $\left|\frac{a}{z}\right| < 1$,即 $|z| > |a|$ 时收敛;而后面部分由正幂项组成的级数 $\sum_{n=0}^{\infty} \frac{z^n}{b^n}$,当 $|z| < |b|$ 时收敛。所以,在 $|a| < |b|$ 的情形下,原级数中正、负幂项各自组成的级数的公共收敛范围为圆环域 $|a| < |z| < |b|$,即原级数在此圆环域内收敛。在 $|a| > |b|$ 的情形,原级数中的两个级数没有公共的收敛点,所以原级数处处发散。

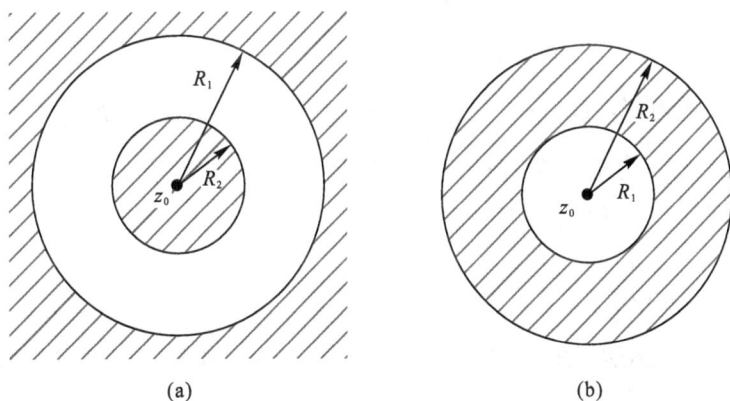

(a)　　　　　　　　　　　(b)

图 9.4

幂级数在收敛圆内所具有的许多性质,级数(9.14)在收敛圆环域内也具有。例如,可以证明,级数(9.14)在收敛圆环域内其和函数也是解析的,而且可以逐项求积及逐项求导。

现在我们要反过来问,在圆环域内解析的函数是否一定能展开成级数?试先看下例:

函数 $f(z) = \frac{1}{z(1-z)}$ 在 $z = 0$ 及 $z = 1$ 不解析,但在圆环域 $0 < |z| < 1$ 及 $0 < |z - 1| < 1$ 内都是处处解析的。先研究在圆环域:$0 < |z| < 1$ 内的情形。我们有

$$f(z) = \frac{1}{z(1-z)} = \frac{1}{z} + \frac{1}{1-z} = \frac{1}{z} + 1 + z + z^2 + \cdots + z^n + \cdots$$

由此可见,$f(z)$ 在 $0 < |z| < 1$ 内是可以展开为级数的。

其次,在圆环域:$0 < |z - 1| < 1$ 内也可以展开为级数:

$$f(z) = \frac{1}{z(1-z)} = \frac{1}{1-z}\left[\frac{1}{1-(1-z)}\right] = \frac{1}{1-z}[1+(1-z)+(1-z)^2+\cdots+(1-z)^n+\cdots]$$

$$= (1-z)^{-1}+1+(1-z)+(1-z)^2+\cdots+(1-z)^{n-1}+\cdots$$

从以上的讨论看来，函数 $f(z) = \frac{1}{z(1-z)}$ 是可以展开为级数的，只是这个级数含有负幂的项罢了。据此推想，在圆环域 $R_1 < |z-z_0| < R_2$ 内处处解析的函数 $f(z)$，可能展开成形如 (9.14) 的级数，事实上也确实是这样，所以我们有如下定理。

定理 9.10 设 $f(z)$ 在圆环域 $R_1 < |z-z_0| < R_2$ 内处处解析，那么 $f(z)$ 在 D 内可展开成洛朗级数

$$f(z) = \sum_{n=-\infty}^{\infty} c_n (z-z_0)^n$$

其中

$$c_n = \frac{1}{2\pi\mathrm{i}} \oint_C \frac{f(\zeta)}{(\zeta-z_0)^{n+1}} \mathrm{d}\zeta \quad (n=0,\pm 1,\pm 2,\cdots)$$

这里 C 为在圆环域内绕 z_0 的任何一条正向简单闭曲线。

证明 设 z 为圆环域内的任一点，在圆环域内作以 z_0 为中心的正向圆周 K_1 与 K_2，K_2 的半径 R 大于 K_1 的半径 r，且使 z 在 K_1 与 K_2 之间（见图 9.5）。于是由柯西积分公式[①]，得

$$f(z) = \frac{1}{2\pi\mathrm{i}} \oint_{K_2} \frac{f(\zeta)}{\zeta-z} \mathrm{d}\zeta - \frac{1}{2\pi\mathrm{i}} \oint_{K_1} \frac{f(\zeta)}{\zeta-z} \mathrm{d}\zeta$$

对于上式右端第一个积分来说，积分变量 ζ 取在圆周 K_2 上，点 z 在 K_2 的内部，所以 $\left|\frac{z-z_0}{\zeta-z_0}\right| < 1$。又由于 $f(\zeta)$ 在 K_2 上连续，因此存在一个常数 M，使得 $|f(\zeta)| \leqslant M$。与 9.3 节中泰勒展开式的证明一样，可以推得

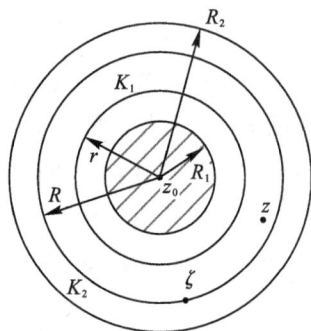

图 9.5

$$\frac{1}{2\pi\mathrm{i}} \oint_{K_2} \frac{f(\zeta)}{\zeta-z} \mathrm{d}\zeta = \sum_{n=0}^{\infty} \left[\frac{1}{2\pi\mathrm{i}} \oint_{K_2} \frac{f(\zeta)}{(\zeta-z_0)^{n+1}} \mathrm{d}\zeta\right](z-z_0)^n$$

应当指出，在这里不能对式 $\frac{1}{2\pi\mathrm{i}} \oint_{K_2} \frac{f(\zeta)}{(\zeta-z_0)^{n+1}} \mathrm{d}\zeta$ 应用高阶导数公式，它并不等于 $\frac{f^{(n)}(z_0)}{n!}$，因为这时函数 $f(z)$ 在 K_2 内不是处处解析的。

再来考虑第二个积分 $-\frac{1}{2\pi\mathrm{i}} \oint_{K_1} \frac{f(\zeta)}{\zeta-z} \mathrm{d}\zeta$。由于积分变量 ζ 取在 K_1 上，点 z 在 K_1 的外部，所以 $\left|\frac{\zeta-z_0}{z-z_0}\right| < 1$。因此就有

$$\frac{1}{\zeta-z} = -\frac{1}{z-z_0} \cdot \frac{1}{1-\frac{\zeta-z_0}{z-z_0}} = -\sum_{n=1}^{\infty} \frac{(\zeta-z_0)^{n-1}}{(z-z_0)^n} = -\sum_{n=1}^{\infty} \frac{1}{(\zeta-z_0)^{-n+1}}(z-z_0)^{-n}$$

所以

① 设区域 D 是圆环域，$f(z)$ 在 D 内解析，以圆环的中心为圆心作正向圆周 K_1 与 K_2，K_2 包含 K_1，z_0 为 K_1、K_2 之间的任一点，柯西积分公式 (8.20) 仍然成立，但 C 要换成 $K_1^- + K_2$。

· 140 ·

$$-\frac{1}{2\pi i}\oint_{K_1}\frac{f(\zeta)}{\zeta-z}\mathrm{d}\zeta=\sum_{n=1}^{N-1}\left[\frac{1}{2\pi i}\oint_{K_1}\frac{f(\zeta)}{(\zeta-z_0)^{-n+1}}\mathrm{d}\zeta\right](z-z_0)^{-n}+R_N(z)$$

其中

$$R_N(z)=\frac{1}{2\pi i}\oint_{K_1}\left[\sum_{n=N}^{\infty}\frac{(\zeta-z_0)^{n-1}f(\zeta)}{(z-z_0)^n}\right]\mathrm{d}\zeta$$

现在我们要证明 $\lim\limits_{N\to\infty}R_N(z)=0$ 在 K_1 外部成立。令

$$q=\left|\frac{\zeta-z_0}{z-z_0}\right|=\frac{r}{|z-z_0|}$$

显然,q 是与积分变量 ζ 无关的量,而且 $0<q<1$,因为 z 在 K_1 的外部。由于 $|f(\zeta)|$ 在 K_1 上连续,因此存在一个正常数 M,使得 $|f(\zeta)|\leqslant M$,于是有

$$|R_N(z)|\leqslant\frac{1}{2\pi}\oint_{K_1}\left[\sum_{n=N}^{\infty}\frac{|f(\zeta)|}{|\zeta-z_0|}\left|\frac{\zeta-z_0}{z-z_0}\right|^n\right]\mathrm{d}s\leqslant\frac{1}{2\pi}\sum_{n=N}^{\infty}\frac{M_1}{r}q^n\cdot2\pi r=\frac{M_1q^N}{1-q}$$

因为 $\lim\limits_{N\to\infty}q^N\to0$,所以 $\lim\limits_{N\to\infty}R_N(z)=0$,从而有

$$-\frac{1}{2\pi i}\oint_{K_1}\frac{f(\zeta)}{\zeta-z}\mathrm{d}\zeta=\sum_{n=1}^{N-1}\left[\frac{1}{2\pi i}\oint_{K_1}\frac{f(\zeta)}{(\zeta-z_0)^{-n+1}}\mathrm{d}\zeta\right](z-z_0)^{-n}$$

综上所述,我们有

$$f(z)=\sum_{n=0}^{\infty}c_n(z-z_0)^n+\sum_{n=1}^{\infty}c_{-n}(z-z_0)^{-n}=\sum_{n=-\infty}^{\infty}c_n(z-z_0)^n \tag{9.18}$$

如果在圆环域内取绕 z_0 的任何一条正向简单的闭曲线 C(见图 9.6),那么根据闭路变形原理,级数(9.18)的系数可用一个式子来表示:

$$c_n=\frac{1}{2\pi i}\oint_C\frac{f(\zeta)}{(\zeta-z_0)^{n+1}}\mathrm{d}\zeta\quad(n=0,\pm1,\pm2,\cdots) \tag{9.19}$$

公式(9.19)称为函数 $f(z)$ 在以 z_0 为中心的圆环域内的洛朗(Laurent)展开式。它右端的级数称为 $f(z)$ 在此圆环域内的洛朗级数。级数中正整次幂部分和负整次幂部分分别称为洛朗级数的解析部分和主要部分。在许多应用中,往往需要把在某点 z_0 不解析但在 z_0 的去心邻域内解析的函数 $f(z)$ 展开成级数,那么就利用洛朗级数来展开。

另外,一个在某一圆环域内解析的函数展开为含有正、负幂项的级数是唯一的,这个级数就是 $f(z)$ 的洛朗级数。

事实上,假定 $f(z)$ 在圆环域 $R_1<|z-z_0|<R_2$ 内

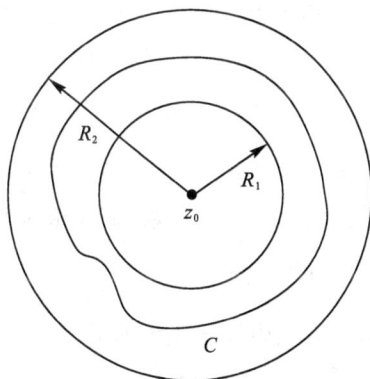

图 9.6

不论用何种方法已展成了由正、负幂项组成的级数:$f(z)=\sum\limits_{n=-\infty}^{\infty}a_n(z-z_0)^n$,并设 C 为圆环域内任何一条正向简单闭曲线,ζ 为 C 上任一点,那么

$$f(\zeta)=\sum_{n=-\infty}^{\infty}a_n(\zeta-z_0)^n$$

以 $(\zeta-z_0)^{-p-1}$ 去乘上式两边,这里 p 为任一整数,并沿 C 积分,得

$$\oint_C \frac{f(\zeta)}{(\zeta-z_0)^{p+1}}\mathrm{d}\zeta = \sum_{-\infty}^{+\infty}a_n\oint_{K_1}(\zeta-z_0)^{n-p-1}\mathrm{d}\zeta = 2\pi\mathrm{i}a_p$$

从而

$$a_p = \frac{1}{2\pi\mathrm{i}}\oint_C \frac{f(\zeta)}{(\zeta-z_0)^{p+1}}\mathrm{d}\zeta \quad (p=0,\pm1,\pm2,\cdots)$$

这就是(9.19)式。上面的定理给出了将一个在圆环域内解析的函数展开成洛朗级数的一般方法。但这个方法在用公式(9.19)来计算系数 c_n 时,往往是很麻烦的。例如,要把函数 $f(z)=\dfrac{\mathrm{e}^z}{z^2}$ 在以 $z=0$ 为中心的圆环域 $0<|z|<+\infty$ 内展开成洛朗级数时,如果用公式(9.19)计算 c_n,那么就有

$$c_n = \frac{1}{2\pi\mathrm{i}}\oint_C \frac{f(\zeta)}{(\zeta-z_0)^{n+1}}\mathrm{d}\zeta = \frac{1}{2\pi\mathrm{i}}\oint_C \frac{\mathrm{e}^\zeta}{\zeta^{n+3}}\mathrm{d}\zeta$$

其中 C 为圆环域内的任意一条简单闭曲线。

当 $n\leqslant-3$ 时,由于 $\dfrac{\mathrm{e}^z}{z^{n+3}}$ 在圆环域内解析,故由柯西-古尔萨基本定理可知,$c_n=0$。当 $n\geqslant-2$ 时,由高阶导数公式知

$$c_n = \frac{1}{2\pi\mathrm{i}}\oint_C \frac{\mathrm{e}^\zeta}{\zeta^{n+3}}\mathrm{d}\zeta = \frac{1}{(n+2)!}\cdot\left[\frac{\mathrm{d}^{n+2}}{\mathrm{d}z^{n+2}}(\mathrm{e}^z)\right]_{z=0} = \frac{1}{(n+2)!}$$

故有

$$\frac{\mathrm{e}^z}{z^2} = \sum_{n=-2}^{\infty}\frac{z^n}{(n+2)!} = \frac{1}{z^2}+\frac{1}{z}+\frac{1}{2!}+\frac{z}{3!}+\frac{z^2}{4!}+\cdots \quad 0<|z|<\infty$$

9.4.3 洛朗级数的间接展开法

如果我们根据由正、负整次幂项组成的级数的唯一性,可以用别的方法,特别是代数运算、代换、求导和积分等方法去展开,那么将会简便得多,像上例

$$\frac{\mathrm{e}^z}{z^2} = \frac{1}{z^2}\left(1+z+\frac{z^2}{2!}+\frac{z^3}{3!}+\frac{z^4}{4!}+\cdots\right) = \frac{1}{z^2}+\frac{1}{z}+\frac{1}{2!}+\frac{z}{3!}+\frac{z^2}{4!}+\cdots$$

两种方法相比,其繁简程度不可同日而语。因此,以后在求函数的洛朗展式时,通常不用公式(9.19)去求系数,而像求函数的泰勒展开式那样采用间接展开法。

例 9.7 函数 $f(z)=\dfrac{1}{(z-1)(z-2)}$ 在以下圆环域内是处处解析的(见图 9.7),试把 $f(z)$ 在这些区域内展开成洛朗级数。

(1) $0<|z|<1$;

(2) $1<|z|<2$;

(3) $2<|z|<+\infty$。

解 先把 $f(z)$ 用部分分式来表示:

$$f(z) = \frac{1}{(1-z)} - \frac{1}{(2-z)}$$

(1) 在 $0<|z|<1$ 内(见图 9.7(a)),由于 $|z|<1$,从而 $\left|\dfrac{z}{2}\right|<1$,所以(利用 9.2 节中例 9.2 中的结果(9.4))

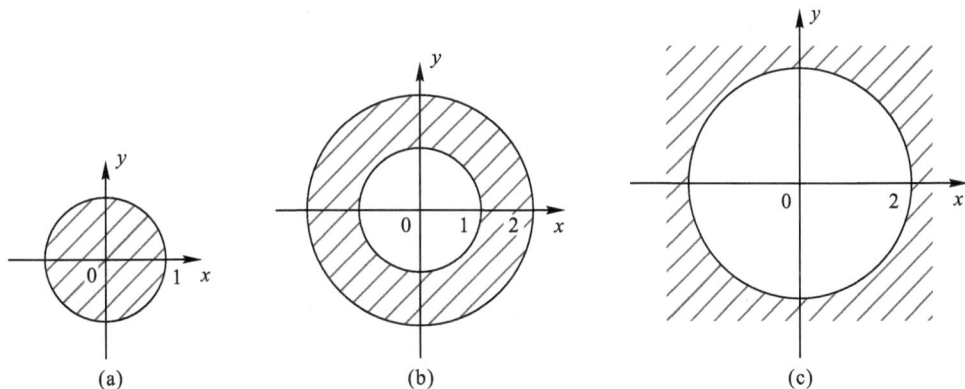

（a）　　　　　　　（b）　　　　　　　（c）

图 9.7

$$\frac{1}{1-z}=1+z+z^2+\cdots+z^n+\cdots$$

$$\frac{1}{2-z}=\frac{1}{2}\cdot\frac{1}{1-\frac{z}{2}}=\frac{1}{2}\left(1+\frac{z}{2}+\frac{z^2}{2^2}+\cdots+\frac{z^n}{2^n}+\cdots\right)\qquad(9.20)$$

因此，我们有

$$f(z)=(1+z+z^2+\cdots)-\frac{1}{2}\left(1+\frac{z}{2}+\frac{z^2}{4}+\cdots\right)=\frac{1}{2}+\frac{3}{4}z+\frac{7}{8}z^2+\cdots$$

结果中不含有 z 的负幂项，原因在于 $f(z)=\dfrac{1}{(1-z)}-\dfrac{1}{(2-z)}$ 在 $z=0$ 处是解析的。

（2）在 $1<|z|<2$ 内（见图 9.7(b)），由于 $|z|>1$，所以(9.4)不成立，但此时 $\left|\dfrac{1}{z}\right|<1$，因此把 $\dfrac{1}{1-z}$ 另行展开如下：

$$\frac{1}{1-z}=-\frac{1}{z}\cdot\frac{1}{1-\frac{1}{z}}=-\frac{1}{z}\left(1+\frac{1}{z}+\frac{1}{z^2}+\cdots\right)\qquad(9.21)$$

并由于此时 $|z|<2$，从而 $\left|\dfrac{z}{2}\right|<1$。所以(9.20)式仍然有效。因此我们有

$$f(z)=-\frac{1}{z}\left(1+\frac{1}{z}+\frac{1}{z^2}+\cdots\right)-\frac{1}{2}\left(1+\frac{z}{2}+\frac{z^2}{2^2}+\cdots\right)$$

$$=\cdots-\frac{1}{z^n}-\frac{1}{z^{n-1}}-\cdots-\frac{1}{z}-\frac{1}{2}-\frac{z}{4}-\frac{z^2}{8}-\cdots$$

（3）在 $2<|z|<\infty$ 内（见图 9.7(c)），由于 $|z|>2$，所以(9.20)式不成立，但此时 $\left|\dfrac{2}{z}\right|<1$，因此把 $\dfrac{1}{2-z}$ 另行展开如下：

$$\frac{1}{2-z}=-\frac{1}{z}\cdot\frac{1}{1-\frac{2}{z}}=-\frac{1}{z}\left(1+\frac{2}{z}+\frac{4}{z^2}+\cdots\right)$$

并因此时 $\left|\dfrac{1}{z}\right|<\left|\dfrac{2}{z}\right|<1$，所以(9.21)式仍然有效。因此，我们有

$$f(z) = \frac{1}{z}\left(1 + \frac{2}{z} + \frac{4}{z^2} + \cdots\right) - \frac{1}{z}\left(1 + \frac{1}{z} + \frac{1}{z^2} + \cdots\right) = \frac{1}{z^2} + \frac{3}{z^3} + \frac{7}{z^4} + \cdots$$

例 9.8 把函数 $f(z) = z^3 e^{\frac{1}{z}}$ 在 $0 < |z| < +\infty$ 内展开成洛朗级数。

解 函数 $f(z) = z^3 e^{\frac{1}{z}}$ 在 $0 < |z| < +\infty$ 内是处处解析的。我们知道，e^z 在复平面内的展开式为

$$e^z = 1 + z + \frac{z^2}{2!} + \frac{z^3}{3!} + \cdots + \frac{z^n}{n!} + \cdots$$

而 $\frac{1}{z}$ 在 $0 < |z| < +\infty$ 解析，所以把上式中的 z 代换成 $\frac{1}{z}$，两边同乘以 z^3，即得所求的洛朗展开式

$$z^3 e^{\frac{1}{z}} = z^3\left(1 + \frac{1}{z} + \frac{1}{2!z^2} + \frac{1}{3!z^3} + \frac{1}{4!z^4} + \cdots\right) = z^3 + z^2 + \frac{z}{2!} + \frac{1}{3!} + \frac{1}{4!z} + \cdots \quad (0 < |z| < +\infty)$$

应当注意，从以上两例可以看出，一个函数 $f(z)$ 在以 z_0 为中心的圆环域内的洛朗级数中尽管含有 $z - z_0$ 的负幂项，而且 z_0 又是这些项的奇点，但是 z_0 可能是函数 $f(z)$ 的奇点，也可能不是 $f(z)$ 的奇点。例 9.7 中的 (2) 与 (3) 表明，虽然圆环域的中心 $z = 0$ 是各负幂项的奇点，但却不是函数 $f(z) = \frac{1}{(1-z)} - \frac{1}{(2-z)}$ 的奇点。例 9.8 则表明圆环域的中心 $z = 0$ 是函数 $z^3 e^{\frac{1}{z}}$ 的奇点。

还应注意，给定了函数 $f(z)$ 与复平面内一点 z_0 以后，由于这个函数可以在以 z_0 为中心的（由奇点隔开的）不同圆环域内解析，因而在各个不同的圆环域中有不同的洛朗展开式（包括泰勒展开式作为它的特例）。我们不要把这种情形与洛朗展开式的唯一性相混淆。我们知道，所谓洛朗展开式的唯一性，是指函数在某一个给定的圆环域内的洛朗展开式是唯一。另外，在展开式的收敛圆环域的内圆周上有 $f(z)$ 的奇点，外圆周上也有 $f(z)$ 的奇点，或者外圆周的半径为无穷大。例如函数 $f(z) = \frac{1-2i}{z(z+i)}$ 在复平面内有两个奇点 $z = 0$ 与 $z = -i$，分

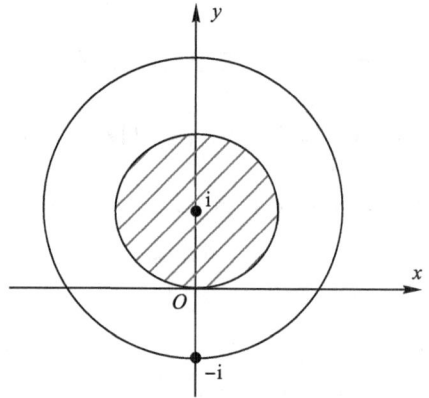

图 9.8

别在以 i 为中心的圆周 $|z - i| = 1$ 与 $|z - i| = 2$ 上（见图 9.8）。因此，$f(z)$ 在以 i 为中心的圆环域（包括圆域）内的展开式有三个：

(1) 在 $|z - i| < 1$ 中的泰勒展开式；

(2) 在 $1 < |z - i| < 2$ 中的洛朗展开式；

(3) 在 $2 < |z - i| < +\infty$ 中的洛朗展开式。

最后，说明一下公式 (9.19) 在计算沿封闭路线积分中的应用，旨在承前启后为下一章学习用留数计算积分打基础。在公式 (9.19) 中，令 $n = -1$，得

$$C_{-1} = \frac{1}{2\pi i}\oint_C f(z)dz \quad \text{或} \quad \oint_C f(z)dz = 2\pi i C_{-1} \tag{9.22}$$

其中 C 为圆环域 $R_1 < |z - z_0| < R_2$ 内包含 z_0 的任何一条简单闭曲线。$f(z)$ 在此圆环域内解

析,从(9.22)式看,计算积分可转化为求被积函数的洛朗展开式中 z 的负一次幂项的系数 C_{-1}。

例 9.9 求下列各积分的值:

(1) $\oint\limits_{|z|=2} \ln\left(1+\dfrac{1}{z}\right)\mathrm{d}z$;

(2) $\oint\limits_{|z|=2} \dfrac{z\mathrm{e}^{\frac{1}{z}}}{1-z}\mathrm{d}z$。

解 (1)函数在 $1<|z|<+\infty$ 处处解析,即

$$\ln\left(1+\frac{1}{z}\right)=\sum_{n=1}^{+\infty}\frac{(-1)^{n-1}}{n}z^{-n}$$

所以

$$C_{-1}=1, \quad \oint\limits_{|z|=2}\ln\left(1+\frac{1}{z}\right)\mathrm{d}z=2\pi\mathrm{i}C_{-1}=2\pi\mathrm{i}$$

(2) 函数 $f(z)=\dfrac{z\mathrm{e}^{\frac{1}{z}}}{1-z}$ 在 $1<|z|<+\infty$ 内解析,$|z|=2$ 在此圆环域内,把它在此圆环域内展开得

$$f(z)=\mathrm{e}^{\frac{1}{z}}\frac{-1}{1-\frac{1}{z}}=-\left(1+\frac{1}{z}+\frac{1}{z^2}+\cdots\right)\left(1+\frac{1}{z}+\frac{1}{2!}\frac{1}{z^2}+\cdots\right)$$

$$=-\left(1+\frac{2}{z}+\frac{5}{2z^2}+\cdots\right)$$

故 $C_{-1}=-2$,从而

$$\oint\limits_{|z|=2}\frac{z\mathrm{e}^{\frac{1}{z}}}{1-z}\mathrm{d}z=2\pi\mathrm{i}C_{-1}=-4\pi\mathrm{i}$$

习 题 9

1.判别下列数列是否收敛,若收敛,求其极限。

(1) $z_n=(-1)^n+\dfrac{\mathrm{i}}{n+1}$; (2) $z_n=\dfrac{1}{n}\mathrm{e}^{-\frac{n\pi}{2}\mathrm{i}}$。

2.判别下列级数的敛散性:

(1) $\displaystyle\sum_{n=1}^{\infty}\left(\frac{1}{n}+\frac{\mathrm{i}}{2^n}\right)$; (2) $\displaystyle\sum_{n=1}^{\infty}\left(\frac{1+5\mathrm{i}}{2}\right)^n$;

(3) $\displaystyle\sum_{n=1}^{\infty}\frac{\mathrm{i}^n}{n}$; (4) $\displaystyle\sum_{n=1}^{\infty}\frac{1}{(2+3\mathrm{i})^n}$。

3.判别下列级数是否收敛,是否绝对收敛。

(1) $\displaystyle\sum_{n=1}^{\infty}\frac{(-1)^n n^3}{(1+\mathrm{i})^n}$; (2) $\displaystyle\sum_{n=1}^{\infty}\left[(-1)^n\frac{1}{n^2}+\mathrm{i}\frac{3^n}{n!}\right]$。

4.求下列幂级数的收敛半径:

(1) $\displaystyle\sum_{n=0}^{\infty}\frac{z^n}{n^2}$; (2) $\displaystyle\sum_{n=0}^{\infty}\frac{z^n}{n!}$; (3) $\displaystyle\sum_{n=0}^{\infty}n!\ z^n$; (4) $\displaystyle\sum_{k=1}^{\infty}z^{k^2}$。

5. 展开函数 $f(z) = e^{e^z}$ 成 z 的幂级数到 z^3 项。

6. 求下列函数在 $z = 0$ 的泰勒展开式：

(1) $f(z) = e^z \cos z$;

(2) $f(z) = \sec z$;

(3) $f(z) = \dfrac{z^4 + z^3 - 5z^2 - 8z - 7}{(z-3)(z+1)^2}$。

7. 求函数 $\dfrac{1}{(1-z)^3}$ 在 $|z| < 1$ 内的泰勒展开式。

8. 将下列函数展开成 z 的幂级数：

(1) $e^z \sin z$;

(2) $e^{\frac{1}{1-z}}$

9. 求下列幂级数的收敛半径：

(1) $\displaystyle\sum_{n=1}^{\infty} \frac{z^n}{n^3}$;

(2) $\displaystyle\sum_{n=1}^{\infty} \frac{(z-1)^n}{n}$;

(3) $\displaystyle\sum_{n=0}^{\infty} (\cos in) z^n$。

10. 求函数 $z^2 e^{\frac{1}{z}}$ 在 $z = 0$ 的去心邻域的洛朗级数。

11. 求函数 $f(z) = \dfrac{1}{(z^2+1)^2}$ 在 $z_0 = i$ 的解析域上的洛朗展开式。

12. 将 $f(z) = \dfrac{1}{(z+i)(z-2)}$ 在下列圆环内展成洛朗级数：

(1) $1 < |z| < 2$;   (2) $2 < |z| < \infty$。

13. 求幂级数 $\displaystyle\sum_{n=0}^{\infty} (1+i)^n z^n$ 的收敛半径。

14. 求函数 $f(z) = \dfrac{z}{(z+1)(z+2)}$ 在 $z_0 = 2$ 的泰勒展开式。

15. 求积分 $\displaystyle\oint_C f(z) \mathrm{d}z$ 的值，其中 C 为正向圆周 $|z| = 3$ 且 $f(z) = \dfrac{1}{z(z+1)^2}$。

16. 求下列积分的值，其中圆周取正向。

(1) $\displaystyle\oint_{|z-z_0|=r} e^{\frac{1}{z-z_0}} (z - z_0)^{-3} \mathrm{d}z$;

(2) $\displaystyle\oint_{|z|=2} \ln\left(1 + \frac{1}{z}\right) \mathrm{d}z$;

(3) $\displaystyle\oint_{|z|=2} \frac{z e^{\frac{1}{z}}}{1-z} \mathrm{d}z$。

第 10 章 留 数

在这一章中,我们将以第 9 章介绍的洛朗级数为工具,先对解析函数的孤立奇点进行分类,再对它在孤立奇点邻域内的性质进行研究。无穷远点如为孤立奇点,我们也将对它进行分类。这些问题的讨论为引入留数概念以及计算留数打好基础。

本章的中心问题是留数定理,它是留数理论的基础。我们即将看到柯西-古尔萨基本定理、柯西积分公式都是留数定理的特殊情况。应用留数定理可以把计算沿闭曲线的积分转化为计算在孤立奇点处的留数,还可以计算一些定积分和广义积分。其中有些积分,我们在高等数学中已经计算过,但计算时比较复杂,本章将用留数理论对其分类后做统一处理,所以留数定理对于理论探讨与实际应用都具有重要意义。

10.1 孤立奇点

在 7.1 节中曾定义函数不解析的点为奇点。如果函数 $f(z)$ 虽在 z_0 不解析,但在 z_0 的某一个去心邻域 $0<|z-z_0|<\delta$ 内处处解析,那么 z_0 称为 $f(z)$ 的孤立奇点。例如函数 $\frac{1}{z}$,$e^{\frac{1}{z}}$ 都以 $z=0$ 为孤立奇点。但应指出,我们不能产生这样的想法,认为函数的奇点都是孤立的。例如函数 $f(z)=\dfrac{1}{\sin \frac{1}{z}}$,$z=0$ 是它的一个奇点,除此之外,$\frac{1}{z}=n\pi(n=\pm1,\pm2,\cdots)$ 也都是它的奇点。当 n 的绝对值逐渐增大时,$\frac{1}{n\pi}$ 可任意接近 $z=0$。换句话说,在 $z=0$ 的不论怎样小的去心领域内总有 $f(z)$ 的孤立奇点存在。所以,$z=0$ 不是 $\sin \frac{1}{z}$ 的孤立奇点。

用上一章的方法,我们把 $f(z)$ 在它的孤立奇点 z_0 的去心领域内展开成洛朗级数,根据展开式的不同情况将孤立奇点做如下的分类。

10.1.1 可去奇点

如果在洛朗级数中不含 $z-z_0$ 的负幂项,那么孤立奇点 z_0 称为 $f(z)$ 的可去奇点。

这时,$f(z)$ 在 z_0 的去心领域内的洛朗级数实际上就是一个普通的幂级数:
$$c_0+c_1(z-z_0)+\cdots+c_n(z-z_0)^n+\cdots$$
因此,这个幂级数的和函数 $F(z)$ 是在 z_0 解析的函数,且当 $z\neq z_0$ 时,$F(z)=f(z)$;当 $z=z_0$ 时,$f(z_0)=c_0$。但是,由于
$$f(z_0)=\lim_{z\to z_0}f(z)=f(z_0)=c_0$$
所以不论 $f(z)$ 原来在 z_0 是否有定义,如果我们令 $f(z_0)=c_0$,那么在圆域 $|z-z_0|<\delta$ 内就有
$$f(z)=c_0+c_1(z-z_0)+\cdots+c_n(z-z_0)^n+\cdots$$
从而函数 $f(z)$ 在 z_0 就成为解析的了。由于这个原因,所以 z_0 称为可去奇点。

例如，$z=0$ 是 $\dfrac{\sin z}{z}$ 的可去奇点，因为这个函数在 $z=0$ 的去心领域内的洛朗级数

$$\frac{\sin z}{z}=1-\frac{1}{3!}z^2+\frac{1}{5!}z^4-\cdots$$

中不含负幂的项。如果我们约定 $\dfrac{\sin z}{z}$ 在 $z=0$ 的值为 1（即 c_0），那么 $\dfrac{\sin z}{z}$ 在 $z=0$ 就成为解析的了。

10.1.2　极点

如果在洛朗级数中只有有限多个 $z-z_0$ 的负幂项，且其中关于 $(z-z_0)^{-1}$ 的最高幂为 $(z-z_0)^{-m}$，即

$$f(z)=c_{-m}(z-z_0)^{-m}+\cdots+c_{-2}(z-z_0)^{-2}+c_{-1}(z-z_0)^{-1}$$
$$+c_0+c_1(z-z_0)+\cdots\quad(m\geqslant1,c_{-m}\neq0)$$

那么孤立奇点 z_0 称为函数 $f(z)$ 的 m 级极点。上式也可写成

$$f(z)=\frac{1}{(z-z_0)^m}g(z)\tag{10.1}$$

其中

$$g(z)=c_{-m}+c_{-m+1}(z-z_0)+c_{-m+2}(z-z_0)^2+\cdots$$

在 $|z-z_0|<\delta$ 内是解析的函数，且 $g(z_0)\neq0$。反过来，当任何一个函数 $f(z)$ 能表示为 (10.1) 式的形式，且 $g(z_0)\neq0$ 时，那么 z_0 是 $f(z)$ 的 m 级极点。

如果 z_0 为 $f(z)$ 的极点，由 (10.1) 式，就有

$$\lim_{z\to z_0}|f(z)|=+\infty\quad\text{或写作}\quad\lim_{z\to z_0}f(z)=\infty$$

例如，对有理分式函数 $f(z)=\dfrac{z-2}{(z^2+1)(z-1)^3}$ 来说，$z=1$ 是它的一个三级极点，$z=\pm i$ 都是它的一级极点。

10.1.3　本性奇点

如果在洛朗级数中含有无穷多个 $z-z_0$ 的负幂项，那么孤立奇点 z_0 为 $f(z)$ 的本性奇点。

例如，函数 $f(z)=\mathrm{e}^{\frac{1}{z}}$ 以 $z=0$ 为它的本性奇点。因为在级数

$$\mathrm{e}^{\frac{1}{z}}=1+z^{-1}+\frac{1}{2!}z^{-2}+\cdots+\frac{1}{n!}z^{-n}+\cdots$$

中含有无穷多个 z 的负幂项。

在本性奇点的邻域内，函数 $f(z)$ 有以下的性质（证明从略）：

如果 z_0 为函数 $f(z)$ 的本性奇点，那么对于任意给定的复数 A，总可以找到一个趋向 z_0 的数列，当 z 沿这个数列趋向于 z_0 时，$f(z)$ 的值趋向于 A。例如，给定复数 $A=i$，我们把它写成 $i=\mathrm{e}^{(\frac{\pi}{2}+2n\pi)i}$。那么由 $\mathrm{e}^{\frac{1}{z}}=i$，可得 $z_n=\dfrac{1}{\left(\dfrac{\pi}{2}+2n\pi\right)i}$，显然，当 $n\to\infty$ 时，$z_n\to0$。而 $\mathrm{e}^{\frac{1}{z_n}}=i$，所以，

当 z 沿 $\{z_n\}$ 趋向于零时，$f(z)$ 的值趋向于 i。综上所述，如果 z_0 为 $f(z)$ 的可去奇点，那么 $\lim\limits_{z\to z_0}f(z)$ 存在且有限；如果 z_0 为 $f(z)$ 的极点，那么 $\lim\limits_{z\to z_0}f(z)=\infty$；如果 z_0 为 $f(z)$ 的本性奇点，

那么 $\lim\limits_{z \to z_0} f(z)$ 不存在且不为 ∞。因为已经讨论了孤立奇点的一切可能情形,所以反过来的结论也成立。这就是说,我们可以利用上述极限的不同情形来判别孤立奇点的类型。

10.1.4　函数的零点与极点的关系

不恒等于零的解析函数 $f(z)$ 如果能表示成

$$f(z) = (z-z_0)^m \varphi(z) \tag{10.2}$$

其中 $\varphi(z)$ 在 z_0 解析并且 $\varphi(z_0) \neq 0$,m 为某一正整数,那么 z_0 称为 $f(z)$ 的 m 级零点。

例如 $z=0$ 与 $z=1$ 分别是函数 $f(z) = z(z-1)^3$ 的一级与三级零点。根据这个定义,我们可以得到下列结论:

如果 $f(z)$ 在 z_0 解析,那么 z_0 称为 $f(z)$ 的 m 级零点的充要条件是

$$f^{(n)}(z_0) = 0, (n=0,1,2,\cdots,m-1), \quad f^{(m)}(z_0) \neq 0 \tag{10.3}$$

事实上,如果 z_0 是 $f(z)$ 的 m 级零点,那么 $f(z)$ 可表示成 (10.2) 式的形式。设 $\varphi(z)$ 在 z_0 的泰勒展开式为

$$\varphi(z) = c_0 + c_1(z-z_0) + c_2(z-z_0)^2 + \cdots$$

其中 $c_0 = \varphi(z_0) \neq 0$,从而 $f(z)$ 在 z_0 的泰勒展开式为

$$f(z) = c_0(z-z_0)^m + c_1(z-z_0)^{m+1} + c_2(z-z_0)^{m+2} + \cdots$$

这个式子说明,$f(z)$ 在 z_0 的泰勒展开式的前 m 项系数都为零。由泰勒级数的系数公式可知,这时 $f^{(n)}(z_0) = 0 (n=0,1,2,\cdots,m-1)$,而 $\dfrac{f^{(m)}(z_0)}{m!} = c_0 \neq 0$。这就证明了 (10.3) 是 z_0 为 $f(z)$ 的 m 级零点的必要条件。充分条件由读者自己证明。

例如 $z=1$ 是函数 $f(z) = z^3 - 1$ 的零点,由于 $f'(1) = 3z^2|_{z=1} = 3 \neq 0$,从而知 $z=1$ 是 $f(z)$ 的一级零点。

顺便指出,由于 (10.2) 中的 $\varphi(z)$ 在 z_0 解析,且 $\varphi(z_0) \neq 0$,因而它在 z_0 的邻域内不为零。这是因为 $\varphi(z)$ 在 z_0 解析,必在 z_0 连续,所以给定 $\varepsilon = \dfrac{1}{2}|\varphi(z_0)|$,必存在 δ,当 $|z-z_0| < \delta$ 时,有 $|\varphi(z) - \varphi(z_0)| < \varepsilon = \dfrac{1}{2}|\varphi(z_0)|$,由此得

$$|\varphi(z)| \geq \frac{1}{2}|\varphi(z_0)|$$

所以 $f(z) = \dfrac{1}{(z-z_0)^m}\varphi(z)$ 在 z_0 的去心邻域内不为零,只在 z_0 等于零。也就是说,一个不恒为零的解析函数的零点是孤立的。函数的零点与极点有下面的关系:

定理 10.1　如果 z_0 是 $f(z)$ 的 m 级极点,那么 z_0 就是 $\dfrac{1}{f(z)}$ 的 m 级零点;反之也成立。

证明　如果 z_0 是 $f(z)$ 的 m 级极点,根据 (10.1) 式,便有

$$f(z) = \frac{1}{(z-z_0)^m}g(z)$$

其中 $g(z)$ 在 z_0 解析,且 $g(z_0) \neq 0$,所以当 $z \neq z_0$ 时,有

$$\frac{1}{f(z)} = (z-z_0)^m \frac{1}{g(z)} = (z-z_0)^m h(z) \tag{10.4}$$

函数 $h(z)$ 也在 z_0 解析,且 $h(z_0) \neq 0$。由于

$$\lim_{z \to z_0} \frac{1}{f(z)} = 0$$

因此,我们只要令 $\frac{1}{f(z_0)} = 0$,那么由 (10.4) 知 z_0 是 $\frac{1}{f(z)}$ 的 m 级零点。

反过来,如果 z_0 是 $\frac{1}{f(z)}$ 的 m 级零点,那么

$$\frac{1}{f(z)} = (z - z_0)^m \varphi(z)$$

这里 $\varphi(z)$ 在 z_0 解析,并且 $\varphi(z_0) \neq 0$。由此,当 $z \neq z_0$ 时,得

$$f(z) = \frac{1}{(z - z_0)^m} \psi(z)$$

而 $\psi(z) = \frac{1}{\varphi(z)}$ 在 z_0 解析,并且 $\psi(z_0) \neq 0$,所以 z_0 是 $f(z)$ 的 m 级极点。

这个定理为判断函数的极点提供了一个较为简便的方法。

例 10.1 函数 $\frac{1}{\sin z}$ 有些什么奇点? 如果是极点,指出它的级。

解 函数 $\frac{1}{\sin z}$ 的奇点是使 $\sin z = 0$ 的点。这些奇点是 $z = k\pi (k = 0, \pm 1, \pm 2, \cdots)$。因为从 $\sin z = 0$ 得 $e^{iz} = e^{-iz}$ 或 $e^{2iz} = 1$,从而有 $2iz = 2k\pi i$,所以 $z = k\pi$。很明显它们是孤立奇点。由于

$$(\sin z)' \big|_{z = k\pi} = \cos z \big|_{z = k\pi} = (-1)^k \neq 0$$

所以 $z = k\pi$ 都是 $\sin z$ 的一级零点,也就是 $\frac{1}{\sin z}$ 的一级极点。

应当注意,我们在求函数的孤立奇点时,不能一看函数的表面形式就急于作出结论。像函数 $\frac{e^z - 1}{z^2}$,初一看似乎 $z = 0$ 是它的二级极点,其实是一级极点。因为

$$\frac{e^z - 1}{z^2} = \frac{1}{z^2} \left(\sum_{n=0}^{\infty} \frac{z^n}{n!} - 1 \right) = \frac{1}{z} + \frac{1}{2!} + \frac{z}{3!} + \cdots = \frac{1}{z} \varphi(z)$$

其中 $\varphi(z)$ 在 $z = 0$ 解析,并且 $\varphi(0) \neq 0$。类似地,$z = 0$ 是 $\frac{\sinh z}{z^3}$ 的二级极点而不是三级极点。

10.1.5 函数在无穷远点的性态

到现在为止,我们在讨论函数 $f(z)$ 的解析性和它的孤立奇点时,都假定 z 为复平面内的有限远点。至于函数在无穷远点的性态,则尚未提及。现在我们在扩充复平面上对此加以讨论。

如果函数 $f(z)$ 在无穷远点 $z = \infty$ 的去心邻域 $R < |z| < +\infty$ 内解析,那么称点 ∞ 为 $f(z)$ 的孤立奇点。作变换 $t = \frac{1}{z}$,并且规定这个变换把扩充 z 平面上的无穷远点 $z = \infty$ 映射成扩充 t 平面上的点 $t = 0$,那么扩充 z 平面上每一个向无穷远点收敛的序列 $\{z_n\}$ 与扩充 t 平面上向零收敛的序列 $\left\{ t_n = \frac{1}{z_n} \right\}$ 相对应;反过来也是这样。同时,$t = \frac{1}{z}$ 把扩充 z 平面上 ∞ 的去心邻域 $R < |z| < +\infty$ 映射成扩充 t 平面上原点的去心邻域 $0 < |t| < \frac{1}{R}$,又

$$f(z) = f\left(\frac{1}{t}\right) = \varphi(t)$$

这样,我们就可以把在去心邻域 $R < |z| < +\infty$ 内对函数 $f(z)$ 的研究化为在去心邻域 $0 < |t| < \frac{1}{R}$ 内对函数 $\varphi(t)$ 的研究。

显然,$\varphi(t)$ 在去心邻域 $0 < |t| < \frac{1}{R}$ 内是解析的,所以 $t = 0$ 是 $\varphi(t)$ 的孤立奇点。

我们规定:如果 $t = 0$ 是 $\varphi(t)$ 的可去奇点、m 级极点或本性奇点,那么就称点 $z = \infty$ 是 $f(z)$ 的可去奇点、m 级极点或本性奇点。

由于 $f(z)$ 在 $R < |z| < +\infty$ 内解析,所以在此圆环域内可以展开成洛朗级数。根据 (9.18) 式与 (9.19) 式,我们有

$$f(z) = \sum_{n=1}^{\infty} c_{-n} z^{-n} + \sum_{n=0}^{\infty} c_n z^n = \sum_{n=1}^{\infty} c_{-n} z^{-n} + c_0 + \sum_{n=1}^{\infty} c_n z^n \tag{10.5}$$

$$c_n = \frac{1}{2\pi i} \oint_C \frac{f(\zeta)}{\zeta^{n+1}} d\zeta \quad (n = 0, \pm 1, \pm 2, \cdots)$$

其中 C 为在圆环域 $R < |z| < +\infty$ 内绕原点的任何一条正向简单闭曲线。因此,$\varphi(t)$ 在圆环域 $0 < |t| < \frac{1}{R}$ 内的洛朗级数可由 (10.5) 得到,即

$$\varphi(t) = \sum_{n=1}^{\infty} c_{-n} t^n + \sum_{n=0}^{\infty} c_n t^{-n} \tag{10.6}$$

我们知道,如果在级数 (10.6) 中:①不含负幂项;②含有有限多的负幂项,且 t^{-m} 为最高负幂项;③含有无穷多的负幂项。那么 $t = 0$ 是 $\varphi(t)$ 的:①可去奇点;②m 级极点;③本性奇点。因此,根据前面的规定,我们有如下结论:如果在级数 (10.5) 中,

(1) 不含正幂项;那么 $z = \infty$ 是 $f(z)$ 的可去奇点;

(2) 含有有限多的正幂项,且 z^m 为最高正幂;那么 $z = \infty$ 是 $f(z)$ 的 m 级极点;

(3) 含有无穷多的正幂项,那么 $z = \infty$ 是 $f(z)$ 的本性奇点。

这样一来,对于无穷远点来说,它的特性与其洛朗级数之间的关系就跟有限远点的情形一样,不过只是把正幂项与负幂项的作用互相对调就是了。

我们又知道,要确定 $t = 0$ 是不是 $\varphi(t)$ 的可去奇点、极点或本性奇点,可以不必把 $\varphi(t)$ 展开成洛朗级数来考虑,只要分别看极限 $\lim\limits_{t \to 0} \varphi(t)$ 是否存在(有限值)、为无穷大或既不存在又不为无穷大就可以了。

由于 $f(z) = \varphi(t)$,对于无穷远点也有同样的确定方法,即 $z = \infty$ 是 $f(z)$ 的可去奇点、极点或本性奇点,完全看极限 $\lim\limits_{z \to \infty} f(z)$ 是否存在(有限值)、为无穷大或既不存在又不为无穷大来决定。

当 $z = \infty$ 是 $f(z)$ 的可去奇点时,我们可认为 $f(z)$ 在 ∞ 是解析的,只要取 $f(\infty) = \lim\limits_{z \to \infty} f(z)$。

例如,函数 $f(z) = \frac{z}{z+1}$ 在圆环域 $1 < |z| < +\infty$ 内可以展开成

$$f(z) = \frac{1}{1 + \frac{1}{z}} = 1 - \frac{1}{z} + \frac{1}{z^2} - \cdots + (-1)^n \frac{1}{z^n} + \cdots$$

它不含正幂项,所以 ∞ 是 $f(z)$ 的可去奇点。如果我们取 $f(\infty) = 1$,那么 $f(z)$ 就在 ∞

解析。

又如函数 $f(z)=z+\dfrac{1}{z}$，含有正幂项，且 z 为最高正幂项，所以 ∞ 为它的一级极点。

函数 $\sin z$ 的展开式：

$$\sin z = z - \frac{z^3}{3!} + \frac{z^5}{5!} - \cdots + (-1)^n \frac{z^{2n+1}}{(2n+1)!} + \cdots$$

含有无穷多的正幂项，所以 ∞ 是它的本性奇点。

例 10.2 函数 $f(z)=\dfrac{(z^2-1)(z-2)^3}{(\sin\pi z)^3}$ 在扩充平面内有些什么类型的奇点？如果是极点，指出它的级。

解 易知函数 $f(z)$ 除使分母为零的点 $z=0,\pm 1,\pm 2,\cdots$ 外，在 $|z|<+\infty$ 内解析。由于 $(\sin\pi z)'=\cos\pi z$ 在 $z=0,\pm 1,\pm 2,\cdots$ 处均不为零，因此这些点都是 $\sin\pi z$ 的一级零点，从而是 $(\sin\pi z)^3$ 的三级零点，所以这些点中除去 $1,-1,2$ 外都是 $f(z)$ 的三级极点。

因 $z^2-1=(z-1)(z+1)$ 以 1 与 -1 为一级零点，所以 1 与 -1 是 $f(z)$ 的二级极点。至于 $z=2$，因为

$$\lim_{z\to 2}f(z)=\lim_{z\to 2}\frac{(z^2-1)(z-2)^3}{(\sin\pi z)^3}=\lim_{z\to 2}(z^2-1)\frac{(z-2)^3}{(\sin\pi z)^3}$$

$$=\lim_{\zeta\to 0}\left[(\zeta+2)^2-1\right]\left(\frac{\pi\zeta}{\sin\pi\zeta}\right)^3\frac{1}{\pi^3}=\frac{3}{\pi^3}$$

所以 $z=2$ 是 $f(z)$ 的可去奇点。关于 $z=\infty$，因为

$$f\left(\frac{1}{\zeta}\right)=\frac{(1-\zeta^2)(1-2\zeta)^3}{\zeta^5\sin^3\dfrac{\pi}{\zeta}}$$

可知：$\zeta=0,\zeta_n=\dfrac{1}{n}$ 使分母为零，当 $n=1$ 时，$\zeta_1=1$，即 $z=1$；当 $n=2$ 时，$\zeta_2=\dfrac{1}{2}$，即 $z=2$。这两点上面已经讨论过。所以当 $n>2$ 时，$\zeta_n=\dfrac{1}{n}$ 为 $f\left(\dfrac{1}{\zeta}\right)$ 的极点。显见当 $n\to\infty$ 时，$\zeta_n\to 0$。所以 $\zeta=0$ 不是 $f\left(\dfrac{1}{\zeta}\right)$ 的孤立奇点，也就是 $z=\infty$ 不是 $f(z)$ 的孤立奇点。

10.2 留数及其计算

10.2.1 留数的定义及留数定理

如果函数 $f(z)$ 在 z_0 的邻域内解析，那么根据柯西-古尔萨基本定理有

$$\oint_C f(z)\mathrm{d}z = 0$$

其中 C 为 z_0 邻域内的任意一条简单闭曲线。

但是，如果 z_0 为 $f(z)$ 的一个孤立奇点，那么沿在 z_0 的某个去心邻域 $0<|z-z_0|<R$ 内包含 z_0 的任意一条正向简单闭曲线 C 的积分 $\oint_C f(z)$ 一般就不等于零，因此将函数 $f(z)$ 在此邻域内展开成洛朗级数

$$f(z) = \cdots + c_{-n}(z-z_0)^{-n} + \cdots + c_{-1}(z-z_0)^{-1} + c_0$$
$$+ c_1(z-z_0) + \cdots + c_n(z-z_0)^n + \cdots$$

再对此展开式的两端沿 C 逐项积分,右端各项的积分除留下 $c_{-1}(z-z_0)^{-1}$ 的一项等于 $2\pi i c_{-1}$ 外,其余各项的积分都等于零,所以

$$\oint_C f(z)\mathrm{d}z = 2\pi i c_{-1}$$

我们把(留下的)这个积分值除以 $2\pi i$ 后所得的数称为 $f(z)$ 在 z_0 的留数,记作 $\mathrm{Res}[f(z),z_0]$,即

$$\mathrm{Res}[f(z),z_0] = \frac{1}{2\pi i}\oint_C f(z)\mathrm{d}z \qquad (10.7)$$

从而有

$$\mathrm{Res}[f(z),z_0] = c_{-1} \qquad (10.8)$$

也就是说,就是 $f(z)$ 在 z_0 的留数就是 $f(z)$ 在以 z_0 为中心的圆环域内的洛朗级数中负幂项 $c_{-1}(z-z_0)^{-1}$ 的系数。关于留数,我们有下面的基本定理。

定理 10.2(留数定理) 设函数在区域 D 内除有限个孤立奇点 $z_1,z_2,\cdots,z_n$ 外处处解析,C 是 D 内包围诸奇点的一条正向简单闭曲线,那么

$$\oint_C f(z)\mathrm{d}z = 2\pi i \sum_{k=1}^{n} \mathrm{Res}[f(z),z_k] \qquad (10.9)$$

证明 把在 C 内的孤立奇点 $z_1,z_2,\cdots,z_n$ 用互不包含的正向简单闭曲线 C_k 围绕起来(见图 10.1),那么根据复合闭路定理有

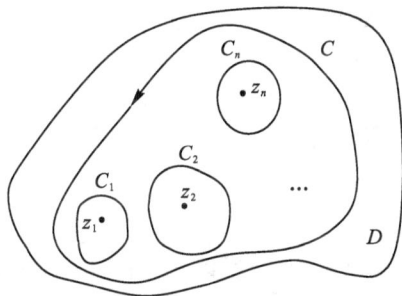

图 10.1

$$\oint_C f(z)\mathrm{d}z = \oint_{C_1} f(z)\mathrm{d}z + \oint_{C_2} f(z)\mathrm{d}z + \cdots + \oint_{C_n} f(z)\mathrm{d}z$$

以 $2\pi i$ 除等式两边,得

$$\frac{1}{2\pi i}\oint_{C_1} f(z)\mathrm{d}z + \frac{1}{2\pi i}\oint_{C_2} f(z)\mathrm{d}z + \cdots + \frac{1}{2\pi i}\oint_{C_n} f(z)\mathrm{d}z$$
$$= \mathrm{Res}[f(z),z_1] + \mathrm{Res}[f(z),z_2] + \cdots + \mathrm{Res}[f(z),z_n]$$
$$= \sum_{k=1}^{n} \mathrm{Res}[f(z),z_k] \qquad [\text{证毕}]$$

利用这个定理,求沿封闭曲线 C 的积分,就转化为求被积函在 C 中各孤立奇点处的留数。由此可见,留数定理的效用有赖于如何能有效地求出 $f(z)$ 在孤立奇点 z_0 处的留数。一般说来,求函数在其奇点 z_0 处的留数只需求出它在以 z_0 为中心的圆环域内的洛朗级数中

$c_{-1}(z-z_0)^{-1}$ 项的系数 c_{-1} 就可以了,但是如果能先知道奇点的类型,对求留数有时更为有利。例如,如果 z_0 是 $f(z)$ 的可去奇点,那么 $\text{Res}[f(z),z_0]=0$,因为此时 $f(z)$ 在 z_0 的展开式是泰勒展开式,所以 $c_{-1}=0$。如果 z_0 是本性奇点,那就往往只能用把 $f(z)$ 在 z_0 展开成洛朗级数的方法来求 c_{-1}。在 z_0 是极点的情形,下面几个在特殊情况下求 c_{-1} 的规则,都是很有用的。

10.2.2 留数的计算规则

规则 10.1 如果 z_0 为 $f(z)$ 的一级极点,那么
$$\text{Res}[f(z),z_0]=\lim_{z\to z_0}(z-z_0)f(z) \tag{10.10}$$

规则 10.2 如果 z_0 为 $f(z)$ 的 m 级极点,那么
$$\text{Res}[f(z),z_0]=\frac{1}{(m-1)!}\lim_{z\to z_0}\frac{d^{m-1}}{dz^{m-1}}[(z-z_0)^m f(z)] \tag{10.11}$$

事实上,由于
$$f(z)=c_{-m}(z-z_0)^{-m}+\cdots+c_{-2}(z-z_0)^{-2}$$
$$+c_{-1}(z-z_0)^{-1}+c_0+c_1(z-z_0)+\cdots$$

以 $(z-z_0)^m$ 乘上式的两端,得
$$(z-z_0)^m f(z)=c_{-m}+c_{-m+1}(z-z_0)+\cdots+c_{-1}(z-z_0)^{m-1}+c_0(z-z_0)^m+\cdots$$

两边求 $m-1$ 阶导数,得
$$\frac{d^{m-1}}{dz^{m-1}}[(z-z_0)^m f(z)]=(m-1)!\,c_{-1}+c_0 m!\,(z-z_0)+\cdots$$

令 $z\to z_0$,两端求极限,右端的极限是 $(m-1)!\,c_{-1}$,根据(10.8)式,除以 $(m-1)!$ 就是 $\text{Res}[f(z),z_0]$,因此即得(10.11);当 $m=1$ 时就是(10.10)式。

规则 10.3 设 $f(z)=\dfrac{P(z)}{Q(z)}$、$P(z)$ 及 $Q(z)$ 都在 z_0 解析,如果 $P(z_0)\neq0$,$Q(z_0)=0$,$Q'(z_0)\neq0$,那么 z_0 为 $f(z)$ 的一级极点,而
$$\text{Res}[f(z),z_0]=\frac{P(z_0)}{Q'(z_0)} \tag{10.12}$$

事实上,因为 $Q(z_0)=0$ 及 $Q'(z_0)\neq0$,所以 z_0 为 $Q(z)$ 的一级零点,从而 z_0 为 $\dfrac{1}{Q(z)}$ 的一级极点。因此
$$\frac{1}{Q(z)}=\frac{1}{z-z_0}\cdot\varphi(z)$$
其中 $\varphi(z)$ 在 z_0 解析,且 $\varphi(z_0)\neq0$,由此得
$$f(z)=\frac{1}{z-z_0}\cdot P(z)\varphi(z)$$
其中 $P(z)\varphi(z)$ 在 z_0 解析,且 $P(z_0)\varphi(z_0)\neq0$ 故 z_0 为 $f(z)$ 的一级极点。

根据规则 10.1,$\text{Res}[f(z),z_0]=\lim\limits_{z\to z_0}(z-z_0)f(z)$,而 $Q(z_0)=0$,所以
$$\lim_{z\to z_0}(z-z_0)f(z)=\lim_{z\to z_0}\frac{P(z)}{\dfrac{Q(z)-Q(z_0)}{z-z_0}}=\frac{P(z_0)}{Q'(z_0)}$$

例 10.3 计算积分 $\oint_C \dfrac{z}{z^4-1}dz$,$C$ 为正向圆周:$|z|=2$。

解　被积函数 $f(z) = \dfrac{z}{z^4-1}$ 有 4 个一级极点 $\pm 1, \pm i$ 都在圆周 $|z|=2$ 的内部,所以

$$\oint_C \frac{z}{z^4-1}dz = 2\pi i\{\text{Res}[f(z),1] + \text{Res}[f(z),-1] + \text{Res}[f(z),i] + \text{Res}[f(z),-i]\}$$

由规则 10.3 得

$$\frac{P(z)}{Q'(z)} = \frac{z}{4z^3} = \frac{1}{4z^2}$$

故

$$\oint_C \frac{z}{z^4-1}dz = 2\pi i\left\{\frac{1}{4} + \frac{1}{4} - \frac{1}{4} - \frac{1}{4}\right\} = 0$$

例 10.4　计算积分 $\displaystyle\oint_C \frac{e^z}{z\,(z-1)^2}dz$, C 为正向圆周: $|z|=2$。

解　$z=0$ 为被积函数的一级极点, $z=1$ 为二级极点,而

$$\text{Res}[f(z),0] = \lim_{z\to 0} z \cdot \frac{e^z}{z\,(z-1)^2}dz = \lim_{z\to 0}\frac{e^z}{(z-1)^2} = 1$$

$$\text{Res}[f(z),1] = \frac{1}{(2-1)!}\lim_{z\to 1}\frac{d}{dz}\left[(z-1)^2\frac{e^z}{z\,(z-1)^2}\right]$$

$$= \lim_{z\to 1}\frac{d}{dz}\left(\frac{e^z}{z}\right) = \lim_{z\to 1}\frac{e^z(z-1)}{z^2} = 0$$

所以

$$\oint_C \frac{e^z}{z\,(z-1)^2}dz = 2\pi i\{\text{Res}[f(z),0] + \text{Res}[f(z),1]\}$$

$$= 2\pi i(1+0) = 2\pi i$$

以上我们介绍了求极点处留数的若干公式。用这些公式解题有时虽感方便,但也未必尽然。例如欲求函数

$$f(z) = \frac{P(z)}{Q(z)} = \frac{z-\sin z}{z^6}$$

在 $z=0$ 处的留数。为了要用公式,先应定出极点 $z=0$ 的级数。由于

$$P(0) = P'(0) = P''(0) = 0; \quad P'''(0) \neq 0$$

因此 $z=0$ 是 $z-\sin z$ 的三级零点,从而由 $f(z)$ 的表达式知, $z=0$ 是 $f(z)$ 的三级极点。应用规则 10.2,即(10.11)式,得

$$\text{Res}[f(z),0] = \frac{1}{(3-1)!}\lim_{z\to 0}\frac{d^2}{dz^2}\left[z^3 \cdot \frac{z-\sin z}{z^6}\right]$$

由此可见,往下的运算既要先对一个分式函数求二阶导数,然后又要对求导结果求极限,这就十分繁杂,如果利用洛朗展开式求 c_{-1} 就比较方便。因为

$$\frac{z-\sin z}{z^6} = \frac{1}{z^6}\left[z - \left(z - \frac{z^3}{3!} + \frac{z^5}{5!} - \cdots\right)\right] = \frac{1}{z^6}\left(\frac{z^3}{3!} - \frac{z^5}{5!} + \cdots\right)$$

$$\text{Res}\left[\frac{z-\sin z}{z^6},0\right] = c_{-1} = -\frac{1}{5!}$$

可见解题的关键在于根据具体问题灵活选择方法,不要拘泥于套用公式。

还应指出,细察公式(10.11)的推导过程,不难发现,如果函数 $f(z)$ 的极点 z_0 的级数不是 m,它的实际级数要比 m 低,这时表达式

$$f(z)=c_{-m}(z-z_0)^{-m}+\cdots+c_{-2}(z-z_0)^{-2}$$
$$+c_{-1}(z-z_0)^{-1}+c_0+c_1(z-z_0)+\cdots$$

的系数：$c_{-m},c_{-m+1},\cdots$中可能有一个或几个等于零，显然公式仍然有效。

一般说来，在应用(10.11)式时，为了计算方便不要将 m 取得比实际的级数高。但把 m 取得比实际的级数高反而使计算方便的情形也是有的。例如上面这个例子。实际上 $z=0$ 是函数 $\dfrac{z-\sin z}{z^6}$ 的三级极点，如果像下面那样计算在 $z=0$ 处的留数，还是比较简便的。

$$\text{Res}[f(z),0]=\frac{1}{(6-1)!}\lim_{z\to0}\frac{\mathrm{d}^5}{\mathrm{d}z^5}\left[z^6\cdot\frac{z-\sin z}{z^6}\right]$$
$$=\frac{1}{(6-1)!}\lim_{z\to0}(-\cos z)=-\frac{1}{5!}$$

10.2.3　在无穷远点的留数

设函数 $f(z)$ 在圆环域 $R<|z|<+\infty$ 内解析，C 为这圆环域内绕原点的任何一条正向简单闭曲线，那么积分 $\dfrac{1}{2\pi i}\oint_{C^-}f(z)\mathrm{d}z$ 的值与 C 无关，我们称此定值为 $f(z)$ 在 ∞ 点的留数，记作

$$\text{Res}[f(z),\infty]=\frac{1}{2\pi i}\oint_{C^-}f(z)\mathrm{d}z \tag{10.13}$$

值得注意的是，这里积分路线的方向是负的，也就是取顺时针的方向。

从(10.5)式可知，当 $n=-1$ 时，有

$$c_{-1}=\frac{1}{2\pi i}\oint_C f(z)\mathrm{d}z$$

因此，由(10.13)式，得

$$\text{Res}[f(z),\infty]=-c_{-1} \tag{10.14}$$

这就是说，$f(z)$ 在 ∞ 点的留数等于它在 ∞ 点的去心邻域 $R<|z|<+\infty$ 内洛朗展开式中 z^{-1} 的系数变号。

下面的定理在计算留数时是很有用的。

定理 10.3　如果函数 $f(z)$ 在扩充复平面内只有有限个孤立奇点，那么 $f(z)$ 在所有各奇点(包括 ∞ 点)的留数的总和必等于零。

证明　除 ∞ 点外，设 $f(z)$ 的有限个奇点为 $z_k(k=1,2,\cdots,n)$，又设 C 为一条绕原点的并将 $z_k(k=1,2,\cdots,n)$ 包含在它内部的正向简单闭曲线，那么根据留数定理(定理 10.2)与在无穷远点的留数定义，就有

$$\text{Res}[f(z),\infty]+\sum_{k=1}^n\text{Res}[f(z),z_k]$$
$$=\frac{1}{2\pi i}\oint_{C^-}f(z)\mathrm{d}z+\frac{1}{2\pi i}\oint_C f(z)\mathrm{d}z=0$$

［证毕］

关于在无穷远点的留数计算，我们有以下的规则：

规则 10.4　　　　$$\text{Res}[f(z),\infty]=-\text{Res}\left[f\left(\frac{1}{z}\right)\cdot\frac{1}{z^2},0\right] \tag{10.15}$$

事实上，在无穷远点的留数定义中，取正向简单闭曲线 C 为半径足够大的正向圆周：

$|z|=\rho$,令 $z=\dfrac{1}{\zeta}$,并设 $z=\rho\mathrm{e}^{\mathrm{i}\theta}$,$\zeta=r\mathrm{e}^{\mathrm{i}\varphi}$,那么,$\rho=\dfrac{1}{r}$,$\theta=-\varphi$ 于是有

$$\mathrm{Res}[f(z),\infty]=\frac{1}{2\pi\mathrm{i}}\oint_{C^-}f(z)\mathrm{d}z=\frac{1}{2\pi\mathrm{i}}\int_0^{-2\pi}f(\rho\mathrm{e}^{\mathrm{i}\theta})\rho\mathrm{i}\mathrm{e}^{\mathrm{i}\theta}\mathrm{d}\theta=-\frac{1}{2\pi\mathrm{i}}\int_0^{2\pi}f\left(\frac{1}{r\mathrm{e}^{\mathrm{i}\varphi}}\right)\frac{\mathrm{i}}{r\mathrm{e}^{\mathrm{i}\varphi}}\mathrm{d}\varphi$$

$$=-\frac{1}{2\pi\mathrm{i}}\int_0^{2\pi}f\left(\frac{1}{r\mathrm{e}^{\mathrm{i}\varphi}}\right)\frac{1}{(r\mathrm{e}^{\mathrm{i}\varphi})^2}\mathrm{d}(r\mathrm{e}^{\mathrm{i}\varphi})$$

$$=-\frac{1}{2\pi\mathrm{i}}\oint_{|\zeta|=\frac{1}{\rho}}f\left(\frac{1}{\zeta}\right)\frac{1}{\zeta^2}\mathrm{d}\zeta$$

由于 $f(z)$ 在 $R<|z|<+\infty$ 内解析,从而 $f\left(\dfrac{1}{\zeta}\right)$ 在 $0<|\zeta|<\dfrac{1}{\rho}$ 内解析,因此 $f\left(\dfrac{1}{\zeta}\right)\dfrac{1}{\zeta^2}$ 在 $|\zeta|<\dfrac{1}{\rho}$ 内除 $\zeta=0$ 外没有其他奇点。由留数定理,得

$$\frac{1}{2\pi\mathrm{i}}\oint_{|\zeta|=\frac{1}{\rho}}f\left(\frac{1}{\zeta}\right)\frac{1}{\zeta^2}\mathrm{d}\zeta=\mathrm{Res}\left[f\left(\frac{1}{\zeta}\right)\cdot\frac{1}{\zeta^2},0\right]$$

所以(10.15)式成立。

定理 10.2 与规则 10.4 为我们提供了计算函数沿闭曲线积分的又一种方法,在很多情况下,它比利用上一段中的方法更简便。

例 10.5 计算积分 $\oint_C\dfrac{z}{z^4-1}\mathrm{d}z$,$C$ 为正向圆周:$|z|=2$。

解 函数 $\dfrac{z}{z^4-1}$ 在 $|z|=2$ 的外部,除 ∞ 点外没有其他奇点。因此根据定理 10.2 与规则 10.4 有

$$\oint_C\frac{z}{z^4-1}\mathrm{d}z=-2\pi\mathrm{i}\mathrm{Res}[f(z),\infty]$$

$$=2\pi\mathrm{i}\mathrm{Res}\left[f\left(\frac{1}{z}\right)\cdot\frac{1}{z^2},0\right]=2\pi\mathrm{i}\mathrm{Res}\left[\frac{z}{1-z^4},0\right]=0$$

这样做就简便得多了。

例 10.6 计算积分 $\oint_C\dfrac{\mathrm{d}z}{(z+\mathrm{i})^{10}(z-1)(z-3)}$,$C$ 为正向圆周:$|z|=2$。

解 除 ∞ 点外,被积函数的奇点是 $-\mathrm{i},1,3$。根据定理 10.2,有

$$\mathrm{Res}[f(z),-\mathrm{i}]+\mathrm{Res}[f(z),1]+\mathrm{Res}[f(z),3]+\mathrm{Res}[f(z),\infty]=0$$

其中

$$f(z)=\frac{1}{(z+\mathrm{i})^{10}(z-1)(z-3)}$$

由于 $-\mathrm{i},1$ 在 C 的内部,所以从上式、留数定理与规则 10.4 得

$$\oint_C\frac{\mathrm{d}z}{(z+\mathrm{i})^{10}(z-1)(z-3)}=2\pi\mathrm{i}\{\mathrm{Res}[f(z),-\mathrm{i}]+\mathrm{Res}[f(z),1]\}$$

$$=-2\pi\mathrm{i}\{\mathrm{Res}[f(z),3]+\mathrm{Res}[f(z),\infty]\}$$

$$=-2\pi\mathrm{i}\left\{\frac{1}{2(3+\mathrm{i})^{10}}+0\right\}=-\frac{\pi\mathrm{i}}{(3+\mathrm{i})^{10}}$$

如果用上一段的方法,由于 $-\mathrm{i}$ 是 10 级极点,并且在 C 的内部,因而计算必然很繁琐。

10.3　留数在定积分计算上的应用

根据留数定理,用留数来计算定积分,是计算定积分的一个有效措施,特别是当被积函数的原函数不易求得时更显得有用。即使寻常的方法可用,如果用留数,也往往感到更方便。当然这个方法的使用还受到很大的限制。首先,被积函数必须要与某个解析函数密切相关。这一点,一般来讲关系不大,因为被积函数常常是初等函数,而初等函数是可以推广到复数域中去的。其次,定积分的积分域是区间,而用留数来计算要牵涉到把问题化为沿闭曲线的积分,这是比较困难的一点。下面我们来阐述怎祥利用留数求某几种特殊形式的定积分的值。

10.3.1　形如 $\int_0^{2\pi} R(\cos\theta,\sin\theta)\mathrm{d}\theta$ 的积分

上式中 $R(\cos\theta,\sin\theta)$ 为 $\cos\theta$ 与 $\sin\theta$ 的有理函数。令 $z=\mathrm{e}^{i\theta}$,那么 $\mathrm{d}z=i\mathrm{e}^{i\theta}\mathrm{d}\theta$

$$\sin\theta=\frac{1}{2i}(\mathrm{e}^{i\theta}-\mathrm{e}^{-i\theta})=\frac{z^2-1}{2iz},\ \cos\theta=\frac{1}{2}(\mathrm{e}^{i\theta}+\mathrm{e}^{-i\theta})=\frac{z^2+1}{2z} \tag{10.16}$$

从而,所设积分化为沿正向单位圆周的积分:

$$\oint_{|z|=1} R\left[\frac{z^2+1}{2z},\frac{z^2-1}{2iz}\right]\frac{\mathrm{d}z}{iz}=\oint_{|z|=1} f(z)\mathrm{d}z \tag{10.17}$$

其中 $f(z)$ 为 z 的有理函数,且在单位圆周 $|z|=1$ 上分母不为零,所以满足留数定理的条件。根据留数定理,得所求的积分值为

$$\int_0^{2\pi} R(\cos\theta,\sin\theta)\mathrm{d}\theta=2\pi i\sum_{k=1}^n \mathrm{Res}[f(z),z_k] \tag{10.18}$$

其中 $z_k(k=1,2,\cdots,n)$ 为包含在单位圆周 $|z|=1$ 内的 $f(z)$ 的孤立奇点。

例 10.7　计算积分 $I=\int_0^{2\pi}\frac{\cos2\theta}{1-2p\cos\theta+p^2}\mathrm{d}\theta(0<p<1)$ 的值。

解　由于 $(0<p<1)$,被积函数的分母

$$1-2p\cos\theta+p^2=(1-p)^2+2p(1-\cos\theta)$$

在 $0\leqslant\theta\leqslant2\pi$ 内不为零,因而积分是有意义的。由于

$$\cos2\theta=\frac{1}{2}(\mathrm{e}^{2i\theta}+\mathrm{e}^{-2i\theta})=\frac{1}{2}(z^2+z^{-2})$$

因此

$$I=\oint_{|z|=1}\frac{z^2+z^{-2}}{2}\cdot\frac{1}{1-2p\cdot\frac{z+z^{-1}}{2}+p^2}\cdot\frac{\mathrm{d}z}{iz}$$

$$=\oint_{|z|=1}\frac{1+z^4}{2iz^2(1-pz)(z-p)}\mathrm{d}z=\oint_{|z|=1}f(z)\mathrm{d}z$$

在被积函数的三个极点 $z=0,p,\frac{1}{p}$ 中只有前两个在圆周 $|z|=1$ 内,其中 $z=0$ 为二级极点,$z=p$ 为一级极点,所以在圆周 $|z|=1$ 上被积函数无奇点。而

$$\mathrm{Res}[f(z),0]=\lim_{z\to0}\frac{\mathrm{d}}{\mathrm{d}z}\left[z^2\cdot\frac{1+z^4}{2iz^2(1-pz)(z-p)}\right]$$

$$=\lim_{z\to0}\frac{(z-pz^2-p+p^2z)4z^3-(1+z^4)(1-2pz+p^2)}{2i(z-pz^2-p+p^2z)^2}=-\frac{1+p^2}{2ip^2}$$

$$\text{Res}[f(z),p] = \lim_{z \to p}\left[(z-p) \cdot \frac{1+z^4}{2\mathrm{i}z^2(1-pz)(z-p)}\right] = \frac{1+p^4}{2\mathrm{i}p^2(1-p^2)}$$

因此

$$I = 2\pi\mathrm{i}\left[-\frac{1+p^2}{2\mathrm{i}p^2} + \frac{1+p^4}{2\mathrm{i}p^2(1-p^2)}\right] = \frac{2\pi p^2}{1-p^2}$$

10.3.2　形如 $\int_{-\infty}^{+\infty} R(x)\mathrm{d}x$ 的积分

当被积函数 $R(x)$ 是 x 的有理函数,而分母的次数至少比分子的次数高二次,并且 $R(z)$ 在实轴上没有孤立奇点时,积分是存在的。现在来说明它的求法。

不失一般性,设

$$R(z) = \frac{z^n + a_1 z^{n-1} + \cdots + a_n}{z^m + b_1 z^{m-1} + \cdots + b_m}, \quad m-n \geqslant 2$$

为一已约分式。我们取积分路线如图 10.2 所示,其中 C_R 是以原点为中心,R 为半径的在上半平面的半圆周。取 R 适当大,使 $R(z)$ 所有的在上半平面内的极点 z_k 都包在这积分路线内。根据留数定理,得

$$\int_{-R}^{R} R(x)\mathrm{d}x + \int_{C_R} R(z)\mathrm{d}z = 2\pi\mathrm{i}\sum \text{Res}[R(z), z_k] \tag{10.19}$$

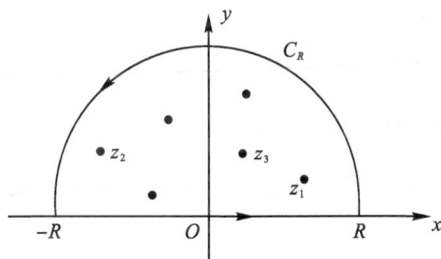

图 10.2

这个等式,不因 C_R 的半径 R 不断增大而有所改变。因为

$$|R(z)| = \frac{1}{|z|^{m-n}}\frac{\left|1 + a_1 z^{-1} + \cdots + a_n z^{-n}\right|}{\left|1 + b_1 z^{-1} + \cdots + b_m z^{-m}\right|}$$

$$\leqslant \frac{1}{|z|^{m-n}} \cdot \frac{1 + \left|a_1 z^{-1} + \cdots + a_n z^{-n}\right|}{1 - \left|b_1 z^{-1} + \cdots + b_m z^{-m}\right|}$$

而当 $|z|$ 充分大时,总可使

$$\left|a_1 z^{-1} + \cdots + a_n z^{-n}\right| < \frac{1}{3}$$

$$\left|b_1 z^{-1} + \cdots + b_m z^{-m}\right| < \frac{1}{3}$$

由于 $m-n \geqslant 2$,故有

$$|R(z)| \leqslant \frac{1}{|z|^{m-n}} \cdot \frac{1 + \left|a_1 z^{-1} + \cdots + a_n z^{-n}\right|}{1 - \left|b_1 z^{-1} + \cdots + b_m z^{-m}\right|} < \frac{2}{|z|^2}$$

因此,在半径 R 充分大的 C_R 上,有

$$\left|\int_{C_R} R(z)\mathrm{d}z\right| \leqslant \int_{C_R} |R(z)|\mathrm{d}s \leqslant \frac{2}{R^2}\pi R = \frac{2\pi}{R}$$

所以,当 $R \to \infty$ 时, $\int_{C_R} R(z) \mathrm{d}z \to 0$ 从而由(10.19)式得

$$\int_{-\infty}^{\infty} R(x) \mathrm{d}x = 2\pi \mathrm{i} \sum \mathrm{Res}[R(z), z_k] \tag{10.20}$$

如果 $R(x)$ 为偶函数,那么

$$\int_0^{\infty} R(x) \mathrm{d}x = \pi \mathrm{i} \sum \mathrm{Res}[R(z), z_k] \tag{10.21}$$

例 10.8 计算积分 $\int_{-\infty}^{+\infty} \dfrac{\mathrm{d}x}{(x^2+a^2)^2(x^2+b^2)}$ $(a>0, b>0, a \neq b)$。

解
$$R(z) = \frac{1}{(z^2+a^2)^2(z^2+b^2)}$$

在上半平面有二级极点 $z=a\mathrm{i}$,一级极点 $z=b\mathrm{i}$。

$$\mathrm{Res}[R(z), a\mathrm{i}] = \left[\frac{1}{(z+a\mathrm{i})^2(z^2+b^2)} \right]' \Bigg|_{z=a\mathrm{i}} = \frac{1}{zb\mathrm{i}(b^2-a^2)}$$

$$\mathrm{Res}[R(z), b\mathrm{i}] = \frac{1}{(z+a\mathrm{i})^2(z^2+b\mathrm{i})} \Bigg|_{z=b\mathrm{i}} = \frac{b^2-3a^2}{4a^3\mathrm{i}(b^2-a^2)^2}$$

所以积分

$$\int_{-\infty}^{+\infty} \frac{\mathrm{d}x}{(x^2+a^2)^2(x^2+b^2)} = 2\pi \mathrm{i} \{ \mathrm{Res}[R(z), b\mathrm{i}] + \mathrm{Res}[R(z), a\mathrm{i}] \}$$

$$= 2\pi \mathrm{i} \left[\frac{b^2-3a^2}{4a^3\mathrm{i}(b^2-a^2)^2} + \frac{1}{2b\mathrm{i}(b^2-a^2)^2} \right] = \frac{(2a+b)\pi}{2a^3b(a+b)^2}$$

10.3.3 形如 $\int_{-\infty}^{+\infty} R(x) \mathrm{e}^{a\mathrm{i}x} \mathrm{d}x (a > 0)$ 的积分

当 $R(x)$ 是 x 的有理函数而分母的次数至少比分子的次数高一次,并且 $R(z)$ 在实轴上没有孤立奇点时,积分是存在的。

像本节第 2 种积分形式的处理一样,由于 $m-n \geqslant 1$,故对于充分大的 $|z|$,有 $|R(z)| < \dfrac{2}{|z|}$。因此,在半径 R 充分大的 C_R 上,有

$$\left| \int_{C_R} R(z) \mathrm{e}^{a\mathrm{i}z} \mathrm{d}z \right| \leqslant \int_{C_R} |R(z)| \, |\mathrm{e}^{a\mathrm{i}z}| \, \mathrm{d}s < \frac{2}{R} \int_{C_R} |\mathrm{e}^{a\mathrm{i}(x+\mathrm{i}y)}| \, \mathrm{d}s$$

令 $x = R\cos\theta, y = R\sin\theta$,则 $z = R(\cos\theta + \mathrm{i}\sin\theta), \mathrm{d}s = |\mathrm{d}z| = |\mathrm{d}(R\mathrm{e}^{\mathrm{i}\theta})| = R\mathrm{d}\theta$

$$\frac{2}{R} \int_{C_R} |\mathrm{e}^{a\mathrm{i}(x+\mathrm{i}y)}| \, \mathrm{d}s = \frac{2}{R} \int_{C_R} |\mathrm{e}^{ax\mathrm{i}}| \, |\mathrm{e}^{-ay}| \, \mathrm{d}s = 2 \int_0^{\pi} \mathrm{e}^{-aR\sin\theta} \, \mathrm{d}\theta$$

$$= 4 \int_0^{\frac{\pi}{2}} \mathrm{e}^{-aR\sin\theta} \mathrm{d}\theta = 4 \int_0^{\frac{\pi}{2}} \mathrm{e}^{-aR\sin\theta} \, \mathrm{d}\theta \leqslant 4 \int_0^{\frac{\pi}{2}} \mathrm{e}^{-aR\left(\frac{2\theta}{\pi}\right)} \mathrm{d}\theta^{①} = \frac{2\pi}{aR}(1-\mathrm{e}^{-aR})$$

于是,当 $R \to +\infty$ 时,有

$$\left| \int_{C_R} R(z) \mathrm{e}^{a\mathrm{i}z} \, \mathrm{d}z \right| \leqslant \frac{2\pi}{aR}(1-\mathrm{e}^{-aR}) \to 0, \quad \int_{C_R} R(z) \mathrm{e}^{a\mathrm{i}z} \, \mathrm{d}z \to 0$$

因此得

$$\int_{-R}^{R} R(x) \mathrm{e}^{a\mathrm{i}x} \mathrm{d}x + \int_{C_R} R(z) \mathrm{e}^{a\mathrm{i}z} \mathrm{d}z = 2\pi \mathrm{i} \sum \mathrm{Res}[R(z)\mathrm{e}^{a\mathrm{i}z}, z_k]$$

---

① 可以证明,当 $0 \leqslant \theta \leqslant 2$ 时,$\sin\theta \geqslant \dfrac{2\theta}{\pi}$。

$$(R\rightarrow+\infty)$$

$$\int_{-\infty}^{+\infty} R(x)e^{aix}dx=2\pi i\sum Res[R(z)e^{aiz},z_k] \tag{10.22}$$

$$\int_{-\infty}^{+\infty} R(x)\cos ax dx+i\int_{-\infty}^{+\infty} R(x)\sin ax dx=2\pi i\sum Res[R(z)e^{aiz},z_k]$$

例 10.9 计算积分 $\int_0^{+\infty}\dfrac{x\sin mx}{(x^2+a^2)^2}dx(m>0,a>0)$ 的值。

解 $\int_0^{+\infty}\dfrac{x\sin mx}{(x^2+a^2)^2}dx=\dfrac{1}{2}\int_{-\infty}^{+\infty}\dfrac{x\sin mx}{(x^2+a^2)^2}dx$

$$=\dfrac{1}{2}Im\left[\int_{-\infty}^{+\infty}\dfrac{x}{(x^2+a^2)^2}e^{imx}dx\right]$$

又 $f(z)=\dfrac{z}{(z^2+a^2)^2}e^{imz}$ 在上半平面只有一个二级极点 $z=ai$，故有

$$Res(f(z),ai)=\dfrac{d}{dz}\left[\dfrac{z}{(z+ai)^2}e^{imz}\right]_{z=ai}=\dfrac{m}{4a}e^{-ma}$$

则

$$\int_{-\infty}^{+\infty}\dfrac{x}{(x^2+a^2)^2}e^{imx}dx=2\pi i Res\left[\dfrac{z}{(z^2+a^2)^2}e^{imz},ai\right]$$

所以

$$\int_0^{+\infty}\dfrac{x\sin mx}{(x^2+a^2)^2}dx=\dfrac{1}{2}Im[2\pi i Res(f(z),ai)]=\dfrac{m\pi}{4a}e^{-ma}$$

在本节所提到的第 2、3 种类型的积分中，都要求被积函数中的 $R(z)$ 在实轴上无孤立奇点。至于不满足这个条件的积分应如何计算，现举一例如下，以明其梗概。

例 10.10 计算积分 $\int_0^{+\infty}\dfrac{\sin x}{x}dx$ 的值。

解 因为 $\dfrac{\sin x}{x}$ 是偶函数，所以

$$\int_0^{+\infty}\dfrac{\sin x}{x}dx=\dfrac{1}{2}\int_{-\infty}^{+\infty}\dfrac{\sin x}{x}dx$$

上式右端的积分与例 10.9 中所计算的积分类似,故可从 $\dfrac{e^{iz}}{z}$ 沿某一条闭曲线的积分来计算上式右端的积分。

但是, $z=0$ 是 $\dfrac{e^{iz}}{z}$ 的一级极点,它在实轴上。为了使积分路线不通过奇点,我们取如图 10.3 所示的路线。由柯西-古尔萨基本定理,有

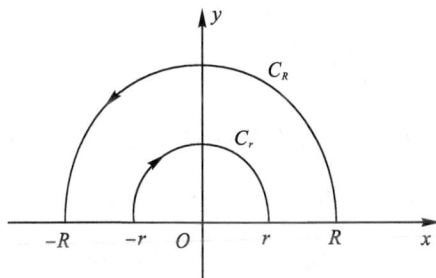

图 10.3

$$\int_{C_R}\dfrac{e^{iz}}{z}dz+\int_{-R}^{-r}\dfrac{e^{ix}}{x}dx+\int_{C_r}\dfrac{e^{iz}}{z}dz+\int_r^R\dfrac{e^{ix}}{x}dx=0$$

令 $x=-t$,则有

$$\int_{-R}^{-r}\dfrac{e^{ix}}{x}dx=\int_R^r\dfrac{e^{-it}}{t}dt=-\int_r^R\dfrac{e^{-ix}}{x}dx$$

由 $\sin x = \dfrac{\mathrm{e}^{\mathrm{i}x} - \mathrm{e}^{-\mathrm{i}x}}{2\mathrm{i}}$ 知

$$2\mathrm{i}\int_r^R \frac{\sin x}{x}\mathrm{d}x + \int_{C_R} \frac{\mathrm{e}^{\mathrm{i}z}}{z}\mathrm{d}z + \int_{C_r} \frac{\mathrm{e}^{\mathrm{i}z}}{z}\mathrm{d}z = 0$$

$$\left|\int_{C_R} \frac{\mathrm{e}^{\mathrm{i}z}}{z}\mathrm{d}z\right| \leqslant \int_{C_R} \frac{|\mathrm{e}^{\mathrm{i}z}|}{|z|}\mathrm{d}s = \frac{1}{R}\int_{C_R} \mathrm{e}^{-y}\,\mathrm{d}s = \int_0^\pi \mathrm{e}^{-R\sin\theta}\,\mathrm{d}\theta$$

$$= 2\int_0^{\frac{\pi}{2}} \mathrm{e}^{-R\sin\theta}\,\mathrm{d}\theta \leqslant 2\int_0^{\frac{\pi}{2}} \mathrm{e}^{-R\left(\frac{2\theta}{\pi}\right)}\,\mathrm{d}\theta = \frac{\pi}{R}(1-\mathrm{e}^{-R})$$

于是 $R \to +\infty$, $\oint_{C_R} \dfrac{\mathrm{e}^{\mathrm{i}z}}{z}\mathrm{d}z \to 0$。当 r 充分小时有

$$\frac{\mathrm{e}^{\mathrm{i}z}}{z} = \frac{1}{z} + \mathrm{i} - \frac{z}{2!} + \cdots + \frac{\mathrm{i}^n z^{n-1}}{n!} + \cdots = \frac{1}{z} + g(z)$$

$$g(z) = \mathrm{i} - \frac{z}{2!} - \frac{\mathrm{i}z^2}{3!} + \cdots + \frac{\mathrm{i}^n z^{n-1}}{n!} + \cdots$$

当 $|z|$ 充分小时总有 $|g(z)| \leqslant 2$

$$\int_{C_r} \frac{\mathrm{e}^{\mathrm{i}z}}{z}\mathrm{d}z = \int_{C_r} \frac{1}{z}\mathrm{d}z + \int_{C_r} g(z)\mathrm{d}z, \qquad \int_{C_r} \frac{\mathrm{d}z}{z} = \int_\pi^0 \frac{\mathrm{i}r\mathrm{e}^{\mathrm{i}\theta}}{r\mathrm{e}^{\mathrm{i}\theta}}\mathrm{d}\theta = -\mathrm{i}\pi$$

因为

$$\left|\int_{C_r} g(z)\mathrm{d}z\right| \leqslant \int_{C_r} |g(z)|\,\mathrm{d}s \leqslant 2\int_{C_r} \mathrm{d}s = 2\pi r$$

所以 $r \to 0$, 则 $\int_{C_r} g(z)\mathrm{d}z \to 0$, $\int_{C_r} \dfrac{\mathrm{e}^{\mathrm{i}z}}{z}\mathrm{d}z = -\pi\mathrm{i} + 0$。

$$2\mathrm{i}\int_r^R \frac{\sin x}{x}\mathrm{d}x + \int_{C_R} \frac{\mathrm{e}^{\mathrm{i}z}}{z}\mathrm{d}z + \int_{C_r} \frac{\mathrm{e}^{\mathrm{i}z}}{z}\mathrm{d}z = 0$$

$$2\mathrm{i}\int_0^{+\infty} \frac{\sin x}{x}\mathrm{d}x = \pi\mathrm{i}, \quad \int_0^{+\infty} \frac{\sin x}{x}\mathrm{d}x = \frac{\pi}{2}$$

这个积分在研究阻尼振动中有用。

例 10.10 证明 $\displaystyle\int_0^\infty \sin x^2 \,\mathrm{d}x = \int_0^\infty \cos x^2 \,\mathrm{d}x = \dfrac{1}{2}\sqrt{\dfrac{\pi}{2}}$。

证明 我们考虑函数 $\mathrm{e}^{\mathrm{i}z^2}$, 因为这个函数当 $z = x$ 时, 可改写成

$$\mathrm{e}^{\mathrm{i}x^2} = \cos x^2 + \mathrm{i}\sin x^2$$

它的实部与虚部分别就是我们所求积分的被积函数。

取积分闭曲线为一半径为 R 的 $\dfrac{\pi}{4}$ 扇形的边界, 如图 10.4 所示。由于 $\mathrm{e}^{\mathrm{i}z^2}$ 在 D 内及其边界 C 上解析, 根据基本定理有 $\displaystyle\oint_C \mathrm{e}^{\mathrm{i}z^2}\mathrm{d}z = 0$, 即

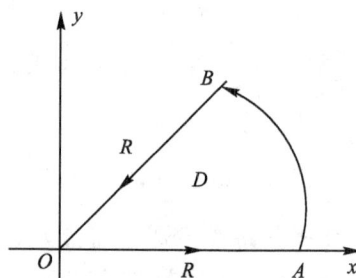

图 10.4

$$\oint_{OA} \mathrm{e}^{\mathrm{i}z^2}\mathrm{d}z + \oint_{AB} \mathrm{e}^{\mathrm{i}z^2}\mathrm{d}z + \oint_{BO} \mathrm{e}^{\mathrm{i}z^2}\mathrm{d}z = 0$$

在 OA 上, x 从 0 到 R; 在 $\overset{\frown}{AB}$ 上, $z = R\mathrm{e}^{\mathrm{i}\theta}\theta$ 从 0 到 $\dfrac{\pi}{4}$; 在 BO 上, $z = r\mathrm{e}^{\mathrm{i}\frac{\pi}{4}}r$ 从 R 到 0。因此, 上式成为

$$\int_0^R e^{ix^2} \, dx + \int_0^{\frac{\pi}{4}} e^{iR^2 e^{i2\theta}} R i e^{i\theta} d\theta + \int_R^0 e^{ir^2 e^{\frac{\pi}{2}i}} e^{\frac{\pi}{4}i} dr = 0$$

或

$$\int_0^R (\cos x^2 + i\sin x^2) \, dx = e^{\frac{\pi}{4}i} \int_0^R e^{-r^2} \, dr - \int_0^{\frac{\pi}{4}} e^{iR^2 \cos 2\theta - R^2 \sin 2\theta} R i e^{i\theta} d\theta$$

当 $R \to \infty$ 时,上式右端的第一个积分为

$$e^{\frac{\pi}{4}i} \int_0^\infty e^{-r^2} \, dr = \frac{\sqrt{\pi}}{2} \cdot e^{\frac{\pi}{4}i} = \frac{1}{2}\sqrt{\frac{\pi}{2}} + \frac{i}{2}\sqrt{\frac{\pi}{2}}$$

而第二个积分的绝对值为

$$\left| \int_0^{\frac{\pi}{4}} e^{iR^2 \cos 2\theta - R^2 \sin 2\theta} R i e^{i\theta} d\theta \right| \leqslant \int_0^{\frac{\pi}{4}} e^{-R^2 \sin 2\theta} R \, d\theta$$

$$\leqslant R \int_0^{\frac{\pi}{4}} e^{-\frac{4}{\pi}R^2 \theta} d\theta = \frac{\pi}{4R}(1 - e^{-R^2})$$

由此可知,当 $R \to \infty$ 时,第二个积分趋于零,从而有

$$\int_0^\infty (\cos x^2 + i\sin x^2) \, dx = \frac{1}{2}\sqrt{\frac{\pi}{2}} + \frac{i}{2}\sqrt{\frac{\pi}{2}}$$

令两端的实部与虚部分别相等,得

$$\int_0^\infty \cos x^2 \, dx = \int_0^\infty \sin x^2 \, dx = \frac{1}{2}\sqrt{\frac{\pi}{2}}$$

这两个积分称为菲涅耳(Fresnel)积分,它们在光学的研究中很有用。

习 题 10

1. 下列函数有哪些奇点? 如果是极点,指出它的级:

(1) $\dfrac{1}{z(z^2+1)^2}$; (2) $\dfrac{\sin z}{z^3}$; (3) $\dfrac{1}{z^3 - z^2 - z + 1}$;

(4) $\dfrac{\ln(z+1)}{z}$; (5) $\dfrac{z}{(1+z^2)(1+e^{\pi z})}$; (6) $\dfrac{1}{e^{z-1}}$;

(7) $\dfrac{1}{z^2(e^z - 1)}$; (8) $\dfrac{z^{2n}}{1+z^n}$(n 为正整数); (9) $\dfrac{1}{\sin z^2}$.

2. 求证:如果 z_0 是 $f(z)$ 的 $m(m > 1)$ 级零点,那么 z_0 是 $f'(z)$ 的 $m-1$ 级零点。

3. 设函数 $f(z)$ 和 $g(z)$ 分别以 $z = a$ 为 m 级与 n 级极点(或零点),那么下列三个函数:

(1) $f(z)g(z)$; (2) $\dfrac{f(z)}{g(z)}$; (3) $f(z) + g(z)$。

在 $z = a$ 处各有什么性质?

4. 求下列各函数 $f(z)$ 在有限奇点处的留数:

(1) $\dfrac{z+1}{z^2 - 2z}$; (2) $\dfrac{1 - e^{2z}}{z^4}$; (3) $\dfrac{1+z^4}{(z^2+1)^3}$; (4) $\dfrac{\cos z}{z}$;

(5) $\cos\dfrac{1}{1-z}$; (6) $z^2 \sin\dfrac{1}{z}$; (7) $\dfrac{1}{z\sin z}$; (8) $\dfrac{\text{sh} z}{\text{ch} z}$.

5. 计算下列各积分(利用留数;圆周均取正向):

(1) $\oint\limits_{|z|=\frac{3}{2}} \dfrac{\sin z}{z} dz$;　　　　(2) $\oint\limits_{|z|=2} \dfrac{e^{2z}}{(z-1)^2} dz$;

(3) $\oint\limits_{|z|=\frac{3}{2}} \dfrac{1-\cos z}{z^m} dz$（其中 m 为整数）。

6. 判断 $z=\infty$ 是下列各函数什么奇点？并求出在 ∞ 的留数：

(1) $\dfrac{1}{e^{z^2}}$;　　　　　　　　(2) $\cos z - \sin z$;　　　　　　　(3) $\dfrac{2z}{3+z^2}$。

7. 求下列函数 $\mathrm{Res}[f(z),\infty]$ 的值：

(1) $f(z)=\dfrac{e^z}{z^2-1}$;　　　　　(2) $f(z)=\dfrac{1}{z(z+1)^4(z-4)}$。

8. 计算下列各积分，C 为正向圆周：

(1) $\oint_C \dfrac{z^{15}}{(z+1)^2(z^4+2)^3} dz, C: |z|=3$;

(2) $\oint_C \dfrac{z^3}{(z+1)} e^{\frac{1}{z}} dz, C: |z|=2$;

(3) $\oint_C \dfrac{z^{2n}}{(z^n+1)} e^{\frac{1}{z}} dz, (n$ 为一正整数$)C: |z|=r>1$。

9. 计算下列积分：

(1) $\displaystyle\int_0^{2\pi} \dfrac{1}{5+3\sin\theta} d\theta$;　　(2) $\displaystyle\int_0^{2\pi} \dfrac{\sin^2\theta}{a+b\cos\theta} d\theta \ (a>b>0)$;　　(3) $\displaystyle\int_{-\infty}^{+\infty} \dfrac{1}{(1+x^2)^2} dx$;

(4) $\displaystyle\int_0^{+\infty} \dfrac{x^2}{1+x^4} dx$;　　(5) $\displaystyle\int_{-\infty}^{+\infty} \dfrac{\cos x}{x^2+4x+5} dx$;　　(6) $\displaystyle\int_{-\infty}^{+\infty} \dfrac{x\sin x}{1+x^2} dx$。

第 3 篇

积 分 变 换

第11章　傅里叶变换

11.1　傅里叶(Fourier)级数

11.1.1　周期函数的傅里叶展开

在工程计算中，无论是电学还是力学，经常要和随时间变化的周期函数 $f_T(t)$ 打交道。具有性质 $f_T(t+T)=f_T(t)$ 的函数 $f_T(t)$ 称为周期函数，其中 T 称作周期，而 $1/T$ 代表单位时间(振动)重复的次数，单位时间通常取秒，即每秒重复多少次，称为频率，单位是赫兹（Hz）。

最常用的一种周期函数是三角函数。人们发现，所有的工程中使用的周期函数都可以用一系列的三角函数的线性组合——傅里叶级数来逼近。

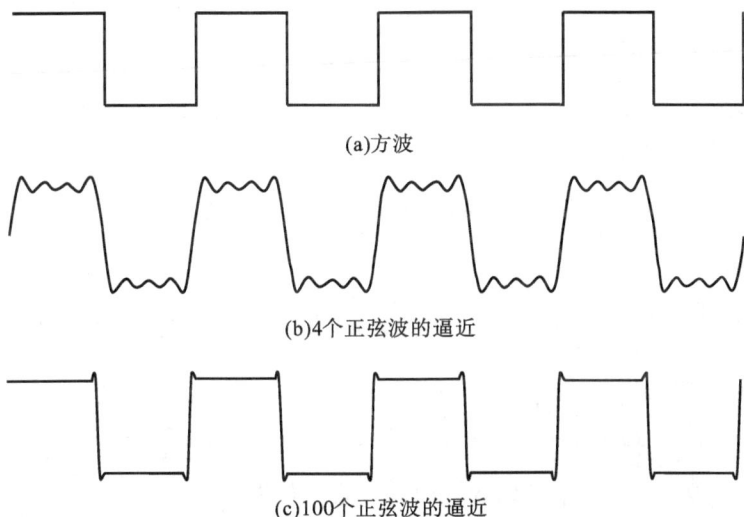

(a)方波

(b)4个正弦波的逼近

(c)100个正弦波的逼近

图 11.1

研究周期函数实际上只需研究其中的一个周期内的情况即可，通常研究在闭区间 $[-T/2, T/2]$ 内函数变化的情况。

关于周期函数的傅里叶级数展开，有下面定理：

$f_T(t)$ 是以 T 为周期的函数，在 $\left[-\dfrac{T}{2}, \dfrac{T}{2}\right]$ 上满足狄利克雷(Dirichlet)条件：

①连续或只有有限个第一类间断点；

②只有有限个极值点。

$f_T(t)$ 就可展开成傅里叶级数，且在连续点 t 处成立，即

$$f_T(t) = \frac{a_0}{2} + \sum_{n=1}^{\infty} (a_n \cos n\omega t + b_n \sin n\omega t) \qquad (11.1)$$

其中

$$\omega = 2\pi / T$$

$$a_n = \frac{2}{T} \int_{-T/2}^{T/2} f_T(t) \cos n\omega t \, dt \quad (n=0,1,2,\cdots)$$

$$b_n = \frac{2}{T} \int_{-T/2}^{T/2} f_T(t) \sin n\omega t \, dt \quad (n=1,2,\cdots)$$

在间断点 t 处成立：

$$\frac{f_T(t+0) + f_T(t-0)}{2} = \frac{a_0}{2} + \sum_{n=1}^{\infty} (a_n \cos n\omega t + b_n \sin n\omega t)$$

为了应用的方便,把傅氏级数的三角形式转化为复指数形式,利用欧拉公式:

$$\cos n\omega t = \frac{e^{in\omega t} + e^{-in\omega t}}{2}, \quad \sin n\omega t = \frac{e^{in\omega t} - e^{-in\omega t}}{2i}$$

级数化为

$$\frac{a_0}{2} + \sum_{n=1}^{\infty} \left(a_n \frac{e^{in\omega t} + e^{-in\omega t}}{2} + b_n \frac{e^{in\omega t} - e^{-in\omega t}}{2i} \right) = \frac{a_0}{2} + \sum_{n=1}^{\infty} \left(\frac{a_n - ib_n}{2} e^{in\omega t} + \frac{a_n + ib_n}{2} e^{-in\omega t} \right)$$

令 $c_0 = \frac{a_0}{2}, c_n = \frac{a_n - ib_n}{2}, d_n = \frac{a_n + ib_n}{2}$,则

$$c_0 = \frac{1}{T} \int_{-T/2}^{T/2} f_T(t) \, dt$$

$$c_n = \frac{1}{T} \int_{-T/2}^{T/2} f_T(t) [\cos n\omega t - i\sin n\omega t] \, dt = \frac{1}{T} \int_{-T/2}^{T/2} f_T(t) e^{-in\omega t} \, dt$$

$$d_n = \frac{1}{T} \int_{-T/2}^{T/2} f_T(t) [\cos n\omega t + i\sin n\omega t] \, dt = \frac{1}{T} \int_{-T/2}^{T/2} f_T(t) e^{in\omega t} \, dt$$

定义

$$c_{-n} = d_n = \frac{1}{T} \int_{-T/2}^{T/2} f_T(t) [\cos n\omega t + i\sin n\omega t] \, dt = \frac{1}{T} \int_{-T/2}^{T/2} f_T(t) e^{in\omega t} \, dt \quad (n=1,2,\cdots)$$

即 $c_{-n} = d_n = \bar{c}_n$,上述三式可合并为

$$c_n = \frac{1}{T} \int_{-T/2}^{T/2} f_T(t) e^{-in\omega t} \, dt (n=0, \pm 1, \pm 2, \cdots)$$

若令 $\omega_n = n\omega, (n=0, \pm 1, \pm 2, \cdots)$ 则级数(11.1)式可写为

$$f_T(t) = c_0 + \sum_{n=1}^{\infty} (c_n e^{i\omega_n t} + c_{-n} e^{-i\omega_n t}) = \sum_{n=-\infty}^{+\infty} c_n e^{i\omega_n t}$$

这就是傅氏级数的复指数形式。或者写为

$$f_T(t) = \frac{1}{T} \sum_{n=-\infty}^{+\infty} \left[\int_{-T/2}^{T/2} f_T(\tau) e^{-i\omega_n \tau} \, d\tau \right] e^{i\omega_n t} \qquad (11.2)$$

式中: $c_n = F(n\omega)$,为 $f_T(t)$ 的离散频谱, $|c_n|$ 为 $f_T(t)$ 的离散振幅频谱, $\arg c_n$ 为 $f_T(t)$ 的离散相位频谱 $(n \in \mathbf{Z})$。

若以 $f_T(t)$ 描述某种信号,则 c_n 可以刻画 $f_T(t)$ 的特征频率。

11.1.2 三角函数的正交性

在区间 $[-T/2, T/2]$ 上满足狄氏条件的函数的全体也构成一个集合,这个集合在通常的

函数加法和数乘运算上也构成一个线性空间 V。此空间的向量就是函数，线性空间的一切理论在此空间内仍然成立。更进一步地，也可以在此线性空间 V 上定义内积运算，这样就可以建立元素（即函数）的长度（范数）、函数间角度及正交的概念。两个函数 f 和 g 的内积定义为

$$[f,g]=\int_{-\frac{T}{2}}^{\frac{T}{2}} f(t)g(t)\mathrm{d}t$$

利用内积可以定义一个函数 $f(t)$ 的长度或称为范数为

$$\|f\|=\sqrt{[f,f]}=\sqrt{\int_{-\frac{T}{2}}^{\frac{T}{2}} f^2(t)\mathrm{d}t}$$

两个函数的内积和它们间的长度满足柯西-施瓦兹不等式

$$|[f,g]|\leqslant \|f\| \cdot \|g\|$$

即

$$\left|\int_{-\frac{T}{2}}^{\frac{T}{2}} f(t)g(t)\mathrm{d}t\right|\leqslant \sqrt{\int_{-\frac{T}{2}}^{\frac{T}{2}} f^2(t)\mathrm{d}t}\sqrt{\int_{-\frac{T}{2}}^{\frac{T}{2}} g^2(t)\mathrm{d}t}$$

这样可令 $\cos\theta=\dfrac{[f,g]}{\|f\| \cdot \|g\|}$ 为 f 和 g 夹角的余弦，如果 $[f,g]=0$，称 f 和 g 正交。而在区间 $[-T/2,T/2]$ 上的三角函数系 $1,\cos wt,\ \sin wt,\ \cos 2wt,\sin 2wt,\cdots,\cos nwt,\sin nwt,\cdots$ 是两两正交的，其中 $w=2\pi/T$，这是因为 $\cos nwt,\sin nwt$ 都可以看作复指数函数 e^{inwt} 的线性组合。当 $n\neq m$ 时，

$$\int_{-\frac{T}{2}}^{\frac{T}{2}} \mathrm{e}^{in\omega t}\mathrm{e}^{-im\omega t}\mathrm{d}t=\frac{T}{2\pi}\int_{-\pi}^{\pi}\mathrm{e}^{i(n-m)\theta}\mathrm{d}\theta=0$$

其中

$$\theta=\omega t=\frac{2\pi t}{T},\quad \mathrm{d}\theta=\frac{2\pi\mathrm{d}t}{T},\quad \mathrm{d}t=\frac{T}{2\pi}\mathrm{d}\theta$$

这是因为

$$\int_{-\pi}^{\pi}\mathrm{e}^{i(n-m)\theta}\mathrm{d}\theta=\frac{1}{i(n-m)}\mathrm{e}^{i(n-m)\theta}\bigg|_{-\pi}^{\pi}$$

$$=\frac{1}{i(n-m)}\left[\mathrm{e}^{i(n-m)\pi}-\mathrm{e}^{-i(n-m)\pi}\right]$$

$$=\frac{1}{i(n-m)}\mathrm{e}^{-i(n-m)\pi}\left[\mathrm{e}^{2i(n-m)\pi}-1\right]=0$$

由此不难验证

$$\int_{-\frac{T}{2}}^{\frac{T}{2}}\cos n\omega t\,\mathrm{d}t=0\quad(n=1,2,3,\cdots)$$

$$\int_{-\frac{T}{2}}^{\frac{T}{2}}\sin n\omega t\,\mathrm{d}t=0\quad(n=1,2,3,\cdots)$$

$$\int_{-\frac{T}{2}}^{\frac{T}{2}}\sin n\omega t\cos m\omega t\,\mathrm{d}t=0\quad(n,m=1,2,3,\cdots)$$

$$\int_{-\frac{T}{2}}^{\frac{T}{2}}\sin n\omega t\sin m\omega t\,\mathrm{d}t=0\quad(n,m=1,2,3,\cdots,n\neq m)$$

$$\int_{-\frac{T}{2}}^{\frac{T}{2}}\cos n\omega t\cos m\omega t\,\mathrm{d}t=0\quad(n,m=1,2,3,\cdots,n\neq m)$$

而 1，$\cos\omega t$，$\sin\omega t$，$\cos2\omega t$，$\sin2\omega t$，$\cdots$，$\cos n\omega t$，$\sin n\omega t$ 的长度计算如下

$$\parallel 1 \parallel = \sqrt{\int_{-\frac{T}{2}}^{\frac{T}{2}} 1^2 \mathrm{d}t} = \sqrt{T}$$

$$\parallel \cos n\omega t \parallel = \sqrt{\int_{-\frac{T}{2}}^{\frac{T}{2}} \cos^2 n\omega t\, \mathrm{d}t} = \sqrt{\int_{-\frac{T}{2}}^{\frac{T}{2}} \frac{1+\cos2n\omega t}{2}\mathrm{d}t} = \sqrt{\frac{T}{2}}$$

$$\parallel \sin n\omega t \parallel = \sqrt{\int_{-\frac{T}{2}}^{\frac{T}{2}} \sin^2 n\omega t\, \mathrm{d}t} = \sqrt{\int_{-\frac{T}{2}}^{\frac{T}{2}} \frac{1-\cos2n\omega t}{2}\mathrm{d}t} = \sqrt{\frac{T}{2}}$$

因此，任何满足狄氏条件的周期函数 $f_T(t)$，可表示为三角级数的形式如下：

$$f_T(t) = \frac{a_0}{2} + \sum_{n=1}^{\infty}(a_n\cos n\omega t + b_n\sin n\omega t)$$

为求出 a_0，计算内积 $[f_T,1]$，即

$$\int_{-\frac{T}{2}}^{\frac{T}{2}} f_T(t)\mathrm{d}t = \int_{-\frac{T}{2}}^{\frac{T}{2}} \frac{a_0}{2}\mathrm{d}t + \sum_{n=1}^{\infty}\left(a_n\int_{-\frac{T}{2}}^{\frac{T}{2}}\cos n\omega t\,\mathrm{d}t + b_n\int_{-\frac{T}{2}}^{\frac{T}{2}}\sin n\omega t\,\mathrm{d}t\right) = \frac{a_0}{2}T$$

即

$$a_0 = \frac{2}{T}\int_{-\frac{T}{2}}^{\frac{T}{2}} f_T(t)\mathrm{d}t$$

为求 a_n，计算 $[f_T(t),\cos n\omega t]$，即

$$\int_{-\frac{T}{2}}^{\frac{T}{2}} f_T(t)\cos n\omega t\,\mathrm{d}t = \int_{-\frac{T}{2}}^{\frac{T}{2}} \frac{a_0}{2}\cos n\omega t\,\mathrm{d}t + \sum_{m=1}^{\infty} a_m\int_{-\frac{T}{2}}^{\frac{T}{2}}\cos m\omega t\cos n\omega t\,\mathrm{d}t$$

$$+ \sum_{m=1}^{n} b_m\int_{-\frac{T}{2}}^{\frac{T}{2}}\sin m\omega t\cos n\omega t\,\mathrm{d}t = a_n\int_{-\frac{T}{2}}^{\frac{T}{2}}\cos^2 n\omega t\,\mathrm{d}t = a_n\frac{T}{2}$$

即

$$a_n = \frac{2}{T}\int_{-\frac{T}{2}}^{\frac{T}{2}} f_T(t)\cos n\omega t\,\mathrm{d}t$$

同理，为求 b_n，计算 $[f_T(t),\sin n\omega t]$，即

$$\int_{-\frac{T}{2}}^{\frac{T}{2}} f_T(t)\sin n\omega t\,\mathrm{d}t = \int_{-\frac{T}{2}}^{\frac{T}{2}} \frac{a_0}{2}\sin n\omega t\,\mathrm{d}t + \sum_{m=1}^{\infty} a_m\int_{-\frac{T}{2}}^{\frac{T}{2}}\cos m\omega t\sin n\omega t\,\mathrm{d}t$$

$$+ \sum_{m=1}^{n} b_m\int_{-\frac{T}{2}}^{\frac{T}{2}}\sin m\omega t\sin n\omega t\,\mathrm{d}t$$

$$= b_n\int_{-\frac{T}{2}}^{\frac{T}{2}}\sin^2 n\omega t\,\mathrm{d}t = b_n\frac{T}{2}$$

即

$$b_n = \frac{2}{T}\int_{-\frac{T}{2}}^{\frac{T}{2}} f_T(t)\sin n\omega t\,\mathrm{d}t$$

最后可得

$$f_T(t) = \frac{a_0}{2} + \sum_{n=1}^{\infty}(a_n\cos n\omega t + b_n\sin n\omega t)$$

其中

$$a_0 = \frac{2}{T}\int_{-\frac{T}{2}}^{\frac{T}{2}} f_T(t)\mathrm{d}t$$

$$a_n = \frac{2}{T} \int_{-\frac{T}{2}}^{\frac{T}{2}} f_T(t) \cos n\omega t \, dt \quad (n = 1, 2, \cdots)$$

$$b_n = \frac{2}{T} \int_{-\frac{T}{2}}^{\frac{T}{2}} f_T(t) \sin n\omega t \, dt \quad (n = 1, 2, \cdots)$$

而利用三角函数的指数形式

$$\cos\varphi = \frac{e^{i\varphi} + e^{-i\varphi}}{2}, \quad \sin\varphi = -i\frac{e^{i\varphi} - e^{-i\varphi}}{2}$$

可将级数表示为

$$f_T(t) = \frac{a_0}{2} + \sum_{n=1}^{\infty} \left(a_n \frac{e^{in\omega t} + e^{-in\omega t}}{2} - ib_n \frac{e^{in\omega t} - e^{-in\omega t}}{2} \right)$$

$$= \frac{a_0}{2} + \sum_{n=1}^{\infty} \left(\frac{a_n - ib_n}{2} e^{in\omega t} + \frac{a_n + ib_n}{2} e^{-in\omega t} \right)$$

如令 $\omega_n = n\omega \, (n = 0, 1, 2, \cdots)$，且令 $c_0 = \frac{a_0}{2}$，则

$$c_n = \frac{a_n - ib_n}{2}, \quad n = 1, 2, 3, \cdots$$

$$c_{-n} = \frac{a_n + ib_n}{2}, \quad n = 1, 2, 3, \cdots$$

$$f_T(t) = c_0 + \sum_{n=1}^{\infty} \left[c_n e^{i\omega_n t} + c_{-n} e^{-i\omega_n t} \right] = \sum_{n=-\infty}^{+\infty} c_n e^{i\omega_n t}$$

$$c_0 = \frac{a_0}{2} = \frac{1}{T} \int_{-\frac{T}{2}}^{\frac{T}{2}} f_T(t) \, dt$$

当 $n \geqslant 1$ 时有

$$c_n = \frac{a_n - ib_n}{2} = \frac{1}{T} \int_{-\frac{T}{2}}^{\frac{T}{2}} f_T(t) \cos n\omega t \, dt - i\frac{1}{T} \int_{-\frac{T}{2}}^{\frac{T}{2}} f_T(t) \sin n\omega t \, dt$$

$$= \frac{1}{T} \int_{-\frac{T}{2}}^{\frac{T}{2}} f_T(t) [\cos n\omega t - i\sin n\omega t] \, dt$$

$$= \frac{1}{T} \int_{-\frac{T}{2}}^{\frac{T}{2}} f_T(t) e^{-in\omega t} \, dt$$

而

$$c_{-n} = \frac{a_n + ib_n}{2} = \bar{c}_n = \frac{1}{T} \int_{-\frac{T}{2}}^{\frac{T}{2}} f_T(t) e^{in\omega t} \, dt$$

因此可以合写成一个式子

$$c_n = \frac{1}{T} \int_{-\frac{T}{2}}^{\frac{T}{2}} f_T(t) e^{-i\omega_n t} \, dt \quad (n = 0, \pm 1, \pm 2, \cdots)$$

$$f_T(t) = \sum_{n=-\infty}^{+\infty} c_n e^{i\omega_n t} = \frac{1}{T} \sum_{n=-\infty}^{+\infty} \left[\int_{-\frac{T}{2}}^{\frac{T}{2}} f_T(\tau) e^{-i\omega_n \tau} \, d\tau \right] e^{i\omega_n t}$$

11.1.3　非周期函数的展开

下面,我们来讨论非周期函数的的展开问题。任何一个非周期函数 $f(t)$ 都可以看作由某个周期函数 $f_T(t)$ 当 $T \to \infty$ 时转化而来的。为了说明这一点,作周期为 T 的函数 $f_T(t)$,使其在 $[-T/2, T/2]$ 之内等于 $f(t)$,在 $[-T/2, T/2]$ 之外按周期 T 延拓到整个数轴上,则 T 越

大，$f_T(t)$ 与 $f(t)$ 相等的范围也越大。这就说明当 $T \to \infty$ 时，周期函数 $f_T(t)$ 便可转化为 $f(t)$，即有

$$\lim_{T \to +\infty} f_T(t) = f(t)$$

这样，在(11.2)式中令 $T \to +\infty$，结果就可以看成是 $f(t)$ 的展开式，即

$$f(t) = \lim_{T \to +\infty} \frac{1}{T} \sum_{n=-\infty}^{+\infty} \left[\int_{-T/2}^{T/2} f_T(\tau) \, e^{-i\omega_n \tau} \, d\tau \right] e^{i\omega_n t}$$

当 n 取一切整数时，ω_n 所对应的点便均匀地分布在整个数轴上，如图 11.2 所示。若相邻两个点的距离以 $\Delta \omega_n$ 表示，即

$$\Delta \omega_n = \omega_n - \omega_{n-1} = \frac{2\pi}{T} \quad \text{或} \quad T = \frac{2\pi}{\Delta \omega_n}$$

则当 $T \to \infty$ 时 $\Delta \omega_n \to 0$，所以上式又可写为

$$f(t) = \lim_{\Delta \omega_n \to 0} \frac{1}{2\pi} \sum_{n=-\infty}^{+\infty} \left[\int_{-T/2}^{T/2} f_T(\tau) \, e^{-i\omega_n \tau} \, d\tau \right] e^{i\omega_n t} \Delta \omega_n \tag{11.3}$$

当 t 固定时，

$$\frac{1}{2\pi} \sum_{n=-\infty}^{+\infty} \left[\int_{-T/2}^{T/2} f_T(\tau) \, e^{-i\omega_n \tau} \, d\tau \right] e^{i\omega_n t}$$

是参数 ω_n 的函数，记为

$$F_T(\omega_n) = \frac{1}{2\pi} \left[\int_{-\frac{T}{2}}^{\frac{T}{2}} f_T(\tau) e^{-i\omega_n \tau} \, d\tau \right] e^{i\omega_n t}$$

利用 $F_T(\omega_n)$ 可将(11.3)式写成

$$f(t) = \lim_{\Delta \omega_n \to 0} \sum_{n=-\infty}^{+\infty} F_T(\omega_n) \Delta \omega_n$$

很明显，$\Delta \omega \to 0$，即 $T \to +\infty$ 时，$F_T(\omega_n) \to F(\omega_n)$，这里

$$F(\omega_n) = \frac{1}{2\pi} \left[\int_{-\infty}^{+\infty} f(\tau) \, e^{-i\omega_n \tau} \, d\tau \right] e^{i\omega_n t}$$

从而 $f(t)$ 可以看作 $F(\omega_n)$ 在 $(-\infty, +\infty)$ 上的积分。

$$f(t) = \int_{-\infty}^{+\infty} F(\omega_n) \, d\omega_n$$

即

$$f(t) = \int_{-\infty}^{+\infty} F(\omega) \, d\omega$$

亦即

$$f(t) = \frac{1}{2\pi} \int_{-\infty}^{+\infty} \left[\int_{-\infty}^{+\infty} f(\tau) e^{-i\omega \tau} \, d\tau \right] e^{i\omega t} \, d\omega$$

图 11.2

这个公式称为函数的傅里叶积分公式，简称傅氏积分。应该指出，上式只是由(11.3)式的右端从形式上推出来的，是不严格的，至于一个非周期函数 $f(t)$ 在什么样的条件下，可以用傅氏积分公式来表示，有下面的定理。

11.2　傅里叶积分公式

设 $f_T(t)$ 为周期为 T 的周期函数,在 $\left[-\dfrac{T}{2},\dfrac{T}{2}\right]$ 上满足狄利克雷(或狄氏)条件,则 $f_T(t)$ 可展开为傅里叶级数

$$f_T(t)=\sum_{n=-\infty}^{+\infty}c_n\mathrm{e}^{in\omega t}=\sum_{n=-\infty}^{+\infty}c_n\mathrm{e}^{i\omega_n t}$$

$$\omega_n=n\omega=2n\pi/T,\ c_n=\frac{1}{T}\int_{-T/2}^{T/2}f_T(t)\mathrm{e}^{-i\omega_n t}\mathrm{d}t$$

即

$$f_T(t)=\frac{1}{T}\sum_{n=-\infty}^{+\infty}\left[\int_{-\frac{T}{2}}^{\frac{T}{2}}f_T(\tau)\mathrm{e}^{-i\omega_n\tau}\mathrm{d}\tau\right]\mathrm{e}^{i\omega_n t}$$

由 $\lim\limits_{T\to+\infty}f_T(t)=f(t)$ 得

$$f(t)=\lim_{T\to+\infty}\frac{1}{T}\sum_{n=-\infty}^{+\infty}\left[\int_{-\frac{T}{2}}^{\frac{T}{2}}f_T(\tau)\mathrm{e}^{-i\omega_n\tau}\mathrm{d}\tau\right]\mathrm{e}^{i\omega_n t}$$

11.2.1　傅里叶积分定理

若函数 $f(t)$ 在任何有限区间上满足狄利克雷条件:
① 连续或只有有限个第一类间断点;
② 至多有有限个极值点;
③ 在 $(-\infty,+\infty)$ 上绝对可积(即积分 $\int_{-\infty}^{+\infty}|f(t)|\mathrm{d}t$ 收敛)。
则有

$$f(t)=\frac{1}{2\pi}\int_{-\infty}^{+\infty}\left[\int_{-\infty}^{+\infty}f(\tau)\mathrm{e}^{-i\omega\tau}\mathrm{d}\tau\right]\mathrm{e}^{i\omega t}\mathrm{d}\omega^{①} \tag{11.4}$$

成立,而左端的 $f(t)$ 在它的间断点 t 处,应以 $\dfrac{f(t+0)+f(t-0)}{2}$ 来代替。这个定理的条件是充分的,它的证明要用到较多的基础理论,这里从略。

(11.4)式是 $f(t)$ 的傅氏积分公式的复指数形式,利用欧拉公式,可将其转化为三角形式,因为

$$f(t)=\frac{1}{2\pi}\int_{-\infty}^{+\infty}\left[\int_{-\infty}^{\infty}f(\tau)\mathrm{e}^{-i\omega\tau}\mathrm{d}\tau\right]\mathrm{e}^{i\omega t}\mathrm{d}\omega=\frac{1}{2\pi}\int_{-\infty}^{+\infty}\left[\int_{-\infty}^{\infty}f(\tau)\mathrm{e}^{i\omega(t-\tau)}\mathrm{d}\tau\right]\mathrm{d}\omega$$

$$=\frac{1}{2\pi}\int_{-\infty}^{+\infty}\left[\int_{-\infty}^{\infty}f(\tau)\cos\omega(t-\tau)\mathrm{d}\tau+i\int_{-\infty}^{+\infty}f(\tau)\sin\omega(t-\tau)\mathrm{d}\tau\right]\mathrm{d}\omega$$

考虑到 $\int_{-\infty}^{+\infty}f(\tau)\sin\omega(t-\tau)\mathrm{d}\tau$ 是 ω 的奇函数,就有

$$\int_{-\infty}^{+\infty}\left[\int_{-\infty}^{+\infty}f(\tau)\sin\omega(t-\tau)\mathrm{d}\tau\right]\mathrm{d}\omega=0$$

---

① 式中的广义积分都是主值意义下的,所谓主值意义是指
$$\int_{-\infty}^{+\infty}f(x)\mathrm{d}x=\lim_{N\to+\infty}\int_{-N}^{+N}f(x)\mathrm{d}x$$

从而

$$f(t)=\frac{1}{2\pi}\int_{-\infty}^{+\infty}\left[\int_{-\infty}^{\infty}f(\tau)\cos\omega(t-\tau)\mathrm{d}\tau\right]\mathrm{d}\omega \tag{11.5}$$

又考虑到积分 $\int_{-\infty}^{+\infty}f(\tau)\cos\omega(t-\tau)\mathrm{d}\tau$ 是 ω 的偶函数,(11.5)式又可写为

$$f(t)=\frac{1}{\pi}\int_0^{+\infty}\left[\int_{-\infty}^{\infty}f(\tau)\cos\omega(t-\tau)\mathrm{d}\tau\right]\mathrm{d}\omega \tag{11.6}$$

这便是 $f(t)$ 的傅里叶积分的三角公式。

例 11.1 定义方波函数 $f(t)=\begin{cases}1 & (|t|\leqslant1)\\ 0 & (|t|>1)\end{cases}$,如图 11.3(a)所示,将其拓展为周期为 4 的周期函数,如图 11.3(b)所示,求其傅里叶级数及傅里叶积分,并由此证明

$$\int_0^{+\infty}\frac{\sin\omega}{\omega}\mathrm{d}\omega=\frac{\pi}{2}$$

解

$$f_4(t)=\sum_{n=-\infty}^{+\infty}f(t+4n)$$

$$\omega=\frac{2\pi}{T}=\frac{2\pi}{4}=\frac{\pi}{2},\quad \omega_n=n\omega=\frac{n\pi}{2}$$

则

$$c_n=\frac{1}{T}\int_{-\frac{T}{2}}^{\frac{T}{2}}f_T(t)\mathrm{e}^{-\mathrm{i}\omega_n t}\mathrm{d}t$$

$$=\frac{1}{4}\int_{-2}^{2}f_4(t)\mathrm{e}^{-\mathrm{i}\omega_n t}\mathrm{d}t=\frac{1}{4}\int_{-1}^{1}\mathrm{e}^{-\mathrm{i}\omega_n t}\mathrm{d}t$$

$$=\frac{1}{-4\mathrm{i}\omega_n}\mathrm{e}^{-\mathrm{i}\omega_n t}\Big|_{-1}^{1}=\frac{1}{4\mathrm{i}\omega_n}(\mathrm{e}^{\mathrm{i}\omega_n}-\mathrm{e}^{-\mathrm{i}\omega_n})$$

$$=\frac{1}{2}\cdot\frac{\sin\omega_n}{\omega_n}=\frac{1}{2}\mathrm{sinc}(\omega_n)\quad(n=0,\pm1,\pm2,\cdots)$$

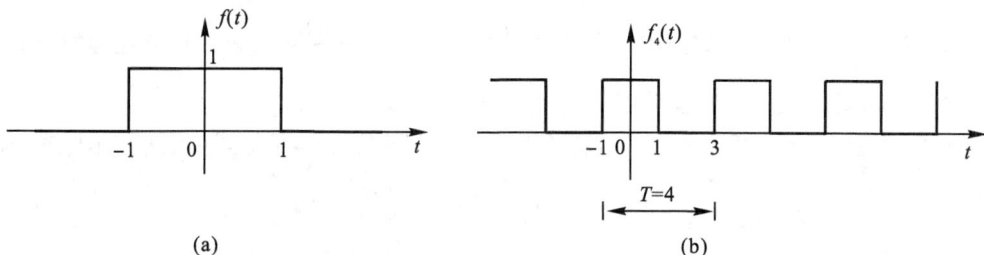

图 11.3

此函数显然满足傅里叶积分定理条件,故傅里叶积分

$$F(\omega)=\int_{-\infty}^{+\infty}f(t)\mathrm{e}^{-\mathrm{i}\omega t}\mathrm{d}t=\int_{-1}^{1}\mathrm{e}^{-\mathrm{i}\omega t}\mathrm{d}t$$

$$=\int_{-1}^{1}(\cos\omega t-\mathrm{i}\sin\omega t)\mathrm{d}t$$

$$=2\int_0^1\cos\omega t\mathrm{d}t=2\frac{\sin\omega}{\omega}$$

$$f(t) = \frac{1}{2\pi} \int_{-\infty}^{+\infty} 2\, \frac{\sin\omega}{\omega} e^{i\omega t}\, d\omega$$

$$= \frac{1}{\pi} \int_{-\infty}^{+\infty} \frac{\sin\omega}{\omega} (\cos\omega t + i\sin\omega t)\, d\omega$$

$$= \frac{2}{\pi} \int_{0}^{+\infty} \frac{\sin\omega\cos\omega t}{\omega}\, d\omega \quad (t \neq \pm 1)$$

当 $t = \pm 1$ 时，$f(t) = \dfrac{f(\pm 1 + 0) + f(\pm 1 - 0)}{2} = \dfrac{1}{2}$，所以

$$\frac{2}{\pi} \int_{0}^{+\infty} \frac{\sin\omega\cos\omega t}{\omega}\, d\omega = \begin{cases} 1, & |t| < 1 \\[2mm] \dfrac{1}{2}, & |t| = 1 \\[2mm] 0, & |t| > 1 \end{cases}$$

即

$$\int_{0}^{+\infty} \frac{\sin\omega\cos\omega t}{\omega}\, d\omega = \begin{cases} \dfrac{\pi}{2}, & |t| < 1 \\[2mm] \dfrac{\pi}{4}, & |t| = 1 \\[2mm] 0, & |t| > 1 \end{cases}$$

当 $t = 0$ 时，有 $\displaystyle\int_{0}^{+\infty} \frac{\sin\omega}{\omega}\, d\omega = \frac{\pi}{2}$，这就是著名的狄利克雷积分。

11.2.2　sinc 函数介绍

sinc 函数定义为 $\mathrm{sinc}\, x = \dfrac{\sin x}{x}$，严格来说，sinc 函数在 $x = 0$ 是没有定义的，但是因为 $\lim\limits_{x \to 0} \dfrac{\sin x}{x} = 1$，所以定义 $x = 0$ 时 $\mathrm{sinc}\, x = 1$，用不严格的形式写作 $\dfrac{\sin x}{x}\Big|_{x=0} = 1$，则函数在整个实轴连续，函数图如图 11.4(a) 所示。

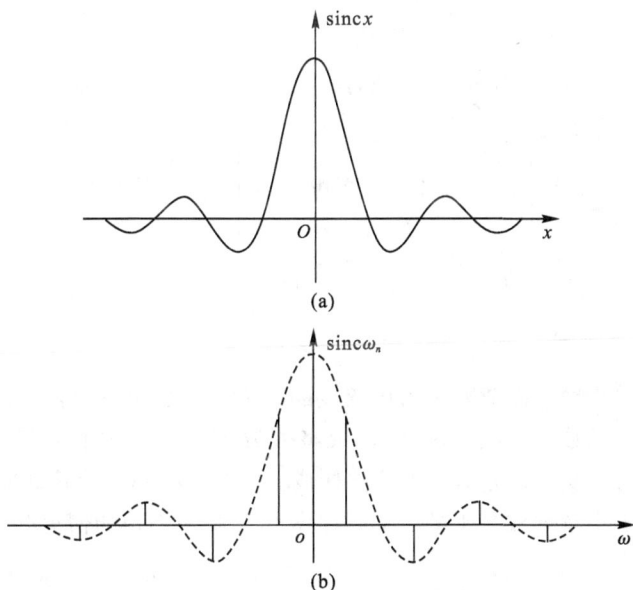

(a)

(b)

图 11.4

前面计算出

$$c_n = \frac{1}{2}\operatorname{sinc}\omega_n \quad (n=0,\pm1,\pm2,\cdots)$$

$$\omega_n = n\omega = n\frac{2\pi}{T} = \frac{n\pi}{2}$$

可将 c_n 以竖线标在频率图上,如图 11.4(b)所示。

现在将周期扩大一倍,令 $T=8$,以 $f(t)$ 为基础构造一周期为 8 的周期函数 $f_8(t)$,如图 11.5(a)所示。

$$f_8(t) = \sum_{n=-\infty}^{+\infty} f(t+8n)$$

$$\omega = \frac{2\pi}{T} = \frac{2\pi}{8} = \frac{\pi}{4}$$

$$\omega_n = n\omega = \frac{n\pi}{4}$$

则

$$\begin{aligned}
c_n &= \frac{1}{T}\int_{-\frac{T}{2}}^{\frac{T}{2}} f_T(t)\mathrm{e}^{-\mathrm{i}\omega_n t}\,\mathrm{d}t = \frac{1}{8}\int_{-4}^{4} f_8(t)\mathrm{e}^{-\mathrm{i}\omega_n t}\,\mathrm{d}t \\
&= \frac{1}{8}\int_{-1}^{1} \mathrm{e}^{-\mathrm{i}\omega_n t}\,\mathrm{d}t = \frac{1}{-8\mathrm{i}\omega_n}\mathrm{e}^{-\mathrm{i}\omega_n t}\Big|_{-1}^{1} \\
&= \frac{1}{8\mathrm{i}\omega_n}(\mathrm{e}^{\mathrm{i}\omega_n}-\mathrm{e}^{-\mathrm{i}\omega_n}) \\
&= \frac{1}{4}\cdot\frac{\sin\omega_n}{\omega_n} = \frac{1}{4}\operatorname{sinc}\omega_n \quad (n=0,\pm1,\pm2,\cdots)
\end{aligned}$$

则在 $T=8$ 时

$$c_n = \frac{1}{4}\operatorname{sinc}\omega_n \quad (n=0,\pm1,\pm2,\cdots)$$

$$\omega_n = n\omega = n\frac{2\pi}{8} = \frac{n\pi}{4}$$

再将 c_n 以竖线标在频率图上,如图 11.5(b)所示。

一般地,对于周期 T 有

$$\begin{aligned}
c_n &= \frac{1}{T}\int_{-\frac{T}{2}}^{\frac{T}{2}} f_T(t)\mathrm{e}^{-\mathrm{i}\omega_n t}\,\mathrm{d}t = \frac{1}{T}\int_{-1}^{1} \mathrm{e}^{-\mathrm{i}\omega_n t}\,\mathrm{d}t \\
&= \frac{1}{-T\mathrm{i}\omega_n}\mathrm{e}^{-\mathrm{i}\omega_n t}\Big|_{-1}^{1} = \frac{1}{T\mathrm{i}\omega_n}(\mathrm{e}^{\mathrm{i}\omega_n}-\mathrm{e}^{-\mathrm{i}\omega_n}) \\
&= \frac{2}{T}\cdot\frac{\sin\omega_n}{\omega_n} = \frac{2}{T}\operatorname{sinc}\omega_n \quad (n=0,\pm1,\pm2,\cdots)
\end{aligned}$$

当周期 T 越来越大时,各个频率的正弦波的频率间隔越来越小,而它们的强度在各个频率的轮廓则总是 sinc 函数的形状。因此,如果将方波函数 $f(t)$ 看作周期无穷大的周期函数,则它也可以看作由无穷多个无穷小的正弦波构成,将那个频率上的轮廓即 sinc 函数的形状看作方波函数 $f(t)$ 的各个频率成分上的分布,称作方波函数 $f(t)$ 的傅里叶变换。

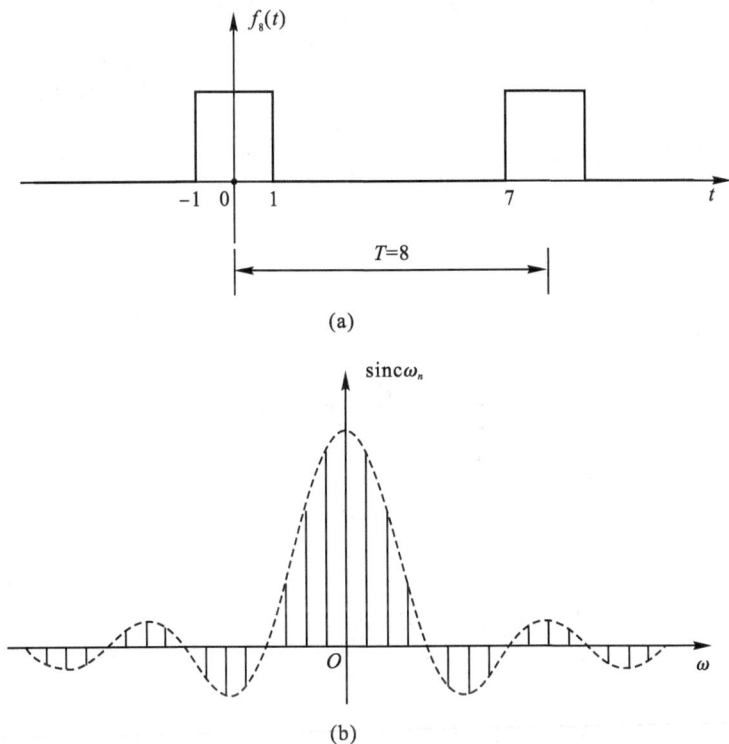

(a)

(b)

图 11.5

11.3　傅里叶变换

设 $f(t)$ 为定义在 $(-\infty,+\infty)$ 上的实值（或复值），满足傅里叶积分定理中的条件，则在 $f(t)$ 的连续点处，便有

$$f(t)=\frac{1}{2\pi}\int_{-\infty}^{+\infty}\left[\int_{-\infty}^{+\infty}f(\tau)\mathrm{e}^{-\mathrm{i}\omega\tau}\,\mathrm{d}\tau\right]\mathrm{e}^{\mathrm{i}\omega t}\,\mathrm{d}\omega \tag{11.7}$$

成立。从 (11.7) 式出发，设

$$F(\omega)=\int_{-\infty}^{+\infty}f(t)\mathrm{e}^{-\mathrm{i}\omega t}\,\mathrm{d}t \tag{11.8}$$

$$f(t)=\frac{1}{2\pi}\int_{-\infty}^{+\infty}F(\omega)\mathrm{e}^{\mathrm{i}\omega t}\,\mathrm{d}\omega \tag{11.9}$$

从 (11.8) 和 (11.9) 两式可以看出，$f(t)$ 和 $F(\omega)$ 通过指定的积分运算可以相互表达。(11.8) 式称为 $f(t)$ 的傅里叶变换（或傅氏变换），可记为

$$F(\omega)=\mathscr{F}[f(t)]$$

$F(\omega)$ 称为 $f(t)$ 的象函数，(11.9) 式称为 $F(\omega)$ 的傅里叶逆变换，可记为

$$f(t)=\mathscr{F}^{-1}[F(\omega)]$$

$f(t)$ 称为 $F(\omega)$ 的象原函数。

(11.8) 式右端的积分运算，称为取 $f(t)$ 的傅氏变换；同样，(11.9) 式右端的积分运算，称为取 $F(\omega)$ 的傅氏逆变换。可以说，象函数 $F(\omega)$ 和象原函数 $f(t)$ 构成了一个傅氏变换对。

在频谱分析中,傅氏变换 $F(\omega)$ 又称为 $f(t)$ 的频谱函数,而它的模 $|F(\omega)|$ 称为 $f(t)$ 的振幅频谱(亦简称为频谱),$\arg F(\omega)$ 称为 $f(t)$ 的相位频谱。由于 ω 是连续变化的,我们称之为连续频谱,对一个时间函数 $f(t)$ 作傅氏变换,就是求这个时间函数 $f(t)$ 的频谱。

例 11.2 求指数衰减函数 $f(t)=\begin{cases}0, & t<0\\ e^{-\beta t}, & t\geqslant 0\end{cases}$(见图 11.6)的傅氏变换及其积分表达式,其中 $\beta>0$。

解
$$F(\omega)=\int_{-\infty}^{+\infty} f(t)e^{-i\omega t}\,dt=\int_{0}^{+\infty}e^{-\beta t}e^{-i\omega t}\,dt$$
$$=\int_{0}^{+\infty}e^{-(\beta+i\omega)t}\,dt=\frac{1}{\beta+i\omega}=\frac{\beta-i\omega}{\beta^2+\omega^2}$$
$$f(t)=\frac{1}{2\pi}\int_{-\infty}^{+\infty}F(\omega)e^{i\omega t}\,d\omega=\frac{1}{2\pi}\int_{-\infty}^{+\infty}\frac{\beta-i\omega}{\beta^2+\omega^2}e^{i\omega t}\,d\omega$$
$$=\frac{1}{\pi}\int_{0}^{+\infty}\frac{\beta\cos\omega t+\omega\sin\omega t}{\beta^2+\omega^2}\,d\omega$$

因此

$$\int_{0}^{+\infty}\frac{\beta\cos\omega t+\omega\sin\omega t}{\beta^2+\omega^2}\,d\omega=\begin{cases}0 & t<0\\ \frac{\pi}{2} & t=0\\ \pi e^{-\beta t} & t>0\end{cases}$$

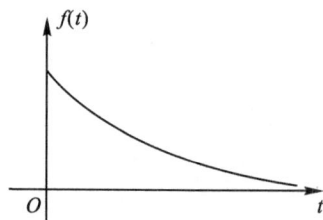

图 11.6

例 11.3 求钟形脉冲函数 $f(t)=Ee^{-\beta t^2}$ ($\beta>0$)(见图 11.7)的傅里叶变换。

解
$$F(\omega)=\mathscr{F}[f(t)]=\int_{-\infty}^{+\infty}f(t)e^{-i\omega t}\,dt$$
$$=E\int_{-\infty}^{+\infty}e^{-\beta t^2}e^{-i\omega t}\,dt$$
$$=Ee^{-\frac{\omega^2}{4\beta}}\int_{-\infty}^{+\infty}e^{-\beta(t+\frac{i\omega}{2\beta})^2}\,dt$$

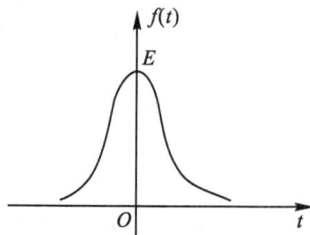

图 11.7

若令 $z=t+\frac{\omega}{2\beta}i$,则

$$\int_{-\infty}^{+\infty}e^{-\beta(t+\frac{i\omega}{2\beta})^2}\,dt=\int_{-\infty+\frac{\omega}{2\beta}i}^{+\infty+\frac{\omega}{2\beta}i}e^{-\beta z^2}\,dz$$

为计算这个积分,作如图 11.8 所示闭合曲线 $ABCD$。

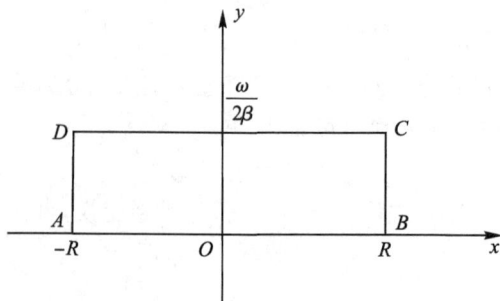

图 11.8

因为 $e^{-\beta z^2}$ 在整个复平面上处处解析。由柯西定理知对任意正实数 **R** 有

$$\int_{ABCD} e^{-\beta z^2} \, \mathrm{d}z = \left(\int_{AB} + \int_{BC} + \int_{CD} + \int_{DA} \right) e^{-\beta z^2} \, \mathrm{d}z = 0$$

故

$$\lim_{R \to +\infty} \int_{ABCD} e^{-\beta z^2} \, \mathrm{d}z = 0$$

又因为

$$\lim_{R \to +\infty} \int_{AB} e^{-\beta z^2} \, \mathrm{d}z = \lim_{R \to +\infty} \int_{-R}^{R} e^{-\beta z^2} \, \mathrm{d}x$$

$$= \frac{1}{\sqrt{\beta}} \int_{-\infty}^{\infty} e^{-(\sqrt{\beta} x)^2} \, \mathrm{d}\sqrt{\beta} x = \sqrt{\frac{\pi}{\beta}}$$

$$\lim_{R \to +\infty} \left| \int_{R}^{R + \frac{\omega}{2\beta}i} e^{-\beta z^2} \, \mathrm{d}z \right| = \lim_{R \to +\infty} \left| \int_{0}^{\frac{\omega}{2\beta}i} e^{-\beta (R + iy)^2} \, \mathrm{d}y \right| \leqslant \lim_{R \to +\infty} \frac{\omega}{2\beta} e^{\frac{\omega^2}{4\beta} - \beta R^2} = 0$$

从而

$$\lim_{R \to +\infty} \int_{R}^{R + \frac{\omega}{2\beta}i} e^{-\beta z^2} \, \mathrm{d}z = 0$$

同理

$$\lim_{R \to +\infty} \int_{-R + \frac{\omega}{2\beta}i}^{-R} e^{-\beta z^2} \, \mathrm{d}z = 0$$

所以

$$\int_{+\infty + \frac{\omega}{2\beta}i}^{-\infty + \frac{\omega}{2\beta}i} e^{-\beta z^2} \, \mathrm{d}z = \lim_{R \to +\infty} \int_{+R + \frac{\omega}{2\beta}i}^{-R + \frac{\omega}{2\beta}i} e^{-\beta z^2} \, \mathrm{d}z = -\sqrt{\frac{\pi}{\beta}}$$

于是 $F(\omega) = E e^{-\frac{\omega^2}{4\beta}} \sqrt{\dfrac{\pi}{\beta}}$，如图 11.9 所示。

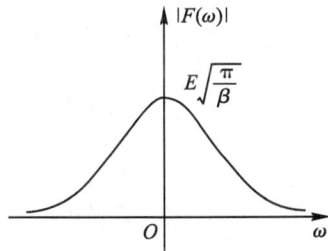

图 11.9

例 11.4　证明 $\Gamma \left(\dfrac{1}{2} \right) = \sqrt{\pi}$。

证明　令 $x = u^2$，有

$$\Gamma \left(\frac{1}{2} \right) = \int_{0}^{+\infty} x^{-\frac{1}{2}} e^{-x} \, \mathrm{d}x = 2 \int_{0}^{+\infty} e^{-u^2} \, \mathrm{d}u$$

于是得到

$$\left[\Gamma \left(\frac{1}{2} \right) \right]^2 = \left(2 \int_{0}^{+\infty} e^{-u^2} \, \mathrm{d}u \right) \left(2 \int_{0}^{+\infty} e^{-v^2} \, \mathrm{d}v \right)$$

$$= 4 \int_{0}^{+\infty} \int_{0}^{+\infty} e^{-(u^2 + v^2)} \, \mathrm{d}u \mathrm{d}v$$

将其换成极坐标 (ρ,φ)，其中

$$u=\rho\cos\varphi,\quad v=\rho\sin\varphi$$

积分变成

$$4\int_0^{+\infty}\int_0^{+\infty}e^{-(u^2+v^2)}\mathrm{d}u\mathrm{d}v=4\int_0^{\frac{\pi}{2}}\int_0^{+\infty}e^{-\rho^2}\rho\mathrm{d}\rho\mathrm{d}\varphi$$

$$=4\int_0^{\frac{\pi}{2}}-\frac{1}{2}e^{-\rho^2}\bigg|_{\rho=0}^{\infty}\mathrm{d}\varphi=\pi$$

所以 $\Gamma\left(\dfrac{1}{2}\right)=\sqrt{\pi}$。

例 11.5 求高斯分布函数 $f(t)=\dfrac{1}{\sqrt{2\pi}\sigma}e^{-\frac{t^2}{2\sigma^2}}\ (\sigma>0)$ 的傅氏变换。

$$F(\omega)=F[f(t)]=\int_{-\infty}^{+\infty}f(t)e^{-\mathrm{i}\omega t}\mathrm{d}t$$

$$=\int_{-\infty}^{+\infty}\frac{1}{\sqrt{2\pi}\sigma}e^{-\frac{t^2}{2\sigma^2}}e^{-\mathrm{i}\omega t}\mathrm{d}t$$

$$=\int_{-\infty}^{+\infty}\frac{1}{\sqrt{2\pi}}e^{-\frac{1}{2}(\frac{t}{\sigma}+\sigma\omega\mathrm{i})^2}\cdot e^{-\frac{\sigma^2\omega^2}{2}}\mathrm{d}\left(\frac{t}{\sigma}+\sigma\omega\mathrm{i}\right)$$

$$F(\omega)=e^{-\frac{\sigma^2\omega^2}{2}}\cdot\frac{1}{\sqrt{2\pi}}\int_{-\infty+\sigma\omega\mathrm{i}}^{+\infty+\sigma\omega\mathrm{i}}e^{-\frac{1}{2}u^2}\mathrm{d}u\quad\left(u=\frac{t}{\sigma}+\sigma\omega\mathrm{i}\right)$$

应用例 11.3 的方法求上式，得

$$F(\omega)=e^{-\frac{\sigma^2\omega^2}{2}}$$

例 11.6 解积分方程

$$\int_0^{+\infty}f(x)\cos ax\mathrm{d}x=\begin{cases}1-a,&0\leqslant x\leqslant1\\0,&1<x\end{cases}$$

解 给函数 $f(x)$ 在区间 $(-\infty,0)$ 上补充定义，使 $f(x)$ 在区间 $(-\infty,+\infty)$ 上成为偶函数，则

$$f(x)=\frac{1}{2\pi}\int_{-\infty}^{+\infty}\left[\int_{-\infty}^{+\infty}f(x')e^{-\mathrm{i}ax'}\mathrm{d}x'\right]e^{\mathrm{i}ax}\mathrm{d}a$$

$$=\frac{1}{2\pi}\int_{-\infty}^{+\infty}\int_{-\infty}^{+\infty}f(x')e^{\mathrm{i}a(x-x')}\mathrm{d}a\mathrm{d}x'$$

$$=\frac{1}{\pi}\int_{-\infty}^{+\infty}\int_0^{+\infty}f(x')\cos a(x-x')\mathrm{d}a\mathrm{d}x'$$

$$f(x)=\frac{1}{\pi}\int_0^{+\infty}\int_{-\infty}^{+\infty}f(x')(\cos ax\cos ax'+\sin ax\sin x')\mathrm{d}x'\mathrm{d}a$$

$$=\frac{2}{\pi}\int_0^{+\infty}\int_0^{+\infty}f(x')\cos ax\cos ax'\mathrm{d}x'\mathrm{d}a$$

$$=\frac{2}{\pi}\int_0^{+\infty}\cos ax\left[\int_0^{+\infty}f(x')\cos ax'\mathrm{d}x'\right]\mathrm{d}a$$

$$=\frac{2}{\pi}\int_0^1(1-a)\cos ax\mathrm{d}a$$

$$=\frac{2(1-\cos x)}{\pi x^2}\quad(x>0)$$

11.4　单位脉冲函数及其傅氏变换

11.4.1　单位脉冲函数的定义

在物理和工程技术中，常常会碰到单位脉冲函数。有许多物理现象具有脉冲性质，如在电学中，要研究线性电路受具有脉冲性质的电势作用后产生的电流；在力学中，要研究机械系统受冲击力作用后的运动情况等。研究此类问题就会涉及我们下面要介绍的单位脉冲函数。

在原来电流为零的电路中，某一瞬时(设为 $t=0$)进入一单位电量的脉冲，现在要确定电路上的电流 $i(t)$，以 $q(t)$ 表示上述电路中的电荷函数，则

$$q(t)=\begin{cases}0, & t\neq 0\\ 1, & t=0\end{cases}$$

$$i(t)=\frac{\mathrm{d}q(t)}{\mathrm{d}t}=\lim_{\Delta t\to 0}\frac{q(t+\Delta t)-q(t)}{\Delta t}$$

当 $t\neq 0$ 时，$i(t)=0$，由于 $q(t)$ 是不连续的，从而在普通导数意义下，$q(t)$ 在这一点是不能求导数的。

如果我们形式地计算这个导数，则得

$$i(0)=\lim_{\Delta t\to 0}\frac{q(0+\Delta t)-q(0)}{\Delta t}=\lim_{\Delta t\to 0}\left(-\frac{1}{\Delta t}\right)=\infty$$

这表明在通常意义下的函数类中找不到一个函数能够表示这样的电流强度。为了确定这样的电流强度，我们引进一个称为狄拉克(Dirac)的函数，简单记成 δ-函数：

$$\delta(t)=\begin{cases}0, & t\neq 0\\ \infty, & t=0\end{cases}\tag{11.10}$$

有了这种函数，对于许多集中于一点或一瞬时的量，例如点电荷、点热源、集中于一点的质量及脉冲技术中的非常窄的脉冲等，就能够像处理连续分布的量那样，以统一的方式加以解决。

δ-函数是一个广义函数，它没有普通意义下的"函数值"，所以，它不能用通常意义下的"值的对应关系"来定义。在广义函数论中，δ-函数定义为某基本函数空间上的线性连续泛函，但要讲清楚这个定义，需应用一些超出工科院校数学教学大纲范围的知识。为方便起见，我们仅把 δ-函数看作弱收敛函数序列的弱极限。

对于任何一个无穷次可微的函数 $f(t)$，如果满足

$$\int_{-\infty}^{+\infty}\delta(t)f(t)\mathrm{d}t=\lim_{\varepsilon\to 0}\int_{-\infty}^{+\infty}\delta_\varepsilon(t)f(t)\mathrm{d}t$$

其中

$$\delta_\varepsilon(t)=\begin{cases}0, & t<0\\ \dfrac{1}{\varepsilon}, & 0\leqslant t\leqslant\varepsilon\\ 0, & t>\varepsilon\end{cases}$$

则称 $\delta_\varepsilon(t)$ 的弱极限为 δ-函数，记为 $\delta(t)$，即 $\lim\limits_{\varepsilon\to 0}\delta_\varepsilon(t)=\delta(t)$。$\delta_\varepsilon(t)$ 的图形如图 11.10 所示，对

任何 $\varepsilon > 0$, 显然有

$$\int_{-\infty}^{+\infty} \delta_\varepsilon(t) \, dt = \int_0^\varepsilon \frac{1}{\varepsilon} \, dt = 1$$

按(11.10)式给出的 δ-函数定义,有

$$\int_{-\infty}^{+\infty} \delta(t) \, dt = 1 \qquad\qquad (11.11)$$

工程上将 δ-函数称为单位脉冲函数。可将 δ-函数用一个长度等于 1 的有向线段表示,如图 11.11 所示,这个线段的长度表示 δ-函数的积分值,称为 δ-函数的强度。

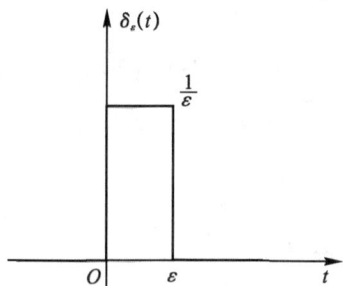

图 11.10

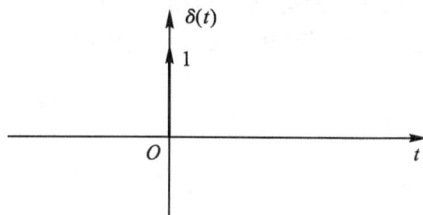

图 11.11

函数序列

$$\delta_\varepsilon(t - t_0) = \begin{cases} 0, & t < t_0 \\ \dfrac{1}{\varepsilon}, & t_0 < t < t_0 + \varepsilon \\ 0, & t > t_0 + \varepsilon \end{cases}$$

当 ε 趋于零时的极限 $\delta(t - t_0)$ 称为 $\delta(t - t_0)$ 函数,即

$$\delta(t - t_0) = \lim_{\varepsilon \to 0} \delta_\varepsilon(t - t_0)$$

δ-函数的数学思想是:对函数在自变量非常狭小的"领域"内取得非常大的函数值中的"领域"不做精确细节的苛求,注重的是 δ-函数的积分值。

11.4.2 δ-函数的性质

1. 筛选性质

对任意无穷次可微函数 $f(t)$,有

$$\int_{-\infty}^{+\infty} \delta(t) f(t) \, dt = f(0) \qquad\qquad (11.12)$$

证明

$$\int_{-\infty}^{+\infty} \delta(t) f(t) \, dt = \int_{-\infty}^{+\infty} \lim_{\varepsilon \to 0} \delta_\varepsilon(t) f(t) \, dt$$

$$= \lim_{\varepsilon \to 0} \int_0^\varepsilon \frac{1}{\varepsilon} f(t) \, dt = \lim_{\varepsilon \to 0} \frac{1}{\varepsilon} \int_0^\varepsilon f(t) \, dt$$

由于 $f(t)$ 是无穷次可微函数,显然 $f(t)$ 是连续函数,按积分中值定理

$$\int_{-\infty}^{+\infty} \delta(t) f(t) \, dt = \lim_{\varepsilon \to 0} \frac{1}{\varepsilon} \int_0^\varepsilon f(t) \, dt = \lim_{\varepsilon \to 0} f(\theta\varepsilon) \quad (0 < \theta < 1)$$

所以

$$\int_{-\infty}^{+\infty} \delta(t) f(t) \mathrm{d}t = f(0)$$

更一般地,还有

$$\int_{-\infty}^{+\infty} \delta(t-t_0) f(t) \mathrm{d}t = f(t_0) \tag{11.13}$$

证明请读者自己完成。

例 11.7　证明 $\int_{-\infty}^{+\infty} \delta(t) f(t-t_0) \mathrm{d}t = f(-t_0)$。

证明　设 $t' = t-t_0$,则

$$\int_{-\infty}^{+\infty} \delta(t) f(t-t_0) \mathrm{d}t = \int_{-\infty}^{+\infty} \delta(t'+t_0) f(t') \mathrm{d}t'$$

由 $\int_{-\infty}^{+\infty} \delta(t-t_0) f(t) \mathrm{d}t = f(t_0)$ 得

$$\int_{-\infty}^{+\infty} \delta(t) f(t-t_0) \mathrm{d}t = \int_{-\infty}^{+\infty} \delta(t'+t_0) f(t') \mathrm{d}t' = f(-t_0)$$

2. δ-函数为偶函数

证明　因为

$$\int_{-\infty}^{+\infty} \delta(-t) f(t) \mathrm{d}t = \int_{-\infty}^{+\infty} \delta(\tau) f(-\tau) \mathrm{d}\tau = f(0)$$

由函数 $f(t)$ 的任意性,可知

$$\delta(t) = \delta(-t) \tag{11.14}$$

即 δ-函数为偶函数。

3. δ-函数的傅氏变换

$$\mathscr{F}[\delta(t)] = F(\omega) = \int_{-\infty}^{+\infty} \delta(t) \mathrm{e}^{-\mathrm{i}\omega t} \mathrm{d}t = \mathrm{e}^{-\mathrm{i}\omega t}\Big|_{t=0} = 1 \tag{11.15}$$

于是 $\delta(t)$ 与常数 1 构成了一傅氏变换对。

$$\delta(t) = \mathscr{F}^{-1}[1] = \frac{1}{2\pi} \int_{-\infty}^{+\infty} \mathrm{e}^{\mathrm{i}\omega t} \mathrm{d}\omega \tag{11.16a}$$

因此

$$\int_{-\infty}^{+\infty} \mathrm{e}^{\mathrm{i}\omega t} \mathrm{d}\omega = 2\pi\delta(t) \tag{11.16b}$$

例 10.4　证明 $\mathrm{e}^{\mathrm{i}\omega_0 t}$ 和 $2\pi\delta(\omega-\omega_0)$ 构成傅氏变换对。

证明

$$f(t) = \frac{1}{2\pi} \int_{-\infty}^{+\infty} F(\omega) \mathrm{e}^{\mathrm{i}\omega t} \mathrm{d}\omega$$

$$= \frac{1}{2\pi} \int_{-\infty}^{+\infty} 2\pi\delta(\omega-\omega_0) \mathrm{e}^{\mathrm{i}\omega t} \mathrm{d}\omega = \mathrm{e}^{\mathrm{i}\omega t}\Big|_{\omega=\omega_0} = \mathrm{e}^{\mathrm{i}\omega_0 t}$$

即 $\mathrm{e}^{\mathrm{i}\omega_0 t}$ 和 $2\pi\delta(\omega-\omega_0)$ 构成傅氏变换对。

由上面两个函数的变换可得

$$\int_{-\infty}^{+\infty} \mathrm{e}^{-\mathrm{i}\omega t} \mathrm{d}t = 2\pi\delta(\omega) \tag{11.17a}$$

$$\int_{-\infty}^{+\infty} e^{-i(\omega-\omega_0)t}\,dt = 2\pi\delta(\omega-\omega_0) \tag{11.17b}$$

在物理学和工程技术中，有许多重要函数不满足傅氏积分定理中的绝对可积条件，即不满足条件

$$\int_{-\infty}^{+\infty} |f(t)|\,dt < \infty$$

例如常数、符号函数、单位阶跃函数以及正、余弦函数等，它们的广义傅氏变换也是存在的，利用单位脉冲函数及其傅氏变换就可以求出它们的傅氏变换。所谓广义是相对于古典意义而言的，在广义意义下，同样可以说，象原函数 $f(t)$ 和象函数 $F(\omega)$ 构成一个傅氏变换对。

例 11.9 求正弦函数 $f(t)=\sin\omega_0 t$ 的傅氏变换。

解
$$F(\omega)=\mathscr{F}[f(t)]=\int_{-\infty}^{+\infty} e^{-i\omega t}\sin\omega_0 t\,dt$$

$$=\int_{-\infty}^{+\infty}\frac{e^{i\omega_0 t}-e^{-i\omega_0 t}}{2i}e^{-i\omega t}\,dt=\frac{1}{2i}\int_{-\infty}^{+\infty}(e^{-i(\omega-\omega_0)t}-e^{-i(\omega+\omega_0)t})\,dt$$

$$=\frac{1}{2i}[2\pi\delta(\omega-\omega_0)-2\pi\delta(\omega+\omega_0)]=i\pi[\delta(\omega+\omega_0)-\delta(\omega-\omega_0)]$$

例 11.10 证明单位阶跃函数 $u(t)=\begin{cases}0, & t<0\\ 1, & t>0\end{cases}$ 的傅里叶变换为

$$\mathscr{F}[u(t)]=\frac{1}{i\omega}+\pi\delta(\omega)$$

证明

$$\mathscr{F}^{-1}\left[\frac{1}{i\omega}+\pi\delta(\omega)\right]=\frac{1}{2\pi}\int_{-\infty}^{+\infty}\left[\frac{1}{i\omega}+\pi\delta(\omega)\right]e^{i\omega t}\,d\omega$$

$$=\frac{1}{2\pi}\int_{-\infty}^{+\infty}[\pi\delta(\omega)]e^{i\omega t}\,d\omega+\frac{1}{2\pi}\int_{-\infty}^{+\infty}\left(\frac{1}{i\omega}\right)e^{i\omega t}\,d\omega$$

$$=\frac{1}{2}+\frac{1}{2\pi}\int_{-\infty}^{+\infty}\left(\frac{\cos\omega t+i\sin\omega t}{i\omega}\right)d\omega$$

$$=\frac{1}{2}+\frac{1}{2\pi}\int_{-\infty}^{+\infty}\left(\frac{\sin\omega t}{\omega}\right)d\omega=\frac{1}{2}+\frac{1}{\pi}\int_{0}^{+\infty}\frac{\sin\omega t}{\omega}\,d\omega$$

$$\int_{0}^{+\infty}\frac{\sin\omega t}{\omega}\,d\omega=\begin{cases}\dfrac{\pi}{2}, & t>0\\[2mm] -\dfrac{\pi}{2}, & t<0\end{cases}$$

所以

$$\mathscr{F}^{-1}\left[\frac{1}{i\omega}+\pi\delta(\omega)\right]=\begin{cases}\dfrac{1}{2}+\dfrac{1}{\pi}\left(-\dfrac{\pi}{2}\right)=0, & t<0\\[2mm]\dfrac{1}{2}, & t=0\\[2mm]\dfrac{1}{2}+\dfrac{1}{\pi}\left(\dfrac{\pi}{2}\right)=1, & t>0\end{cases}$$

$$=u(t)$$

因此在 $t\neq 0$ 时，单位阶跃函数 $u(t)$ 和 $F(\omega)=\dfrac{1}{i\omega}+\pi\delta(\omega)$ 构成一组傅氏变换对。

11.5 傅里叶变换与逆变换的性质

这一节介绍傅里叶（傅氏）变换的几个重要性质，为了叙述方便起见，假定在这些性质中，凡是需要求傅氏变换的函数都满足傅氏积分定理中的条件。在证明这些性质时，不再重述这些条件。

11.5.1 线性性质

以下为叙述方便，假设要求进行傅里叶变换的函数的傅里叶积分均存在，且记

$$F(\omega)=\mathscr{F}[f(t)],\quad G(\omega)=\mathscr{F}[g(t)]$$

$$\mathscr{F}[af(t)+bg(t)]=a\mathscr{F}[f(t)]+b\mathscr{F}[g(t)] \tag{11.18a}$$

$$\mathscr{F}^{-1}[AF(\omega)+BG(\omega)]=A\mathscr{F}^{-1}[F(\omega)]+B\mathscr{F}^{-1}[G(\omega)] \tag{11.18b}$$

式中：a、b、A、B 是常数。

$$\mathscr{F}[af(t)+bg(t)]=a\,\mathscr{F}[f(t)]+b\,\mathscr{F}[g(t)] \tag{11.18a}$$

$$\mathscr{F}^{-1}[AF(\omega)+BG(\omega)]=A\,\mathscr{F}^{-1}[F(\omega)]+B\,\mathscr{F}^{-1}[G(\omega)] \tag{11.18b}$$

例 11.11 求函数 $F(\omega)=\dfrac{1}{(3+\omega\mathrm{i})(4+3\omega\mathrm{i})}$ 的傅氏逆变换。

解 因为由例 11.2 知 $\dfrac{1}{(3+\omega\mathrm{i})(4+3\omega\mathrm{i})}=\dfrac{\frac{1}{5}}{\frac{4}{3}+\omega\mathrm{i}}-\dfrac{\frac{1}{5}}{3+\omega\mathrm{i}}$

$$\mathscr{F}^{-1}\left[\frac{1}{\frac{4}{3}+\omega\mathrm{i}}\right]=\begin{cases}\mathrm{e}^{-\frac{4}{3}t},t\geqslant0\\0,\quad t<0\end{cases},\quad \mathscr{F}^{-1}\left[\frac{1}{3+\omega\mathrm{i}}\right]=\begin{cases}\mathrm{e}^{-3t},t\geqslant0\\0,\quad t<0\end{cases}$$

故由线性性质，得

$$\mathscr{F}^{-1}[F(\omega)]=\begin{cases}\frac{1}{5}\mathrm{e}^{-\frac{4}{3}t}-\frac{1}{5}\mathrm{e}^{-3t},t\geqslant0\\0,\qquad\qquad t<0\end{cases}$$

11.5.2 位移性质

若 $\mathscr{F}[f(t)]=F(\omega)$，$t_0$，$\omega_0$ 为实常数，则

$$\mathscr{F}[f(t\pm t_0)]=\mathrm{e}^{\pm\mathrm{i}\omega t_0}F(\omega) \tag{11.19a}$$

$$\mathscr{F}[\mathrm{e}^{\pm\mathrm{i}\omega_0 t}f(t)]=F(\omega\mp\omega_0) \tag{11.19b}$$

同理

$$\mathscr{F}^{-1}[\mathrm{e}^{\pm\mathrm{i}\omega t_0}F(\omega)]=f(t\pm t_0) \tag{11.20a}$$

$$\mathscr{F}^{-1}[F(\omega\mp\omega_0)]=\mathrm{e}^{\pm\mathrm{i}\omega_0 t}f(t) \tag{11.20b}$$

证明

$$\mathscr{F}[f(t-t_0)]=\int_{-\infty}^{+\infty}f(t-t_0)\mathrm{e}^{-\mathrm{i}\omega t}\mathrm{d}t$$

$$=\int_{-\infty}^{+\infty}f(s)\mathrm{e}^{-\mathrm{i}\omega(s+t_0)}\mathrm{d}s$$

$$= e^{-i\omega t_0} \int_{-\infty}^{+\infty} f(s) e^{-i\omega s} ds = e^{-i\omega t_0} F(\omega)$$

$$\mathscr{F}^{-1}[F(\omega-\omega_0)] = \frac{1}{2\pi} \int_{-\infty}^{+\infty} F(\omega-\omega_0) e^{i\omega t} d\omega$$

$$= \frac{1}{2\pi} \int_{-\infty}^{+\infty} F(\omega-\omega_0) e^{i(\omega-\omega_0)t} e^{i\omega_0 t} d(\omega-\omega_0)$$

$$= e^{i\omega_0 t} \mathscr{F}^{-1}[F(\omega)] = e^{i\omega_0 t} f(t)$$

例 11.12 求函数 $F(\omega) = \dfrac{1}{\beta + i(\omega+\omega_0)}, \beta > 0, \omega_0$ 为实常数的傅氏逆变换。

解 因为 $F(\omega-\omega_0) = \dfrac{1}{\beta+i\omega}$

$$\mathscr{F}^{-1}[F(\omega-\omega_0)] = e^{i\omega_0 t} \mathscr{F}^{-1}[F(\omega)] = \begin{cases} e^{-\beta t}, & t \geq 0 \\ 0, & t < 0 \end{cases}$$

故

$$\mathscr{F}^{-1}[F(\omega)] = \begin{cases} e^{-(\beta+i\omega_0)t}, & t \geq 0 \\ 0, & t < 0 \end{cases}$$

例 11.13 证明

$$\mathscr{F}[f(t)\sin\omega_0 t] = \frac{i}{2}[F(\omega+\omega_0) - F(\omega-\omega_0)]$$

证明 因为

$$f(t)\sin\omega_0 t = f(t)\frac{1}{2i}(e^{i\omega_0 t} - e^{-i\omega_0 t})$$

$$= \frac{1}{2i} f(t) e^{i\omega_0 t} - \frac{1}{2i} f(t)^{-i\omega_0 t}$$

由 $\mathscr{F}^{-1}[F(\omega\mp\omega_0)] = e^{\pm i\omega_0 t} f(t)$ 得

$$F(\omega-\omega_0) = \mathscr{F}\{e^{i\omega_0 t}\mathscr{F}^{-1}[F(\omega)]\} = \mathscr{F}[f(t)e^{i\omega_0 t}]$$

$$F(\omega+\omega_0) = \mathscr{F}[f(t)e^{-i\omega_0 t}]$$

故

$$\mathscr{F}[f(t)\sin\omega_0 t] = \frac{1}{2i}\{\mathscr{F}[f(t)e^{i\omega_0 t}] - \mathscr{F}[f(t)^{-i\omega_0 t}]\}$$

$$= \frac{i}{2}[F(\omega+\omega_0) - F(\omega-\omega_0)]$$

11.5.3 对称性质与相似性质

1. 对称性

若 $\mathscr{F}[f(t)] = F(\omega)$，则 $\mathscr{F}[F(t)] = 2\pi f(-\omega)$ （11.21）

证明 因为

$$f(t) = \frac{1}{2\pi} \int_{-\infty}^{+\infty} F(\omega) e^{i\omega t} d\omega$$

所以

$$f(-t) = \frac{1}{2\pi} \int_{-\infty}^{+\infty} F(\omega) e^{-i\omega t} d\omega$$

$$2\pi f(-\omega)=\int_{-\infty}^{+\infty}F(t)\mathrm{e}^{-\mathrm{i}\omega t}\mathrm{d}t$$

故

$$\mathscr{F}[F(t)]=2\pi f(-\omega)$$

例 11. 14　求 $\mathscr{F}\left[\dfrac{2\sin t}{t}\right]$。

解　由例 11.1 可知 $f(t)=\begin{cases}1 & |t|\leqslant 1\\ 0 & |t|>1\end{cases}$ 时 $\mathscr{F}[f(t)]=\dfrac{2\sin\omega}{\omega}$。

由 $\mathscr{F}[F(t)]=2\pi f(-\omega)$,得 $\mathscr{F}\left[\dfrac{2\sin t}{t}\right]=2\pi f(-\omega)=\begin{cases}2\pi, & |\omega|\leqslant 1\\ 0, & |\omega|>1\end{cases}$

2. 相似性

若 $\mathscr{F}[f(t)]=F(\omega),a\neq 0$,则

$$\mathscr{F}[f(at)]=\frac{1}{|a|}F\left(\frac{\omega}{a}\right) \tag{11.22a}$$

$$\mathscr{F}^{-1}[F(at)]=\frac{1}{|a|}f\left(\frac{t}{a}\right) \tag{11.22b}$$

证明

$$\mathscr{F}[f(at)]=\int_{-\infty}^{+\infty}f(at)\mathrm{e}^{-\mathrm{i}\omega t}\mathrm{d}t$$

$$\overset{s=at}{=}\begin{cases}\dfrac{1}{a}\displaystyle\int_{-\infty}^{+\infty}f(s)\mathrm{e}^{-\mathrm{i}\omega\frac{s}{a}}\mathrm{d}s, & a>0\\[3mm] \dfrac{1}{a}\displaystyle\int_{+\infty}^{-\infty}f(s)\mathrm{e}^{-\mathrm{i}\omega\frac{s}{a}}\mathrm{d}s, & a<0\end{cases}$$

$$=\frac{1}{|a|}\int_{-\infty}^{+\infty}f(s)\mathrm{e}^{-\mathrm{i}\frac{\omega}{a}s}\mathrm{d}s=\frac{1}{|a|}F\left(\frac{\omega}{a}\right)$$

例 11. 15　计算 $\mathscr{F}[u(5t-2)]$。

解　方法 1:(先用相似性质,再用位移性质)

令 $g(t)=u(t-2)$,那么 $g(5t)=u(5t-2)$,则

$$\mathscr{F}[u(5t-2)]=\mathscr{F}[g(5t)]=\frac{1}{5}\mathscr{F}[g(t)]\Big|_{\frac{\omega}{5}}$$

$$=\frac{1}{5}\mathscr{F}[u(t-2)]|_{\frac{\omega}{5}}=\left(\frac{1}{5}\mathrm{e}^{-\mathrm{i}2\omega}\mathscr{F}[u(t)]\right)\Big|_{\frac{\omega}{5}}$$

$$=\left(\frac{1}{5}\mathrm{e}^{-\mathrm{i}2\omega}\left[\frac{1}{\mathrm{i}\omega}+\pi\delta(\omega)\right]\right)\Big|_{\frac{\omega}{5}}$$

$$=\frac{1}{5}\mathrm{e}^{-\mathrm{i}2\frac{\omega}{5}}\left[\frac{5}{\mathrm{i}\omega}+\pi\delta\left(\frac{\omega}{5}\right)\right]$$

方法 2:(先用位移性质,再用相似性质)

令 $g(t)=u(5t)$,那么 $g\left(t-\dfrac{2}{5}\right)=u(5t-2)$,则

$$\mathscr{F}[u(5t-2)]=\mathscr{F}\left[g\left(t-\frac{2}{5}\right)\right]=\mathrm{e}^{-\mathrm{i}\omega\frac{2}{5}}\mathscr{F}[g(t)]$$

$$= e^{-i\omega\frac{2}{5}}(\mathscr{F}[u(5t)]) = e^{-i\omega\frac{2}{5}}\left(\frac{1}{5}\mathscr{F}[u(t)]\right)\Big|_{\frac{\omega}{5}}$$

$$= \frac{1}{5}e^{-i\omega\frac{2}{5}}\left[\frac{1}{i\omega}+\pi\delta(\omega)\right]\Big|_{\frac{\omega}{5}}$$

$$= \frac{1}{5}e^{-i\omega\frac{2}{5}}\left[\frac{5}{i\omega}+\pi\delta\left(\frac{\omega}{5}\right)\right]$$

11.5.4 微分性质

1. 象原函数的微分性质

若 $\mathscr{F}[f(t)] = F(\omega)$，且 $\lim\limits_{|t|\to+\infty} f(t) = 0$，则

$$\mathscr{F}[f'(t)] = i\omega F(\omega) \tag{11.23a}$$

一般地，若 $\lim\limits_{|t|\to+\infty} f^{(k)}(t) = 0 \quad (k=0,1,2,\cdots,n-1)$，则

$$\mathscr{F}[f^{(n)}(t)] = (i\omega)^n F(\omega) \tag{11.23b}$$

2. 象函数的微分性质

若积分 $\int_{-\infty}^{+\infty}|t^n f(t)|\,\mathrm{d}t$ 收敛，则

$$F'(\omega) = -i\mathscr{F}[tf(t)] \tag{11.24a}$$

或

$$\mathscr{F}[tf(t)] = iF'(\omega) \tag{11.24b}$$

对象函数的高阶导数导数的傅里叶变换，有下式成立

$$\mathscr{F}^{-1}[F^{(n)}(\omega)] = (-it)^n f(t) \quad (n=0,1,2\cdots) \tag{11.25a}$$

$$\mathscr{F}[t^n f(t)] = i^n F^{(n)}(\omega) \tag{11.25b}$$

这里，证明(11.25a)式。当 $n=1$ 时，由定义

$$F'(\omega) = \frac{\mathrm{d}}{\mathrm{d}\omega}\int_{-\infty}^{+\infty} f(t)e^{-i\omega t}\,\mathrm{d}t = \int_{-\infty}^{+\infty} f(t)\frac{\mathrm{d}e^{-i\omega t}}{\mathrm{d}\omega}\,\mathrm{d}t$$

$$= (-i)\int_{-\infty}^{+\infty} tf(t)e^{-i\omega t}\,\mathrm{d}t = (-i)\mathscr{F}[tf(t)]$$

故

$$\mathscr{F}^{-1}[F'(\omega)] = (-i)tf(t) = (-it)\mathscr{F}^{-1}[F(\omega)]$$

设当 $n=k$ 时

$$\mathscr{F}^{-1}[F^{(k)}(\omega)] = (-it)^k \mathscr{F}^{-1}[F(\omega)]$$

则当 $n=k+1$ 时

$$\mathscr{F}[F^{(k+1)}(\omega)] = \mathscr{F}\left\{\frac{\mathrm{d}}{\mathrm{d}\omega}[F^{(k)}(\omega)]\right\}$$

$$= \mathscr{F}\{(-it)\mathscr{F}^{-1}[F^{(k)}(\omega)]\}$$

$$= \mathscr{F}\{(-it)^{k+1}\mathscr{F}^{-1}[F(\omega)]\}$$

从而

$$\mathscr{F}^{-1}[F^{(k+1)}(\omega)] = (-it)^{k+1}\mathscr{F}^{-1}[F(\omega)]$$

即

$$\mathscr{F}^{-1}\left[F^{(n)}(\omega)\right]=(-\mathrm{i}t)^n f(t)$$

11.5.5　积分性质

设 $\mathscr{F}[f(t)]=F(\omega)$，若 $\lim\limits_{t\to+\infty}\int_{-\infty}^{t}f(s)\mathrm{d}s=0$，则

$$\mathscr{F}\left[\int_{-\infty}^{t}f(s)\mathrm{d}s\right]=\frac{1}{\mathrm{i}\omega}F(\omega) \tag{11.26}$$

证明　因为 $\left[\int_{-\infty}^{t}f(t)\mathrm{d}t\right]'=f(t)$，由象原函数的微分性质

$$\mathscr{F}[f(t)]=\mathscr{F}\left[\int_{-\infty}^{t}f(s)\mathrm{d}s\right]'=(\mathrm{i}\omega)\mathscr{F}\left[\int_{-\infty}^{t}f(s)\mathrm{d}s\right]$$

即

$$\mathscr{F}\left[\int_{-\infty}^{t}f(s)\mathrm{d}s\right]=\frac{1}{\mathrm{i}\omega}\mathscr{F}[f(t)]=\frac{1}{\mathrm{i}\omega}F(\omega)$$

11.5.6　帕塞瓦尔(Parserval)等式

设 $\mathscr{F}[f(t)]=F(\omega)$，则有

$$\int_{-\infty}^{+\infty}[f(t)]^2\mathrm{d}t=\frac{1}{2\pi}\int_{-\infty}^{+\infty}|F(\omega)|^2\mathrm{d}\omega \tag{11.27}$$

例 11.16　若 $f(t)=\cos\omega_0 t\cdot u(t)$，求其傅氏变换。

解　因为

$$\mathscr{F}[u(t)]=\frac{1}{\mathrm{i}\omega}+\pi\delta(\omega)$$

$$f(t)=u(t)\frac{\mathrm{e}^{\mathrm{i}\omega_0 t}+\mathrm{e}^{-\mathrm{i}\omega_0 t}}{2}$$

所以

$$F(\omega)=\mathscr{F}\left[u(t)\frac{\mathrm{e}^{\mathrm{i}\omega_0 t}+\mathrm{e}^{-\mathrm{i}\omega_0 t}}{2}\right]$$

$$=\frac{1}{2}\left[\frac{1}{\mathrm{i}(\omega-\omega_0)}+\pi\delta(\omega-\omega_0)+\frac{1}{\mathrm{i}(\omega+\omega_0)}+\pi\delta(\omega+\omega_0)\right]$$

$$=\frac{\mathrm{i}\omega}{\omega_0^2-\omega^2}+\frac{\pi}{2}[\delta(\omega-\omega_0)+\delta(\omega+\omega_0)]$$

11.6　卷积与卷积定理

上节我们介绍了傅氏变换的一些重要性质,本节介绍傅氏变换的另一类重要性质。它们都是分析线性系统极为有用的工具。

11.6.1　卷积的概念

若已知函数 $f_1(t),f_2(t)$，则积分 $\int_{-\infty}^{\infty}f_1(\tau)f_2(t-\tau)\mathrm{d}\tau$ 称为函数 $f_1(t)$ 与 $f_2(t)$ 的卷积,记为 $f_1(t)*f_2(t)$，即

$$f_1(t) * f_2(t) = \int_{-\infty}^{+\infty} f_1(\tau) f_2(t-\tau) \mathrm{d}\tau \tag{11.28}$$

11.6.2 卷积的性质

(1)卷积满足交换律

$$f_1(t) * f_2(t) = f_2(t) * f_1(t) \tag{11.29}$$

(2)卷积满足结合律

$$f_1(t) * [f_2(t) * f_3(t)] = [f_1(t) * f_2(t)] * f_3(t) \tag{11.30}$$

(3)卷积满足分配律

$$f_1(t) * [f_2(t) + f_3(t)] = f_1(t) * f_2(t) + f_1(t) * f_3(t) \tag{11.31}$$

证明 根据卷积定义

$$f_1(t) * [f_2(t) + f_3(t)] = \int_{-\infty}^{+\infty} f_1(\tau)[f_2(t-\tau) + f_3(t-\tau)]\mathrm{d}\tau$$

$$= \int_{-\infty}^{+\infty} f_1(\tau)[f_2(t-\tau)]\mathrm{d}\tau + \int_{-\infty}^{+\infty} f_1(\tau)[f_3(t-\tau)]\mathrm{d}\tau$$

$$= f_1(t) * f_2(t) + f_1(t) * f_3(t)$$

(4)数乘:对任意常数 A,有

$$A[f_1(t) * f_2(t)] = [Af_1(t)] * f_2(t) = f_1(t) * [Af_2(t)]$$

(5)求导

$$\frac{\mathrm{d}}{\mathrm{d}t}[f_1 * f_2(t)] = f'_1(t) * f_2(t) + f_1(t) * f'_2(t)$$

(6)与 δ-函数卷积

$$f * \delta(t) = \delta * f(t) = f(t)$$

例 11.17 求下列函数的卷积:

$$f_1(t) = \begin{cases} 0 & t<0 \\ \mathrm{e}^{-\alpha t} & t\geq 0 \end{cases}, \quad f_2(t) = \begin{cases} 0 & t<0 \\ \mathrm{e}^{-\beta t} & t\geq 0 \end{cases}; \quad \alpha,\beta>0, \alpha\neq\beta$$

解 由卷积的定义有

$$f_1(t) * f_2(t) = \int_{-\infty}^{+\infty} f_1(\tau) f_2(t-\tau)\mathrm{d}\tau$$

$$= \int_{-\infty}^{0} f_1(\tau) f_2(t-\tau)\mathrm{d}\tau + \int_{0}^{t} f_1(\tau) f_2(t-\tau)\mathrm{d}\tau + \int_{t}^{+\infty} f_1(\tau) f_2(t-\tau)\mathrm{d}\tau$$

$$= 0 + \int_{0}^{t} \mathrm{e}^{-\alpha\tau} \cdot \mathrm{e}^{-\beta(t-\tau)} \mathrm{d}\tau + 0$$

$$= \mathrm{e}^{-\beta t} \int_{0}^{t} \mathrm{e}^{(\beta-\alpha)\tau} \mathrm{d}\tau$$

$$= \mathrm{e}^{-\beta t} \frac{1}{\beta-\alpha} \mathrm{e}^{(\beta-\alpha)\tau} \Big|_{0}^{t}$$

$$= \frac{1}{\beta-\alpha}(\mathrm{e}^{-\alpha t} - \mathrm{e}^{-\beta t})$$

11.6.3　卷积定理

如果 $f_1(t),f_2(t)$ 满足傅氏积分定理中的条件,且

$$\mathscr{F}[f_1(t)]=F_1(\omega),\quad \mathscr{F}[f_2(t)]=F_2(\omega)$$

则

$$\mathscr{F}[f_1(t)*f_2(t)]=\mathscr{F}[f_1(t)]\mathscr{F}[f_2(t)] \tag{11.32a}$$
$$=F_1(\omega)\cdot F_2(\omega)$$

$$(\text{或 } \mathscr{F}^{-1}[F_1(\omega)\cdot F_2(\omega)]=f_1(t)*f_2(t)) \tag{11.32b}$$

$$\mathscr{F}[f_1(t)f_2(t)]=\frac{1}{2\pi}\mathscr{F}[f_1(t)]*\mathscr{F}[f_2(t)] \tag{11.33a}$$

$$=\frac{1}{2\pi}F_1(\omega)*F_2(\omega)$$

$$(\text{或 } \mathscr{F}^{-1}[F_1(\omega)*F_2(\omega)]=2\pi f_1(t)f_2(t)) \tag{11.33b}$$

例 11.18　求函数 $f(t)=e^{i\omega_0 t}tu(t)$ 的傅氏变换。

解

$$\mathscr{F}[f(t)]=\mathscr{F}[e^{i\omega_0 t}tu(t)]=\frac{1}{2\pi}\mathscr{F}[e^{i\omega_0 t}]*\mathscr{F}[tu(t)]$$

$$=\frac{1}{2\pi}\left[2\pi\delta(\omega-\omega_0)*\left(-\frac{1}{\omega^2}+i\pi\delta'(\omega)\right)\right]$$

$$=\frac{1}{2\pi}\int_{-\infty}^{+\infty}2\pi\delta(\omega-\omega_0)\cdot\left[-\frac{1}{(t-\omega)^2}+i\pi\delta'(t-\omega)\right]d\omega$$

$$=\left(-\frac{1}{(t-\omega)^2}+i\pi\delta'(t-\omega)\right)\Big|_{\omega=\omega_0}$$

$$=-\frac{1}{(\omega-\omega_0)^2}+i\pi\delta'(\omega-\omega_0)$$

例 11.19　利用卷积公式来证明积分公式:设 $\mathscr{F}[f(t)]=F(\omega)$,若 $\lim_{t\to+\infty}\int_{-\infty}^t f(s)ds=F(0)=0$,则 $\mathscr{F}\left[\int_{-\infty}^t f(s)ds\right]=\frac{F(\omega)}{i\omega}+\pi F(0)\delta(\omega)$。

证明　令

$$y(t)=\int_{-\infty}^t f(s)ds=\int_{-\infty}^t f(\tau)u(t-\tau)d\tau=f(t)*u(t)$$

$$\mathscr{F}\left[\int_{-\infty}^t f(\tau)d\tau\right]=\mathscr{F}[f(t)*u(t)]$$

$$=\mathscr{F}[f(t)]\cdot\mathscr{F}[u(t)]$$

$$=F(\omega)\left(\frac{1}{i\omega}+\pi\delta(\omega)\right)$$

$$=\frac{F(\omega)}{i\omega}+\pi F(0)\delta(\omega)$$

常用的连续傅里叶变换对及其对偶关系见表 11.1。连续傅里叶变换性质及其对偶关系见表 11.2。

表 11.1 常用的连续傅里叶变换对及其对偶关系

$f(t)=\dfrac{1}{2\pi}\displaystyle\int_{-\infty}^{+\infty}F(\omega)\mathrm{e}^{\mathrm{i}\omega t}\,\mathrm{d}\omega$		$F(\omega)=\displaystyle\int_{-\infty}^{+\infty}f(t)\mathrm{e}^{-\mathrm{i}\omega t}\,\mathrm{d}t$	
连续傅里叶变换对		相对偶的连续傅里叶变换对	
连续时间函数 $f(t)$	傅里叶变换 $F(\omega)$	连续时间函数 $f(t)$	傅里叶变换 $F(\omega)$
$\delta(t)$	1	1	$2\pi\delta(\omega)$
$\dfrac{\mathrm{d}}{\mathrm{d}t}\delta(t)$	$\mathrm{i}\omega$	t	$\mathrm{i}2\pi\dfrac{\mathrm{d}}{\mathrm{d}\omega}\delta(\omega)$
$\dfrac{\mathrm{d}^k}{\mathrm{d}t^k}\delta(t)$	$(\mathrm{i}\omega)^k$	t^k	$2\pi\mathrm{i}^k\dfrac{\mathrm{d}^k}{\mathrm{d}\omega^k}\delta(\omega)$
$u(t)$	$\dfrac{1}{\mathrm{i}\omega}+\pi\delta(\omega)$	$\dfrac{1}{2}\delta(t)-\dfrac{1}{\mathrm{i}2\pi t}$	$u(\omega)$
$tu(t)$	$\mathrm{i}\pi\dfrac{\mathrm{d}}{\mathrm{d}\omega}\delta(\omega)-\dfrac{1}{\omega^2}$		
$\mathrm{sgn}(t)=\begin{cases}1,t>0\\-1,t<0\end{cases}$	$\dfrac{2}{\mathrm{i}\omega}$	$\dfrac{1}{\pi},t\neq0$	$F(\omega)=\begin{cases}-\mathrm{i},\omega>0\\\mathrm{i},\omega<0\end{cases}$
$\delta(t-t_0)$	$\mathrm{e}^{-\mathrm{i}\omega t_0}$	$\mathrm{e}^{\mathrm{i}\omega_0 t}$	$2\pi\delta(\omega-\omega_0)$
$\cos\omega_0 t$	$\pi[\delta(\omega+\omega_0)+\delta(\omega-\omega_0)]$	$\delta(t+t_0)+\delta(t-t_0)$	$2\cos\omega t_0$
$\sin\omega_0 t$	$\mathrm{i}\pi[\delta(\omega+\omega_0)-\delta(\omega-\omega_0)]$	$\delta(t+t_0)-\delta(t-t_0)$	$\mathrm{i}2\sin\omega t_0$
$f(t)=\begin{cases}1,\ \lvert t\rvert<\tau\\0,\ \lvert t\rvert>\tau\end{cases}$	$\tau Sa\left(\dfrac{\omega\tau}{2}\right)$	$\dfrac{W}{\pi}Sa(Wt)$	$F(\omega)=\begin{cases}1,\ \lvert\omega\rvert<W\\0,\ \lvert\omega\rvert>W\end{cases}$
$f(t)=\begin{cases}1-\lvert t\rvert/\tau,\lvert t\rvert<\tau\\0,\qquad\ \lvert t\rvert>\tau\end{cases}$	$\tau Sa^2\left(\dfrac{\omega\tau}{2}\right)$	$\dfrac{W}{2\pi}Sa^2\left(\dfrac{Wt}{2}\right)$	$F(\omega)=\begin{cases}1-\lvert\omega\rvert/W,\ \lvert\omega\rvert<W\\0,\qquad\quad\ \lvert\omega\rvert>W\end{cases}$
$\mathrm{e}^{-at}u(t),\mathrm{Re}\{a\}>0$	$\dfrac{1}{a+\mathrm{i}\omega}$	$\dfrac{1}{\tau-\mathrm{i}t}$	$2\pi\mathrm{e}^{-\tau\omega}u(\omega),\tau>0$
$\mathrm{e}^{-a\lvert t\rvert},\mathrm{Re}\{a\}>0$	$\dfrac{2a}{\omega^2+a^2}$	$\dfrac{\tau}{t^2+\tau^2}$	$\pi\mathrm{e}^{-\tau\lvert\omega\rvert},\tau>0$
$\mathrm{e}^{-at}\cos\omega_0 tu(t),\mathrm{Re}\{a\}>0$	$\dfrac{a+\mathrm{i}\omega}{(a+\mathrm{i}\omega)^2+\omega_0^2}$		
$\mathrm{e}^{-at}\sin\omega_0 tu(t),\mathrm{Re}\{a\}>0$	$\dfrac{\omega_0}{(a+\mathrm{i}\omega)^2+\omega_0^2}$		
$t\mathrm{e}^{-at}u(t),\mathrm{Re}\{a\}>0$	$\dfrac{1}{(a+\mathrm{i}\omega)^2}$	$\dfrac{1}{(\tau-\mathrm{i}t)^2},\tau>0$	$2\pi\omega\mathrm{e}^{-\tau\omega}u(\omega)$
$\dfrac{t^{k-1}\mathrm{e}^{-at}}{(k-1)!}u(t),\mathrm{Re}\{a\}>0$	$\dfrac{1}{(a+\mathrm{i}\omega)^k}$		
$\delta_T(t)=\displaystyle\sum_{l=-\infty}^{+\infty}\delta(t-lT)$	$\dfrac{2\pi}{T}\displaystyle\sum_{k=-\infty}^{+\infty}\delta\left(\omega-k\dfrac{2\pi}{T}\right)$		
$\mathrm{e}^{-\left(\frac{t}{\tau}\right)^2}$	$\sqrt{\pi}\tau\mathrm{e}^{-\left(\frac{\omega\tau}{2}\right)^2}$		
$\left[u\left(t+\dfrac{\tau}{2}\right)-u\left(t-\dfrac{\tau}{2}\right)\right]\cos\omega_0 t$	$\dfrac{\tau}{2}\left[Sa\dfrac{(\omega+\omega_0)\tau}{2}+Sa\dfrac{(\omega-\omega_0)\tau}{2}\right]$		
$\displaystyle\sum_{k=-\infty}^{+\infty}F_k\mathrm{e}^{\mathrm{j}k\omega_0 t}$	$2\pi\displaystyle\sum_{k=-\infty}^{+\infty}F_k\delta(\omega-k\omega_0)$		

表 11.2　连续傅里叶变换性质及其对偶关系

$$f(t) = \frac{1}{2\pi} \int_{-\infty}^{+\infty} F(\omega) e^{i\omega t} d\omega \qquad\qquad F(\omega) = \int_{-\infty}^{+\infty} f(t) e^{-i\omega t} dt$$

$$f(0) = \frac{1}{2\pi} \int_{-\infty}^{+\infty} F(\omega) d\omega \qquad\qquad F(0) = \int_{-\infty}^{+\infty} f(t) dt$$

	连续傅里叶变换对			相对偶的连续傅里叶变换对	
名称	连续时间函数 $f(t)$	傅里叶变换 $F(\omega)$	名称	连续时间函数 $f(t)$	傅里叶变换 $F(\omega)$
线性	$\alpha f_1(t) + \beta f_2(t)$	$\alpha F_1(\omega) + \beta F_2(\omega)$			
尺度比例变换	$f(at), a \neq 0$	$\frac{1}{|a|} F\left(\frac{\omega}{a}\right)$			
对偶性	$f(t)$	$g(\omega)$		$g(t)$	$2\pi f(-\omega)$
时移	$f(t-t_0)$	$F(\omega) e^{-i\omega t_0}$	频移	$f(t) e^{i\omega_0 t}$	$F(\omega - \omega_0)$
时域微分性质	$\frac{d}{dt} f(t)$	$i\omega F(\omega)$	频域微分性质	$-it f(t)$	$\frac{d}{d\omega} F(\omega)$
时域积分性质	$\int_{-\infty}^{t} f(\tau) d\tau$	$\frac{F(\omega)}{i\omega} + \pi F(0)\delta(\omega)$	频域积分性质	$\frac{f(t)}{-it} + \pi f(0)\delta(t)$	$\int_{-\infty}^{\omega} F(\sigma) d\sigma$
时域卷积性质	$f(t) * h(t)$	$F(\omega) H(\omega)$	频域卷积性质	$f(t) p(t)$	$\frac{1}{2\pi} F(\omega) * P(\omega)$
对称性	$f(-t)$ $f^*(t)$ $f^*(-t)$	$F(-\omega)$ $F^*(-\omega)$ $F^*(\omega)$	奇偶虚实性质	$f(t)$ 是实函数 $f_o(t) = \text{Od}\{f(t)\}$ $f_e(t) = \text{Ev}\{f(t)\}$	$i\text{Im}[F(\omega)]$ $\text{Re}[F(\omega)]$
希尔伯特变换	$f(t) = f(t) u(t)$	$F(\omega) = R(\omega) + iI(\omega)$ $R(\omega) = I(\omega) * \frac{1}{\pi\omega}$			
时域抽样	$f(t) \sum_{n=-\infty}^{+\infty} \delta(t-nT)$	$\frac{1}{T} \sum_{k=-\infty}^{+\infty} F\left(\omega - k\frac{2\pi}{T}\right)$	频域抽样	$\frac{1}{\omega_0} \sum_{n=-\infty}^{+\infty} f\left(t - n\frac{2\pi}{\omega_0}\right)$	$F(\omega) \sum_{k=-\infty}^{+\infty} \delta(\omega - k\omega_0)$
帕什瓦尔公式	$\int_{-\infty}^{\infty} |f(t)|^2 dt = \frac{1}{2\pi} \int_{-\infty}^{\infty} |F(\omega)|^2 d\omega$				

习 题 11

1. 在指定区间内把下列函数展开为傅里叶级数：

(1) $f(x) = x$，(i) $-\pi < x < \pi$，(ii) $0 < x < 2\pi$；

(2) $f(x) = x^2$，(i) $-\pi < x < \pi$，(ii) $0 < x < 2\pi$；

(3) $f(x) = \begin{cases} ax & -\pi < x \leqslant 0 \\ bx & 0 < x < \pi \end{cases}$ $(a \neq b, a \neq 0, b \neq 0)$。

2. 设 f 是以 2π 为周期的可积函数，证明对任何实数 c，有

$$a_n = \frac{1}{\pi} \int_c^{c+2\pi} f(x) \cos nx \, dx = \frac{1}{\pi} \int_{-\pi}^{\pi} f(x) \cos nx \, dx, n = 0, 1, 2, \cdots$$

$$b_n = \frac{1}{\pi} \int_c^{c+2\pi} f(x) \sin nx \, dx = \frac{1}{\pi} \int_{-\pi}^{\pi} f(x) \sin nx \, dx, n = 1, 2, \cdots$$

3. 把函数 $f(x) \begin{cases} -\dfrac{\pi}{4}, & -\pi < x \leqslant 0 \\ \dfrac{\pi}{4}, & 0 \leqslant x < \pi \end{cases}$ 展开成傅里叶级数，并由它推出

(1) $\dfrac{\pi}{4} = 1 - \dfrac{1}{3} + \dfrac{1}{5} + \dfrac{1}{7} + \cdots$；

(2) $\dfrac{\pi}{3} = 1 + \dfrac{1}{5} - \dfrac{1}{7} - \dfrac{1}{11} + \dfrac{1}{13} - \dfrac{1}{17} + \cdots$；

(3) $\dfrac{\sqrt{3}}{6}\pi = 1 - \dfrac{1}{5} + \dfrac{1}{7} - \dfrac{1}{11} + \dfrac{1}{13} - \dfrac{1}{17} + \cdots$。

4. 设函数 $f(x)$ 满足条件 $f(x+\pi) = -f(x)$，问此函数在 $(-\pi, \pi)$ 内的傅里叶级数具有什么特性。

5. 设函数 $f(x)$ 满足条件 $f(x+\pi) = f(x)$，问此函数在 $(-\pi, \pi)$ 内的傅里叶级数具有什么特性。

6. 试证函数系 $\cos nx, n = 0, 1, 2, \cdots$ 和 $\sin nx, n = 1, 2, \cdots$ 都是 $[0, \pi]$ 上的正交函数系，但它们合起来却不是 $[0, \pi]$ 上的正交函数系。

7. 求下列函数的傅里叶级数展开式：

(1) $f(x) = \dfrac{\pi - x}{2}, 0 < x < 2\pi$；

(2) $f(x) = \sqrt{1 - \cos x}, -\pi \leqslant x \leqslant \pi$；

(3) $f(x) = ax^2 + bx + c$，(i) $0 < x < 2\pi$，(ii) $-\pi < x < \pi$；

(4) $f(x) = \text{ch} x, -\pi < x < \pi$；

(5) $f(x) = \text{sh} x, -\pi < x < \pi$。

8. 求函数 $f(x) = \dfrac{1}{12}(3x^2 - 6\pi x + 2\pi^2)$ 的傅里叶级数展开式，并应用它推出 $\displaystyle\sum_{n=1}^{\infty} \dfrac{1}{n^2} = \dfrac{\pi^2}{6}$。

9. 若 $\mathscr{F}[f(t)] = F(\omega)$，$p(t) = \cos t$，$f_p(t) = f(t)p(t)$，求 $F_p(\omega)$ 的表达式，并画出频谱图。

10. 若单位冲激函数的时间按间隔为 T_1，用符号 $\delta_T(t)$ 表示周期单位冲激序列，即

$\delta_T(t) = \sum\limits_{n=-\infty}^{\infty} \delta(t-nT_1)$，求单位冲激序列的傅里叶级数和傅里叶变换。

11. 求函数 $f(t) = \begin{cases} 0, -\infty < t < -1 \\ 2, -1 \leqslant t < 0 \\ 1, 0 \leqslant t < 2 \\ 0, 2 \leqslant t < +\infty \end{cases}$　的傅里叶变换。

12. 求函数 $f(t) = \begin{cases} -2, -1 < t < 0 \\ 2, 0 < t < 1 \\ 0, 其他 \end{cases}$　的傅里叶变换。

13. 求函数 $f(t) = \begin{cases} 0, t < 0 \\ e^{-\beta t}, t \geqslant 0 \end{cases}$（其中 $\beta > 0$）的傅里叶变换及其积分表达式。

14. 求函数 $f(t) = \begin{cases} \sin t, |t| \leqslant \pi \\ 0, \quad |t| > \pi \end{cases}$　的傅里叶变换，并证明 $\int_0^{+\infty} \dfrac{\sin \omega \pi \sin \omega t}{1 - \omega^2} d\omega =$

$\begin{cases} \dfrac{\pi}{2} \sin t, |t| \leqslant \pi \\ 0, \quad |t| > \pi \end{cases}$。

15. 利用定义或查表求下列函数的傅里叶逆变换：

(1) $F(\omega) = \dfrac{\pi i}{5} \left[\delta\left(\dfrac{\omega}{5} + \omega_0\right) - \delta\left(\dfrac{\omega}{5} - \omega_0\right) \right]$；

(2) $F(\omega) = \dfrac{\pi}{5} \left[\delta\left(\dfrac{\omega}{5} + \omega_0\right) + \delta\left(\dfrac{\omega}{5} - \omega_0\right) \right]$。

16. 用傅里叶变换求解下面的微分方程：

$$x'(t) + x(t) = \delta(t), \quad -\infty < t < +\infty$$

17. 设 $F[f(t)] = F(\omega)$，请给出下列函数的傅里叶变换：

$$f'(t), \quad f''(t), \quad tf(t), \quad t^2 f(t), \quad f(t-t_0), \quad f(t+t_0), \quad \int_{-\infty}^t f(\tau) d\tau, \quad f(at)$$

$$1, \quad \delta(t), \quad \delta(t-t_0), \quad \delta(t+t_0), \quad f(t) = \begin{cases} 0, t < 0 \\ e^{-\beta t}, t \geqslant 0 \end{cases}$$

并证明傅里叶变换的微分性质和位移性质。

第 12 章 拉普拉斯变换

12.1 拉普拉斯变换的概念

上一章指出,傅里叶积分于傅里叶变换存在的条件是原函数在任一有限区间满足狄利克雷条件,并且在区间$(-\infty,+\infty)$上绝对可积。这是一个相当强的条件,以至于许多常见的函数(例如多项式函数、正弦函数、余弦函数、单位阶跃函数等)都不满足这一条件;其次,可以进行傅氏变换的函数必须在整个数轴上有定义,但在物理、无线电技术中,许多以时间 t 作为自变量的函数在 $t<0$ 是无意义的或者不需要考虑的,像这样的函数都不能取傅氏变换。由此可见,傅氏变换的应用受到很大限制。本章介绍另一种变换——拉普拉斯变换(拉氏变换)。这种变换存在的条件比傅里叶变换存在的条件要宽。

拉普拉斯变换法是一种数学积分变换,其核心是把时间函数 $f(t)$ 与复变函数 $F(s)$ 联系起来,把时域问题通过数学变换为复频域问题,把时间域的高阶微分方程变换为复频域的代数方程,在求出待求的复变函数后,再作相反的变换得到待求的时间函数。由于解复变函数的代数方程比解时域微分方程较有规律且有效,所以拉普拉斯变换在线性电路分析中得到广泛应用。

拉普拉斯变换常用于初始值问题,即已知某个物理量在初始时刻 $t=0$ 时的值,而求解它在初始时刻之后的变化情况。至于它在初始时刻之前的值 $f(0)$,我们置 $f(t)=0(t<0)$,为了获得较宽的变换条件,构造一个函数

$$g(t)=e^{-\sigma t}f(t)$$

这里,$e^{-\sigma t}$ 为收敛因子,正的实数的 σ 值选得如此之大,以保证 $g(t)$ 在区间$(-\infty,+\infty)$绝对可积,于是,可以对 $g(t)$ 施行傅里叶变换,即

$$G(\omega)=\frac{1}{2\pi}\int_0^{+\infty}f(t)e^{-(\sigma+i\omega)t}\mathrm{d}t$$

记 $s=\sigma+i\omega$,将 $G(\omega)$ 改记为 $\dfrac{F(s)}{2\pi}$,$F(s)=\displaystyle\int_0^{+\infty}f(t)e^{-st}\mathrm{d}t$。

12.1.1 拉普拉斯积分及性质

定义 12.1 设函数 $f(x)$ 的定义域为 $0\leqslant t<+\infty$,如果积分 $\displaystyle\int_0^{+\infty}e^{-st}f(t)\mathrm{d}t$ 在变量 s 的某个区域内收敛,从而确定了一个关于变量 s 的函数,记为 $F(s)$,则称 $F(s)$ 为 $f(t)$ 的拉普拉斯变换,记为 $F(s)=\mathscr{L}[f(t)]$,即

$$F(s)=\mathscr{L}[f(t)]=\int_0^{+\infty}e^{-st}f(t)\mathrm{d}t \tag{12.1}$$

式中:$s=\sigma+i\omega$ 为复数,被称为复频率;$F(s)$ 为 $f(t)$ 的象函数;$f(t)$ 为 $F(s)$ 的象原函数,记为

$$f(t)=\mathscr{L}^{-1}[F(s)]$$

若 $\sigma>\sigma_0$ 时,$\lim\limits_{t\to\infty}f(t)e^{-\sigma t}=0$,则 $f(t)e^{-\sigma t}$ 在 $\sigma>\sigma_0$ 的全部范围内收敛,积分 $\displaystyle\int_0^{+\infty}f(t)e^{-st}\mathrm{d}t$

存在,即 $f(t)$ 的拉普拉斯变换存在。$\sigma > \sigma_0$ 就是 $f(t)$ 的单边拉普拉斯变换的收敛域。σ_0 与函数 $f(t)$ 的性质有关。

例 12.1　求函数 $f(t)=t(t\geq 0)$ 的拉普拉斯变换。

解　根据公式(12.1)有

$$\mathscr{L}[t]=\int_0^{+\infty}\mathrm{e}^{-st}t\,\mathrm{d}t=-\frac{1}{s}\int_0^{+\infty}t\mathrm{d}\mathrm{e}^{-st}$$

$$=-\frac{1}{s}\lim_{b\to\infty}(b\mathrm{e}^{-bs}-\int_0^b\mathrm{e}^{-st}\,\mathrm{d}t)$$

$$=-\frac{1}{s}\lim_{b\to\infty}\left[b\mathrm{e}^{-bs}+\frac{1}{s}(\mathrm{e}^{-bs}-1)\right]$$

$$=-\frac{1}{s}\lim_{b\to\infty}(b\mathrm{e}^{-bs}+\frac{1}{s}\mathrm{e}^{-bs})+\frac{1}{s^2}$$

当 $\mathrm{Re}(s)>0$ 时

$$\mathscr{L}[t]=-\frac{1}{s}\lim_{b\to\infty}b\mathrm{e}^{-bs}-\lim_{b\to\infty}\frac{1}{s^2}\mathrm{e}^{-bs}+\frac{1}{s^2}=\frac{1}{s^2}$$

观察以上过程,可看出只要 $\mathrm{Re}(s)>0$,就能保证广义积分 $\mathscr{L}[f(t)]=\int_0^{+\infty}\mathrm{e}^{-st}t\mathrm{d}t$ 是收敛的,这个例子说明变量 s 在拉普拉斯变换中起着重要作用。

例 12.2　求函数 $f(t)=\mathrm{e}^{at}(t\geq 0)$ 的拉普拉斯变换。

解　根据公式(12.1)有

$$\mathscr{L}[t]=\int_0^{+\infty}\mathrm{e}^{-st}\mathrm{e}^{at}\,\mathrm{d}t=\int_0^{+\infty}\mathrm{e}^{(a-s)}\,\mathrm{d}t$$

$$=\frac{1}{a-s}\int_0^{+\infty}\mathrm{e}^{(a-s)t}\mathrm{d}(a-s)t$$

$$=\frac{1}{a-s}\lim_{b\to\infty}\left[\mathrm{e}^{(a-s)b}-1\right]$$

$$=\frac{1}{s-a}+\frac{1}{a-s}\lim_{b\to\infty}\mathrm{e}^{(a-s)b}$$

要使上式中的极限存在,变量 s 就必须满足 $\mathrm{Re}(a-s)<0$,即 $\mathrm{Re}(s)>\mathrm{Re}(a)$。所以当 $\mathrm{Re}(s)>\mathrm{Re}(a)$ 时,有

$$\mathscr{L}[t]=\frac{1}{s-a}$$

从上两例可以看到,只要广义积分 $\int_0^{+\infty}\mathrm{e}^{-st}f(t)\mathrm{d}t$ 存在,则函数 $f(t)$ 就有拉普拉斯变换,否则就没有。例如 $f(t)=\tan t$ 和 $f(t)=\mathrm{e}^{t^2}$ 就没有拉普拉斯变换。

例 12.3　求正弦函数 $f(t)=\sin kt(k\in R)$ 的复频函数。

解
$$\int_0^{+\infty}\sin kt\mathrm{e}^{-st}\,\mathrm{d}t=-\frac{1}{s}\int_0^{+\infty}\sin kt\mathrm{d}\mathrm{e}^{-st}$$

$$=-\frac{1}{s}\left[\mathrm{e}^{-st}\sin kt\Big|_0^{+\infty}-k\int_0^{+\infty}\mathrm{e}^{-st}\cos kt\,\mathrm{d}t\right]$$

$$=-\frac{k}{s}\left[\int_0^{+\infty}\mathrm{e}^{-st}\cos kt\mathrm{d}t\right]$$

$$=-\frac{k}{s^2}\left[\mathrm{e}^{-st}\cos kt\Big|_0^{+\infty}+k\int_0^{+\infty}\mathrm{e}^{-st}\sin kt\,\mathrm{d}t\right]$$

则

$$\int_0^{+\infty} \sin kt \, e^{-st} \, dt = \frac{k}{s^2} - \frac{k^2}{s^2} \int_0^{+\infty} \sin kt \, e^{-st} \, dt$$

所以

$$\int_0^{+\infty} \sin kt \, e^{-st} \, dt = \frac{k}{s^2 + k^2} \quad (\operatorname{Re}(s) > 0)$$

同理

$$\begin{aligned}
\int_0^{+\infty} \cos kt \, e^{-st} \, dt &= \frac{1}{2} \int_0^{+\infty} (e^{ikt} + e^{-ikt}) e^{-st} \, dt \\
&= \frac{1}{2} \left(\int_0^{+\infty} e^{-(s-ik)t} \, dt + \int_0^{+\infty} e^{-(s+ik)t} \, dt \right) \\
&= \frac{1}{2} \left(\frac{-1}{s-ik} e^{-(s-ik)t} \Big|_0^{+\infty} + \frac{-1}{s+ik} e^{-(s+ik)t} \Big|_0^{+\infty} \right) \\
&= \frac{1}{2} \left(\frac{1}{s-ik} + \frac{1}{s+ik} \right) = \frac{s}{s^2 + k^2} \quad \operatorname{Re}(s) > 0
\end{aligned}$$

例 12.4 求单位阶跃函数 $u(t) = \begin{cases} 0, & t < 0 \\ 1, & t \geq 0 \end{cases}$ 的拉普拉斯变换。

解 根据拉氏变换的定义

$$\mathscr{L}[u(t)] = \int_0^{+\infty} e^{-st} \, dt$$

而

$$\int_0^b e^{-st} \, dt = \frac{1}{s}(1 - e^{-sb})$$

在 $b \to +\infty$ 时,当且仅当 $\operatorname{Re}(s) > 0$ 才有极限,因此

$$\int_0^b u(t) e^{-st} \, dt = \frac{1}{s} \quad (\operatorname{Re}(s) > 0)$$

定理 12.1 若函数 $f(t)$ 满足:

(1) 在 $t \geq 0$ 的任一有限区间上分段连续;

(2) 当 $t \to +\infty$ 时,$f(t)$ 的增长速度不超过某一指数函数,即存在常数 $M > 0$ 及 $c \geq 0$,使得 $|f(t)| \leq M e^{ct}$,则 $f(t)$ 的拉普拉斯积分

$$F(s) = \int_0^{+\infty} f(t) e^{-st} \, dt$$

在半平面 $\operatorname{Re}(s) > c$ 上一定存在,右端的积分在 $\operatorname{Re}(s) \geq c_1 > c$ 上绝对收敛而且一致收敛,并且在 $\operatorname{Re}(s) > c$ 的半平面内,$F(s)$ 为解析函数。

证明 由定理 12.1 条件(2)可知,对于任何 t 值($0 \leq t \leq +\infty$),有

$$|f(t) e^{-st}| \leq |f(t)| e^{-\beta t}, \quad \operatorname{Re}(s) = \beta$$

若令 $\beta - c \geq \varepsilon > 0$,即 $\beta \geq c + \varepsilon > 0 = c_1 > c$ 则

$$|f(t) e^{-st}| \leq M e^{-\varepsilon t}$$

所以

$$\int_0^{+\infty} |f(t) e^{-st}| \, dt \leq \int_0^{+\infty} M e^{-\varepsilon t} \, dt = \frac{M}{\varepsilon}$$

根据含参量广义积分的性质可知,在 $\operatorname{Re}(s) \geq c_1 > c$ 上拉氏变换的积分不仅绝对收敛而且

一致收敛[①]。

在下式的积分号内对 s 求导，则

$$\int_0^{+\infty} \frac{\mathrm{d}}{\mathrm{d}s}\left[f(t)\mathrm{e}^{-st}\right]\mathrm{d}t = \int_0^{+\infty} -tf(t)\mathrm{e}^{-st}\mathrm{d}t$$

而

$$\left|-tf(t)\mathrm{e}^{-st}\right| \leqslant Mt\mathrm{e}^{-(\beta-c)t} \leqslant Mt\mathrm{e}^{-\varepsilon t}$$

所以

$$\int_0^{+\infty} \frac{\mathrm{d}}{\mathrm{d}s}\left[f(t)\mathrm{e}^{-st}\right]\mathrm{d}t \leqslant \int_0^{+\infty} Mt\mathrm{e}^{-\varepsilon t}\mathrm{d}t = \frac{M}{\varepsilon^2}$$

由此可见，上式右端的积分在半平面 $\mathrm{Re}(s) \geqslant c_1 > c$ 内也是绝对收敛且一致收敛，从而微分与积分可以交换。因此得

$$\frac{\mathrm{d}}{\mathrm{d}s}F(s) = \frac{\mathrm{d}}{\mathrm{d}s}\int_0^{+\infty} f(t)\mathrm{e}^{-st}\mathrm{d}t = \int_0^{+\infty} \frac{\mathrm{d}}{\mathrm{d}s}\left[f(t)\mathrm{e}^{-st}\right]\mathrm{d}t$$

$$= \int_0^{+\infty} -tf(t)\mathrm{e}^{-st}\mathrm{d}t = \mathscr{L}\left[-tf(t)\right]$$

这就表明，$F(s)$ 在 $\mathrm{Re}(s) > c$ 内是可微的。根据复变函数的解析函数理论可知，$F(s)$ 在 $\mathrm{Re}(s) > c$ 内是解析的。

这个定理的条件是充分的，物理学和工程技术中常见的函数大都能满足这两个条件：一个函数的增大是指数级的和函数要绝对可积这两个条件相比较，前者的条件弱得多，$u(t)$，$\cos kt$、t^m 等函数都不满足傅氏积分定理中绝对可积的条件，但它们都满足拉氏变换存在定理中的条件 2

$$|u(t)| \leqslant 1 \cdot \mathrm{e}^{0t}, \quad 此处 M=1, c=0$$
$$|\cos kt| \leqslant 1 \cdot \mathrm{e}^{0t}, \quad 此处 M=1, c=0$$

由于 $\lim\limits_{t\to+\infty} \dfrac{t^m}{\mathrm{e}^t} = 0$，所以 t 充分大以后，有 $t^m \leqslant \mathrm{e}^t$（故 t^m 是 $M=1, c=1$）的指数级增长函数，即 $|t^m| \leqslant 1 \cdot \mathrm{e}^t$。

由此可见，对于某些问题（如线性系统分析中），拉氏变换的应用就更为广泛。

12.1.2　Γ(gamma)函数

在工程中经常应用的 Γ 函数定义为

$$\Gamma(m) = \int_0^{+\infty} \mathrm{e}^{-t}t^{m-1}\mathrm{d}t, \ 0 < m < +\infty \tag{12.2}$$

利用分部积分公式可证明

$$\Gamma(m+1) = \int_0^{+\infty} \mathrm{e}^{-t}t^m\mathrm{d}t = -\int_0^{+\infty} t^m\mathrm{d}\mathrm{e}^{-t}$$

$$= -t^m\mathrm{e}^{-t}\Big|_0^{+\infty} + \int_0^{+\infty} \mathrm{e}^{-t}\mathrm{d}t^m$$

$$= \int_0^{+\infty} \mathrm{e}^{-t}mt^{m-1}\mathrm{d}t = m\Gamma(m)$$

[①]这里利用了含参量广义积分一致收敛的一个充分条件，叙述如下：如存在函数 $\varphi(t)$，使得 $|g(t,s)| < \varphi(t)$，而积分 $\int_a^b \varphi(t)\mathrm{d}t$ 收敛（a,b 可为无限），则 $\int_a^b g(t,s)\mathrm{d}t$ 在某一闭区域内一定是绝对收敛，并且是一致收敛的。

而且

$$\Gamma(1) = \int_0^{+\infty} e^{-t} dt = -e^{-t}\Big|_0^{+\infty} = 1$$

因此如 m 为正整数，则 $\Gamma(m+1) = m!$。

例 12.5 求幂函数 $f(t) = t^m$（常数 $m > -1$）的拉氏积分 $\int_0^{+\infty} t^m e^{-st} dt$。

分析 为求此积分，令 $st = u$，s 为右半平面内任一复数，则得到复数的积分变量 u（u 为复数）。因此，可先考虑积分

$$\int_0^R t^m e^{-st} dt = \int_0^{sR} \left(\frac{u}{s}\right)^m e^{-u} \frac{du}{s}$$

$$= \frac{1}{s^{m+1}} \int_0^{sR} u^m e^{-u} du$$

再设 $s = re^{i\theta}$，$-\frac{\pi}{2} < \theta < \frac{\pi}{2}$，$sR = rR\cos\theta + irR\sin\theta$ 路线是 OB 直线段，B 对应着 $sR = rR\cos\theta + irR\sin\theta$，$A$ 对应着 $rR\cos\theta$，取一很小正数 ε，则 C 对应 $s\varepsilon = r\varepsilon\cos\theta + ir\varepsilon\sin\theta$，$D$ 对应 $r\varepsilon\cos\theta$ 这样的点，如图 12.1 所示。考察 $R \to +\infty$，$\varepsilon \to 0$ 的情况，根据柯西积分定理，有

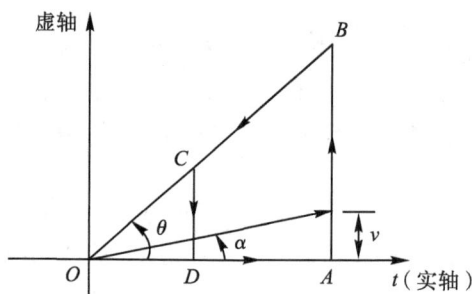

图 12.1

$$\frac{1}{s^{m+1}} \oint_{DABCD} u^m e^{-u} du = \frac{1}{s^{m+1}} \left[\int_{DA} u^m e^{-u} du + \int_{AB} u^m e^{-u} du + \int_{BC} u^m e^{-u} du + \int_{CD} u^m e^{-u} du \right] = 0$$

$$\frac{1}{s^{m+1}} \int_{DA} u^m e^{-u} du = \frac{1}{s^{m+1}} \int_{r\varepsilon\cos\theta}^{rR\cos\theta} u^m e^{-u} du \xrightarrow[\varepsilon \to 0]{R \to +\infty} \frac{1}{s^{m+1}} \int_0^{+\infty} t^m e^{-t} dt = \frac{\Gamma(m+1)}{s^{m+1}}$$

$$\frac{1}{s^{m+1}} \int_{BC} u^m e^{-u} du = \frac{-1}{s^{m+1}} \int_{CB} u^m e^{-u} du = \frac{-1}{s^{m+1}} \int_{s\varepsilon}^{sR} u^m e^{-u} du \xrightarrow[\varepsilon \to 0]{R \to +\infty} \frac{-1}{s^{m+1}} \int_0^{+\infty} u^m e^{-u} du$$

$$= \frac{-\Gamma(m+1)}{s^{m+1}}$$

$$\frac{1}{s^{m+1}} \int_{AB} u^m e^{-u} du = \frac{1}{s^{m+1}} \int_{rR\cos\theta}^{rR\cos\theta + irR\sin\theta} u^m e^{-u} du$$

令 $u = rR\cos\theta + iv$，$du = idv$，有

$$\left| \frac{1}{s^{m+1}} \int_{rR\cos\theta}^{rR\cos\theta + ir\sin\theta} u^m e^{-u} du \right| = \left| \frac{i}{s^{m+1}} \int_0^{rR\sin\theta} e^{-rR\cos\theta + iv} (rR\cos\theta + iv)^m dv \right|$$

$$\leqslant \frac{1}{|s|^{m+1}} \int_0^{rR|\sin\theta|} \left| e^{-rR\cos\theta} (rR\cos\theta + iv)^m \right| dv$$

$$= \frac{1}{s^{m+1}} \int_0^{rR|\sin\theta|} e^{-rR\cos\theta} (r^2R^2\cos^2\theta + v^2)^{\frac{m}{2}} dv$$

令 $v = rR\cos\theta\tan\alpha$，$\mathrm{d}v = rR\cos\theta\sec^2\alpha\,\mathrm{d}\alpha$，则

$$上式 = \frac{1}{|s|^{m+1}}\int_0^{|\theta|} \mathrm{e}^{-rR\cos\theta}(rR^2\cos\theta)^{m+1}\sec^{m+2}\alpha\,\mathrm{d}\alpha$$

$$= \frac{1}{|s|^{m+1}}\mathrm{e}^{-rR\cos\theta}(rR\cos\theta)^{m+1}\int_0^{|\theta|}\sec^{m+2}\alpha\,\mathrm{d}\alpha$$

$$\xrightarrow[R\to+\infty]{}0 \quad 即 \int_{\overline{AB}}\xrightarrow[R\to+\infty]{}0$$

$$\left|\frac{1}{s^{m+1}}\int_{\overline{CD}}u^m\mathrm{e}^{-u}\,\mathrm{d}u\right| = \left|\frac{-1}{s^{m+1}}\int_{\overline{DC}}u^m\mathrm{e}^{-u}\,\mathrm{d}u\right|$$

$$= \left|\frac{1}{s^{m+1}}\int_{r\varepsilon\cos\theta}^{r\varepsilon\cos\theta+ir\varepsilon\sin\theta}u^m\mathrm{e}^{-u}\,\mathrm{d}u\right|$$

$$\leqslant \frac{1}{|s|^{m+1}}\mathrm{e}^{-r\varepsilon\cos\theta}(r\varepsilon\cos\theta)^{m+1}\int_0^{|\theta|}\sec^{m+2}\alpha\,\mathrm{d}\alpha$$

$$\xrightarrow[\varepsilon\to0]{}0 \quad 即 \int_{\overline{CD}}\xrightarrow[\varepsilon\to0]{}0$$

故

$$\frac{1}{s^{m+1}}\int_0^{+\infty}t^m\mathrm{e}^{-t}\,\mathrm{d}t - \frac{1}{s^{m+1}}\int_0^{\infty}u^m\mathrm{e}^{-u}\,\mathrm{d}u = 0$$

即

$$\frac{1}{s^{m+1}}\int_0^{\infty}u^m\mathrm{e}^{-u}\,\mathrm{d}u = \frac{1}{s^{m+1}}\int_0^{+\infty}t^m\mathrm{e}^{-t}\,\mathrm{d}t$$

$$= \frac{\Gamma(m+1)}{s^{m+1}}$$

$$\int_0^{+\infty}t^m\mathrm{e}^{-st}\,\mathrm{d}t = \frac{\Gamma(m+1)}{s^{m+1}}\ (\mathrm{Re}(s)>0)$$

当 m 为正整数时

$$\int_0^{+\infty}t^m\mathrm{e}^{-st}\,\mathrm{d}t = \frac{m!}{s^{m+1}}\ (\mathrm{Re}(s)>0)$$

当 $m = -\frac{1}{2}$ 时，令 $x = u^2$

$$\Gamma\left(\frac{1}{2}\right) = \int_0^{+\infty}x^{-\frac{1}{2}}\mathrm{e}^{-x}\,\mathrm{d}x = 2\int_0^{+\infty}\mathrm{e}^{-u^2}\,\mathrm{d}u \tag{12.3}$$

这就得

$$\left[\Gamma\left(\frac{1}{2}\right)\right]^2 = \left(2\int_0^{+\infty}\mathrm{e}^{-u^2}\,\mathrm{d}u\right)\left(2\int_0^{+\infty}\mathrm{e}^{-v^2}\,\mathrm{d}v\right) = 4\int_0^{+\infty}\int_0^{+\infty}\mathrm{e}^{-(u^2+v^2)}\,\mathrm{d}u\mathrm{d}v \tag{12.4}$$

换成极坐标 (ρ,φ)，其中

$$u = \rho\cos\varphi, \quad v = \rho\sin\varphi$$

最后积分变成

$$4\int_0^{+\infty}\int_0^{+\infty}\mathrm{e}^{-(u^2+v^2)}\,\mathrm{d}u\mathrm{d}v = 4\int_{\varphi=0}^{\frac{\pi}{2}}\int_{\rho=0}^{+\infty}\mathrm{e}^{-\rho^2}\rho\,\mathrm{d}\rho\mathrm{d}\varphi$$

$$= 4\int_{\varphi=0}^{\frac{\pi}{2}}-\frac{1}{2}\mathrm{e}^{-\rho^2}\Big|_{\rho=0}^{\infty}\,\mathrm{d}\varphi = \pi$$

所以 $\Gamma\left(\dfrac{1}{2}\right)=\sqrt{\pi}$，得

$$\int_0^{+\infty} x^{-\frac{1}{2}}\mathrm{e}^{-sx}\,\mathrm{d}x=\sqrt{\dfrac{\pi}{s}} \tag{12.5}$$

例 12.6 求狄拉克函数 $\delta(t)=\begin{cases}\dfrac{1}{\tau}, & 0\leqslant t<\tau \\ 0, & \text{其他}\end{cases}$ 的拉普拉斯变换。

解 方法 1：在具体求解运算之前，先把拉普拉斯变换中积分下限的问题加以澄清。若函数 $f(t)$ 满足拉普拉斯积分存在定理，在 $t=0$ 处有界，此时积分

$$\mathscr{L}[f(t)]=\int_0^{+\infty} f(t)\mathrm{e}^{-st}\,\mathrm{d}t$$

中的下限取 0^+ 或 0^- 不会影响其结果，但当 $f(t)$ 在 $t=0$ 处为 δ-函数，或包含了 δ-函数时，拉氏积分的下限就必须明确指出是 0^+ 还是 0^-，因为

$$\mathscr{L}_+[f(t)]=\int_{0^+}^{+\infty} f(t)\mathrm{e}^{-st}\,\mathrm{d}t$$

称为 0^+ 系统，在电路上 0^+ 表示换路后的初始时刻；

$$\mathscr{L}_-[f(t)]=\int_{0^-}^{+\infty} f(t)\mathrm{e}^{-st}\,\mathrm{d}t$$

称为 0^- 系统，在电路上 0^- 表示换路前的初始时刻。

可以证明，当 $f(t)$ 在 $t=0$ 附近有界时，则

$$\int_{0^-}^{0^+} f(t)\mathrm{e}^{-st}\,\mathrm{d}t=0$$

即

$$\mathscr{L}_-[f(t)]=\mathscr{L}_+[f(t)]$$

但在当 $f(t)$ 在 $t=0$ 处包含一个 δ-函数时

$$\int_{0^-}^{0^+} f(t)\mathrm{e}^{-st}\,\mathrm{d}t\neq 0$$

$$\mathscr{L}_-[f(t)]\neq\mathscr{L}_+[f(t)]$$

为此，将进行拉氏变换的函数 $f(t)$，当 $t\geqslant 0$ 时的定义扩大到当 $t>0$ 及 $t=0$ 的任意一个领域。这样拉氏变换的定义

$$\mathscr{L}[f(t)]=\int_0^{+\infty} f(t)\mathrm{e}^{-st}\,\mathrm{d}t$$

应为

$$\mathscr{L}_-[f(t)]=\int_{0^-}^{+\infty} f(t)\mathrm{e}^{-st}\,\mathrm{d}t$$

为书写方便，该定义仍写为原来的形式。

$$\mathscr{L}[\delta(t)]=\int_{0^-}^{+\infty}\delta(t)\mathrm{e}^{-st}\,\mathrm{d}t=\int_{-\infty}^{+\infty}\delta(t)\mathrm{e}^{-st}\,\mathrm{d}t=1$$

方法 2：先对 $\delta_\tau(t)$ 作拉氏变换

$$\mathscr{L}[\delta_\tau(t)]=\int_0^{+\infty}\delta_\tau(t)\mathrm{e}^{-st}\,\mathrm{d}t=\int_0^\tau\frac{1}{\tau}\mathrm{e}^{-st}\,\mathrm{d}t=\frac{1}{\tau s}(1-\mathrm{e}^{-\tau s})$$

$\delta(t)$ 的拉氏变换为

$$\mathscr{L}[\delta(t)] = \lim_{\tau \to 0} \mathscr{L}[\delta_\tau(t)] = \lim_{\tau \to 0} \frac{1 - e^{-\tau s}}{\tau s}$$

用洛必达法则计算此极限,得

$$\lim_{\tau \to 0} \frac{1 - e^{-\tau s}}{\tau s} = \lim_{\tau \to 0} \frac{s e^{-\tau s}}{s} = 1$$

所以

$$\mathscr{L}[\delta(t)] = 1$$

同理

$$\mathscr{L}[\delta(t - t_0)] = \int_{0^-}^{+\infty} \delta(t - t_0) e^{-st} dt = \int_{-\infty}^{+\infty} \delta(t - t_0) e^{-st} dt = e^{-st_0}$$

例 12.7 求函数 $f(t) = e^{-\beta t}\delta(t) - \beta e^{-\beta t}u(t)(\beta > 0)$ 的拉普拉斯变换。

解
$$\mathscr{L}[f(t)] = \mathscr{L}_-[f(t)] = \int_0^{+\infty} [e^{-\beta t}\delta(t) - \beta e^{-\beta t}u(t)] e^{-st} dt$$

$$= \int_{-\infty}^{+\infty} e^{-(\beta+s)t}\delta(t) dt - \int_0^{+\infty} \beta e^{-(\beta+s)t} dt$$

$$= 1 - \frac{\beta}{s+\beta} = \frac{s}{s+\beta} \quad (\mathrm{Re}(s) > -\beta)$$

注:拉氏变换中的象原函数在 $t < 0$ 时,一律定义为 $f(t) = 0$。这是因为拉氏变换只以区间 $0 \leqslant t < +\infty$ 为基础,从数学观点来看,不论 $f(t)$ 在 $(-\infty, 0)$ 上有无定义,拉氏变换都一样。

我们将常见函数的拉普拉斯变换列表见本章文后附表 12.1 所示。

12.2 拉普拉斯变换的性质

拉普拉斯变换作为一种运算,我们有必要研究其运算性质。利用一些函数的拉普拉斯变换及拉普拉斯变换的性质,或查拉普拉斯变换表去求函数的拉普拉斯变换显得更方便。这里只介绍几个常用的性质。为了叙述方便,以下总假定要求拉氏变换的函数都满足拉普拉斯变换存在定理的条件,并且把这些函数的增长指数都统一取为 c。证明这些性质时不再重述这些条件,希望读者注意。

12.2.1 线性性质

若 $\mathscr{L}[f_1(t)] = F_1(s)$,$\mathscr{L}[f_2(t)] = F_2(s)$,则对于任意常数 α 与 β,有

$$\mathscr{L}[\alpha f_1(t) + \beta f_2(t)] = \alpha F_1(s) + \beta F_2(s) \tag{12.6}$$

$$\mathscr{L}^{-1}[\alpha f_1(s) + \beta F_2(s)] = \alpha \mathscr{L}^{-1}[F_1(s)] + \beta \mathscr{L}^{-1}[F_2(s)] \tag{12.7}$$

这表明拉普拉斯变换与其逆变换是线性变换,函数线性组合的拉氏变换与拉氏逆变换等于每个函数拉氏变换或逆变换的线性组合。

证明
$$\mathscr{L}[\alpha f_1(t) + \beta f_2(t)] = \int_0^{+\infty} [\alpha f_1(t) + \beta f_2(t)] e^{-st} dt$$

$$= \alpha \int_0^{+\infty} f_1(t) e^{-st} dt + \beta \int_0^{+\infty} f_2(t) e^{-st} dt$$

$$= \alpha \mathscr{L}[f_1(t)] + \beta \mathscr{L}[f_2(t)]$$

例 12.8 求 $f(t)=4t^3+2\sin3t$ 的拉普拉斯变换。

解 根据拉普拉斯变换的线性性质和附表 12.1,我们有

$$\mathscr{L}\left[4t^3+2\sin3t\right]=4\mathscr{L}\left[t^3\right]+2\mathscr{L}\left[\sin3t\right]$$

$$=4\,\frac{3!}{s^4}+2\,\frac{3}{s^2+9}=\frac{24}{s^2}+\frac{6}{s^2+9}$$

例 12.9 求 $f(t)=\operatorname{sh}t$ 的拉普拉斯变换。

解 根据拉普拉斯变换的线性性质和表 12.1,我们有

$$\mathscr{L}\left[\operatorname{sh}t\right]=\mathscr{L}\left[\frac{e^t-e^{-t}}{2}\right]=\frac{1}{2}\mathscr{L}\left[e^t\right]-\frac{1}{2}\mathscr{L}\left[e^{-t}\right]$$

$$=\frac{1}{2}\frac{1}{s-1}-\frac{1}{2}\frac{1}{s+1}=\frac{1}{s^2-1}$$

例 12.10 求 $f(t)=\operatorname{ch}kt$ 的拉普拉斯变换(其中 k 为任意复数)。

解 因为 $\operatorname{ch}kt=\dfrac{e^{kt}+e^{-kt}}{2}$

$$\mathscr{L}(\operatorname{ch}kt)=\int_0^{+\infty}\frac{e^{kt}+e^{-kt}}{2}e^{-st}\,\mathrm{d}t$$

$$=\frac{1}{2}\left(\frac{1}{s-k}+\frac{1}{s+k}\right)$$

$$=\frac{s}{s^2-k^2}\quad(\operatorname{Re}(s)>|\operatorname{Re}(k)|)$$

例 12.11 求 $f(t)=\cos\omega t$ 的拉普拉斯变换。

解 因为 $\mathscr{L}\left[e^{-\alpha t}\right]=\dfrac{1}{s+\alpha}$

$$f(t)=\cos\omega t=\frac{1}{2}(e^{i\omega t}+e^{-i\omega t})$$

$$\mathscr{L}\left[\cos\omega t\right]=\frac{1}{2}\left(\frac{1}{s-i\omega}+\frac{1}{s+i\omega}\right)=\frac{s}{s^2+\omega^2}$$

同理

$$\mathscr{L}\left[\sin\omega t\right]=\frac{\omega}{s^2+\omega^2}$$

12.2.2 微分性质

1. 象原函数的微分性质

若 $f(t)$ 在 $t\geqslant0$ 中可微,且存在两个常数 $M>0$ 及 $\sigma>0$,对一切 $t\geqslant0$ 都有 $|f(t)|\leqslant Me^{\sigma t}$ 成立,同时导函数 $f'(t)$ 的拉普拉斯变换也存在,设 $\mathscr{L}\left[f(t)\right]=F(s)$,则

$$\mathscr{L}\left[f'(t)\right]=sF(s)-f(0) \tag{12.8}$$

证明

$$\mathscr{L}\left[f'(t)\right]=\int_0^{+\infty}e^{-st}f'(t)\mathrm{d}t=\int_0^{+\infty}e^{-st}\mathrm{d}f(t)$$

$$=\lim_{b\to+\infty}(e^{-st}f(t))\Big|_0^b-\int_0^b f(t)\mathrm{d}e^{-st})$$

$$=\lim_{b\to+\infty}e^{-sb}f(b)-f(0)+s\int_0^{+\infty}e^{-st}f(t)\mathrm{d}t$$

对于 $\lim\limits_{b \to +\infty} \mathrm{e}^{-sb} f(b)$，根据所给条件有

$$|\mathrm{e}^{-st} f(t)| = |\mathrm{e}^{-st}| \,|f(t)| \leqslant M \mathrm{e}^{\sigma t} \mathrm{e}^{-st} = M \mathrm{e}^{-(s-\sigma)t}$$

因此，当 $\mathrm{Re}(s) > \sigma$ 时，有

$$\lim\limits_{b \to +\infty} \mathrm{e}^{-sb} f(b) = 0$$

故 $\mathscr{L}[f'(t)] = sF(s) - f(0)$。

这个性质表明，一个函数的导函数的拉氏变换等于这个函数的拉氏变换乘以参数 s，再减去该函数的初值。

此性质可以推广到函数的 n 阶导数的情形。

推论 12.1　若 $f(t)$ 在 $t \geqslant 0$ 中 n 次可微，且 $f^{(n)}(t)$ 都满足微分性质（1）的条件，又 $\mathscr{L}[f(t)] = F(s)$，则

$$\mathscr{L}[f^{(n)}(t)] = s^n F(s) - s^{n-1} f(0) - s^{n-2} f(0) - \cdots - s f^{(n-2)}(0) - f^{(n-1)}(0) \qquad (12.9)$$
$$(\mathrm{Re}(s)) > C_0$$

特别地，若

$$f(0) = f'(0) = \cdots = f^{(n-1)}(0) = 0$$

则

$$\mathscr{L}[f^{(n)}(t)] = s^n F(s) \quad (n = 1, 2, \cdots) \qquad (12.10)$$

证明　根据拉氏变换的定义，得

$$\mathscr{L}[f'(t)] = \int_0^{+\infty} f'(t) \mathrm{e}^{-st} \mathrm{d}t$$

对等式右边利用分部积分法，得

$$\int_0^{+\infty} f'(t) \mathrm{e}^{-st} \mathrm{d}t = f(t) \mathrm{e}^{-st} \Big|_0^{+\infty} + s \int_0^{+\infty} f(t) \mathrm{e}^{-st} \mathrm{d}t$$
$$= s \mathscr{L}[f(t)] - f(0)$$

所以

$$\mathscr{L}[f'(t)] = sF(s) - f(0)$$

同理

$$\mathscr{L}[f''(t)] = \mathscr{L}\{[f'(t)]'\}$$
$$= s \mathscr{L}[f'(t)] - f'(0)$$
$$= s^2 F(s) - s f(0) - f'(0)$$

以此类推，便可得

$$\mathscr{L}[f^{(n)}(t)] = s^n F(s) - s^{n-1} f(0)$$
$$- s^{n-2} f'(0) - \cdots - f^{(n-1)}(0)$$
$$(\mathrm{Re}(s) > c_0)$$

特别地，当 $f(t)$ 含有脉冲函数 $\delta -(t)$ 时

$$\mathscr{L}[f^{(n)}(t)] = s^n F(s) - s^{n-1} f(0^-)$$
$$- s^{n-2} f'(0^-) - \cdots - f^{(n-1)}(0^-)$$

2. 象函数的微分性质

若 $F(s) = \mathscr{L}[f(t)]$，则

$$F'(s) = -\mathscr{L}[tf(t)] \tag{12.11}$$

这个性质表明，对于一个函数 $f(t)$ 的拉氏变换 $F(s)$ 求导，等于这个函数乘以 $(-t)$ 的拉普拉斯变换。

一般地有

$$F^{(n)}(s) = (-1)^{(n)}\mathscr{L}[t^n f(t)] \quad (\mathrm{Re}(s) > c_0) \tag{12.12}$$

证明 由于 $F(s)$ 在 $\mathrm{Re}(s) > c_0$ 内解析，因而

$$F'(s) = \frac{\mathrm{d}}{\mathrm{d}s}\int_0^{+\infty} f(t)\mathrm{e}^{-st}\mathrm{d}t = \int_0^{+\infty} \frac{\mathrm{d}}{\mathrm{d}s}[f(t)\mathrm{e}^{-st}]\mathrm{d}t$$

$$= \int_0^{+\infty} -tf(t)\mathrm{e}^{-st}\mathrm{d}t$$

$$= \mathscr{L}[-tf(t)]$$

用同样的方法可求得

$$F''(s) = \mathscr{L}[(-t)^2 f(t)]$$

$$F^{(n)}(s) = \mathscr{L}[(-t)^{(n)} f(t)]$$

利用象原函数的微分性质可以把关于 $f(t)$ 的微分转为对 $F(s)$ 代数运算。利用象函数的微分性质可以把求象函数的导数转为求象原函数乘以 $(-t)^n$ 的拉氏变换，亦可反过来求解问题。

例 12.12 已知 $\mathscr{L}[\sin at] = \dfrac{a}{s^2 + a^2}$，求 $\mathscr{L}(t\sin at)$。

解 根据微分性质有

$$\mathscr{L}[t\sin at] = -\frac{\mathrm{d}}{\mathrm{d}s}\mathscr{L}[\sin at] = -\frac{\mathrm{d}}{\mathrm{d}s}\left(\frac{a}{s^2 + a^2}\right)$$

$$= \frac{2as}{(s^2 + a^2)^2}$$

同理

$$\mathscr{L}[t\cos at] = -\frac{\mathrm{d}}{\mathrm{d}s}\left(\frac{s}{s^2 + a^2}\right) = \frac{s^2 - a^2}{(s^2 + a^2)^2}$$

例 12.13 用微分性质求 $\mathscr{L}[\sin\omega t]$。

解 令 $f(t) = \sin\omega t$，则 $f(0) = 0$，$f'(t) = \omega\cos\omega t$

$$f'(0) = \omega, \quad f''(t) = -\omega^2\sin\omega t$$

$$\mathscr{L}[-\omega^2\sin\omega t] = \mathscr{L}[f''(t)] = s^2 F(s) - sf(0) - f'(0)$$

$$-\omega^2\mathscr{L}[\sin\omega t] = s^2\mathscr{L}[\sin\omega t] - \omega$$

移项并化简，即得 $\mathscr{L}[\sin\omega t] = \dfrac{\omega}{s^2 + \omega^2}$。

12.2.3 积分性质

1. 象原函数的积分性质

设 $\mathscr{L}[f(t)] = F(s)$，则

$$\mathscr{L}\left[\int_0^t f(\tau)\mathrm{d}\tau\right] = \frac{1}{s}\mathscr{L}[f(t)] = \frac{1}{s}F(s) \tag{12.13}$$

证明　设 $g(t)=\int_0^t f(\tau)\mathrm{d}\tau$，则 $g'(t)=f(t)$，$g(0)=0$，由微分性质得

$$\mathscr{L}[g'(t)]=s\mathscr{L}[g(t)]-g(0)=s\mathscr{L}[g(t)]$$

即

$$\mathscr{L}[g(t)]=\frac{1}{s}\mathscr{L}[g'(t)]$$

由 $g'(t)=f(t)$ 可得

$$\mathscr{L}\left[\int_0^t f(\tau)\mathrm{d}\tau\right]=\mathscr{L}[g(t)]=\frac{1}{s}\mathscr{L}[g'(t)]$$

$$=\frac{1}{s}\mathscr{L}[f(t)]=\frac{1}{s}F(s)$$

这个性质表明，一个函数积分后再取拉氏变换，等于这个函数的拉氏变换除以复参数 s。一般地对应 n 重积分，有

$$\mathscr{L}\left[\int_0^t \mathrm{d}t\int_0^t \mathrm{d}t\cdots\int_0^t f(\tau)\mathrm{d}\tau\right]=\frac{1}{s^n}F(s)\tag{12.14}$$

由此，可以把关于象原函数的积分运算转化为对象函数的代数运算。

2. 象函数的积分性质

$$\int_s^{+\infty}F(s)\mathrm{d}s=\mathscr{L}\left[\frac{f(t)}{t}\right]\tag{12.15}$$

证明　由拉氏变换的定义式出发，随后交换积分次序

$$\int_s^{+\infty}F(s)\mathrm{d}s=\int_s^{+\infty}\left[\int_0^{+\infty}f(t)\mathrm{e}^{-st}\mathrm{d}t\right]\mathrm{d}s$$

$$=\int_0^{+\infty}f(t)\left(\int_s^{+\infty}\mathrm{e}^{-st}\mathrm{d}s\right)\mathrm{d}t$$

$$=\int_0^{+\infty}f(t)\frac{\mathrm{e}^{-st}}{-t}\Big|_s^{+\infty}\mathrm{d}t$$

$$=\int_0^{+\infty}f(t)\frac{\mathrm{e}^{-st}}{t}\mathrm{d}t=\mathscr{L}\left[\frac{f(t)}{t}\right]$$

上面交换积分次序的根据是 $\int_0^{+\infty}f(t)\mathrm{e}^{-st}\mathrm{d}t$ 在满足 $\mathrm{Re}(s)>c_0$ 条件下是一致收敛的。重复上述过程，可得

$$\underbrace{\int_s^{\infty}\mathrm{d}s\int_s^{\infty}\mathrm{d}s\cdots\int_0^{\infty}F(s)\mathrm{d}s}_{n次}=\mathscr{L}\left[\frac{f(t)}{t^n}\right]$$

它的证明留给读者。

推论 12.2　若 $\mathscr{L}[f(t)]=F(s)$，且(12.15)式积分收敛，令积分下限 $s=0$，则

$$\int_0^{+\infty}\frac{f(t)}{t}\mathrm{d}t=\int_0^{\infty}F(s)\mathrm{d}s\tag{12.16}$$

例 12.14　求 $\mathscr{L}\left[\int_0^t \frac{\sin t}{t}\mathrm{d}t\right]$。

解　因为

$$\mathscr{L}\left[\int_0^t \frac{\sin t}{t}\mathrm{d}t\right]=\frac{1}{s}\mathscr{L}\left[\frac{\sin t}{t}\right],\quad \mathscr{L}[\sin t]=\frac{1}{s^2+1}$$

$$\mathscr{L}\left[\frac{\sin t}{t}\right]=\int_s^\infty \frac{1}{s^2+1}\mathrm{d}s=\arctan s\ \Big|_s^\infty=\frac{\pi}{2}-\arctan s$$

所以

$$\mathscr{L}\left[\int_0^t \frac{\sin t}{t}\mathrm{d}t\right]=\frac{1}{s}\left(\frac{\pi}{2}-\arctan s\right)$$

并由此可得

$$\int_0^{+\infty}\frac{\sin t}{t}\mathrm{d}t=\int_0^\infty \frac{1}{1+s^2}\mathrm{d}s=\arctan s\ \Big|_0^\infty=\frac{\pi}{2}$$

例 12.15 计算积分 $\displaystyle\int_0^\infty \frac{\mathrm{e}^{-at}-\mathrm{e}^{bt}}{t}\mathrm{d}t$。

解 因为

$$\int_0^\infty \frac{f(t)}{t}\mathrm{d}t=\int_0^\infty F(s)\mathrm{d}s$$

所以

$$
\begin{aligned}
\int_0^\infty \frac{\mathrm{e}^{-at}-\mathrm{e}^{at}}{t}\mathrm{d}t &= \int_0^\infty \mathscr{L}\left[\mathrm{e}^{-at}-\mathrm{e}^{bt}\right]\mathrm{d}s \\
&= \int_0^\infty \left(\frac{1}{s+a}-\frac{1}{s+b}\right)\mathrm{d}s \\
&= \ln\frac{b}{a}
\end{aligned}
$$

12.2.4 延迟性质

若设 t_0 为非负实数，$\mathscr{L}[f(t)]=F(s)$，又当 $t<0$ 时，$f(t)=0$，则

$$\mathscr{L}[f(t-t_0)]=\mathrm{e}^{-st_0}F(s)=\mathrm{e}^{-st_0}\mathscr{L}[f(t)] \qquad (12.17\mathrm{a})$$

或

$$\mathscr{L}^{-1}[\mathrm{e}^{-st_0}F(s)]=f(t-t_0) \qquad (12.17\mathrm{b})$$

证明 由定义出发，随后作变量代换 $u=t-t_0$，可得

$$
\begin{aligned}
\mathscr{L}[f(t-t_0)] &= \int_0^{+\infty}f(t-t_0)\mathrm{e}^{-st}\mathrm{d}t \\
&= \int_{t_0}^{+\infty}f(t-t_0)\mathrm{e}^{-st}\mathrm{d}t \\
&= \int_{-t_0}^{+\infty}f(u)\mathrm{e}^{-s(u+t_0)}\mathrm{d}u
\end{aligned}
$$

利用 $u<0$ 时，$f(u)=0$ 积分下限可改为零，故得

$$\mathscr{L}[f(t-t_0)]=\mathrm{e}^{-st_0}\int_0^{+\infty}f(u)\mathrm{e}^{-su}\mathrm{d}u=\mathrm{e}^{-st_0}\mathscr{L}[f(t)]$$

函数 $f(t-t_0)$ 与 $f(t)$ 相比，$f(t)$ 是从 $t=0$ 开始有非零数值，而 $f(t-t_0)$ 是从 $t=t_0$ 开始才有非零数值，滞后了 t_0 个单位。从它们的图像来讲，$f(t-t_0)$ 的图像是 $f(t)$ 的图像沿 t 轴向右平移距离 t_0 而得，如图 12.2 所示。若 t 表示时间，性质 2 表明，时间延迟了 t_0 个单位，相当于象函数乘以指数因子 $\mathrm{e}^{-t_0 s}$。

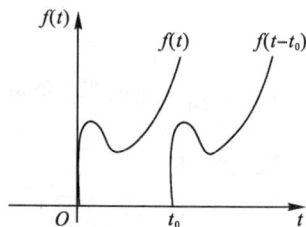

图 12.2

例 12.16 求函数 $u(t-a)=\begin{cases}0, & t<a \\ 1, & t\geqslant a\end{cases}$ （见图 12.3)的拉普拉斯变换。

解 由 $\mathscr{L}[u(t)]=\dfrac{1}{s}$ 及性质 2 可得

$$\mathscr{L}[u(t-a)]=\frac{1}{s}e^{-as}$$

例 12.17 求如图所示的分段函数 $h(t)=\begin{cases}1, & a\leqslant t<b \\ 0, & \text{其他}\end{cases}$ （见图 12.4)的拉普拉斯变换。

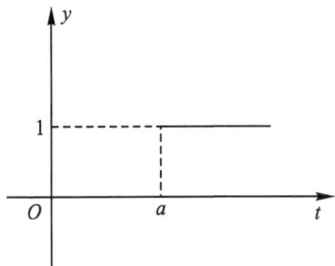

图 12.3

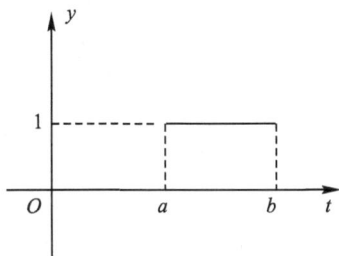

图 12.4

解 由 $h(t)=u(t-a)-u(t-b)$ 得

$$\mathscr{L}[h(t)]=\mathscr{L}[u(t-a)-u(t-b)]$$
$$=\mathscr{L}[u(t-a)]-\mathscr{L}[u(t-b)]$$
$$=\frac{1}{s}e^{-as}-\frac{1}{s}e^{-bs}=\frac{1}{s}(e^{-as}-e^{-bs})$$

例 12.18 求图 12.5 所示阶梯函数 $f(t)$ 的拉普拉斯变换。

解 利用单位阶跃函数,可将这个函数表示为

$$f(t)=Au(t)+Au(t-t_0)+Au(t-2t_0)+\cdots$$
$$=A[u(t)+u(t-t_0)+u(t-2t_0)+\cdots]$$
$$=\sum_{k=0}^{\infty}Au(t-kt_0)$$

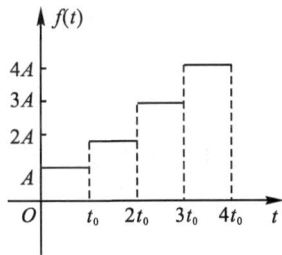

图 12.5

上式两边取拉氏变换,并假定右边也可以逐项取拉氏变换[①],再利用线性性质和延迟性质可得

$$\mathscr{L}[f(t)]=A\left(\frac{1}{s}+\frac{1}{s}e^{-st_0}+\frac{1}{s}e^{-2st_0}+\cdots\right)$$
$$=\frac{A}{s}(1+e^{-st_0}+e^{-2st_0}+\cdots)$$

所以

$$\mathscr{L}[f(t)]=\frac{A}{s}\frac{1}{1-e^{-st_0}}\quad(\text{Re}(s)>0)$$

---

① 注:可以证明,满足拉氏变换存在定理条件的函数 $f(t)$,$(t<0$ 时,$f(t)=0)$,对任何 t_0,有 $\mathscr{L}\left[\sum\limits_{k=0}^{\infty}f(t-kt_0)\right]=\sum\limits_{k=0}^{\infty}\mathscr{L}[f(t-kt_0)]$。

应用延迟性质,我们还可以求周期函数的拉氏变换,即:设 $f_T(t)(t>0)$ 是以 T 为周期的周期函数,如果

$$f_T(t)=f(t), \quad 0\leqslant t<T$$

则

$$\mathscr{L}[f_T(t)]=\frac{1}{1-\mathrm{e}^{-sT}}\int_0^T f(t)\mathrm{e}^{-st}\,\mathrm{d}t$$

事实上在第 $k+1$ 个周期内有

$$f_T(t)=f(t-kT), \quad kT\leqslant t<(k+1)T$$

不妨设在 $t\geqslant T$ 上有 $f(t)=0$,应用延迟性质得

$$\mathscr{L}[f(t-kT)]=\mathrm{e}^{-skT}\mathscr{L}[f(t)]$$

因此

$$\mathscr{L}[f_T(t)]=\mathscr{L}\Big[\sum_{k=0}^\infty f(t-kT)\Big]$$

$$=\sum_{k=0}^\infty \mathscr{L}[f(t-kT)]=\mathscr{L}[f(t)]\sum_{k=0}^\infty \mathrm{e}^{-skT}$$

$$=\frac{1}{1-\mathrm{e}^{-sT}}\int_0^T f(t)\mathrm{e}^{-st}\,\mathrm{d}t$$

例 12.19 求全波整流函数 $f(t)=|\sin t|(t>0)$(见图 12.6)的拉普拉斯变换。

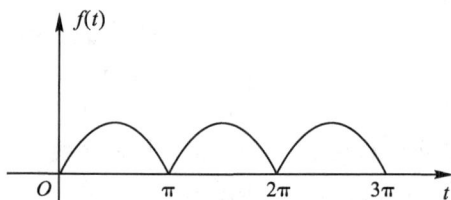

图 12.6

解 由 $\mathscr{L}[f_T(t)]=\frac{1}{1-\mathrm{e}^{-sT}}\int_0^T f(t)\mathrm{e}^{-st}\,\mathrm{d}t$

$$\mathscr{L}[|\sin t|]=\frac{1}{1-\mathrm{e}^{-\pi s}}\int_0^\pi \sin t\,\mathrm{e}^{-st}\,\mathrm{d}t$$

$$=\frac{1}{1-\mathrm{e}^{-\pi s}}\Big[\frac{\mathrm{e}^{-st}}{s^2+1}(-s\sin t-\cos t)\Big]_0^\pi$$

$$=\frac{1}{1-\mathrm{e}^{-\pi s}}\frac{1+\mathrm{e}^{-\pi s}}{s^2+1}=\frac{1}{s^2+1}\operatorname{cth}\frac{\pi s}{2}$$

12.2.5 相似性质

若 $\mathscr{L}[f(t)]=F(s)$,常数 $a>0$,则

$$\mathscr{L}[f(at)]=\frac{1}{a}F\Big(\frac{s}{a}\Big) \tag{12.18}$$

证明 由定义出发,随后作变量代换 $u=at$

$$\mathscr{L}\left[f(at)\right]=\int_0^{+\infty}f(at)\mathrm{e}^{-st}\mathrm{d}t=\int_0^{+\infty}f(u)\mathrm{e}^{-s\frac{u}{a}}\mathrm{d}\frac{u}{a}$$

$$=\frac{1}{a}\int_0^{+\infty}f(u)\mathrm{e}^{\frac{-s}{a}u}\mathrm{d}u=\frac{1}{a}F\left(\frac{s}{a}\right)$$

该性质在工程技术中也称之为尺度变换性。在实际中,常常希望改变时间的比例尺,或者将一个给定的时间函数标准化后再求它的拉氏变换,这时就要用到这个性质。

例 12.20　求函数 $u(5t-2)=\begin{cases}1,t\geqslant\dfrac{2}{5}\\[2mm]0,t<\dfrac{2}{5}\end{cases}$ 的拉氏变换。

解　依相似性质有

$$\mathscr{L}\left[u(5t-2)\right]=\frac{1}{5}\mathscr{L}\left[u(t-2)\right]\Big|_{\frac{s}{5}}$$

依延迟性质有

$$\mathscr{L}\left[u(t-2)\right]=\mathrm{e}^{-2s}\mathscr{L}\left[u(t)\right]=\frac{1}{s}\mathrm{e}^{-2s}$$

故

$$\mathscr{L}\left[u(5t-2)\right]=\frac{1}{5s}\mathrm{e}^{-2s}\Big|_{\frac{s}{5}}=\frac{1}{s}\mathrm{e}^{-\frac{2}{5}s}$$

例 12.21　已知 $\mathscr{L}\left[\sin t\right]=\dfrac{1}{s^2+1}$,求 $\mathscr{L}\left[\sin at\right](a>0)$。

解　由相似性质得

$$\mathscr{L}\left[\sin at\right]=\frac{1}{a}\frac{1}{\left(\dfrac{s}{a}\right)^2+1}=\frac{a}{s^2+a^2}$$

12.2.6　位移性质

若 $\mathscr{L}\left[f(t)\right]=F(s)$,$a$ 是任意常数,则

$$\mathscr{L}\left[\mathrm{e}^{at}f(t)\right]=F(s-a)\quad(\mathrm{Re}(s-a)>c_0)\tag{12.19}$$

其中 c_0 是 $f(t)$ 的增长指数。

证明　根据拉氏变换的定义

$$\mathscr{L}\left[\mathrm{e}^{at}f(t)\right]=\int_0^{\infty}\mathrm{e}^{at}f(t)\mathrm{e}^{-st}\mathrm{d}t$$

$$=\int_0^{\infty}f(t)\mathrm{e}^{-(s-a)t}\mathrm{d}t$$

由此看出,上式右方只是在 $F(s)$ 中把 s 换成 $s-a$,所以

$$\mathscr{L}\left[\mathrm{e}^{at}f(t)\right]=F(s-a)\quad(\mathrm{Re}(s-a)>c_0)$$

该性质表明,一个函数乘以指数函数 e^{at} 后的拉氏变换等于其象函数做位移 a。

若 $\mathscr{L}\left[f(t)\right]=F(s)$,$a$ 是任意常数,则

$$\mathscr{L}^{-1}\left[F(s-a)\right]=\mathrm{e}^{at}f(t)$$

例 12.22　求 $\mathscr{L}\left[\mathrm{e}^{-s_0t}\sin at\right]$。

解　先令 $f(t)=\sin at$,那么 $\mathscr{L}\left[f(t)\right]=\dfrac{a}{s^2+a^2}$。再由位移性质得

$$\mathscr{L}\left[e^{-s_0 t}\sin at\right]=\mathscr{L}\left[e^{-s_0 t}f(t)\right]=\frac{a}{(s+s_0)^2+a^2}$$

例 12.23 求 $\mathscr{L}\left[te^{-\beta t}\right]$。

解 令 $f(t)=t$,则由 $F(s)=\mathscr{L}[f(t)]=\mathscr{L}[t]=\dfrac{1}{s^2}$。利用位移定理 $\mathscr{L}\left[e^{at}f(t)\right]=F(s-a)$,即有

$$\mathscr{L}\left[te^{-\beta t}\right]=F(s+\beta)=\frac{1}{(s+\beta)^2}$$

例 12.24 求 $\mathscr{L}\left[e^{-at}\sin\omega t\right]$。

解

$$\mathscr{L}\left[\sin\omega t\right]=\frac{\omega}{s^2+\omega^2}$$

$$\mathscr{L}\left[e^{-at}\sin\omega t\right]=\frac{\omega}{(s+a)^2+\omega^2}$$

例 12.25 求函数 $f(t)=\displaystyle\int_0^t te^{at}\sin at\,dt$ 的拉氏变换。

解 由积分性质知

$$\mathscr{L}\left[f(t)\right]=\mathscr{L}\left[\int_0^t te^{at}\sin at\,dt\right]$$

$$=\frac{1}{s}\mathscr{L}\left[te^{at}\sin at\right]$$

由微分性质知

$$\mathscr{L}\left[t\sin at\right]=-\left\{\mathscr{L}\left[\sin at\right]\right\}'$$

$$=-\left(\frac{a}{s^2+a^2}\right)'=\frac{2as}{(s^2+a^2)^2}$$

由位移性质知

$$\mathscr{L}\left[te^{at}\sin at\right]=\frac{2a(s-a)}{\left[(s-a)^2+a^2\right]^2}$$

故

$$\mathscr{L}\left[\int_0^t te^{at}\sin at\,dt\right]=\frac{2as-2a^2}{s\,(s^2-2as+2a^2)^2}$$

12.2.7 初值定理和终值定理

1. 初值定理

设 $\mathscr{L}[f(t)]=F(s)$,且极限 $\lim\limits_{s\to\infty}sF(s)$ 存在,则

$$\lim_{t\to 0}f(t)=\lim_{s\to\infty}sF(s) \tag{12.20a}$$

或写为

$$f(0)=\lim_{s\to\infty}sF(s)^{①} \tag{12.20b}$$

证明 根据拉氏变换的微分性质

$$\mathscr{L}\left[f'(t)\right]=s\mathscr{L}\left[f(t)\right]-f(0)=sF(s)-f(0)$$

---

① 这个性质表明函数 $f(t)$ 在 $t=0$ 时的函数值可以通过 $f(t)$ 的拉氏变换乘以 s 取 $s\to\infty$ 的极限而得到,它建立了函数 $f(t)$ 在坐标原点的值与函数 $sF(s)$ 的无穷远点的值之间的关系。

由于假定 $\lim\limits_{s\to\infty} sF(s)$ 存在，故 $\lim\limits_{\mathrm{Re}(s)\to+\infty} sF(s)$ 亦必存在，且两者相等，即

$$\lim_{s\to\infty} sF(s) = \lim_{\mathrm{Re}(s)\to+\infty} sF(s)$$

在前式两端取 $\mathrm{Re}(s)\to+\infty$ 时的极限，得

$$\lim_{\mathrm{Re}(s)\to+\infty} \mathscr{L}[f'(t)] = \lim_{\mathrm{Re}(s)\to+\infty} [sF(s)-f(0)]$$

$$= \lim_{s\to\infty} sF(s)-f(0)$$

但 $\lim\limits_{\mathrm{Re}(s)\to+\infty} \mathscr{L}[f'(t)] = \lim\limits_{\mathrm{Re}(s)\to+\infty} \int_0^{+\infty} f'(t)\mathrm{e}^{-st}\,\mathrm{d}t = \int_0^{+\infty} \lim\limits_{\mathrm{Re}(s)\to+\infty} f'(t)\mathrm{e}^{-st}\,\mathrm{d}t = 0$（由拉氏变换存在定理所述的关于积分的一致收敛性，从而允许交换积分与极限的运算次序），所以

$$\lim_{s\to\infty} sF(s) - f(0) = 0$$

即

$$\lim_{t\to 0} f(t) = f(0) = \lim_{s\to\infty} sF(s)$$

2. 终值定理

设 $\mathscr{L}[f(t)] = F(s)$，且 $sF(s)$ 的所有奇点全在 s 平面的左半部，则

$$\lim_{s\to 0} sF(s) = \lim_{t\to+\infty} f(t) \tag{12.21a}$$

或写为

$$f(+\infty) = \lim_{s\to 0} sF(s) \tag{12.21b}$$

证明　根据定理给出的条件和微分性质

$$\mathscr{L}[f'(t)] = sF(s)-f(0)$$

两边取 $s\to 0$ 的极限得

$$\lim_{s\to 0} \mathscr{L}[f'(t)] = \lim_{s\to 0}[sF(s)-f(0)]$$

$$= \lim_{s\to 0} sF(s)-f(0)$$

但是

$$\lim_{s\to 0} \mathscr{L}[f'(t)] = \lim_{s\to 0}\int_0^{+\infty} f'(t)\mathrm{e}^{-st}\,\mathrm{d}t = \int_0^{+\infty} \lim_{s\to 0} \mathrm{e}^{-st} f'(t)\,\mathrm{d}t$$

$$\int_0^{+\infty} f'(t)\,\mathrm{d}t = f(t)\Big|_0^{+\infty} = \lim_{t\to+\infty} f(t)-f(0)$$

所以

$$\lim_{t\to+\infty} f(t)-f(0) = \lim_{s\to 0} sF(s)-f(0)$$

即

$$\lim_{t\to+\infty} f(t) = f(+\infty) = \lim_{s\to 0} sF(s)$$

这个性质表明函数 $f(t)$ 在 $t\to+\infty$ 时的数值（即稳定值），可以通过 $f(t)$ 的拉氏变换乘以 s 取 $s\to 0$ 时的极限值而得到，它建立了函数 $f(t)$ 在无限远的值与函数 $sF(s)$ 在原点的值之间的关系。

在拉氏变换的应用中，往往先得到 $F(s)$，再去求 $f(t)$。但我们有时并不关心函数 $f(t)$ 的表达式，而是需要知道 $f(t)$ 在 $t\to+\infty$ 或 $t\to 0$ 的性态。这个性质给我们提供了方便，能使我们直接由 $F(s)$ 来求出 $f(t)$ 的两个特殊值。

例 12.25 若 $\mathscr{L}[f(t)] = \dfrac{1}{s+a}$，求 $f(0),f(+\infty)$。

解 根据初值定理和终值定理得

$$f(0) = \lim_{s\to\infty} sF(s) = \lim_{s\to\infty}\frac{s}{s+a} = 1$$

$$f(+\infty) = \lim_{s\to 0} sF(s) = \lim_{s\to 0}\frac{s}{s+a} = 0$$

我们已经知道，$\mathscr{L}[\mathrm{e}^{-at}] = \dfrac{1}{s+a}$，即 $f(t) = \mathrm{e}^{-at}$。显然，上面所求结果与直接由 $f(t)$ 计算的结果是一致的。

但应用终值定理时需要注意定理条件是否满足。例如函数 $f(t)$ 的 $F(s) = \dfrac{1}{s^2+1}$，则 $sF(s) = \dfrac{s}{s^2+1}$ 的奇点为 $s = \pm\mathrm{i}$ 位于虚轴上，就不满足定理的条件，虽然 $\lim\limits_{s\to 0} sF(s) = \lim\limits_{s\to 0}\dfrac{s}{s^2+1} = 0$，而 $f(t) = \mathscr{L}^{-1}\left[\dfrac{1}{s^2+1}\right] = \sin t$，所以 $\lim\limits_{t\to +\infty} f(t) = \lim\limits_{t\to +\infty}\sin t$ 是不存在的。

12.3 拉普拉斯逆变换

12.3.1 拉普拉斯逆变换的定义

前面我们讨论了由已知的 $f(t)$ 如何求其拉普拉斯变换 $F(s)$。但在许多实际应用中，还会遇到与此相反的问题，即已知函数 $F(s)$，如何求与之对应的 $f(t)$。

例如，若 $F(s) = \dfrac{1}{s+4}$，查表可得对应的 $f(t) = \mathrm{e}^{-4t}$。我们称 $f(t) = \mathrm{e}^{-4t}$ 为 $F(s) = \dfrac{1}{s+4}$ 的拉普拉斯逆变换。

由拉氏变换的概念可知，函数 $f(t)$ 的拉氏变换，实际上就是 $f(t)\mathrm{e}^{\beta t}$ 在 $[0,\infty]$ 上的傅氏变换。于是，当满足傅氏积分定理的条件时，按傅氏积分公式，在连续点处有

$$f(t)u(t)\mathrm{e}^{-\beta t} = \frac{1}{2\pi}\int_{-\infty}^{+\infty}\left[\int_{-\infty}^{+\infty} f(\tau)u(\tau)\mathrm{e}^{-\beta\tau}\mathrm{e}^{-\mathrm{i}\omega\tau}\mathrm{d}\tau\right]\mathrm{e}^{\mathrm{i}\omega t}\mathrm{d}\omega$$

$$= \frac{1}{2\pi}\int_{-\infty}^{+\infty}\mathrm{e}^{\mathrm{i}\omega t}\mathrm{d}\omega\left[\int_{0}^{+\infty} f(\tau)\mathrm{e}^{-(\beta+\mathrm{i}\omega)\tau}\mathrm{d}\tau\right]$$

$$= \frac{1}{2\pi}\int_{-\infty}^{+\infty} F(\beta+\mathrm{i}\omega)\mathrm{e}^{\mathrm{i}\omega t}\mathrm{d}\omega \quad t>0$$

等式两边同乘以 $\mathrm{e}^{\beta t}$，并考虑到它与积分变量 ω 无关，则

$$f(t) = \frac{1}{2\pi}\int_{-\infty}^{+\infty} F(\beta+\mathrm{i}\omega)\mathrm{e}^{(\beta+\mathrm{i}\omega)t}\mathrm{d}\omega \quad t>0$$

令 $\beta+\mathrm{i}\omega = s$，有

$$f(t) = \frac{1}{2\pi\mathrm{i}}\int_{\beta-\mathrm{i}\infty}^{\beta+\mathrm{i}\infty} F(s)\mathrm{e}^{st}\mathrm{d}s \quad t>0 \tag{12.22}$$

就是从象函数 $F(s)$ 求它的象原函数 $f(t)$ 的一般公式，右端的积分称为拉氏反演积分。尽管前面我们利用拉氏变换的一些性质推出了某些象原函数和象函数之间的对应关系，但对一些比

第 12 章　拉普拉斯变换

较复杂的象函数,要实际求出它的象原函数,就不得不借助拉氏反演公式,它和(12.1)式

$$F(s) = \int_0^{+\infty} f(t) e^{-st} dt$$ 成为一对互逆的积分变换公式,我们也称 $f(t)$ 和 $F(s)$ 构成了一个拉氏变换对。由于(12.22)式是一个复变函数的积分;计算复变函数的积分比较困难,但 $F(s)$ 当满足一定条件时,可以用留数方法来计算这个反演积分。特别地,当 $F(s)$ 为有理函数时更为简单,下面的定理将提供计算这种反演积分的方法。

定理 12.2　设 $F(s)$ 除在半平面 $\mathrm{Re}\, s \leqslant \alpha$ 内有限个孤立奇点 $s_1, s_2, \cdots, s_n$ 外是解析的,且当 $s \to \infty$ 时,$F(s) \to 0$,则有

$$\frac{1}{2\pi i} \int_{\alpha-i\infty}^{\alpha+i\infty} F(s) e^{st} ds = \sum_{k=1}^{n} \mathrm{Re}\, s[F(s) e^{st}, s_k]$$

即

$$f(t) = \sum_{k=1}^{n} \mathrm{Re}\, s[F(s) e^{st}, s_k], \quad t > 0 \qquad (12.23)$$

证明　作图 12.7 所示的闭曲线 $C = L + C_R$,C_R 在 $\mathrm{Re}(s) < \alpha$ 的区域内是半径为 R 的圆弧,当 R 充分大后,可以使 $F(s)$ 的所有奇点包含在闭曲线 C 围成的区域内。同时,在全平面上,所有的奇点就是左半平面的奇点。根据留数定理,可得

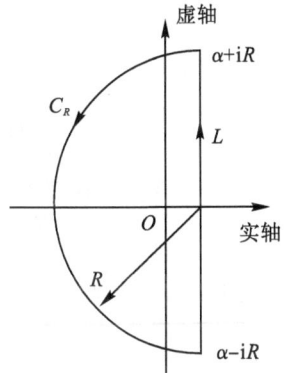

$$\oint_C F(s) e^{st} ds = 2\pi i \sum_{k=1}^{n} \mathrm{Res}[F(s) e^{st}, s_k]$$

即

$$\frac{1}{2\pi i}\left[\int_{\alpha-iR}^{\alpha+iR} F(s) e^{st} ds + \int_{C_R} F(s) e^{st} ds\right] = \sum_{k=1}^{n} \mathrm{Re}\, s[F(s) e^{st}, s_k]$$

上式左边取 $R \to +\infty$ 时的极限,并根据复变函数中的约当(Jordan)引理,当 $t>0$ 时,有

$$\lim_{R \to +\infty} \int_{C_R} F(s) e^{st} ds = 0$$

从而

$$\frac{1}{2\pi i} \int_{\alpha-iR}^{\alpha+iR} F(s) e^{st} ds = \sum_{k=1}^{n} \mathrm{Res}[F(s) e^{st}, s_k]$$

定理得证。

若函数是有理函数:$F(s) = \dfrac{A(s)}{B(s)}$,其中 $A(s), B(s)$ 是不可约的多项式,$B(s)$ 次数是 n,而且 $A(s)$ 的次数小于 $B(s)$ 的次数,在这种情况下它满足定理对 $F(s)$ 所要求的条件,因此(12.23)式成立。

情况一:若 $B(s)$ 有 n 个零点 $s_1, s_2, \cdots, s_n$,即这些点都是 $\dfrac{A(s)}{B(s)}$ 的单极点,根据留数的计算方法有

$$\mathrm{Res}\left[\frac{A(s)}{B(s)} e^{st}, s_k\right] = \frac{A(s_k)}{B'(s_k)} e^{s_k t}$$

从而根据(12.23)式,有

$$f(t) = \sum_{k=1}^{n} \frac{A(s_k)}{B'(s_k)} e^{s_k t}, \quad t > 0$$

图 12.7

情况二:若 s_1 是 $B(s)$ 的一个 m 阶零点 $s_{m+1},s_{m+2},\cdots,s_n$ 是 $B(s)$ 的单零点,即 s_1 是 $\dfrac{A(s)}{B(s)}$ 的 m 阶极点,$s_i(i=m+1,m+2,\cdots,n)$ 是它的单极点。根据留数的计算方法有

$$\mathrm{Res}\left[\frac{A(s)}{B(s)}\mathrm{e}^{st},s_1\right]=\frac{1}{(m-1)!}\lim_{s\to s_i}\frac{\mathrm{d}^{m-1}}{\mathrm{d}s^{m-1}}\left[(s-s_1)^m\frac{A(s)}{B(s)}\mathrm{e}^{st}\right]$$

所以有

$$f(t)=\sum_{i=m+1}^{n}\frac{A(s_i)}{B'(s_i)}\mathrm{e}^{s_i t}+\frac{1}{(m-1)!}\lim_{s\to s_1}\frac{\mathrm{d}^{m-1}}{\mathrm{d}s^{m-1}}\left[(s-s_1)^m\frac{A(s)}{B(s)}\mathrm{e}^{st}\right],\ t>0$$

这两个公式都称为赫维赛德(Heaviside)展开式,在用拉氏变换解微分方程时经常用到。

定义 12.1 设函数 $f(t)$ 的拉普拉斯变换为 $F(s)$,即

$$F(s)=\int_0^{+\infty}\mathrm{e}^{-st}f(t)\mathrm{d}t$$

则称

$$f(t)=\frac{1}{2\pi\mathrm{i}}\int_{\beta-\mathrm{i}\infty}^{\beta+\mathrm{i}\infty}F(s)\mathrm{e}^{st}\mathrm{d}s\quad t>0,\quad s=\beta+\mathrm{i}\omega \tag{12.23}$$

为 $F(s)$ 的拉普拉斯逆变换,记作

$$f(t)=\mathscr{L}^{-1}[F(s)] \tag{12.24}$$

例 12.26 已知 $F(s)=\dfrac{1}{s^2}$,求其 $\mathscr{L}^{-1}[F(s)](s>0)$。

解 因为

$$\mathscr{L}[t]=\int_0^{+\infty}\mathrm{e}^{-st}t\mathrm{d}t=\frac{1}{s^2}$$

所以

$$\mathscr{L}^{-1}[F(s)]=\mathscr{L}^{-1}\left[\frac{1}{s^2}\right]=t$$

例 12.27 求 $\mathscr{L}^{-1}\left[\dfrac{s\mathrm{e}^{-2s}}{s^2+16}\right]$。

解
$$\mathscr{L}^{-1}\left[\frac{s\mathrm{e}^{-2s}}{s^2+16}\right]=\sum_{k=1}^{n}\mathrm{Re}\,s\left[\frac{s\mathrm{e}^{-2s}}{s^2+16}\mathrm{e}^{st},s_k\right]$$

而 $s_1=4\mathrm{i},s_2=-4\mathrm{i}$,为函数 $\dfrac{s\mathrm{e}^{-2s}}{s^2+16}$ 的两个一级极点

$$\mathrm{Re}s\left[\frac{s\mathrm{e}^{(t-2)s}}{s^2+16},4\mathrm{i}\right]=\frac{\mathrm{e}^{(t-2)s}}{2}\bigg|_{s=4\mathrm{i}}=\frac{1}{2}\mathrm{e}^{4(t-2)\mathrm{i}}$$

$$\mathrm{Re}s\left[\frac{s\mathrm{e}^{(t-2)s}}{s^2+16},-4\mathrm{i}\right]=\frac{\mathrm{e}^{(t-2)s}}{2}\bigg|_{s=-4\mathrm{i}}=\frac{1}{2}\mathrm{e}^{-4(t-2)\mathrm{i}}$$

故

$$\mathscr{L}^{-1}\left[\frac{s\mathrm{e}^{-2s}}{s^2+16}\right]=\frac{1}{2}\left[\mathrm{e}^{4(t-2)\mathrm{i}}+\mathrm{e}^{-4(t-2)\mathrm{i}}\right]$$
$$=\cos 4(t-2)\quad(t>2)$$

例 12.28 求函数 $F(s)=\dfrac{\beta}{s^2(s^2+\beta^2)}$ 的拉氏逆变换。

解 因为 $s=0$ 为二阶极点,$s=\pm\beta\mathrm{i}$ 为一阶极点

$$\mathrm{Res}\left[\frac{\beta e^{st}}{s^2(s^2+\beta^2)},0\right]=\lim_{s\to 0}\frac{\mathrm{d}}{\mathrm{d}s}\left[s^2\cdot\frac{\beta e^{st}}{s^2(s^2+\beta^2)}\right]=\frac{t}{\beta}$$

$$\mathrm{Res}\left[\frac{\beta e^{st}}{s^2(s^2+\beta^2)},\beta i\right]=\lim_{s\to\beta i}\frac{(s-\beta i)\beta e^{st}}{s^2(s+\beta i)(s-\beta i)}=\lim_{s\to\beta i}\frac{\beta e^{st}}{s^3-s^2\beta i}=-\frac{e^{i\beta t}}{2i\beta^2}$$

$$\mathrm{Res}\left[\frac{\beta e^{st}}{s^2(s^2+\beta^2)},-\beta i\right]=\frac{e^{-i\beta t}}{2i\beta^2}$$

所以

$$\mathscr{L}^{-1}[F(s)]=\frac{t}{\beta}+\frac{1}{\beta^2}\frac{e^{-i\beta t}-e^{i\beta t}}{2i}$$

$$=\frac{t}{\beta}-\frac{\sin\beta t}{\beta^2}$$

12.3.2　求拉氏逆变换的部分分式法

在用拉氏变换解决工程技术中的应用问题时,经常遇到的象函数是有理分式。一般可将其分解为部分分式之和,然后再利用拉氏变换表求出象原函数。

例 12.29　求 $\dfrac{2s+1}{s(s+1)}$ 象原函数。

解　首先用部分分式展开法,将所给的象函数展开:
$$\frac{2s+1}{s(s+1)}=\frac{A}{s}+\frac{B}{s+1}$$

其中,A、B 是待定系数,将上式进行通分后可得:
$$\frac{A}{s}+\frac{B}{s+1}=\frac{A(s+1)+Bs}{s(s+1)}=\frac{(A+B)s+A}{s(s+1)}=\frac{2s+1}{s(s+1)}$$

比较以上后两式的分子,可得
$$\begin{cases}A+B=2\\A=1\end{cases}$$

解得 $A=B=1$,通过查表 12.1,可求得:
$$f(t)=\mathscr{L}^{-1}\left[\frac{2s+1}{s(s+1)}\right]=\mathscr{L}^{-1}\left[\frac{1}{s}+\frac{1}{s+1}\right]=1+e^{-t}$$

例 12.30　求 $F(s)=\dfrac{s+3}{s^3+4s^2+4s}$ 的拉氏逆变换。

解　设 $\dfrac{s+3}{s^3+4s^2+4s}=\dfrac{s+3}{s(s+2)^2}=\dfrac{A}{s}+\dfrac{B}{s+2}+\dfrac{C}{(s+2)^2}$,用待定系数法求得
$$A=\frac{3}{4},\quad B=-\frac{3}{4},\quad C=-\frac{1}{2}$$

所以
$$F(s)=\frac{s+3}{s^3+4s^2+4s}=\frac{3/4}{s}-\frac{3/4}{s+2}-\frac{1/2}{(s+2)^2}$$

则有

$$\mathscr{L}^{-1}\big[F(s)\big]=\mathscr{L}^{-1}\left[\frac{3}{4}\frac{1}{s}-\frac{3}{4}\frac{1}{s+2}-\frac{1}{2}\frac{1}{(s+2)^2}\right]$$

$$=\frac{3}{4}\mathscr{L}^{-1}\left[\frac{1}{s}\right]-\frac{3}{4}\mathscr{L}^{-1}\left[\frac{1}{s+2}\right]-\frac{1}{2}\mathscr{L}^{-1}\left[\frac{1}{(s+2)^2}\right]$$

$$=\frac{3}{4}-\frac{3}{4}e^{-2t}-\frac{1}{2}te^{-2t}$$

12.4 卷 积

前面我们介绍了拉氏变换几个基本性质,本节介绍拉氏变换的卷积性质。它不仅被用来求某些函数的逆变换及一些积分值,而且在线性系统的分析中起着重要作用。

12.4.1 卷积的概念

上一章我们讨论了傅氏变换的卷积性质。在那里讲过,两个函数的卷积是指

$$f_1(t)*f_2(t)=\int_{-\infty}^{\infty}f_1(\tau)f_2(t-\tau)\mathrm{d}\tau$$

如果当 $t<0$ 时,有 $f_1(t)=f_2(t)=0$,则上式可写为

$$f_1(t)*f_2(t)=\int_{-\infty}^{0}f_1(\tau)f_2(t-\tau)\mathrm{d}\tau+\int_{0}^{t}f_1(\tau)f_2(t-\tau)\mathrm{d}\tau+\int_{t}^{\infty}f_1(\tau)f_2(t-\tau)\mathrm{d}\tau$$

$$=\int_{0}^{t}f_1(\tau)f_2(t-\tau)\mathrm{d}\tau$$

$$(12.25)$$

可见这里的卷积定义和傅氏变换中是完全一致的。今后如不特别申明,都假定这些函数在 $t<0$ 时恒为零,它们的卷积都按(12.25)式计算。

例 12.31 计算函数 $f_1(t)=1,f_2(t)=e^{-t}$ 在 $[0,+\infty)$ 上的卷积。

$$f_1(t)*f_2(t)=\int_{0}^{t}f_1(\tau)f_2(t-\tau)\mathrm{d}\tau$$

解

$$=\int_{0}^{t}1*e^{-(t-\tau)}\mathrm{d}\tau=e^{-t}\int_{0}^{t}e^{\tau}\mathrm{d}\tau$$

$$=e^{-t}(e^t-1)=1-e^{-t}$$

例 12.32 设函数 $f_1(t)=\begin{cases}t,t\geqslant0\\0,t<0\end{cases}$;$f_2(t)=\begin{cases}\sin t,t\geqslant0\\0,\ t<0\end{cases}$。求 $f_1(t)*f_2(t)$。

解 依卷积定义有

$$f_1(t)*f_2(t)=\int_{0}^{t}\tau\sin(t-\tau)\mathrm{d}\tau$$

$$=\tau\cos(t-\tau)\Big|_{0}^{t}-\int_{0}^{t}\cos(t-\tau)\mathrm{d}\tau$$

$$=t+\sin(t-\tau)\Big|_{0}^{t}$$

$$=t-\sin t$$

按(12.25)式计算的卷积亦有

$$|f_1(t) * f_2(t)| \leqslant |f_1(t)| * |f_2(t)| \tag{12.26}$$

卷积满足交换律、结合律、对加法的分配律,见(11.29)~(11.31)式。

12.4.2 卷积定理

若 $f_1(t)$, $f_2(t)$ 满足拉氏变换存在定理中的条件,且

$$\mathscr{L}[f_1(t)] = F_1(s), \ \mathscr{L}[f_2(t)] = F_2(s)$$

则

$$\mathscr{L}[f_1(t) * f_2(t)] = \mathscr{L}[f_1(t)] \cdot \mathscr{L}[f_2(t)] \tag{12.27}$$
$$= F_1(s)F_2(s)$$
$$\mathscr{L}^{-1}[F_1(s)F_2(s)] = f_1(t) * f_2(t) \tag{12.28}$$

证明 首先由卷积定义及拉氏变换定义出发,随后交换积分次序,并作变量代换:

$$u = t - \tau$$

$$\mathscr{L}[f_1(t) * f_2(t)] = \int_0^{+\infty} [f_1(t) * f_2(t)] \mathrm{e}^{-st} \mathrm{d}t$$

$$= \int_0^{+\infty} \left[\int_0^{+\infty} f_1(\tau)f_2(t-\tau)\mathrm{d}\tau \right] \mathrm{e}^{-st} \mathrm{d}t$$

$$= \int_0^{+\infty} f_1(\tau)\mathrm{d}\tau \int_0^{+\infty} f_2(t-\tau)\mathrm{e}^{-st} \mathrm{d}t$$

$$= \int_0^{+\infty} f_1(\tau)\mathrm{d}\tau \int_{-\tau}^{+\infty} f_2(u)\mathrm{e}^{-s(u+\tau)} \mathrm{d}u$$

由于当 $u < 0$ 时 $f(u) = 0$,第二个积分下限可写成零,再将 $\mathrm{e}^{-s\tau}$ 提出第二个积分号外,便有

$$\mathscr{L}[f_1(t) * f_2(t)] = \int_0^{+\infty} f_1(\tau)\mathrm{e}^{-s\tau} \mathrm{d}\tau \int_0^{+\infty} f_2(u)\mathrm{e}^{-su} \mathrm{d}u$$

$$= \mathscr{L}[f_1(t)] \cdot \mathscr{L}[f_2(t)]$$

$$= F_1(s) \cdot F_2(s)$$

应用拉普拉斯变换法时经常要求解 $\mathscr{L}^{-1}[F(s)]$,若 $F(s)$ 能分解为 $F_1(s)F_2(s)$,对上式作逆变换,即有

$$\mathscr{L}^{-1}[F(s)] = \mathscr{L}^{-1}[F_1(s)F_2(s)] = f_1(t) * f_2(t)$$

应用卷积定理,可以将复杂的卷积运算所表达的积分,改变成简单的代数乘法运算。故卷积定理常被用来将一些难于计算出的积分十分简单地加以给出。

例 12.33 求 $\mathscr{L}^{-1}\left[\dfrac{1}{s+a}\dfrac{a}{s^2+a^2}\right]$。

解 因为 $\mathscr{L}[\mathrm{e}^{-at}] = \dfrac{1}{s+a}$,$\mathscr{L}[\sin at] = \dfrac{a}{s^2+a^2}$,所以根据卷积性质有

$$\mathscr{L}\left[\frac{1}{s+a}\frac{a}{s^2+a^2}\right] = \int_0^t \mathrm{e}^{-a(t-u)} \sin au \, \mathrm{d}u$$

$$= -\frac{1}{2a}(\cos at - \sin at - \mathrm{e}^{-at})$$

例 12.34 求 $\mathscr{L}^{-1}\left[\dfrac{1}{s(s+1)^3}\right]$。

解 我们不能轻易看出结果。可考虑利用有理分式部分分式化将其化为若干个真分式之和，再来讨论其逆变换。

设 $\dfrac{1}{s\,(s+1)^3}=\dfrac{A}{s}+\dfrac{B}{s+1}+\dfrac{C}{(s+1)^2}+\dfrac{D}{(s+1)^3}$，用待定系数法可求得：

$$A=1,\ B=-1,\ C=-1,\ D=-1$$

所以

$$\frac{1}{s\,(s+1)^3}=\frac{1}{s}-\frac{1}{s+1}-\frac{1}{(s+1)^2}-\frac{1}{(s+1)^3}$$

那么

$$\mathscr{L}^{-1}\left[\frac{1}{s\,(s+1)^3}\right]=\mathscr{L}^{-1}\left[\frac{1}{s}\right]-\mathscr{L}^{-1}\left[\frac{1}{s+1}\right]-\mathscr{L}^{-1}\left[\frac{1}{(s+1)^2}\right]-\mathscr{L}^{-1}\left[\frac{1}{(s+1)^3}\right]$$

$$=1-\mathrm{e}^{-t}-t\mathrm{e}^{-t}-\frac{1}{2}t^2\mathrm{e}^{-t}$$

例 12.34 求函数 $F(s)=\dfrac{1}{s^2(1+s^2)}$ 的拉氏逆变换。

解 因为 $F(s)=\dfrac{1}{s^2}\dfrac{1}{s^2+1}$，$\mathscr{L}^{-1}\left[\dfrac{1}{s^2}\right]=t$，$\mathscr{L}^{-1}\left[\dfrac{1}{s^2+1}\right]=\sin t$。由卷积定理和例 12.32 知

$$\mathscr{L}^{-1}\left[F(s)\right]=\mathscr{L}^{-1}\left[\frac{1}{s^2}\frac{1}{s^2+1}\right]$$

$$=t*\sin t$$

$$=t-\sin t$$

例 12.35 求函数 $F(s)=\dfrac{1}{(s^2+4s+13)^2}$ 的拉氏逆变换。

解 因为

$$F(s)=\frac{1}{(s+2)^2+3^2}\cdot\frac{1}{(s+2)^2+3^2}$$

由位移性质知

$$\mathscr{L}^{-1}\left[\frac{3}{(s+2)^2+3^2}\right]=\mathrm{e}^{-2t}\sin 3t$$

故由卷积定理得

$$\mathscr{L}^{-1}\left[F(s)\right]=\frac{1}{9}(\mathrm{e}^{-2t}\sin 3t)*(\mathrm{e}^{-2t}\sin 3t)$$

$$=\frac{1}{9}\int_0^t\mathrm{e}^{-2\tau}\sin 3\tau\,\mathrm{e}^{-2(t-\tau)}\sin(3t-3\tau)\mathrm{d}\tau$$

$$=\frac{1}{18}\mathrm{e}^{-2t}\int_0^t\left[\cos(6\tau-3t)-\cos 3t\right]\mathrm{d}\tau$$

$$=\frac{1}{18}\mathrm{e}^{-2t}\left[\frac{\sin(6\tau-3t)}{6}-\tau\cos 3t\right]\Bigg|_0^t$$

$$=\frac{1}{54}\mathrm{e}^{-2t}(\sin 3t-3t\cos 3t)$$

12.5　拉普拉斯变换解线性微分方程

物理、力学以及工程上的许多问题,可以归结为求解微分方程的问题。拉普拉斯变换解法主要借助于拉氏变换把常系数线性微分方程(组)转换成复变数的代数方程组。根据代数方程求出象函数,然后再取逆变换,即可求出原微分方程(组)的解。因其方法简便,为工程技术人员所普遍采用。下面通过例题来说明该方法的应用。

12.5.1　微分方程的拉氏变换解法

利用拉普拉斯变换解线性微分方程大致可分为以下三个步骤:

(1)先设 $L[y(t)]=Y(s)$,再对关于 $y(t)$ 的常微分方程两边进行拉普拉斯变换,这样就得到一个关于 $Y(s)$ 的代数方程,称之为象方程;

(2)解象方程,得到 $Y(s)$;

(3)对 $Y(s)$ 求逆变换,得到微分方程的解。

若 $y=y(t)$,设 $\mathscr{L}[y]=Y(s)$,根据拉普拉斯变换的微分性质 $\mathscr{L}[f'(t)]=sF(s)-f(0)$,有

$$\mathscr{L}[y']=sY(s)-y(0),$$
$$\mathscr{L}[y'']=L[(y')']=s[sY(s)-y(0)]-y'(0)$$
$$=s^2Y(s)-sy(0)-y'(0),$$
$$\mathscr{L}[y''']=L[(y'')']=s[s^2Y(s)-sy(0)-y'(0)]-y''(0)$$
$$=s^3Y(s)-s^2y(0)-sy'(0)-y''(0),$$
$$\cdots\cdots\cdots\cdots$$
$$\mathscr{L}[y^{(n)}]=s^nY(s)-s^{n-1}y(0)-s^{n-2}y'(0)-\cdots-sy^{(n-2)}(0)-y^{(n-1)}(0)$$
$$=s^nY(s)-\sum_{i=1}^{n}s^{n-i}y^{(i-1)}(0)$$

1. 初值问题

例 12.36　求 $y''(t)+4y(t)=0$ 满足初始条件 $y(0)=-2,y'(0)=4$ 的特解。

解　设 $\mathscr{L}[y(t)]=Y(s)$,对方程两边取拉普拉斯变换,得

$$s^2Y(s)-sy(0)-y'(0)+4Y(s)=0$$
$$s^2Y(s)+2s-4+4Y(s)=0$$

解象方程,得

$$Y(s)=\frac{-2s+4}{s^2+4}=\frac{-2s}{s^2+4}+\frac{4}{s^2+4}$$

取拉普拉斯逆变换,得

$$y(t)=\mathscr{L}^{-1}[Y(s)]=-2\mathscr{L}^{-1}\left[\frac{1}{s^2+4}\right]+2\mathscr{L}^{-1}\left[\frac{2}{s^2+4}\right]=-2\cos2t+2\sin2t$$

例 12.37　求微分方程 $y''+2y'+y=te^{-t}$ 满足初始条件 $y(0)=0,y'(0)=1$ 的特解。

解　设 $\mathscr{L}[y(t)]=Y(s)$,对方程两边取拉普拉斯变换,得

$$s^2Y(s)-sy(0)-y'(0)+2(sY(s)-y'(0))+Y(s)=\frac{1}{(s+1)^2}$$

利用初始条件,可得象方程为

$$s^2 Y(s) - 1 + 2sY(s) + Y(s) = \frac{1}{(s+1)^2}$$

$$(s^2 + 2s + 1)Y(s) = 1 + \frac{1}{(s+1)^2}$$

$$Y(s) = \frac{1}{(s+1)^2} + \frac{1}{(s+1)^4}$$

对上式通过查表 12.1 取拉普拉斯逆变换,得

$$y(t) = \mathscr{L}^{-1}[Y(s)] = \mathscr{L}^{-1}\left[\frac{1}{(s+1)^2}\right] + \mathscr{L}^{-1}\left[\frac{1}{(s+1)^4}\right] = te^{-t} + \frac{1}{6}t^3 e^{-t}$$

振动问题是日常及工程技术中经常遇到的,例如机床主轴的振动,电路中的电磁振荡,减振弹簧的振动,等等,一般可归结为微分方程的问题来讨论。下面以无阻尼强迫振动为例说明其应用。

例 12.38 图 12.8 所示为一弹簧-质量系统,在外力 $f(t)$ 的作用下,物体从平衡位置开始运动,求其运动规律 (设 $f(t) = \delta(t)$,即一单位脉冲力)。

解 该系统的动力学微分方程为

$$my'' + ky = f(t)$$

其初始条件为 $y|_{t=0} = y'|_{t=0} = 0$。

对方程两边取拉氏变换,设

$$\mathscr{L}[y(t)] = Y(s), \quad \mathscr{L}[f(t)] = F(s)$$

并由初始条件,得到

$$ms^2 Y(s) + kY(s) = F(s)$$

整理得

$$s^2 Y(s) + \frac{k}{m}Y(s) = \frac{F(s)}{m}$$

$$Y(s) = \frac{1}{ms^2 + k}$$

令 $\omega_0 = \sqrt{\dfrac{k}{m}}$,则 $Y(s) = \dfrac{1}{m\omega_0} \cdot \dfrac{\omega_0}{s^2 + \omega_0^2}$,故

$$y(t) = \frac{1}{m\omega_0}\sin\omega_0 t \quad (t > 0)$$

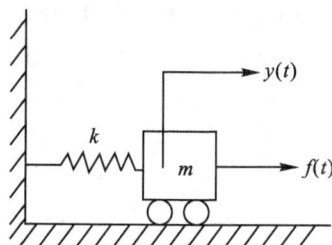

图 12.8

由此可知,在瞬时冲击力作用下,物体的运动为一正弦振动,振幅为 $\dfrac{1}{m\omega_0}$,角频率为 ω_0(亦称固有频率)。

拉普拉斯变换可用在解电路问题中,下面考察 RLC 电路。

例 12.39 在 RLC 电路中,串接直流电源 E,如图 12.9 所示。求回路电流 $i(t)$。

解 根据基尔霍夫定律,有

$$E = U_C + U_L + U_R$$

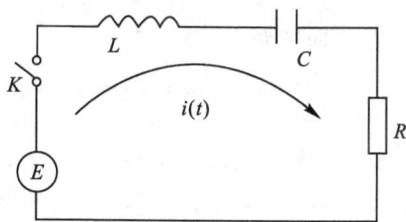

图 12.9

其中，$i(t) = C \cdot \dfrac{\mathrm{d}U_C}{\mathrm{d}t}$，即 $U_C = \dfrac{1}{C} \displaystyle\int_0^t i(t)\mathrm{d}t$；$U_R = R \cdot i(t)$；$U_L = L \dfrac{\mathrm{d}i(t)}{\mathrm{d}t}$。

将它们代入上式可得

$$\frac{1}{C}\int_0^t i(t)\mathrm{d}t + R \cdot i(t) + L\frac{\mathrm{d}i(t)}{\mathrm{d}t} = E$$

初值为 $i(0) = i'(0) = 0$。

这是 RLC 串联电路中电流 $i(t)$ 所满足的关系式，它实际上是一个二阶线性常系数非齐次微分方程。对该方程两边取拉普拉斯变换，且设 $\mathscr{L}[i(t)] = I(s)$，则有

$$\frac{1}{Cs}I(s) + RI(s) + LsI(s) = \frac{E}{s}$$

解出 $I(s)$，得

$$I(s) = \frac{E}{s\left(Ls + R + \dfrac{1}{Cs}\right)} = \frac{E}{Ls^2 + Rs + \dfrac{1}{C}}$$

求 $I(s)$ 的拉普拉斯逆变换，得

$$i(t) = \mathscr{L}^{-1}[I(s)]$$

特别地，若 $C = 1, R = 1, L = 2, E = 10$，则

$$I(s) = \frac{10}{s\left(2s + 1 + \dfrac{1}{s}\right)} = \frac{10}{2s^2 + s + 1} = \frac{10}{2\left(s + \dfrac{1}{4}\right)^2 + \dfrac{7}{8}} = 5 \cdot \frac{4}{\sqrt{7}} \cdot \frac{\dfrac{\sqrt{7}}{4}}{\left(s + \dfrac{1}{4}\right)^2 + \left(\dfrac{\sqrt{7}}{4}\right)^2}$$

查表得

$$i(t) = \frac{5 \times 4}{\sqrt{7}}\mathrm{e}^{-\frac{1}{4}t} \cdot \sin\frac{\sqrt{7}}{4}t = \frac{20}{\sqrt{7}}\mathrm{e}^{-\frac{1}{4}t} \cdot \sin\frac{\sqrt{7}}{4}t$$

2. 边值问题

例 12.40　求微分方程 $y'' - 2y' + y = 0$ 满足 $y(0) = 0, y(1) = 2$ 的特解。

解　先对方程两边取拉普拉斯变换，得象函数方程为

$$s^2 Y(s) - sy(0) - y'(0) - 2(sY(s) - y(0)) + Y(s) = 0$$

根据初始条件解之，得

$$Y(s) = \frac{y'(0)}{(s-1)^2}$$

对上式通过查附表 12.1，取拉普拉斯逆变换，得

$$y(t) = y'(0)t\mathrm{e}^t$$

再由已知 $y(1) = 2$ 得，$2 = y(1) = y'(0)\mathrm{e}$，从而 $y'(0) = 2\mathrm{e}^{-1}$。故

$$y(t) = 2t\mathrm{e}^{t-1}$$

3. 解常系数微分方程组

例 12.41　求微分方程组 $\begin{cases} x' + y' + z' = 1 \\ x + y' + z = 0 \\ y + 4z' = 0 \end{cases}$，满足 $x(0) = y(0) = z(0) = 0$ 的特解。

解　设 $\mathscr{L}[x(t)] = X(s)$，$\mathscr{L}[y(t)] = Y(s)$，$\mathscr{L}[z(t)] = Z(s)$，对方程组各方程两边取拉普

拉斯变换,并利用初始条件得象函数方程组为

$$\begin{cases} sX(s)+sY(s)+sZ(s)=\dfrac{1}{s} \\ X(s)+sY(s)+Z(s)=0 \\ Y(s)+4sZ(s)=0 \end{cases}$$

解之得

$$X(s)=\frac{4s^2-1}{4s^2(s^2-1)}, \quad Y(s)=-\frac{1}{s(s^2-1)}, \quad Z(s)=\frac{1}{4s^2(s^2-1)}$$

查附表 12.1,取拉普拉斯逆变换,得

$$\begin{cases} x(t)=\mathscr{L}[X(s)]=\mathscr{L}\left[\frac{4s^2-1}{4s^2(s^2-1)}\right]=\frac{1}{4}(t+3\,\mathrm{sh}\,t) \\ y(t)=\mathscr{L}[Y(s)]=\mathscr{L}\left[\frac{1}{s(s^2-1)}\right]=1-\mathrm{ch}\,t \\ z(t)=\mathscr{L}[Z(s)]=\mathscr{L}\left[\frac{1}{4s^2(s^2-1)}\right]=\frac{1}{4}\mathscr{L}\left[\frac{1}{s^2-1}-\frac{1}{s^2}\right]=\frac{1}{4}(\mathrm{sh}\,t-1) \end{cases}$$

从以上例子可看出,利用拉普拉斯变换可将常系数线性微分方程(组)的求解问题变换为代数方程(组)的求解问题;再利用拉普拉斯逆变换,就可以得到原线性微分方程(组)的解。并且拉普拉斯变换及其逆变换都有表可查,因此,其计算大为简化。

12.5.2 线性系统的传递函数

控制系统的微分方程,是时域中描述系统动态性能的数学模型,求解微分方程可以得到在给定外界作用及初始条件下系统的输出响应,并可通过响应曲线直观地反映出系统的动态过程。但系统的参数或结构形式有变化,微分方程及其解都会同时变化,不便于对系统进行分析与研究。

根据求解微分方程的拉氏变换法,可以得到系统的另一种数学模型——传递函数。它不仅可以表征系统的动态特性,而且可以方便地研究系统的参数或结构的变化对系统性能所产生的影响。在经典控制理论中广泛应用的根轨迹法和频率法,就是在传递函数基础上建立起来的。

线性定常系统在零初始条件下,输出量的拉氏变换与输入量的拉氏变换之比,称为该系统的传递函数,即

$$G(s)=\frac{\mathscr{L}[y(t)]}{\mathscr{L}[r(t)]}=\frac{Y(s)}{R(s)} \tag{12.29a}$$

$$Y(s)=R(s)G(s) \tag{12.29b}$$

假设有一个线性系统,在一般情况下,它的激励 $r(t)$ 与响应 $y(t)$ 所满足的关系,可用下列微分方程表示:

$$a_n\frac{\mathrm{d}^n y(t)}{\mathrm{d}t^n}+a_{n-1}\frac{\mathrm{d}^{n-1}y(t)}{\mathrm{d}t^{n-1}}+\cdots+a_1\frac{\mathrm{d}y(t)}{\mathrm{d}t}+a_0 y(t)$$

$$=b_m\frac{\mathrm{d}^m r(t)}{\mathrm{d}t^m}+b_{m-1}\frac{\mathrm{d}^{m-1}r(t)}{\mathrm{d}t^{m-1}}+\cdots+b_1\frac{\mathrm{d}r(t)}{\mathrm{d}t}+b_0 r(t)$$

$$y(0)=0, \quad y'(0)=0\cdots y^{n-1}(0)=0$$

其中 $a_0,a_1,\cdots,a_n,b_0,b_1,\cdots,b_m$ 均为常数,m,n 为正整数,$n\geqslant m$。

零初始条件下,输入量 $r(t)$ 的拉普拉斯变换为 $\mathscr{L}[r(t)]=R(s)$,输出量 $y(t)$ 的拉普拉斯变换为 $\mathscr{L}[y(t)]=Y(s)$。对上式两边同时进行拉普拉斯变换,可得

$$[a_n s^n + a_{n-1}s^{n-1} + \cdots + a_1 s + a_0]Y(s) = [b_m s^m + b_{m-1}s^{m-1} + \cdots + b_1 s + b_0]R(s)$$

则有

$$Y(s) = \frac{b_m s^m + b_{m-1}s^{m-1} + \cdots + b_1 s + b_0}{a_n s^n + a_{n-1}s^{n-1} + \cdots + a_1 s + a_0}R(s)$$

令

$$G(s) = \frac{b_m s^m + b_{m-1}s^{m-1} + \cdots + b_1 s + b_0}{a_n s^n + a_{n-1}s^{n-1} + \cdots + a_1 s + a_0}$$

我们称 $G(s)$ 为系统的传递函数,它表达了系统本身的特性,而与激励及系统的初始状态无关。当我们知道了系统的传递函数以后,就可以由系统的激励(12.29)式求出其响应的拉氏变换,再通过求逆变换可得其响应 $y(t)$。它们之间的关系可用图 12.10 表示出来。

图 12.10

当传递函数和输入已知时,通过拉氏反变换可求出时域表达式 $y(t)$。

此外,传递函数不表明系统的物理性质,许多性质不同的物理系统,可以有相同的传递函数,而传递函数不相同的物理系统,即使系统的激励相同,其响应也是不同的,因此对传递函数的分析研究,就能统一处理各种物理性质不同的线性系统。

1. 脉冲响应函数

假设某个线性系统的传递函数为 $G(s)=\dfrac{Y(s)}{R(s)}$,若以 $g(t)$ 表示 $G(s)$ 的拉氏逆变换,即

$$g(t) = \mathscr{L}^{-1}[G(s)]$$

则根据拉氏变换的卷积定理可得

$$y(t) = g(t) * r(t) = \int_0^t g(\tau)r(t-\tau)\mathrm{d}\tau$$

即系统的响应等于其激励与 $g(t)=L^{-1}[G(s)]$ 的卷积。

由此可见,一个线性系统除用传递函数来表征外,也可以用传递函数的逆变换 $g(t)=\mathscr{L}^{-1}[G(s)]$ 来表征,我们称 $g(t)$ 为系统的脉冲响应函数。它的物理意义可以这样解释:当激励是一个单位脉冲函数,即在零初始条件下,有

$$\mathscr{L}[r(t)]=\mathscr{L}[\delta(t)]=R(s)=1$$

所以 $Y(s)=G(s)$,即 $y(t)=g(t)$。

可见,脉冲响应函数 $g(t)$,就是在零初始条件下激励为 $\delta(t)$ 时的响应 $y(t)$,也就是传递函数的逆变换,如图 12.11所示。

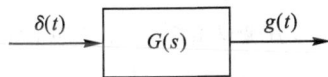
图 12.11

2. 频率响应

在系统的传递函数中,令 $s=\mathrm{i}\omega$,则得

$$G(i\omega) = \frac{Y(i\omega)}{R(i\omega)}$$

$$= \frac{b_m(i\omega)^m + b_{m-1}(i\omega)^{m-1} + \cdots + b_1 i\omega + b_0}{a_n(i\omega)^n + a_{n-1}(i\omega)^{n-1} + \cdots + a_1 i\omega + a_0}$$

我们称它为系统的频率特性函数,简称为频率响应。可以证明,当激励是角频率为 ω 的虚指数函数(也称为复正弦函数)$r(t) = e^{i\omega t}$ 时,系统的稳态响应是 $y(t) = G(i\omega)e^{i\omega t}$。因此,频率响应在工程技术中又称为正弦传递函数。

总之,任何线性系统的传递函数、脉冲响应函数、频率响应是表征线性系统的几个重要概念。

例 12.42 求图 12.12 所示电路的传递函数 $\dfrac{U_o(s)}{U_i(s)}$。

解 电路总阻抗为

$$Z(s) = R + Ls + \frac{1}{Cs}$$

则

$$I(s) = \frac{U_i(s)}{Z(s)} = \frac{U_i(s)}{R + Ls + \dfrac{1}{Cs}}$$

图 12.12

又因为 $U_o(s) = \dfrac{1}{Cs} I(s)$,所以

$$U_o(s) = \frac{1}{Cs} \cdot \frac{U_i(s)}{R + Ls + \dfrac{1}{Cs}}$$

$$G(s) = \frac{U_o(s)}{U_i(s)} = \frac{1}{Cs} \cdot \frac{1}{R + Ls + \dfrac{1}{Cs}} = \frac{1}{RCs + LCs^2 + 1}$$

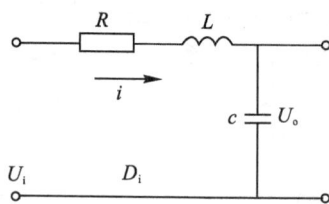

习　题　12

1. 求下列函数的拉普拉斯变换:

(1) $f(t) = 5e^{2t}$;

(2) $f(t) = 2 + 3e^{-t}$;

(3) $f(t) = 1 - \sin t$;

(4) $f(t) = t + \cos 2t$;

(5) $f(t) = 2t^2 - 3\cos t$;

(6) $f(t) = e^{2t}\sin 5t$;

(7) $f(t) = e^{-2t}\cos 3t$;

(8) $f(t) = t^3 e^{-4t}$;

(9) $f(t) = 2t^2 e^{3t}$;

(10) $f(t) = 2t^4 e^{-t}$;

(11) $f(t) = 5t + 3e^{2t}$;

(12) $f(t) = 4 - 5\sin 2t$。

2. 用查表的方法求下列函数的拉普拉斯逆变换:

(1) $F(s) = \dfrac{3}{s-5}$;

(2) $F(s) = \dfrac{10}{s^2 + 4}$;

(3) $F(s) = \dfrac{s}{s^2 + 7}$;

(4) $F(s) = \dfrac{1}{(s+2)^3}$;

(5) $F(s) = \dfrac{1}{s^2(s^2 + 9)}$;

(6) $F(s) = \dfrac{4}{(s^2 + 4)^2}$;

(7) $F(s) = \dfrac{s^2 - 4}{(s^2 + 4)^2}$;

(8) $F(s) = \dfrac{4s + 2}{(s^2 + 4)^2}$;

(9) $F(s) = \dfrac{1}{(s-4)^2}$;

(10) $F(s) = \dfrac{5s}{s^2 + 6}$;

(11) $F(s) = \dfrac{s}{s^2 + 9}$;

(12) $F(s) = \dfrac{2}{s^2(s^2 + 4)}$;

$(13)F(s)=\dfrac{s}{(s^2+16)^2}$;　　$(14)F(s)=\dfrac{2s+4}{(s+2)^2+4}$;　　$(15)F(s)=\dfrac{3s-3}{(s-1)^2+16}$;

$(16)F(s)=\dfrac{1}{(s+3)^2+5}$;　　$(17)F(s)=\ln\dfrac{s+1}{s-1}$;　　$(18)F(s)=\dfrac{s^2}{(s^2+a^2)^2}$。

3.用配方法求下列函数的拉普拉斯逆变换：

$(1)\dfrac{s+1}{s^2+2s+5}$;　　$(2)\dfrac{1}{s^2+6s+12}$;　　$(3)\dfrac{6}{s^2+2s+5}$;

$(4)\dfrac{s}{s^2-6s+10}$;　　$(5)\dfrac{2s+1}{s^2+4s+9}$;　　$(6)\dfrac{s}{s^2-2s+6}$。

4.用部分分式法求下列函数的拉普拉斯逆变换：

$(1)\dfrac{1}{s(s+1)}$;　　$(2)\dfrac{2}{s(s-1)(s+1)}$;　　$(3)\dfrac{2s+1}{(s-2)(s+3)}$;

$(4)\dfrac{s}{(s-1)(s+3)}$;　　$(5)\dfrac{s^2}{(s-2)(s+2)(s-4)}$;　　$(6)\dfrac{1}{s^2(s-2)}$;

$(7)\dfrac{3s^2}{(s+2)^2(s-1)}$;　　$(8)\dfrac{1}{(s+2)(s^2+4)}$;　　$(9)\dfrac{1}{(s+1)(s^2+1)}$;

$(10)\dfrac{5}{(s-1)(s^2+4)}$;　　$(11)\dfrac{s}{(s+1)(s^2+1)}$;　　$(12)\dfrac{1}{(s+1)^2(s+2)}$;

$(13)\dfrac{1}{(s^2+1)(s-1)^2}$;　　$(14)\dfrac{2a^4s}{s^4-a^4}$;　　$(15)\dfrac{s}{(s+1)^2}$。

5.用拉普拉斯变换解下列线性微分方程：

$(1)y'-y=0,y(0)=1$;　　$(2)y'+3y=0,y(0)=2$;

$(3)y'-2y=4,y(0)=0$;　　$(4)y'+2y=1,y(0)=1$;

$(5)y'-2y=e^{2t},y(0)=0$;　　$(6)y'-3y=e^{3t},y(0)=-2$;

$(7)y'+4y=te^{-4t},y(0)=3$;　　$(8)y''+4y=0,y(0)=1,y'(0)=0$;

$(9)y'+9y=0,y(0)=1,y'(0)=-2$;　　$(10)y'-y=4e^{-3t},y(0)=0$;

$(11)y'+y=2\sin t,y(0)=y'(0)=0$;　　$(12)y''+4y=\sin2t,y(0)=0,y'(0)=1$;

$(13)y'-y=\cos2t,y(0)=0$;　　$(14)y''+y=\sin t,y(0)=0,y'(0)=1$;

$(15)y'+4y=4t,y(0)=1,y'(0)=0$;　　$(16)y''-6y'+9y=12t^2e^{3t},y(0)=y'(0)=0$;

$(17)y''+4y'+13y=0,y(0)=1,y'(0)=-2$;　　$(18)y''-4y'+6y=0,y(0)=2,y'(0)=0$;

$(19)y''+y=4e^t,y(0)=y'(0)=0$;　　$(20)y''-4y=4e^{3t},y(0)=y'(0)=0$;

$(21)y''-4y=3\cos t,y(0)=y'(0)=0$;　　$(22)y''-y'-6y=50\sin t,y(0)=y'(0)=0$;

$(23)y''+2y'+5y=8e^t,y(0)=y'(0)=0$;　　$(24)y''-4y'+5y=4e^t,y(0)=1,y'(0)=0$。

6.用拉普拉斯变换解下列线性微分方程组：

$(1)\begin{cases}x'+y'=1\\x'-y'=t\end{cases}$,　$x(0)=y(0)=0$;　　$(2)\begin{cases}2x-y-y'=4(1-e^{-t})\\2x'+y=2(1+3e^{-2t})\end{cases}$,　$x(0)=y(0)=0$。

附表 12.1 常见函数的拉普拉斯变换

序号	$f(t)$	$F(s)$
1	1	$\dfrac{1}{s}$
2	e^{at}	$\dfrac{1}{s-a}$
3	$t^m\ (m>-1)$	$\dfrac{\Gamma(m+1)}{s^{m+1}}$
4	$t^m\mathrm{e}^{at}\ (m>-1)$	$\dfrac{\Gamma(m+1)}{(s-a)^{m+1}}$
5	$\sin at$	$\dfrac{a}{s^2+a^2}$
6	$\cos at$	$\dfrac{s}{s^2+a^2}$
7	$\mathrm{sh}\,at$	$\dfrac{a}{s^2-a^2}$
8	$\mathrm{ch}\,at$	$\dfrac{s}{s^2-a^2}$
9	$t\sin at$	$\dfrac{2as}{(s^2+a^2)^2}$
10	$t\cos at$	$\dfrac{s^2-a^2}{(s^2+a^2)^2}$
11	$t\,\mathrm{sh}\,at$	$\dfrac{2as}{(s^2-a^2)^2}$
12	$t\,\mathrm{ch}\,at$	$\dfrac{s^2+a^2}{(s^2-a^2)^2}$
13	$t^m\sin at\ (m>-1)$	$\dfrac{\Gamma(m+1)}{2\mathrm{i}(s^2+a^2)^{m+1}}\left[(s+\mathrm{i}a)^{m+1}-(s-\mathrm{i}a)^{m+1}\right]$
14	$t^m\cos at\ (m>-1)$	$\dfrac{\Gamma(m+1)}{2(s^2+a^2)^{m+1}}\left[(s+\mathrm{i}a)^{m+1}+(s-\mathrm{i}a)^{m+1}\right]$
15	$\mathrm{e}^{-bt}\sin at$	$\dfrac{a}{(s+b)^2+a^2}$
16	$\mathrm{e}^{-bt}\cos at$	$\dfrac{s+b}{(s+b)^2+a^2}$
17	$\mathrm{e}^{-bt}\sin(at+c)$	$\dfrac{(s+b)\sin c+a\cos c}{(s+b)^2+a^2}$
18	$\sin^2 t$	$\dfrac{1}{2}\left(\dfrac{1}{s}-\dfrac{s}{s^2+4}\right)$
19	$\cos^2 t$	$\dfrac{1}{2}\left(\dfrac{1}{s}+\dfrac{s}{s^2+4}\right)$
20	$\sin at\sin bt$	$\dfrac{2abs}{\left[s^2+(a+b)^2\right]\left[s^2+(a-b)^2\right]}$

序号	$f(t)$	$F(s)$
21	$e^{at} - e^{bt}$	$\dfrac{a-b}{(s-a)(s-b)}$
22	$ae^{at} - be^{bt}$	$\dfrac{(a-b)s}{(s-a)(s-b)}$
23	$\dfrac{1}{a}\sin at - \dfrac{1}{b}\sin bt$	$\dfrac{b^2-a^2}{(s^2+a^2)(s^2+b^2)}$
24	$\cos at - \cos bt$	$\dfrac{(b^2-a^2)s}{(s^2+a^2)(s^2+b^2)}$
25	$\dfrac{1}{a^2}(1-\cos at)$	$\dfrac{1}{s(s^2+a^2)}$
26	$\dfrac{1}{a^3}(at-\sin at)$	$\dfrac{1}{s^2(s^2+a^2)}$
27	$\dfrac{1}{a^4}(\operatorname{ch} at - 1) + \dfrac{1}{2a^2}t^2$	$\dfrac{1}{s^3(s^2+a^2)}$
28	$\dfrac{1}{a^4}(\operatorname{ch} at - 1) - \dfrac{1}{2a^2}t^2$	$\dfrac{1}{s^3(s^2-a^2)}$
29	$\dfrac{1}{2a^3}(\sin at - at\cos at)$	$\dfrac{1}{(s^2+a^2)^2}$
30	$\dfrac{1}{2a}(\sin at + at\cos at)$	$\dfrac{s^2}{(s^2+a^2)^2}$
31	$\dfrac{1}{a^4}(1-\cos at) - \dfrac{1}{2a^3}t\sin at$	$\dfrac{1}{s(s^2+a^2)^2}$
32	$(1-at)e^{at}$	$\dfrac{s}{(s+a)^2}$
33	$t\left(1-\dfrac{at}{2}\right)e^{-at}$	$\dfrac{s}{(s+a)^3}$
34	$\dfrac{1}{a}(1-e^{-at})$	$\dfrac{1}{s(s+a)}$
35	$\dfrac{1}{ab} + \dfrac{1}{b-a}\left(\dfrac{e^{-bt}}{b} - \dfrac{e^{-at}}{a}\right)$	$\dfrac{1}{s(s+a)(s+b)}$
36	$\dfrac{e^{-at}}{(b-a)(c-a)} + \dfrac{e^{-bt}}{(a-b)(c-b)} + \dfrac{e^{-ct}}{(a-c)(b-c)}$	$\dfrac{1}{(s+a)(s+b)(s+c)}$
37	$\dfrac{ae^{-at}}{(c-a)(a-b)} + \dfrac{be^{-bt}}{(a-b)(b-c)} + \dfrac{ce^{-ct}}{(b-c)(c-a)}$	$\dfrac{s}{(s+a)(s+b)(s+c)}$
38	$\dfrac{a^2e^{-at}}{(c-a)(b-a)} + \dfrac{b^2e^{-bt}}{(a-b)(c-b)} + \dfrac{c^2e^{-ct}}{(b-c)(a-c)}$	$\dfrac{s^2}{(s+a)(s+b)(s+c)}$
39	$\dfrac{e^{-at} - e^{-bt}[1-(a-b)t]}{(a-b)^2}$	$\dfrac{1}{(s+a)(s+b)^2}$
40	$\dfrac{[a-b(a-b)t]e^{-bt} - ae^{-at}}{(a-b)^2}$	$\dfrac{s}{(s+a)(s+b)^2}$
41	$e^{-at} - e^{\frac{at}{2}}\left(\cos\dfrac{\sqrt{3}\,at}{2} - \sqrt{3}\sin\dfrac{\sqrt{3}\,at}{2}\right)$	$\dfrac{3a^2}{s^3+a^3}$

序号	$f(t)$	$F(s)$
42	$\sin at\,\mathrm{ch}\,at - \cos at\,\mathrm{sh}\,at$	$\dfrac{4a^3}{s^4 + 4a^4}$
43	$\dfrac{1}{2a^2}\sin at\,\mathrm{sh}\,at$	$\dfrac{s}{s^4 + 4a^4}$
44	$\dfrac{1}{2a^3}(\mathrm{sh}\,at - \sin at)$	$\dfrac{1}{s^4 - a^4}$
45	$\dfrac{1}{2a^2}(\mathrm{ch}\,at - \cos at)$	$\dfrac{s}{s^4 - a^4}$
46	$\dfrac{1}{\sqrt{\pi t}}$	$\dfrac{1}{\sqrt{s}}$
47	$2\sqrt{\dfrac{t}{\pi}}$	$\dfrac{1}{s\sqrt{s}}$
48	$\dfrac{1}{\sqrt{\pi t}}\mathrm{e}^{at}(1 + 2at)$	$\dfrac{s}{(s-a)\sqrt{s-a}}$
49	$\dfrac{1}{2\sqrt{\pi t^3}}(\mathrm{e}^{bt} - \mathrm{e}^{at})$	$\sqrt{s-a} - \sqrt{s-b}$
50	$\dfrac{1}{\sqrt{\pi t}}\cos 2\sqrt{at}$	$\dfrac{1}{\sqrt{s}}\mathrm{e}^{-\frac{a}{s}}$
51	$\dfrac{1}{\sqrt{\pi t}}\mathrm{ch}\,2\sqrt{at}$	$\dfrac{1}{\sqrt{s}}\mathrm{e}^{\frac{a}{s}}$
52	$\dfrac{1}{\sqrt{\pi t}}\sin 2\sqrt{at}$	$\dfrac{1}{s\sqrt{s}}\mathrm{e}^{-\frac{a}{s}}$
53	$\dfrac{1}{\sqrt{\pi t}}\mathrm{sh}\,2\sqrt{at}$	$\dfrac{1}{s\sqrt{s}}\mathrm{e}^{\frac{a}{s}}$
54	$\dfrac{1}{t}(\mathrm{e}^{bt} - \mathrm{e}^{at})$	$\ln\dfrac{s-a}{s-b}$
55	$\dfrac{2}{t}\mathrm{sh}\,at$	$\ln\dfrac{s+a}{s-a}$
56	$\dfrac{2}{t}(1 - \cos at)$	$\ln\dfrac{s^2 + a^2}{s^2}$
57	$\dfrac{2}{t}(1 - \mathrm{ch}\,at)$	$\ln\dfrac{s^2 - a^2}{s^2}$
58	$\dfrac{1}{t}\sin at$	$\arctan\dfrac{a}{s}$
59	$\dfrac{1}{t}(\mathrm{ch}\,at - \cos bt)$	$\ln\sqrt{\dfrac{s^2 + b^2}{s^2 - a^2}}$
60	$\dfrac{1}{\pi t}\sin(2a\sqrt{t})$	$erf\left(\dfrac{a}{\sqrt{s}}\right)$
61	$\dfrac{1}{\sqrt{\pi t}}\mathrm{e}^{2a\sqrt{t}}$	$\dfrac{1}{\sqrt{s}}\mathrm{e}^{\frac{a^2}{s}}\mathrm{erfc}\left(\dfrac{a}{\sqrt{s}}\right)$
62	$\mathrm{erfc}\left(\dfrac{a}{2\sqrt{t}}\right)$	$\dfrac{1}{s}\mathrm{e}^{-a\sqrt{s}}$

第 4 篇

MATLAB 实验

第 13 章　MATLAB 在矢量分析中的应用

基于 MATLAB 语言在数值计算、信号处理、仿真及符号运算中的广泛应用,本章介绍 MATLAB 在矢量场论、复变函数及积分变换中的应用。

13.1　基本运算

13.1.1　矩阵的基本操作

1.数组元素访问

例 13.1　已知二维数组 A＝[1,2 3;4,5,6;7,8,9]

(1)访问第二行第一列的元素;

(2)访问第 2 行;

(3)测试数组的长度。

```
>>A=[1,2 3;4,5,6;7,8,9];
>>A2_1=A(2,1)
A2_1=
     4
>>A2=A(2,:)
A2=
     4     5     6
>>A_lenth=length(A(:))
A_lenth=
     9
```

2.数组代数运算

例 13.2　已知二维数组 A＝[1 2 3 4;5 6 7 8],B＝[2 2 2 2;3 3 3 3],求:

(1)A＋B ; (2)5 * A; (3)A. * B; (4)A.\B; (5)A./B ; (6)A. ∧ B;(7)A′; (8)A′ * B。

```
a1=A+B,     a2=5*A,     a3=A.*B,     a4=A.\B,
a5=A./B,     a6=A.∧B,     a7=A′,          a8=A′*B
>>a1=
     3          4          5          6
     8          9          10         11
a2=
     5          10         15         20
     25         30         35         40
```

a3＝

2	4	6	8
15	18	21	24

a4＝

2.0000	1.0000	0.6667	0.5000
0.6000	0.5000	0.4286	0.3750

a5＝

0.5000	1.0000	1.5000	2.0000
1.6667	2.0000	2.3333	2.6667

a6＝

1	4	9	16
125	216	343	512

a7＝

1	5
2	6
3	7
4	8

a8＝

17	17	17	17
22	22	22	22
27	27	27	27
32	32	32	32

3. 矩阵构造和矩阵元素的操作

产生一个 m 行 n 列的零矩阵

  b＝zeros(m,n)

产生一个 m 行 n 列的元素全为 1 的矩阵

  c＝ones(m,n)

产生一个 m 行 n 列的元素的单位矩阵

  d＝eye(m,n)

产生一个 0～1 均匀分布的 m 行 n 列的随机矩阵

  d＝rand(m,n)

矩阵 A 中第 i 行第 j 列元素用 0 替换

  A(i,j)＝0

矩阵 A 中第 i 行元素用 0 替换

  A(i,:)＝0

矩阵 A 中第 i～j 行元素用 0 替换

  A(i:j,:)＝0

  ＞＞A＝[1 2 3 4;5 6 7 8;7,8,9,10]

删去 A 的第 i 行,构成新矩阵

A(i,:)=[]

删去 A 的第 i～j 行,构成新矩阵

A(i:j,:)=[]

将矩阵 A 或 B 水平或垂直拼接成新矩阵

[A,B];[A;B]

矩阵列元素之和

>>sum(A)

ans=

　　　13　　16　　19　　22

矩阵的行数与列数

>> size(A)

ans=

　　　3　　4

矩阵的元素访问与数组元素访问一样。

4. 构造新矩阵

例 13.3　已知矩阵 A=[1 2 3;4 5 6;5 8 3],分别写出:

(1)A1 为取矩阵 A 的第 1～2 行、第 2～3 列构成新矩阵;

(2)A2 为删除 A 的第二行,构成新矩阵;

(3)A3 矩阵 A 的第 3 行第 3 列元素替换为 100 后的矩阵;

(4)A4 矩阵 A 的第 1 行分别用 50,60,70 替换后的矩阵;

(5)A5 为 A 的第 1～2 行上的所有元素用 0 替换,构成新矩阵;

(6)A6 为矩阵 A 和 A2 垂直拼接成新矩阵。

>>A=[1 2 3;4 5 6;5 8 3];

A1=A(1:2,2:3)

A2=A; A2(2,:)=[]

A3=A; A3(3,3)=100

A4=A; A4(1,:)=[50,60,70]

A5=A; A5(1:2,:)=0

A6=[A;A2]

A7=size(A6)

A1=

　　　2　　3

　　　5　　6

A2=

　　　1　　2　　3

　　　5　　8　　3

A3＝

1	2	3
4	5	6
5	8	100

A4＝

50	60	70
4	5	6
5	8	3

A5＝

0	0	0
0	0	0
5	8	3

A6＝

1	2	3
4	5	6
5	8	3
1	2	3
5	8	3

A7＝

5	3

13.1.2　矩阵的除法

若 A 为非奇异方阵,则 A\B,A/B 分别表示 inv(A) ∗ B,A ∗ inv(B)。例如：

A＝[1 2 3；　4 5 6；7 8 0], B＝[366;804;351], X＝[x1 x2 x3]′

解方程组 AX＝B。

```
>>A=[1 2 3；　4 5 6；7 8 0];
B=[366;804;351];
X=A\B;
X′
ans=
    25.0000   22.0000   99.0000
>>B=[2 5 8;3 6 9;7 10 12];A\B,A/B,
ans=
    -1.6667    -4.6667    -7.5556
     2.3333     5.3333     8.1111
    -0.3333    -0.3333    -0.2222
ans=
     0.0000     0.3333     0.0000
    -3.0000     3.3333     0.0000
    30.0000   -38.6667     9.0000
```

13.2　向量的基本运算

13.2.1　生成向量

向量的书写规则：

(1)元素之间用逗号或空格分开生成行向量，如 X＝[1，2，3] 或 X＝[1 2 3]；

(2)元素之间用分号隔开生成列向量，如 X＝[1；2；3] 或 X＝[1 2 3]′。

1. 利用冒号生成向量

冒号表达式的基本形式为 x＝x0:step:xn，其中 x0、step、xn 分别为给定数值，x0 表示向量的首元素数值，xn 表示向量尾元素数值限，step 表示从第二个元素开始，元素数值大小与前一个元素值大小的差值。

注意：这里强调 xn 为尾元素数值限，而非尾元素值，当 xn－x0 恰为 step 值的整数倍时，xn 才能成为尾值。若 x0＜xn，则需 step＞0；若 x0＞xn 则需 step＜0；若 x0＝xn，则向量只有一个元素。若 step＝1，则可省略此项的输入，直接写成 x＝x0:xn。此时可以不用"[ ]"。

```
>>a=1:2:12
a=
    1  3  5  7  9  11
>>a=1:-2:12
a=
    Empty matrix: 1-by-0
>>a=12:-2:1
a=
    12  10  8  6  4  2
>>a=1:2:1
a=
    1
>>a=1:6
a=
    1  2  3  4  5  6
```

2. 线性等分向量的生成

在 MATLAB 中提供了线性等分功能函数 linspace，用来生成线性等分向量，其调用格式如下：

y＝linspace(x1,x2)：生成 100 维的行向量，使得 y(1)＝x1,y(100)＝x2；

y＝linspace(x1,x2,n)：生成 n 维的行向量，使得 y(1)＝x1,y(n)＝x2。

```
>>a1=linspace(1,100,6)
a1=
    1.0000 20.8000 40.6000 60.4000 80.2000 100.0000
```

说明:线性等分函数和冒号表达式都可生成等分向量。但前者是设定了向量的维数去生成等间隔向量,而后者是通过设定间隔来生成维数随之确定的等间隔向量。

3. 对数等分向量的生成

在自动控制、数字信号处理中常常需要对数刻度坐标,MATLAB 中还提供了对数等分功能函数,具体格式如下:

$y=logspace(x1,x2)$:生成 50 维对数等分向量,使得 $y(1)=10^{x1}$,$y(50)=10^{x2}$;

$y=logspace(x1,x2,n)$:生成 n 维对数等分向量,使得 $y(1)=10^{x1}$,$y(n)=10^{x2}$;

>>a2=logspace(0,5,6)

a2=

    1   10   100   1000   10000   100000

另外,向量还可以从矩阵中提取,还可以把向量看成 $1×n$ 阶(行向量)或 $n×1$ 阶(列向量)的矩阵,以矩阵形式生成。由于在 MATLAB 中矩阵比向量重要得多,此类函数将在矩阵中详细介绍。

13.2.2 向量运算

1. 点积

    dot(a,b)

返回向量 a 和 b 的点积,a 和 b 必须是同维向量。当 a 和 b 都为列向量时,dot(a,b) 同于 sum(a. * b)或 $a' * b$。

    dot(a,b,dim)

返回 a 和 b 在维数为 dim 的点积。

>>a=[4,-6,2];b=[3,-1,6];

>>dot(a,b)

ans=

    30

还可以用另一种方法计算向量的点积。

>>sum(a. * b)

ans=

    30

2. 叉积

    cross(a,b)

$c=cross(a,b)$返回向量 a 和 b 的叉积向量,即 $c=a×b$。a 和 b 必须为三维向量。若 a、b 为矩阵,则返回一个 $3×n$ 矩阵,其中的列是 a 与 b 对应列的叉积,a、b 都是 $3×n$ 矩阵。

>>a=[2,2,2];b=[1,2,4];

>>c=cross(a,b)

c=

    4   -6   2

3. 混合积

向量的混合积由以上两个函数实现。计算上面向量 a、b、c 的混合积。

>>dot(a,cross(b,c))

ans=

　　56

4. 三个向量矢量积

三个向量矢量积 a×(b×c)

>>cross(a,cross(b,c))

ans=

　　−56　　84　　−28

5. 两向量夹角

subspace(A,B)

A、B 为列向量；

或者利用公式 $\cos\theta=\dfrac{a\cdot b}{|a||b|}$。

>>acos(dot(a,b)/norm(a)/norm(b))

ans=

　　0.4909

MATLAB 中常用的向量运算还有一些函数见表 13.1。

表 13.1　常用的向量运算函数

函数	功能	备注
min(X)	求向量 X 所有元素的最小值	若 X 为矩阵,返回每列最小列元素构成的向量
max(X)	求向量 X 所有元素的最大值	若 X 为矩阵,返回每列最大列元素构成的向量
mean(X)	求向量 X 所有元素的平均值	若 X 为矩阵,返回每列元素平均值构成的向量
sum(X)	求向量 X 所有元素的和	若 X 为矩阵,返回每列元素和构成的向量
length(X)	求向量 X 元素的个数	若 X 为矩阵,其等于 max(size(X))
sort(X)	将向量 X 所有元素按升序排列	
std(X)	求向量 X 所有元素的标准差	
cumsum(X)	返回向量 X 第 2 分量开始累加前面所有分量构成的同维向量	若 X 为矩阵,返回第 2 行开始累加前面所有行对应元素构成的矩阵
cumprod(X)	返回向量 X 第 2 分量开始累乘前面所有分量构成的同维向量	若 X 为矩阵,返回第 2 行开始累乘前面所有行对应元素构成的矩阵

函数	功能	备注
range(X)	求 X 中最大元素与最小元素的差值	若 X 为矩阵,返回每列最大元素与最小元素差构成的向量
norm(X)	向量 X 的模	若 X 为矩阵,计算矩阵的 2 范数
abs(X)	返回向量或矩阵元素的绝对值构成的向量或矩阵	若 X 为复数,计算复数的模

例如

```
>>cumsum(1:5)
ans=
     1    3    6    10    15
>>cumprod(1:5)
ans=
     1   2   6   24   120
```

13.3 函数运算

13.3.1 求极限

limit(s,n,inf):返回符号表达式当 n 趋于无穷大时表达式 s 的极限。

limit(s,x,a):返回符号表达式当 x 趋于 a 时表达式 s 的极限。

limit(s,x,a,'left'):返回符号表达式当 x 趋于 a−0 时表达式 s 的左极限。

limit(s,x,a,'right'):返回符号表达式当 x 趋于 a+0 时表达式 s 的右极限。

例 13.4 求 $\lim\limits_{x\to 0}\dfrac{\sin x}{x}$,$\lim\limits_{n\to\infty}\left(1+\dfrac{1}{n}\right)^n$。

```
>>clear;
syms x            %定义符号变量 x
limit(sin(x)/x,x,0)
ans=
     1
>>clear;
>>syms n;
>>limit((1+1/n)^n,n,inf)
ans=
     exp(1)
```

多元函数的极限可通过嵌套的方式使用 limit 函数进行计算。

例 13.5 求极限 $\lim\limits_{x\to 2}\lim\limits_{y\to 0}\dfrac{\sin(x+y)-\sin(x)}{y}$。

```
>>syms  x  y
f=(sin(x+y)-sin(x))/y;
limit(limit(f,y,0),x,2)
ans=
    cos(2)
```

13.3.2　求导数与微分

1. 一元函数求导数

diff(y,x),第一个参数 y 为函数表达式,第二个参数 x 为求导数变量,例如

```
>>f=sym('a*x∧2+b*x+c')          % 定义函数表达式
f=a*x∧2+b*x+c
>>diff(f)                        % 对默认变量 x 求一阶导数
ans=2*a*x+b
>>diff(f,'a')                    % 对符号变量 a 求一阶导数
ans=x∧2
>>diff(f,'x',2)                  % 对符号变量 x 求二阶导数
ans=2*a
>> diff(f,3)                     % 对默认变量 x 求三阶微分
ans=0
>>syms x
>>y=x∧2*sin(x);
>>y1=diff(y,x)
y1=
x∧2*cos(x)+2*x*sin(x)
```

如果要计算高阶导数,使用 diff(y,x,n),即可求出 y 对 x 的 n 阶导数。如果要计算函数在一点 x0 的 n 阶导数值,首先使用 diff(y,x,n)求出 y 对 x 的 n 阶导数,然后使用 subs(yn,x,x0),计算参数 yn(y 对 x 的 n 阶导数)在 x0 的值,vap(val,4)为计算表达式具有 4 位有效数字的近似值。例如

```
>>y4=diff(y,x,4)
y4=
x∧2*sin(x)-12*sin(x)-8*x*cos(x)
>>val=subs(y4,x,2)
val=
    -16*cos(2)-8*sin(2)
>>vap(val,4)
ans=
    -0.6160
```

2. 多元函数的偏导数

对于多元函数的偏导数,可以采用与一元函数求导类似的方法进行。比如,对于二元函数 $z=x \wedge 2*\sin(y)$,使用 diff(z,x),diff(z,y)分别求出沿 x、y 方向的一阶偏导数,例如

```
>>syms x y
>>z=x∧2*sin(y);
>>dx=diff(z,x)
dx=
2*x*sin(y)
>>dy=diff(z,y)
dy=
X∧2*cos(y)
```

对于高阶偏导数,如果依次对一个变量求偏导数,则可类似于一元函数的高阶导数 diff(z,x,n),如果求混合偏导数,则只能依此对一个变量求完后再对另一个变量求。例如 z 先对 x 求二阶导数,再对 y 求二阶导数。

```
>>dx2=diff(z,x,2)
dx2=
2*sin(y)
>>dx2y2=diff(dx2,y,2)
dx2y2=
−2*sin(y)
```

如果分别只对 x、y 求一阶偏导,就可以只使用一条命令 diff(z,x,y)。x 与 y 的顺序在这里是无关的。

```
>>dxdy=diff(z,x,y)
dxdy=
−2*x*cos(y)
```

也可以嵌套使用 diff 函数求解多元函数的偏导数 $\dfrac{\partial^{m+n} f}{\partial x^m \partial y^n}$,调用格式为

```
diff(diff(f,x,m),y,n)
```

3. 隐函数求导

对于隐函数 $f(x_1, x_2, \cdots, x_n)=0$ 求偏导数 $\dfrac{\partial x_i}{\partial x_j}=-\dfrac{\partial f}{\partial x_j}\bigg/\dfrac{\partial f}{\partial x_i}$ 问题,可使用 diff 函数实现。

设 $x^2+y^2+z^2-4z=0$,求 $\dfrac{\partial z}{\partial x}$。

```
>>syms  x y z
f=x*x+y*y+z*z−4*z;
fx=diff(f,x);
fz=diff(f,z);
zx=simplify(−fx/fz)
zx=
```

$$-x/(z-2)$$

例 13.6　设 $\ln x+\mathrm{e}^{\frac{y}{x}}=\mathrm{e}$,求 $\dfrac{\mathrm{d}y}{\mathrm{d}x}$。

```
>>df_dx=diff(log(x)+exp(-y/x)-exp(1),x);
df_dy=diff(log(x)+exp(-y/x)-exp(1),y);
dy_dx=-df_dx/df_dy
dy_dx=
x*exp(y/x)*(1/x+(y*exp(-y/x))/x∧2)
```

4. 参数方程求导

参数方程 $\begin{cases} x=x(t) \\ y=y(t) \end{cases}$ 确定函数 $y=f(x)$,则 y 的导数 $\dfrac{\mathrm{d}y}{\mathrm{d}x}=\dfrac{y'(t)}{x'(t)}$。

设 $\begin{cases} x=a(t-\sin t) \\ y=a(1-\cos t) \end{cases}$,求 $\dfrac{\mathrm{d}y}{\mathrm{d}x}$。

```
>>syms  a  t
>>dx_dt=diff(a*(t-sin(t)));dy_dt=diff(a*(1-cos(t)));
dy_dx=dy_dt/dx_dt;
dy_dx=
sin(t)/(1-cos(t))
```

diff(x)如果 x 是向量,返回向量 x 的差分,如果 x 是矩阵,则按各列作差分;diff(x,k)k 阶差分

```
>> x=[1,3,8,7];diff(x),diff(x,2)
A=[1 3 ;5 2;6 5;7 7];diff(A)
ans=
    2    5    -1
ans=
    3    -6
ans=
    4    -1
    1    3
    1    2
```

q=polyder(p):求得由向量 p 表示的多项式导函数的向量表示 q;

q=polyder(p,n):求得由向量 p 表示的多项式 n 阶导数的向量表示 q。

13.3.3　函数的积分

1. 函数积分的分类

函数积分主要分为定积分和不定积分两类,相应命令为:

int(f,x):即求函数 f 对变量 x 的不定积分。

int(f,x,a,b):其中 a、b 分别表示定积分的下限和上限。当函数 f 关于变量 x 在闭区间

[a,b]可积时,函数返回一个定积分结果;当 a、b 中有一个是 inf 时,函数返回一个广义积分,当 a、b 中有一个符号表达式时,函数返回一个符号函数。

```
>>syms L n x
Bn=2/L*int((x∧2−2*L*x)*sin((2*n+1)*pi*x/(2*L)),0,L);
Bn=subs(Bn,sin(n*pi),0);
disp('Bn='),simplify(Bn)
Bn=
    −(32*L∧2)/(pi∧3*(2*n + 1)∧3)
```

若原积分没有解析解,则可以采用数值方法求解,可以调用以下函数。

2. 向量梯形积分

z=trapz(x,y):x 是表示积分区间离散化的向量,y 是与 x 同维数的向量,表示被积函数

```
>>x=−1:0.1:1; y=exp(−x.∧2);trapz(x,y)
ans=
    1.4924
```

3. 高精度数值积分

```
q=integral(Fun,a,b)          % 求函数 Fun 在区间[a,b]上的定积分,且可计算
                               广义积分
q=quadl(fun,xmin,xmax)       % 采用 lobatto 方法求定积分的数值近似
>>q=integral(@(x)exp(−x.∧2),−1,1)
q=
    1.4936
```

4. 重积分的数值计算

例 13.7 计算 $\int_{-1}^{1} dy \int_{-\sqrt{1-y^2}}^{\sqrt{1-y^2}} dx \int_{\sqrt{x^2+y^2}}^{1} z dz$。

```
>>syms  x y z
f=z;
f1=int(f,z,sqrt(x∧2+ y∧2),1);
f2=int(f1,x,−sqrt(1− y∧2), sqrt(1− y∧2));
int(f2,y,−1,1)
ans=
    1/4*pi
```

例 13.8 计算三重积分 $\iiint\limits_{\Omega} xyz\,dxdydz$,$\Omega$ 为球面 $x^2+y^2+z^2=1$ 及三个坐标面所围成的在第一卦限内的区域。

解 该三重积分可化为累次积分 $\int_{0}^{1} dx \int_{0}^{\sqrt{1-x^2}} dy \int_{0}^{\sqrt{1-x^2-y^2}} xyz\,dz$。输入命令

```
>>int(int(int(x*y*z,z,0,sqrt(1−x∧2−y∧2)),y,0,sqrt(1−x∧2)),x,0,1)
ans=
```

1/48

```
q=dblquad(fun,xmin,xmax,ymin,ymax)      % 在区域[xmin,xmax, ymin,ymax]上
                                          计算函数的二重积分
q=triplequad(fun,xmin,xmax,ymin,ymax,zmin,zmax)   % 三重积分的近似值
```
如,函数的命令为
```
>>fun=inline('y./sin(x)+x.*exp(y)');
>>Q=dblquad(fun,1,3,5,7)
  Q=3.8319e+003
```

5. 曲线积分与曲面积分

例 13.9　设 l 为螺旋线 $x=a\cos t,y=a\sin t,z=bt(0\leqslant t<2\pi)$,计算$\int_l (x^2+y^2+z^2)\mathrm{d}s$。

```
>>syms a b t
x=a*cos(t); y=a*sin(t); z=b*t; f=x^2+y^2+z^2;
xt=diff(x,t); yt=diff(y,t);zt=diff(z,t);
int(f*sqrt(xt^2+yt^2+zt^2),t,0,2*pi)
ans=
(2*pi*(3*a^2+4*pi^2*b^2)*(a^2+b^2)^(1/2))/3
```

例 13.10　计算曲面积分$\iint_\Sigma (x^2+y^2)\mathrm{d}S$,其中 Σ 由锥面 $z=x^2+y^2$ 与平面 $z=1$ 所围成。

```
>>syms x y z1 z2;f=x^2+y^2; z1=sqrt(x^2+y^2); z2=1;
z1x=diff(z1,x); z1y=diff(z1,y); z2x=diff(z2,x); z2y=diff(z2,y);
f1=f*sqrt(1+z1x^2+z1y^2); f2=f*sqrt(1+z2x^2+z2y^2);
f=f1+f2
f=
(x^2+y^2)*(x^2/(x^2+y^2)+y^2/(x^2+y^2)+1)^(1/2)
        +x^2+y^2
>>f=simplify(f);
fy=int(f,x,-sqrt(-y^z), sqrt(1-y^2));
s=int(fy,y,-1,1)
s=(pi*(2^(1/2)+1))/2
```

13.3.4　数量函数的梯度

1. 直接使用命令
```
gradient(f,[x,y,z])
```

2. 利用梯度定义和求导数命令
```
grad_f=[diff(f,x),diff(f,y),diff(f,z)]
```
Fx=gradient(F,x);返回由向量 F 表示的一元函数沿 x 方向的导函数 $F'(\mathrm{x})$,其中 x 是与 F 同维数的列向量。

[Fx,Fy]＝gradient(F,x,y)：返回矩阵 F 表示的二元函数的数值梯度(F′(x)，F′(y))。当 F 为 m×n 矩阵时，x，y 分别为 n 维和 m 维列向量。

```
>>[x,y]＝meshgrid(-2:.2:2, -2:.2:2);
z＝x .* exp(-x.^2 - y.^2);
    [px,py]＝gradient(z,.2,.2);
    contour(z), hold on, quiver(px,py), hold off
```

该段代码执行的结果如图 13.1 所示。

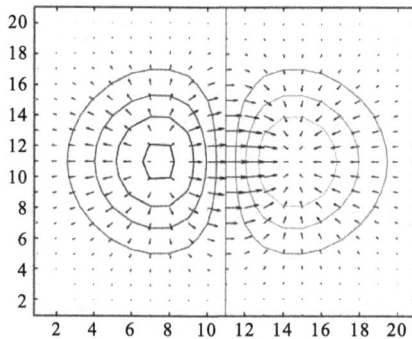

图 13.1

3. 由 jacobian(f(x,y,z),[x,y,z])求数量函数的梯度

jacobian([f(x,y,z);g(x,y,z); h(x,y,z)], [x,y,z])给出 jacobian 矩阵

$$\begin{bmatrix} \dfrac{\partial f}{\partial x} & \dfrac{\partial f}{\partial y} & \dfrac{\partial f}{\partial z} \\ \dfrac{\partial g}{\partial x} & \dfrac{\partial g}{\partial y} & \dfrac{\partial g}{\partial z} \\ \dfrac{\partial h}{\partial x} & \dfrac{\partial h}{\partial y} & \dfrac{\partial h}{\partial z} \end{bmatrix}$$

例 13.10 求函数 $f＝x^2+y^2+z^2-4z$ 的梯度。

```
>>syms  x y z
f＝x*x+y*y+z*z-4*z;
jacobian(f,[x,y,z])
ans＝
[ 2*x, 2*y, 2*z - 4]
```

13.3.5 矢量函数的散度

1. 利用求散度函数命令 divergence

div＝divergence(X,Y,Z,U,V,W)：计算包含向量分量 U、V 和 W 的三维向量场的散度。

数组 X、Y 和 Z 用于定义向量分量 U、V 和 W 的坐标，它们必须是单调的三维网格，类似 meshgrid 生成一样。

div＝divergence(U,V,W)：假定 X、Y 和 Z 由以下表达式确定：

$$[X \ Y \ Z] = meshgrid(1:n,1:m,1:p)$$

其中 $[m,n,p] = size(U)$。

div＝divergence(X,Y,U,V)：计算二维向量场 U、V 的场散度。

数组 X 和 Y 用于定义 U 和 V 的坐标,它们必须是单调的二维网格,类似 meshgrid 生成一样。

div＝divergence(U,V)：假定 X 和 Y 由以下表达式确定：

$$[X \ Y] = meshgrid(1:n,1:m)$$

其中 $[m,n] = size(U)$。

例如:将向量三维体数据的发散显示为切片平面,使用颜色表示散度。

```
load wind
div＝divergence(x,y,z,u,v,w);
h＝slice(x,y,z,div,[90 134],59,0);
colormap('jet');
shadinginterp
daspect([1 1 1]);
axistight
camlight
set([h(1),h(2)],'ambientstrength',.6);
```

该段代码执行的结果如图 13.2 所示。

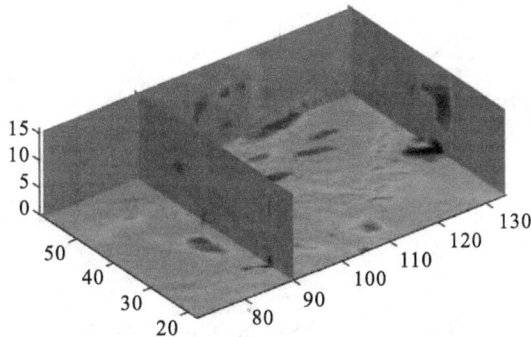

图 13.2

2. 利用求导数命令 diff

$$divF＝diff(U,x)＋diff(V,y)＋diff(W,z)$$

13.3.6　矢量函数的旋度

1. [curlx,curly,curlz,cav]＝curl(X,Y,Z,U,V,W)

计算三维向量场(U, V, W)的旋度 (curlx, curly, curlz) 和正交于向量的角速度 (cav)。

数组 X、Y 和 Z 分别用于定义 U、V 和 W 的坐标,它们必须是单调的三维网格,类似 meshgrid 生成一样。

$$[curlx,curly,curlz,cav]=curl(U,V,W)$$

假定 X、Y 和 Z 由以下表达式确定：

$$[X\ Y\ Z]=meshgrid(1:n,1:m,1:p)$$

其中 $[m,n,p]=size(U)$。

$$[curlz,cav]=curl(X,Y,U,V)$$

计算二维向量场 (U,V) 的旋度和正交于向量的角速度，数组 X 和 Y 用于定义 U 和 V 的坐标，它们必须是单调的二维网格，类似 meshgrid 生成一样。

$$[curlz,cav]=curl(U,V)$$

假定 X 和 Y 由以下表达式确定：

$$[X\ Y]=meshgrid(1:n,1:m)$$

其中 $[m,n]=size(U)$。

$$[curlx,curly,curlz]=curl(\ldots),[curlx,curly]=curl(\ldots)$$

仅返回旋度。

$$cav=curl(\ldots)$$

仅返回旋度角速度。

2. 利用求导数命令

$$rotF=[diff(W,y)-diff(V,z),diff(U,z)-diff(W,x),diff(V,x)-diff(U,y)]$$

13.4　解方程或方程组

1. roots(p)

该函数表示多项式的所有零点，p 是多项式系数向量。

2. fzero(f,x0)

该函数表示求 f＝0 在 x0 附近的根，f 是函数句柄，可以由字符串给出或使用@，但不能是符号表达式！

说明：

①方程可能有多个根，但是 fzero 只能给出距离 x0 最近的一个根。

②若 x0 是一个标量，则 fzero 先找出一个包含 x0 的区间，使得 f 在这个区间两个端点上的值异号，然后再在这个区间内寻找方程 f＝0 的根；如果找不到这样的区间，则返回 NaN。

③若 x0 是一个 2 维向量，则表示在 $[x0(1),x0(2)]$ 区间内求方程的根，此时必须满足 f 在这两个端点上的值异号。

④由于 fzero 是根据函数是否穿越横轴来决定零点。因此它无法确定函数曲线仅触及横轴但是不穿越的零点，如 $|sinx|$ 的所有零点。

函数中的 f 是一个函数句柄，通过以下方式给出：

字符串形式：

```
fzero('x∧3-3*x+1',2);
```

通过@调用的函数句柄：

```
fzero(@sin,4);
```

3. solve(f,v)

该函数表示求方程关于指定自变量的解,f 可以是用字符串表示的方程,或符号表达式,若不含等号表示 f＝0;也可解方程组(包含非线性);得不到解析解时,给出数值解。

linsolve(A,b):解线性方程组。

13.5　基本绘图命令

13.5.1　plot 函数

绘制二维图形最常用的函数就是 plot 函数,对于不同形式的输入,该函数可以实现不同的功能。其调用格式如下:

  plot(Y)

若 Y 为向量,则绘制的图形以向量索引为横坐标值、以向量元素值为纵坐标值。若 Y 为矩阵,则绘制 Y 的列向量对其坐标索引的图形。若 Y 为一复向量(矩阵),则 plot(Y)相当于 plot(real(Y),imag(Y))。而在其他形式的函数调用中,元素的虚部将被忽略。

  plot(X,Y)

一般来说是绘制向量 Y 对向量 X 的图形。如果 X 为一矩阵,则 MATLAB 绘出矩阵行向量或列向量对向量 Y 的图形,条件向量的元素个数能够和矩阵的某个维数相等。若矩阵是个方阵,则默认情况下将绘制矩阵的列向量图形。

  plot(X,Y,s)

想绘制不同的线型、标识、颜色等的图形时,可调用此形式。其中 s 为一字符,可以代表不同线型、点标、颜色。

1. 当 plot 函数仅有一个输入变量时

其调用格式如下:

  plot(Y)

此时,如果 Y 为实向量,则以 Y 的索引序号作为横坐标,以 Y 本身各元素作为纵坐标,来绘制图形。例如

  ＞＞y＝rand(1,100);   % y 为随机产生的 1×100 的向量

  ＞＞plot(y)

如果 Y 为复数向量,则将以该向量实部作为横坐标,虚部作为纵坐标,来绘制二维图形。这里应当注意的是,当输入变量不止一个时,函数将忽略输入变量的虚部,而直接绘制各变量实部间的图形。

  ＞＞x＝rand(100,1);   % 输入实部值

  ＞＞z＝x＋y.＊i;   % 定义复向量 z,向量 y 用上一例的结果

  ＞＞plot(z)

2. 当 plot 函数有两个输入变量时

其调用格式如下:

  plot(X,Y)

此时以第一个变量作为横坐标,以第二个变量作为纵坐标。该方式也是实际应用过程中最为常用的。例如

>>x=0:0.01*pi:pi;
>>y=sin(x).*cos(x);
>>plot(x,y)

在使用该方式调用函数 plot 时,应当注意到当两个输入量同为向量时,向量 X、Y 必须维数相同,而且必须同是行向量或同是列向量。当变量 X、Y 是同阶的矩阵时,将按矩阵的行或列进行操作。特别地,变量 Y 可以包含多个符合要求的向量,这时将在同一幅图中绘出所有图线。

>>x=0:0.01*pi:pi;
>>y=[sin(x'),cos(x')];
>>plot([x',x'],y)

该段代码执行的结果如图 13.3 所示。

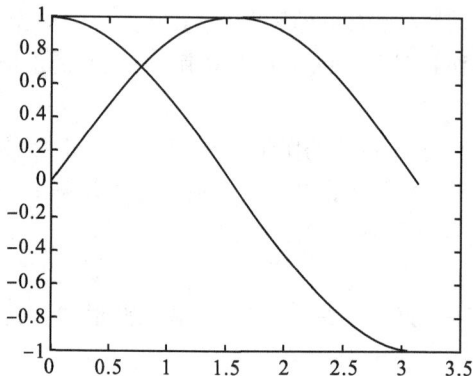

图 13.3

例 13.11 设 $y_1=x^3-35x^2+100x+1500, y_2=2000[\cos(x/2)-\sin(x)]$,分别作出函数在区间 $[-20,40]$ 的图像,判断方程 $x^3-35x^2+100x+1500=2000[\cos(x/2)-\sin(x)]$ 有几个实数根。

```
>>x=-20:0.1:40;
y1=x.^3-35*x.^2+100*x+1500;
y2=2000*(cos(x/2)-sin(x));
figure(1);
plot(x,y1,'b-');
figure(2);
plot(x,y2,'k');
figure(3)
plot(x,y1,'b-',x,y2,'k');
```

限于篇幅,这里只贴出了 figure3(见图 13.4)。

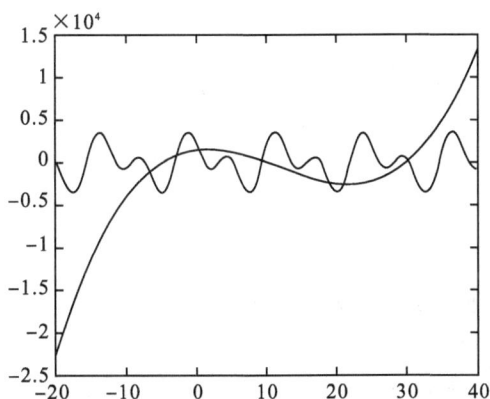

图 13.4

13.5.2　fplot 函数

该函数表示绘制字符串显函数图形,格式为

```
fplot('function',limits,tol,'s')
```

说明:①函数 function 必须是一个 M 文件函数或者是一个包含变量 x,且能用函数 eval 计算的字符串。

②limits 是一个指定 x 轴范围的向量[x_{min} x_{max}],或者是 x 轴和 y 轴范围向量[x_{min} x_{max} y_{min} y_{max}]。

③tol 为相对误差值,默认为 2e−3。

④s 用于修饰曲线,与 plot 命令中一样。

```
>>fplot('[sin(x),sin(1/x)]',2*pi*[−1 1 −1 1])
```

该段代码执行的结果如图 13.5 所示。

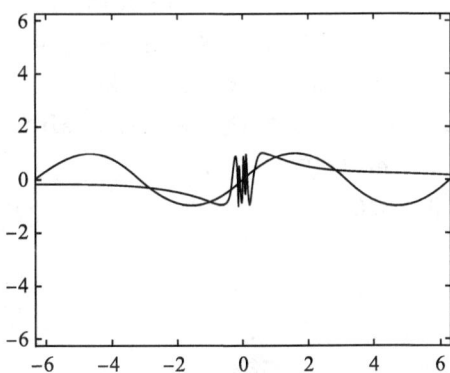

图 13.5

13.5.3　ezplot 函数

该函数表示绘制字符串显函数、隐函数、参数方程图形,格式为

ezplot('f(x)',[a,b]):绘制函数 y=f(x)从 a 到 b 间的图形

```
>>ezplot('x∧2−3*x',[2,3])
```

ezplot('f(x,y)',[xa,xb,ya,yb]):绘制 x 从 xa 到 xb 和 y 从 ya 到 yb 间的隐函数 f(x,y)=0

的图形。

$\gg$ezplot($'x \wedge 2+2*x*y-6'$,$[1,2,2,-5]$)

ezplot($'x'$,$'y'$,$[ta,tb]$):绘制 t 从 ta 到 tb 间参数方程 x=x(t),y=y(t)的函数图形

$\gg$ezplot($'t \wedge 2+1'$,$'t \wedge 3-2*t'$,$[1,2]$)

13.5.4 plot3 函数

该函数表示绘制三维空间曲线或点图。

plot3(x,y,z):其中 x,y,z 是三个相同长度的向量,通过坐标为 x,y,z 的元素的点在三维空间中画曲线。

plot3(X,Y,Z):X,Y,Z 是同维数的矩阵,画与矩阵列数数目相同条数的曲线。

plot3(x1,y1,z1,s1,x2,y2,z2,s2,...):画多条空间曲线,s 为用于绘图控制的字符串。

$\gg$x=0:0.1:2*pi;y=2*sin(x); z=3*cos(x);

$\gg$ plot3(x,y,z),grid on

13.5.5 surf 函数

surf(X,Y,Z,C):绘制四个矩阵参数控制的空间指定方向着色的曲面图,坐标轴的范围由 X,Y,Z 或当前轴的设置确定,色彩由参数 C 或当前色彩设置确定。

surf(X,Y,Z):默认 C=Z,故色彩与面的高度成正比。

surf(x,y,Z):用两个向量参数代替两个矩阵参数,length(x)=n,length(y)=m,[m,n]= size[Z]。

surf(Z)和 surf(Z,C):使用 x=1:n;y=1:m,在这种情况下,高度 Z 是通过矩形网格定义的单值函数。

surfc:绘制带有基本等高线的表面图,其他使用方法同 surf。

surfl:绘制带有指定方向照明的表面图,其他使用方法同 surf。

例如,绘制函数 z=cos$x$sin$y$ 的三维曲面图形,格式为

$\gg$x=$[0:0.15:2*pi]$;y=$[0:0.15:2*pi]$;z=sin(y$'$)*cos(x);

$\gg$surf(x,y,z);title($'3-D SURF'$);

该段代码执行的结果如图 13.6 所示。

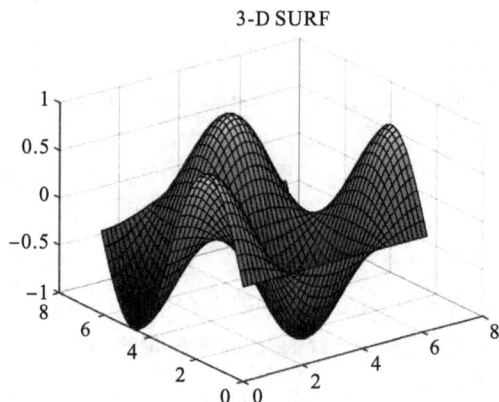

图 13.6

13.5.6　mesh 函数

绘制着色的三维网格图,使用方法同 surf 函数。

meshc:绘制带有基本等高线的网格图,使用方法同 surfc。

meshz:绘制带有窗帘的网格图,使用方法同 mesh。

```
>>z=peaks(40);
subplot(1,2,1);
mesh(z),
subplot(1,2,2)
meshz(z)
```

该段代码执行的结果如图 13.7(a)(b)所示。

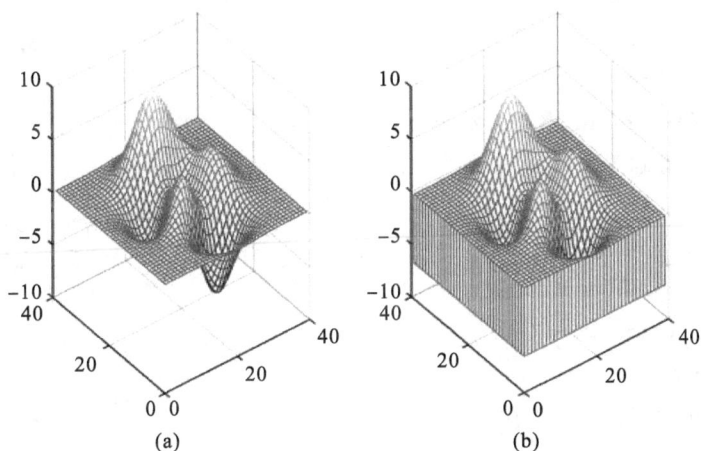

图 **13.7**

13.5.7　其他绘图函数

(1)数值条形图 bar(x,y)。

```
>>x=0:10:90;
y=[0,0,1,1,0,2,18,20,9,6];
y=y';
bar(x,y)
```

(2)绘制散点图 scatter(x,y)。

(3)饼形图 pie(x),三维饼状图 pie3(x,explode)。

```
>>cj=[80,95,70,40];
pie(cj,[0,0,1,0]);
pie3(cj,[0,0,1,0],{'语文 28%','数学 33%','外语 25%','政治 14%'})
```

该段代码执行的结果如图 13.8 所示。

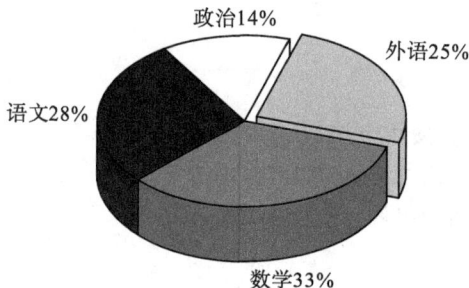

图 13.8

（4）等高线图 contour。

contour(Z)：在 x－y 平面上绘制矩阵 Z 的等高线图，x 坐标顶点相应于 Z 的列号，y 坐标顶点相应于 Z 的行号，自动选择等高线水平。

contour(X,X,Z)：使用 X 和 Y 定义的网格顶点绘制 Z 的等高线图。

contour(Z,N)；contour(X,Y,Z,N)：画 N 条等高线，自动选择等高线水平。

contour(Z,V)；contour(X,Y,Z,V)：按矢量 V 指定的每一级水平绘制等高线。

>>[x,y,z]=peaks;contour(x,y,z,15)

（5）瀑布图 waterfall()。

>>waterfall(peaks)

（6）极坐标图 polar。

>>clear

>>theta=0:0.1:8*pi;

>>polar(theta,cos(4*theta)+1/4)

该段代码执行的结果如图 13.9 所示。

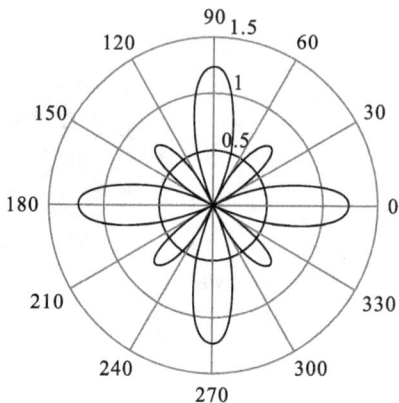

图 13.9

习　题　13.1

1.求下列各式极限：

$(1)\lim\limits_{n\to\infty}\left(1-\dfrac{1}{n}\right)^{n}$；

$(2)\lim\limits_{n\to\infty}\sqrt[n]{n^{3}+3^{n}}$；

$(3)\lim\limits_{n\to\infty}(\sqrt{n+2}-2\sqrt{n+1}+\sqrt{n})$

$(4)\lim\limits_{x\to1}\left(\dfrac{2}{x^{2}-1}-\dfrac{1}{x-1}\right)$；

$(5)\lim\limits_{x\to0}x\cot2x$；

$(6)\lim\limits_{x\to\infty}(\sqrt{x^{2}+3x}-x)$；

$(7)\lim\limits_{x\to\infty}\left(\cos\dfrac{m}{x}\right)^{x}$；

$(8)\lim\limits_{x\to1^{-}}(\dfrac{1}{x}-\dfrac{1}{e^{x}-1}$；

$(9)\lim\limits_{x\to0^{+}}\dfrac{\sqrt[3]{1+x}-1}{x}$；

$(10)\lim\limits_{x\to0,y\to0}\dfrac{x^{2}-y^{2}}{x^{2}+y^{2}}$。

2.求下列函数的导数与各一阶偏导数：

$(1)y=(\sqrt{x}+1)\left(\dfrac{1}{\sqrt{x}}-1\right)$；

$(2)y=x\sin x\ln x$；

$(3)y=\dfrac{1}{\sqrt{1+x^{5}}}$；

(4)$z = x^2 \sin(xy)$;　　　　(5)$u = \left(\dfrac{x}{y}\right)^2$;　　　　(6)$\arctan \dfrac{y}{x} = \ln \sqrt{x^2 + y^2}$。

3. 已知 $\begin{cases} x = a\cos^3 t \\ y = a\sin^3 t \end{cases}$ $(0 \leqslant t \leqslant \pi)$，求 $\dfrac{\mathrm{d}^2 y}{\mathrm{d}x^2}$。

4. 设 $u = x\ln(x+y)$，求 $\dfrac{\partial^2 u}{\partial x^2}, \dfrac{\partial^2 u}{\partial y^2}, \dfrac{\partial^2 u}{\partial x \partial y}$。

5. 计算下列不定积分，并用 diff 对结果求导：

(1) $\displaystyle\int \dfrac{\sin 2x\, \mathrm{d}x}{\sqrt{1+x^2}}$;　　　　(2) $\displaystyle\int x^2 \mathrm{e}^{-2x}\,\mathrm{d}x$;　　　　(3) $\displaystyle\int \dfrac{\arcsin x}{x^2}\,\mathrm{d}x$。

6. 计算下列定积分：

(1) $\displaystyle\int_1^{\mathrm{e}} x\ln x\,\mathrm{d}x$;　　　　(2) $\displaystyle\int_1^{\mathrm{e}} \sin(\ln x)\,\mathrm{d}x$;　　　　(3) $\displaystyle\int_{-1}^{1} \dfrac{x^3 \sin^2 x\, \mathrm{d}x}{x^4 + 2x^2 + 1}$。

7. 设 $\boldsymbol{A} = t\boldsymbol{i} - 3\boldsymbol{j} + 2t\boldsymbol{k}$，$\boldsymbol{B} = \boldsymbol{i} - 2\boldsymbol{j} + 2\boldsymbol{k}$，$\boldsymbol{C} = 3\boldsymbol{i} + t\boldsymbol{j} - \boldsymbol{k}$；计算 $\displaystyle\int (\boldsymbol{A} \times \boldsymbol{B}) \cdot \boldsymbol{C}\,\mathrm{d}t$。

8. 计算曲线 $x = a\sin t^2$，$y = a\sin 2t$，$z = a\cos t$ 在 $t = \dfrac{\pi}{4}$ 处的切向矢量。

习　题　13.2

1. 求摆线 $x = a(t - \sin t)$，$y = a(1 - \cos t)$ 的一拱与 x 轴所围图形的面积。

2. 计算二重积分：

(1) $\displaystyle\iint\limits_{x^2 + y^2 \leqslant 1} (x + y)\,\mathrm{d}x\mathrm{d}y$;　　　　(2) $\displaystyle\iint\limits_{x^2 + y^2 \leqslant x} (x^2 + y^2)\,\mathrm{d}x\mathrm{d}y$。

3. 计算三重积分：

(1) $\displaystyle\iiint\limits_{\Omega} xyz\,\mathrm{d}x\mathrm{d}y\mathrm{d}z (\Omega: 0 \leqslant z \leqslant y \leqslant x \leqslant a)$;

(2) $\displaystyle\iiint\limits_{\Omega} x\,\mathrm{d}x\mathrm{d}y\mathrm{d}z (\Omega: z + y + x \leqslant a, x \geqslant 0, y \geqslant 0, z \geqslant 0)$。

4. 计算 $\displaystyle\oint_L \sqrt{x^2 + y^2}\,\mathrm{d}s$，其中 L 为圆周 $x^2 + y^2 = ax(a > 0)$。

5. 计算 $\displaystyle\int_L (x^2 - y^2)\,\mathrm{d}x + (x^2 + y^2)\,\mathrm{d}y$，其中 L 为抛物线 $y = x^2$ 从点 $(0, 0)$ 到点 $(2, 4)$ 的一段弧。

6. 给出函数 $f(x) = \mathrm{e}^x \sin x + 2^x \cos x$ 在点 $x = 0$ 的 7 阶泰勒展开式及在点 $x = 1$ 的 5 阶泰勒展开式。

习　题　13.3

1. 求数量场 $u = x^2 + 2y^2 + 3z^2 + xy + 3x - 2y - 6z$ 在点 $A(1, 1, 1)$ 处梯度的大小和方向余弦。

2. 求下列矢量场 $\boldsymbol{A}$ 的散度：

$(1)\textbf{A}=(1+y\sin x)\textbf{i}+(x\cos y+y)\textbf{j}$；

$(2)\textbf{A}=(2z-3y)\textbf{i}+(3x-z)\textbf{j}+(y-2x)\textbf{k}$ 的散度。

3．计算 $\textbf{A}=4x\textbf{i}-2xy\textbf{j}+z^2\textbf{k}$ 在点 $M(1,1,3)$ 处的散度 div$\textbf{A}$ 值。

4．求矢量场 $\textbf{A}$ 从内穿出所给闭曲面 S 的通量 Φ：$\textbf{A}=x^3\textbf{i}+y^3\textbf{j}+z^3\textbf{k}$，$S$ 为球面 $x^2+y^2+z^2=a^2$。

5．求矢量场 $\textbf{A}=-y\textbf{i}+x\textbf{j}+c\textbf{k}$（$c$ 为常数）沿圆周 $x^2+y^2=R^2$，$z=0$ 曲线的环量。

6．求矢量场 $\textbf{A}=(3x^2y^2+z)\textbf{i}+(y^3-z^2x)\textbf{j}+2xyz\textbf{k}$ 的散度和旋度。

7．已知 $\textbf{A}=3y\textbf{i}+2z^2\textbf{j}+xy\textbf{k}$，$\textbf{B}=x^2\textbf{i}-4\textbf{k}$ 计算 rot$(\textbf{A}\times\textbf{B})$。

8．已知 $u=3x^2z-y^2z^3+4x^3y+2x-3y-5$，计算 Δu。

9．下列矢量场 $\textbf{A}$ 是否保守场？若是，计算曲线积分 $\int_l \textbf{A}\cdot\mathrm{d}\textbf{l}$。

$\textbf{A}=(6xy+z^3)\textbf{i}+(3x^2-z)\textbf{j}+(3xz^2-y)\textbf{k}$

$\textbf{A}$ 的起点为 $A(4,0,1)$，终点为 $B(2,1,-1)$。

10．求全微分 $\mathrm{d}u=(3x^2+6xy^2)\mathrm{d}x+(6x^2y+4y^3)\mathrm{d}y$ 的原函数 u。

习　题　13.4

1．绘制下列曲线：

$(1)y=2x^3-3x+1$；$(x\in[-10,10])$；　　　$(2)\begin{cases}x=3t^2\\y=5t\end{cases}$。

2．绘制下列三维图形：

$(1)\begin{cases}x=\cos t\\y=\sin t\\z=t\end{cases}$；　　　　　　　　$(2)\begin{cases}x=(1+\cos u)\cos v\\y=(1+\cos u)\sin v\\z=\sin u\end{cases}$。

3．有一组测量数据满足 $y=\mathrm{e}^{-at}$，t 的变化范围为 $0\sim10$，用不同的线型和标记点画出 $a=0.1$、$a=0.2$ 和 $a=0.5$ 三种情况下的曲线。

4．绘制函数 $z=\dfrac{\sin(\sqrt{x^2+y^2})}{\sqrt{x^2+y^2}}$ 在 $x\in[-7.5,7.5]$，$y\in[-7.5,7.5]$ 时的图形。

5．已知空间曲线方程 $\begin{cases}y=x\sin x\cos x\\z=x\cos^2 x\end{cases}$，$x\in[0,20]$，绘制曲线图形。

6．绘制叶形线 $u^3+v^3=9uv$ 和三叶玫瑰线 $r=\sin 3t$（极坐标方程）。

7．绘制双曲抛物面 $z=\dfrac{x^2}{2}-\dfrac{y^2}{3}$ 的网线图。

8．绘制旋转抛物面 $z=\dfrac{x^2}{3}+\dfrac{y^2}{4}$ 曲面图。

第 14 章　MATLAB 在复变函数中的应用

14.1　复数及其矩阵的生成

1. 复数的生成

在 MATLAB 中，产生复数的方法有两种：

(1)由 $z = x + y * i$ 产生，可简写成 $z = x + yi$；

(2)由 $z = r * \exp(i * theta)$ 产生，可简写成 $z = r * \exp(theta\,i)$，其中 r 为复数 z 的模，theta 为复数 z 辐角的弧度值。

2. 复数矩阵的输入

MATLAB 的矩阵元素允许是复数、复变量和由它们组成的表达式。复数矩阵的输入方法有两种：

(1)与实数矩阵相同的输入方法（见第 1 章）；

(2)将实部、虚部矩阵分开输入，再写成和的形式。

例 14.1

```
>>A=[1,3;-2,4]-[5 8;6 -9]*i
A=

    1.0000 - 5.0000i   3.0000 - 8.0000i
   -2.0000 - 6.0000i   4.0000 + 9.0000i
```

14.2　复数的基本运算

1. 复数的实部与虚部

复数的实部和虚部用命令 real 和 imag 提取。

格式：

```
real(z)          %返回复数 z 的实部
imag(z)          %返回复数 z 的虚部
```

2. 共轭复数

复数的共轭复数由命令 conj 实现。

格式：

```
conj(z)          %返回复数 z 的共轭复数
```

3. 复向量或复矩阵的转置

复向量或复矩阵的转置符合两个规则：

(1)符合实矩阵转置原则；

(2)转置后的元素均为共轭复数,格式为

Z′   % Z 的共轭转置

例 14.2

```
>>A=[1,3;-2,4]-[5 8;6 -9]*i
A=
      1.0000 - 5.0000i   3.0000 - 8.0000i
     -2.0000 - 6.0000i   4.0000 + 9.0000i
>>A′
ans=
      1.0000 +5.0000i   -2.0000 + 6.0000i
      3.0000 + 8.0000i   4.0000 - 9.0000i
```

若要得 Z 的非共轭转置,可用 Z.′或 conj(Z′)。接上例

```
>>A.′
ans=
      1.0000 -5.0000i   -2.0000 - 6.0000i
      3.0000 - 8.0000i   4.0000 + 9.0000i
```

4. 复数的模和辐角

求复数的模由函数 abs 和 norm 实现。

格式:

```
abs(z)              % 返回复数 z 的模
norm(z)             % 返回复数 z 的模
```

求复数的辐角由函数 angle 实现。

```
angle(z)            % 返回复数 z 的辐角
```

例 14.3   求下列复数的实部、虚部、共轭复数、模、辐角、转置。

(1)$\dfrac{1}{2+3i}$;   (2)$\dfrac{1}{i}+\dfrac{3i}{1+i}$;   (3)$\dfrac{(2+3i)(3-4i)}{2i}$;   (4)$i^7-4i^{17}+i$。

解   可以将上述 4 个复数组成复矩阵一并处理。

在 MATLAB 编辑器中建立 M 文件 *.m:

```
format rat                                    % 有理数表示
Z=[1/(2+3i),1/i+3i/(1+i),(2+3i)*(3-4i)/2i,i^7-4*i^17+i]
re=real(Z)                                    % 求实部
im=imag(Z)                                    % 求虚部
Z1=conj(Z)                                    % 求共轭复数
r=abs(Z)                                      % 求模
theta=angle(Z)                               % 求辐角
Z2=Z′                                         % 求转置
```

运行结果为

```
Z＝
  1 至 4 列
    2/13 － 3/13i        3/2 ＋1/2i        1/2 － 9i        0 － 4i
re＝
    2/13            3/2            1/2            0
im＝
    －3/13           1/2           －9           －4
Z1＝
  1 至 4 列
    2/13 ＋ 3/13i        3/2 － 1/2i        1/2 ＋ 9i        0 ＋ 4i
r＝
    1369/4936        721/456        11691/1297        4
theta＝
    －971/988        250/777        －941/621        －355/226
Z2＝
    2/13 ＋ 3/13i
    3/2 － 1/2i
    1/2 ＋ 9i
    0 ＋ 4i
```

5. 复数的乘除法

运算符：

```
*              % 乘法:模相乘,辐角相加
/              % 除法:模相除,辐角相减
```

例 14.4

```
>>z1＝4 * exp(pi/3i)
z1＝
    2.0000 － 3.4641i
>>z2＝3 * exp(pi/5i)
z2＝
    2.4271 － 1.7634i
>>z3＝3 * exp(pi/5 * i)
z3＝
    2.4271 ＋ 1.7634i
>>z1/z2
ans＝
    1.2181 － 0.5423i
```

注意：$1/5i＝1/(5*i)$,而 $1/5i≠1/5*i＝(1/5)*i$

14.3 复数的其他运算

1. 复数的平方根

函数：

```
sqrt (z)            %返回复数 z 的平方根值
```

2. 复数的幂运算

格式：

```
z ^ n               %返回复数 z 的 n 次幂
```

例 14.5 计算：(1) $z_1=(1+i)^6$；(2) $z_2=\sqrt[6]{-1}$；(3) $z_3=(1-i)^{\frac{1}{3}}$。

解 在 MATLAB 命令窗口键入：

```
>>z1=(1+i)^6
z1=
   0 - 8.0000i
>> z2=(-1)^(1/6)
z2=
   0.8660 + 0.5000i        %取 k=0 之值
>> z3=(1-i)^(1/3)
z3=
   1.0842 - 0.2905i        %取 k=0 之值
```

3. 复数的指数运算和对数运算

函数：

```
exp            %指数运算
log            %对数运算
```

格式：

```
exp (z)        %返回复数 z 的以 e 为底的指数函数值
log (z)        %返回复数 z 的以 e 为底的对数函数值
```

例 14.6 计算：(1) $z_1=e^{1-i\frac{\pi}{2}}$；(2) $z_2=3^i$；(3) $z_3=(1+i)^i$；(4) $z_4=\lg(-3+4i)$。

解 在 MATLAB 窗口键入：

```
>>z1=exp(1-i*pi/2)
z1=
   0.0000 - 2.7183i
>>z2=exp(i*log(3))
z2=
   0.4548 + 0.8906i
```

或

$\gg$z2＝3∧i

z＝

　　0.4548 ＋ 0.8906i

$\gg$z3＝(1+i)∧i　　　　　　　　% 或 z3＝exp(i∗log(1+i))

z3＝

　　0.4288 ＋ 0.1549i

$\gg$z4＝log(−3+4i)

z4＝

　　1.6094 ＋ 2.2143i

4. 复数的三角运算

sin (z)、cos (z)、tan (z)、cot (z)、sec (z)、asin (z)等函数,表示返回复数 z 的函数值。

注意:在 MATLAB 中,复数运算的结果都是主值。如上述各例。

5. 复数方程求根

格式:

　　solve (′f (x)＝0′)　　　　　　　　% 求方程 f (x)＝0 的根

例 14.7　求方程 $x^3+8=0$ 所有的根。

解　在 MATLAB 命令窗口键入:

　　$\gg$solve(′x∧3+8=0′)

　　ans＝

　　　　[　　　　　　　−2]

　　　　[1−i ∗ 3 ∧(1/2)]

　　　　[1+i ∗ 3 ∧(1/2)]

6. 级数求和

函数:

　　symsum(u,t,a,b)

计算 $\sum\limits_{t=a}^{b} u$,其中 u 是包含符号变量 t 的表达式,是待求和级数的通项,当 u 的表达式只含有一个变量时,参数 t 可以省略。

例如,判断级数 $\sum\limits_{n=1}^{\infty} \dfrac{1}{n}$是否收敛,如收敛则求其和。

　　$\gg$n=sym(′n′);

　　s1=symsum(1/n,n,1,inf)

　　s1＝

　　Inf

说明级数发散。

14.4　复变函数的积分

14.4.1　非闭合路径的积分

非闭合路径的积分,用函数 int 求解,方法同微积分部分的积分。

例 14.8　计算 $z_1 = \int_{-\pi i}^{3\pi i} e^{2z} dz$, $z_2 = \int_{\frac{\pi}{6}i}^{0} \mathrm{ch}3z dz$(沿 1 到 2 的直线段)。

解　在 MATLAB 编辑器中编辑 M 文件 *.m:

z1＝int('exp(2 * z)','z',－pi * i,3 * pi * i)
syms z
z2＝int(cosh(3 * z),z,pi/6 * i,0)

运行结果为

z1＝

0

z2＝

－1/3 * i

说明:在 z1 中定义表达式为符号;在 z2 中,先定义符号变量,再进行积分。两种方法都可行,且结果一样。

14.4.2　沿闭合路径积分

对沿闭合路径的积分,先计算闭区域内各孤立奇点的留数,再利用留数定理可得积分值。

1. 留数计算

在 MATLAB 中,可由函数 residue 实现。

函数:

residue　　　　% 留数函数(部分分式展开)

格式:

[R, P, K]＝residue (B, A)

说明:$f(z) = \dfrac{B(s)}{A(s)} = \dfrac{R(1)}{s-P(1)} + \dfrac{R(2)}{s-P(2)} + \cdots + \dfrac{R(n)}{s-P(n)} + K(s)$

向量 B 为 f(z)的分子系数;(以 s 降幂排列)

向量 A 为 f(z)的分母系数;(以 s 降幂排列)

向量 R 为留数;

向量 P 为极点;极点的数目 n＝length (A)－1＝length (R)＝length (P)。

向量 K 为直接项,如果 length (B)＜length (A),则 K＝[ ],即直接项系数为空;否则 length (K)＝length (B) － length (A) +1。如果存在 m 重极点,即有

$$P(j) = P(j+1) = \cdots = P(j+m-1)$$

则展开项包括以下形式:

$$\frac{R(j)}{s-P(j)} + \frac{R(j+1)}{(s-P(j))^2} + \cdots + \frac{R(j+m-1)}{(s-P(j))^m}$$

注意：MATLAB 函数只能解决有理分式的留数问题。

格式：

　　[B，A]＝residue（R，P，K）

说明：R、P、K 含义同上。当输入 R、P、K 后，可得 f(z)的分子、分母系数向量。

例 14.9　求下列函数在奇点处的留数：

(1) $\dfrac{z+1}{z^2-2z}$；　(2) $\dfrac{z}{z^4-1}$。

解　在 MATLAB 命令窗口键入：

　　＞＞[r1,p1,k1]＝residue([1,1],[1,−2,0])

　　r1＝

　　　　1.5000

　　　　−0.5000

　　p1＝

　　　　2

　　　　0

　　k1＝

　　　　[ ]

　　＞＞[r2,p2,k2]＝residue([1 0],[1 0 0 0 −1])

　　r2＝

　　　　0.2500

　　　　0.2500

　　　　−0.2500 ＋ 0.0000i

　　　　−0.2500 − 0.0000i

　　p2＝

　　　　−1.0000

　　　　1.0000

　　　　0.0000 ＋ 1.0000i

　　　　0.0000 − 1.0000i

　　k2＝

　　　　[ ]

反之：

　　＞＞[B,A]＝residue([0.2500 0.2500 −0.2500 −0.2500],[−1 1 i −i],[])

　　B＝

　　　　0　　0　　1　　0

　　A＝

　　　　1　　0　　0　　0　　−1

2. 闭合路径积分

由留数定理可知

$$\oint_C f(z)\mathrm{d}z = 2\pi\mathrm{i} \cdot \sum_{k=1}^{n} \mathrm{Res}[f(z), z_k]$$

闭合路径积分利用留数定理来计算。

例 14.10 计算积分 $\oint_C \dfrac{z}{z^4-1}\mathrm{d}z$，其中 C 为正向圆周 $|z|=2$。

解 在 MATLAB 编辑器中建立 M 文件 *.m：

```
B=[1 0];
A=[1 0 0 0 −1];
[r,p,k]=residue(B,A)        %求被积函数的留数
I=2*pi*sum(r)               %利用留数定理计算积分值
```

运行结果为

```
r=
    0.2500
    0.2500
   −0.2500 + 0.0000i
   −0.2500 − 0.0000i
p=
   −1.0000
    1.0000
    0.0000 + 1.0000i
    0.0000 − 1.0000i
k=
    [ ]
I=
    0
```

14.5 Taylor 级数展开

函数 $f(z)$ 在 z_0 的泰勒级数展开为函数 taylor：

```
taylor              %Taylor 级数展开
```

格式：

```
taylor (f)          %返回 f 函数的前 5 次幂多项式近似
taylor (f, n)       %返回前 n−1 次幂多项式近似
taylor (f, a)       %返回 a 点附近的幂多项式近似
taylor (f, x)       %对 f 中的变量 x 展开;若不含 x,则对变量 x=findsym (f)展开。
```

例 14.11 求下列函数在指定点的 Taylor 级数展开式。

(1) $1/z^2, z_0=-1$；　(2) $\tan z, z_0=\pi/4$；　(3) $\sin z/z, z_0=0$。

解 在 MATLAB 中实现为

```
>>syms z
>>taylor(1/z∧2,−1)
ans＝
3＋2*z＋3*(z+1)∧2＋4*(z+1)∧3＋5*(z+1)∧4＋6*(z+1)∧5
>>taylor(tan(z),pi/4)
ans＝
1＋2*z−1/2*pi＋2*(z−1/4*pi)∧2＋8/3*(z−1/4*pi)∧3＋10/3*
    (z−1/4*pi)∧4＋64/15*(z−1/4*pi)∧5
>>taylor(sin(z)/z,0)
ans＝
1−1/6*z∧2＋1/120*z∧4−1/5040*z∧6＋1/362880*z∧8
```

从(3)的展开式可知彼知已 $z=0$ 是 $\sin z/z$ 的可去奇点。

注意:Taylor 展开运算实质上是符号运算,因此在 MATLAB 中执行此命令前应先定义符号变量 syms z,否则 MATLAB 将给出出错信息!

14.6　复变函数的图形

MATLAB 使用下列函数进行复变函数的作图:

(1)cplxgrid:构建一个极坐标的复数数据网格。

```
z=cplxgrid(m);      %产生(m+1)*(2*m+1)的极坐标下的复数数据网格
```

(2)cplxmap:对复变函作图。

```
cplxmap(z,f(z),[optional bound])    %画复变函数的图形,可选项用以选择函数
                                       的作图范围
```

cplxmap 做图时,以 xy 平面表示自变量所在的复平面,以 z 轴表示复变函数的实部,颜色表示复变函数的虚部。

(3)cplxroot:画复数的 n 次根函数曲面。

```
cplxroot(n)      %画复数 n 次根的函数曲面,复数为最大半径为 1 的圆面
cplxroot(n,m)    %画复数 n 次根的函数曲面,复数为最大半径为 1 的圆面,网络为
                    (m*m)的方阵
```

1. 整幂函数的图形

例 14.12　绘出幂函数 z^2 的图形。

```
>>z=cplxgrid(30);
>>cplxmap(z,z.∧2);
>>colorbar('vert');
>>title('z∧2')
%(如图 14.1 所示)
```

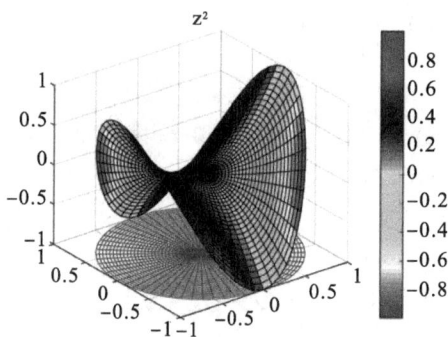

图 14.1

2. 根式函数的图形

例 14.13 绘出幂函数 $z^{\frac{1}{2}}$ 的图形。

```
>>z=cplxgrid(30);
cplxroot(2);
colorbar('vert');
title('z∧{1/2}')        %（如图 14.2 所示）
```

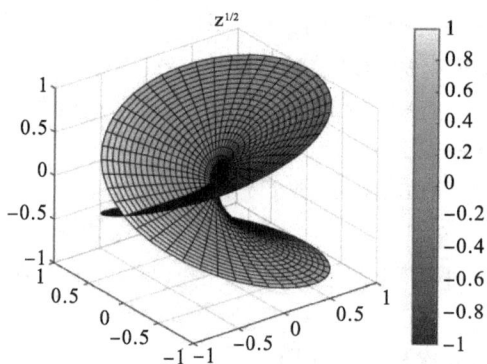

图 14.2

3. 复变函数中对数函数的图形

例 14.14 绘出对数函数 $\mathrm{Ln}z$ 的图形。

```
>>z=cplxgrid(20);
w=log(z);
surf(real(z),imag(z),real(w),imag(w));
hold on
title('Lnz')
end
view(−75,30)      %（如图 14.3 所示）
```

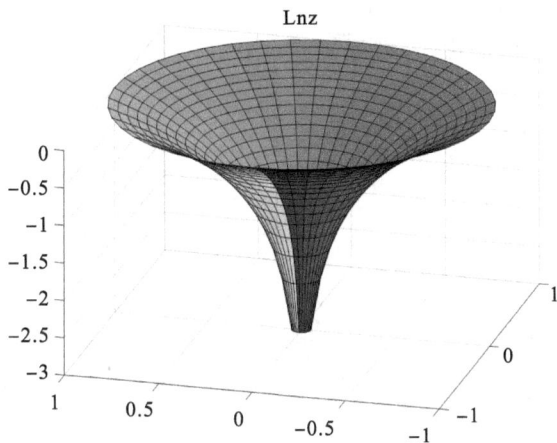

图 14.3

例 14.15　计算机仿真编程实践：

若 $z_k(k=1,2,\cdots,n)$ 对应为 $z^n-1=0$ 的根，其中 $n\geqslant 2$ 且取整数。试用计算机仿真编程验证以下数学恒等式成立：

$$\sum_{k=1}^{n}\frac{1}{\prod\limits_{\substack{m=1\\(m\neq k)}}^{n}(z_k-z_m)}=0$$

解　在 MATLAB 中建立 M 文件 ＊·M。

```
n=round(1000 * random('beta',1,1))+1
su=1;
sum=0;
for s=1:n
    N(s)=exp(i * 2 * s * pi/n);
end
for k=1:n
    for s=1:n
        if s~=k
        su=1/(N(k)-N(s)) * su;
        end
    end
    sum=sum+su;
    su=1;
end
sum
```

　% 仿真验证结果为：n＝735　　　sum＝2.2335e−016 −5.1707e−016i

其中 n 的值为随机产生的整数，可见其和的实部和虚部均接近于零。

例 14.16 画复数 $(z-0.5)^{0.5}$ 的图形。

解 仿照 cplxroot 函数的程序,编程如下:

```
m=20;
n=2;
r=(0:m)'/m;
theta=pi*(-m:m)/m;
z=r*exp(i*theta)-0.5;
w1=z.^(1/n);
subplot(2,2,1),surf(real(z),imag(z),real(w1),imag(w1));
colorbar
w2=w1.*exp(i*2*pi/n);
subplot(2,2,2),surf(real(z),imag(z),real(w2),imag(w2));
colorbar
subplot(2,1,2)
surf(real(z),imag(z),real(w1),imag(w1));
hold on
surf(real(z),imag(z),real(w2),imag(w2));
colorbar
```

习　题　14.1

1.求下列复数的实部与虚部、共轭复数、模与辐角:

    (1) $\dfrac{1}{3+2i}$；   (2) $\dfrac{1}{i}-\dfrac{3i}{1-i}$；   (3) $\dfrac{(3+4i)(2-5i)}{2i}$；   (4) $i^8-4i^{21}+i$。

2.设 $a=\dfrac{2}{1+5i}$，$b=\dfrac{3}{5i}+\dfrac{3i}{2+4i}$，计算 $a*b$，a/b。

3.作圆周 $|z|=5$ 在映射 $\omega=3z+\dfrac{z}{5}$ 下的象。

4.求 $z^3+5=0$ 的所有根。

5.求下列各式的值:

    (1) $\sqrt[6]{-1}$；   (2) $(1-i)^{1/3}$；   (3) $z=(1+i)^6$；   (4) $z_1=e^{1-i\frac{\pi}{2}}$；

    (5) $z_2=3^i$；   (6) $z_3=(1+i)^i$；   (7) $z_4=\lg(-3+4i)$。

6.绘下列函数图形:

    (1) z^3；   (2) $z^{2/3}$；   (3) $\mathrm{Ln}\,z^{3/2}$。

习　题　14.2

1.求下列函数在零点处的极限:

    (1) $f(z)=z/\sin z$；   (2) $\dfrac{e^z-1}{3z}$。

2.求下列函数的导数：

(1) $(z-1)^5$；　　　　　　　(2)z^3+2iz；　　　　　　(3)$z/(1+z)\sin(z)$。

3.计算 $z_1=\int_0^i (z-1)e^{-z}dz, z_2=\int_{-1}^i \dfrac{1+\tan z}{\cos^2 z}dz$。

4.求下列函数在指定点的泰勒开展式：

(1)$1/z^2, z_0=-1$；　　　　　(2)$\tan z, z_0=\pi/4$；　　　(3)$e^z\cos z, z=0$。

5.试求函数 $f(z)=\dfrac{z}{z^3-3z-2}$ 的部分分式展开。

习　题　14.3

1.判别下列级数的敛散性,若收敛,求其和：

(1) $\displaystyle\sum_{n=1}^{\infty} \left(\frac{1}{n}+\frac{i}{2^n}\right)$；　　　　　　(2) $\displaystyle\sum_{n=1}^{\infty} \left(\frac{1+5i}{2}\right)^n$；

(3) $\displaystyle\sum_{n=1}^{\infty} \frac{i^n}{n}$；　　　　　　　(4) $\displaystyle\sum_{n=1}^{\infty} \frac{1}{(2+3i)^n}$。

2.求下列各函数 $f(z)$ 在有限奇点处的留数：

(1)$\dfrac{z+1}{z^2-2z}$；　　　(2)$\dfrac{1-e^{2z}}{z^4}$；　　　(3)$\dfrac{1+z^4}{(z^2+1)^3}$；　　　(4)$\dfrac{\cos z}{z}$。

3.求下列函数 $\mathrm{Res}[f(z),\infty]$ 的值：

(1)$f(z)=\dfrac{e^z}{z^2-1}$；　　　　　　(2)$f(z)=\dfrac{1}{z(z+1)^4(z-4)}$。

4.求积分 $\displaystyle\oint_C \frac{e^z}{z(z-1)^2}dz, C$ 为正向圆周：$|x|=4$。

5.计算下列积分：

(1) $\displaystyle\int_0^{2\pi} \frac{1}{5+3\sin\theta}d\theta$；　　(2) $\displaystyle\int_0^{2\pi} \frac{\sin^2\theta}{a+b\cos\theta}d\theta(a>b>0)$；　　(3) $\displaystyle\int_{-\infty}^{+\infty} \frac{1}{(1+x^2)^2}dx$。

第 15 章　MATLAB 在积分变换中的应用

15.1　多项式及有理分式运算

1. 因式分解

factor(S)：其中 S 是一个符号表达式,返回 S 的所有不可约因子。如果 S 是整数,则计算质因数分解。要分解一个大于 $2 \wedge 52$ 的整数 N,使用 factor(SYM('N'))。

factor(S, VARS)：其中 VARS 是变量的向量,返回 S 的所有不可约因子,但不分割不包含 var 的因子。如 factor(x $\wedge$ 2 $*$ y $\wedge$ 2, x),答案为[y $\wedge$ 2, x, x]

expand(S)：将符号表达式 S 的每个元素写为它的因子的乘积。expand 是多项式分解中最常用的,还扩展了三角函数、指数函数和对数函数的分解。

2. 合并同类项

collect(S,v)：将符号矩阵 S 的每个元素都视为 v 的多项式,根据 v 的幂次合并改写 S。

collect(S)：使用符号变量 S 默认的变量合并改写 S。

3. 化简符号表达式

simplify(S)：化简符号矩阵 S 的每个元素。

simple(S)：S 是一个符号表达式时,尝试几种 S 不同的代数简化形式,显示任何缩短 S 长度的表达式,并返回最短的表达式。如果 S 是一个矩阵,结果表示整个矩阵的最短表示,不一定是每个元素的最短表示。

4. 多项式相除

[Q,R]=deconv(B,A)：以向量 B 为系数的多项式除以以向量 A 为系数的多项式,返回向量 Q 为商多项式系数向量,R 为余式向量。

5. 函数卷积

C=conv(A, B)：计算向量 A 和 B 的卷积,得到的向量长度为([长度(A) ＋ 长度 (B)－1,长度(A),长度(B)])的最大值。如果 A 和 B 是多项式系数向量,卷积等价将两个多项式相乘。

C=conv2(A, B)：计算矩阵 A 和 B 的二维卷积。如果(ma,na)=size(A),(mb, nb)= size(B),和(mc、nc)=size(C),那么 mc=max([ma＋ mb－1,ma,mb])和 nc=max ([na ＋ nb－1, na, nb])。

15.2　傅里叶变换及其逆变换

1. 傅里叶(Fourier)变换

函数：

　　fourier

格式：

　　F＝fourier (f)　　　　% 返回以默认独立变量 x 对符号函数 f 的 Fourier 变换，默认返回 w 的函数；如果 f＝f (w)，则 fourier 函数返回 t 的函数 F＝F (t)

　　F＝fourier (f, v)　　% 以 v 代替默认值 w 的 Fourier 变换，即 F(v)＝int(f(x) * exp(−i * v * x),x,−inf,inf)

　　F＝fourier (f, u, v)　% 以 v 代替 w 且对 u 积分，即 F(v)＝int(f(u) * exp(−i * v * u),u,−inf,inf)

　　＞＞syms t v w x

　　＞＞fourier(1/t)

　　ans＝

　　i * pi * (Heaviside(−w)−Heaviside(w))　　% Heaviside 为单位阶跃函数

　　＞＞fourier(exp(−x∧2),x,t)

　　ans＝

　　pi∧(1/2) * exp(−1/4 * t∧2)

　　＞＞fourier(exp(−t) * ('Heaviside(t)'),v)

　　ans＝

　　1/(1＋i * v)

　　＞＞syms F(x)

　　＞＞fourier(diff(F(x)),x,w)

　　ans＝

　　i * w * fourier(F(x),x,w)

例 15.1　求函数 $f(x)＝1/(a^2＋x^2)(a＞0)$ 的傅里叶变换。

　　＞＞syms x w a positive

　　f＝1/(a∧2＋x∧2);F＝fourier(f,x,w)

　　F＝

　　(pi * exp(−a * w))/a

例 15.2　求函数 $f(x)＝1/(1＋x^2)(a＞0)$ 的傅里叶变换。

　　＞＞syms x w

　　f＝1/(1＋x∧2);F＝fourier(f,x,w)

　　F＝pi * exp(−abs(w))

2. 傅里叶(Fourier)逆变换

函数：

ifourier

格式：

f＝ifourier（F）　　　　　　　 % 返回以默认独立变量 w 对符号函数 F 的 Fourier 逆
　　　　　　　　　　　　　　　 变换，默认返回 x 的函数；如果 F＝F（x），则 ifourier
　　　　　　　　　　　　　　　 函数返回 t 的函数

f＝ifourier（F，u）　　　　　　 % 以 u 代替默认值 x 的 Fourier 逆变换

f＝ifourier（F，v，u）　　　　　 % 以 u 代替 x 且对 v 积分

例如

>>syms t u w x

>>ifourier(w * exp(−3 * w) * ('Heaviside(w)'))

ans＝

$\quad$ 1/2/(−3＋i * x)∧2/pi

>>ifourier(1/(1＋w∧2),u)

ans＝

1/2 * exp(−u) * Heaviside(u)＋1/2 * exp(u) * Heaviside(−u)

>>ifourier('v'/(1＋w∧2),'v',u)

ans＝

−i/(1＋w∧2) * dirac(1,u)

>>ifourier('fourier(f(x),x,w)',w,x)

ans＝

f(x)

>>syms u v w

>>ifourier(v/(1 ＋ w∧2),v,u)

ans＝

−(dirac(1, u) * i)/(w∧2 ＋ 1)　　　　　　 % dirac 为 δ 函数

15.3　拉普拉斯变换及其逆变换

1. 拉普拉斯（Laplace）变换

(1)用积分指令计算。

例如

>>syms b s t t0

>>L＝int(b * exp(−s * t),t,0,t0)

L＝

−(b * (exp(−s * t0) − 1))/s

(2)用专用函数：laplace

格式：

L＝laplace（F）　　　　　 % 返回以默认独立变量 t 对符号函数 F 的 Laplace 变换。函

数返回默认为 s 的函数。如果 F＝F (s)，则 Laplace 变换
返回 t 的函数 L＝L(t)。其中定义 L 为对 t 的积分 L(s)＝
int(F (t) * exp (−s * t), 0, inf)

L＝laplace (F, t)　　%以 t 代替 s 的 Laplace 变换。laplace (F, t)等价于 L (t)
＝int(F (x) * exp (−t * x), 0, inf)

L＝laplace (F, w, z)　%以 z 代替 s 的 Laplace 变换(相对于 w 的积分)。laplace
(F, w, z)等价于 L (z)＝int (F (w) * exp (−z * w), 0,
inf)

例如

```
>>syms a s t w x
>>laplace(x ∧ 5)
ans＝
120/s ∧ 6
>>laplace(exp(a * s))
ans＝
1/(t−a)
>>laplace(sin(w * x),t)
ans＝
w/(t ∧ 2＋w ∧ 2)
>>laplace(cos(x * w),w,t)
ans＝
t/(t ∧ 2＋x ∧ 2)
>>laplace(x ∧ (3/2),t)
ans＝
3/4/t ∧(5/2) * pi ∧(1/2)
>>laplace(diff('F(x)'))
ans＝
s * laplace(F(x),x,s)−F(0)
```

2. 拉普拉斯(Laplace)逆变换

函数：

ilaplace

格式：

F＝ilaplace (L)　　　　%返回以默认独立变量 s 对符号函数 L 的 Laplace 逆
变换,默认返回 t 的函数。如果 L＝L (t),则 ila-
place 返回 x 的函数 F＝F (x)

F＝ilaplace (L, y)　　　%以 y 代替默认的 t 的函数

F＝ilaplace (L, y, x)　　%以 x 代替 t 的函数,求逆变换时对 y 取积分

例如

```
>>syms s t w x y
```

```
>>ilaplace(1/(s-1))
ans=
exp(t)
>>ilaplace(1/(t∧2+1))
ans=
sin(x)
>>ilaplace(t∧(-5/2),x)
ans=
4/3*x∧(3/2)/pi∧(1/2)
>>ilaplace(y/(y∧2+w∧2),y,x)
ans=
cos((w∧2)∧(1/2)*x)
>>ilaplace('laplace(F(x),x,s)',s,x)
ans=
F(x)
```

15.4　解微分方程

在 MATLAB 中,常微分方程的符号解可由函数 dsolve 求得,具体用法如下:

dsolve('eq1,eq2,...','cond1,cond2,...','v')

dsolve('eq1','eq2',...'cond1','cond2',...,'v')

说明:①输入参数 eq1,eq2,... 表示微分方程,cond1,cond2 表示初始或边界条件,v 为独立变量,默认变量为 t。

②在符号变量中不能再出现 D,字母 D 表示微分算子,D 后紧跟的数字表示微分阶数,紧跟的字母是被微分的变量。

```
>>U=dsolve('s*U+x*DU=x/s','U(0)=0','x')
U=
x∧s*(s + 1)
>>y=dsolve('D2y=cos(2*x)-y','y(0)=1','Dy(0)=0','x')
simplify(y)
ans=
    1 - (8*sin(x/2)∧4)/3
```

如果函数找不到显式解,它会试图计算隐式解。返回隐式解时,会给出警告信息并返回一个空的 sym。此时可以用 matlab 函数 ode23 或 ode45 求数值解。在一些有非线性方程的情况下,输出结果可能与更低阶的微分方程或积分方程等价。

习　题　15.1

1.求钟形脉冲函数 $f(t)=4e^{-2t^2}$ 的频谱函数,然后绘制频谱图。

2.求下列函数的傅里叶变换:

(1)$f(t)=\begin{cases} 0, & t<0 \\ e^{-\beta t} & t\geqslant 0 \end{cases}$(其中 $\beta>0$);

(2)$f(t)=\dfrac{\sin[2\pi(t-1)]}{\pi(t-1)}$;

(3)$f(t)=\sin^2\pi t$;

(4)$f(t)=1+2\cos 2t$。

3.求下列函数的傅里叶逆变换:

(1)$F(\omega)=\dfrac{1}{(1+i\omega)}$;

(2)$F(\omega)=\dfrac{2}{(3+i\omega)(5+i\omega)}$。

4.用傅里叶变换求解下面的微分方程:
$$x'(t)+x(t)=\delta(t),\quad (-\infty<t<+\infty)$$

习　题　15.2

1.证明拉普拉斯变换的时移性质 $\mathscr{L}\{f(t-t_0)u(t-t_0)\}=e^{-st_0}\mathscr{L}[f(t)]$。其中,$f$ 为任意连续函数,u 是单位阶跃函数。

2.求函数 $e^{at},e^{-at},e^{iwt},\cos\omega t$ 的拉普拉斯变换:

(1)$f(t)=e^{at}\sin^2 t$;

(2)$f(t)=\cos^2\dfrac{t}{5}$;

(3)$f(t)=2\sin at-t\sin at$;

(4)$f(t)=e^{2t}+3e^{5t}$;

(5)$f(t)=e^{2t}+5\delta(t)$。

3.求下列函数的拉氏逆变换:

(1)$F(s)=\dfrac{e^{-s}}{s(s+2)}$;

(2)$F(s)=\dfrac{s^2}{s^2+1}$;

(3)$F(s)=\dfrac{1}{s^2+1}e^{-s}$。

4.验证拉普拉斯变换的延迟性质。

习　题　15.3

1.求 $F(s)=\dfrac{5s-1}{(s+1)(s-2)}$,$G(s)=\dfrac{s}{s^2+w^2}$ 的拉普拉斯逆变换。

2.求拉普拉斯逆变换 $\mathscr{L}^{-1}\left[\dfrac{s}{s^2+4s+5}\right]$。

3.解微积分方程:$y'(t)+\displaystyle\int_0^t y(\tau)\mathrm{d}\tau=1$, $y(0)=0$。

4.用 Laplace 变换求解常微分方程定解问题:
$$\begin{cases} y''(x)-5y'(x)+4y(x)=e^{-x} \\ y(0)=y'(0)=1 \end{cases}$$

5.弦的一端 $x=0$ 固定,$x=L$ 一端受迫作谐振动 $2\sin\omega t$,弦的初始位移和初始速度为零,定解问题为
$$\begin{cases} u_{tt}-a^2 u_{xx}=0 \\ u(x,t)\big|_{x=0}=0, \quad u(x,t)\big|_{x=L}=2\sin\omega t \\ u(x,t)\big|_{t=0}, \quad u_1(x,t)\big|_{t=0}=0 \end{cases}$$

解析解为

$$u = 2\frac{\sin(\omega x/a)}{\sin(\omega L/a)}\sin(\omega t) + \frac{4\omega}{aL}\sum_{n=1}^{\infty}\frac{(-1)^{n-1}}{\left(\dfrac{\omega}{a}\right)^2 - \left(\dfrac{n\pi}{L}\right)^2}\sin\frac{n\pi at}{L}\sin\frac{n\pi x}{L}$$

绘出弦振动的解图。

主要参考文献

[1] 谢树艺.矢量分析与场论[M].4 版.北京:高等教育出版社,2012.

[2] 梁昌洪.矢量场论札记[M].北京:科学出版社,2007.

[3] 杨永发,徐勇.向量分析与场论[M].2 版.北京:南开大学出版社,2006.

[4] 苏变萍,陈东立.复变函数与积分变换[M].2 版.北京:高等教育出版社,2010.

[5] 西安交通大学高等数学教研室.复变函数[M].北京:高等教育出版社,1994.

[6] 南京工学院.积分变换[M].3 版.北京:高等教育出版社,1989.

[7] 王沫然.MATLAB 与科学计算[M].2 版.北京:电子工业出版社,2004.

[8] 何正风.MATLAB 在数学方面的应用[M].北京:清华大学出版社,2012.

[9] 宋叶志,贾东永.MATLAB 数值分析与应用[M].北京:机械工业出版社,2009.